U0567829

中国气象局公共气象服务中心
管理规范

孙 健 主编

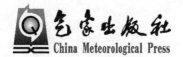

气象出版社

China Meteorological Press

内容简介

本书从领导机制、人才、创新、业务、行政、人事、财务、党务、预警管理、协会管理、集团管理、工会共青团、改革等 13 个方面，介绍了中国气象局公共气象服务中心层次分明、系统全面、科学规范的管理规范体系。

从本书中，企事业单位管理者既能获取丰富、实用的管理制度范例，也能发现严谨、进取的管理方法和理念。

图书在版编目（CIP）数据

中国气象局公共气象服务中心管理规范 / 孙健主编 . —北京：气象出版社，2018.4
ISBN 978-7-5029-6765-9

Ⅰ．①中…　Ⅱ．①孙…　Ⅲ．①气象局—气象服务—管理—规范—中国　Ⅳ．① P451-65

中国版本图书馆 CIP 数据核字（2018）第 075146 号

Zhongguo Qixiangju Gonggong Qixiang Fuwu Zhongxin Guanli Guifan
中国气象局公共气象服务中心管理规范

出版发行：气象出版社

地　　址：北京市海淀区中关村南大街 46 号　　**邮政编码**：100081

电　　话：010-68407112（总编室）　010-68408042（发行部）

网　　址：http:// www.qxcbs.com　　**E-mail**：qxcbs@cma.gov.cn

责任编辑：郭健华　　　　　　　　　　**终　　审**：张　斌

责任校对：王丽梅　　　　　　　　　　**责任技编**：赵相宁

封面设计：北京楠竹文化有限公司

印　　刷：北京中石油彩色印刷有限责任公司

开　　本：880mm×1230 mm　1/16　　**印　　张**：38.5

字　　数：828 千字

版　　次：2018 年 4 月第 1 版　　**印　　次**：2018 年 4 月第 1 次印刷

定　　价：100.00 元

本书如存在文字不清、漏印以及缺页、倒页、脱页等，请与本社发行部联系调换。

编　委　会

主　编：孙　健

副主编：石曙卫　毛恒青　潘进军　李海胜　赵会强　李冬梅
　　　　　陈　钻　吴瑞艳

编　委：（按姓氏笔画排序）

卫晓莉	马清云	王　昕	王世恩	王亚伟	王秀荣
王佳禾	王贵彬	王宪彬	王海丽	王新竹	韦　号
卢晓露	史　军	白静玉	兰海波	朴明威	朱邵梦
乔亚茹	乔亚南	刘　欣	刘　茜	刘丽媛	刘彦卿
江　春	李　闯	李　翔	李　蕊	李　璐	李婷婷
李嘉宾	李赫然	杨　彬	杨　琢	杨春红	杨继国
杨新霞	肖　潺	肖从容	吴向君	汪　岩	沙文珍
张　易	张　柱	张　敏	张礼春	张洪广	陈　辉
陈滨海	范　静	范天罡	范永玲	范晓青	易　昕
郑　欧	郑　毅	郑江平	赵　东	赵红艳	赵晶晶
胡　博	柯　晓	段　丽	姜长波	姜竹青	夏祎萌
倪敏莉	倪景春	徐　辉	郭　杰	郭俊萍	黄　祎
黄思宁	梅　艳	曹之玉	崔　磊	董安安	韩　笑
韩　萌	程洪娜	温　玮	雷　蕾	蔡元玲	裴顺强
穆　璐	魏　玮				

制度不在多，而在于精，在于务实管用，突出针对性和指导性。……牛栏关猫是不行的！要搞好配套衔接，做到彼此呼应，增强整体功能。

——《习近平在党的群众路线教育实践活动总结大会上的讲话》

前　言

2008 年，第五次全国气象服务工作会议提出，要坚持公共气象的发展方向，建设公共气象服务体系，坚持公共气象服务引领气象事业发展，努力实现公共气象服务机构实体化、队伍专业化、业务现代化。由此，公共气象服务中心应运而生，并以改革、发展、创新为基本战略，十年来，从无到有、从小到大快速发展，形成了完整的国家级现代气象服务业务体系。公共气象服务能力和水平显著提升：从无到有打造了突发预警信息发布体系；影视、网络、新媒体的立体化公众气象服务满意度屡创新高；专业气象服务拓展至交通、旅游、新能源、水利、铁路、农业等十余个领域，服务供给能力不断增强。公共气象服务科技创新与支撑能力实现跨越：气象服务产品向多元化和精细化发展，实现从分钟级到 40 天预报无缝隙、格点化和基于影响的服务；气象服务系统向自动化和智能化发展，从图形到数据，基本实现自动化制作发布，人工智能、机器学习已成为常规服务手段。

"万事皆归于一，百度皆准于法。"一项事业的长远发展，一个单位的健康运行，必须有体系完备、统一的管理规范作为保障。管理规范就是一个单位内部的"立法"，是依法治国具体而微的体现，是现代单位平稳高效运转的需要，也是指引部门工作和职工行为的需要。在十年的发展中，公共气象服务中心不断摸索，勤于实践，逐步构建起层次分明、系统全面、科学规范的管理规范体系，保障了公共气象服务中心战略目标明确、组织架构合理、业务流程优化、职责分工清晰，从而不断增强核心竞争力、推进长远发展目标的实现。

公共气象服务中心十年的发展历程中，遇到了无数问题，但从不回避，也从不就事论事，而是迎难而上，不断研究问题的本质、根源，探索解决的办法，通过针对性的管理理论引入、落地，将个案问题的发生变为普遍、潜在问题的防控，并最终以管理规范的形式固化管理理论与实践经验。最典型的莫过于流程再造。随着中心业务的迅速发展，从数据到产品、从系统到模式、从岗位设置到业务流程，都出现了严重的重叠、分散状况，协同效率低、浪费严重。面对这一问题，中心基于国内外、行业内外的深入调研，引进流程再造理论，瞄准格点实况、模式产品、支撑系统、媒体融合等核心流程，进行全方位流程再造，并形成了《公共气象服务中心核心业务流程再造团队管理办法》及相关工作方案，在打造集约高效的气象服务业务的同时，也积累了管理经验，并使其深入人心，成为中心业务发展的基本管理方法。

随着公共气象服务事业的不断发展，规模不断扩张，管理跨度和管理难度也都在不断加大。为了进一步深化公共气象服务中心管理，保障公共气象服务事业健康发展，调动员工的积极性和创造性，推动科学管理模式的完善，2017 年下半年，中心组织各职能部门和相关人员，对中心的规章制度进行了全面梳理，整合交叉、查缺补漏，根据法律法规、业务发展等对部分管理规范的过时条款进行修订，并融入中心十年来沉淀的管理理论、核心价值观，形成这本《中国气象局公共气象服务中心管理规范》。本书涵盖了领导机制、人才、创新、业务、行政、人事、财务、党务、预警管理、协会管理、集团管理、工会共青团、改革等各个方面，共分为 13 篇。

一个好的管理规范体系必须要在执行中得到检验，在检验中形成回馈，在回馈中进行修改、调整，在调整中再执行，螺旋式上升才会形成真正意义的管理指南。管理规范是一种手段而非目的，是一门实践的艺术。此次管理规范汇编对公共气象服务事业的正常发展具有重要的指导意义，将起到进一步规范管理程序、提升管理水平和促进可持续发展的积极作用，愿公共气象服务中心全体员工严格遵守规章制度，共同创造公共气象服务事业更美好的明天。

目　录

创 新 篇

业 务 篇

行 政 篇

人　事　篇

财　务　篇

党 务 篇

预警管理篇

协会管理篇

集团管理篇

工会、共青团篇

改革篇

综 合 篇

综合篇的管理规范，具有提纲挈领的作用，旨在明确公共气象服务事业的领导、队伍、战略，保障事业发展的正确方向。党委全委会、常委会议事规则明确了党的领导；行政议事规则确定了业务领导规范；纪律检查委员会工作职责和议事规则给纪委以准确定位；科学技术委员会章程强调了中心科技优先、创新发展的战略；职工代表大会工作规则充分保证了职工的民主权利；员工行为规范规定了职工的义务。有党的正确领导，有团结一致的职工队伍，以科技创新为核心战略，公共气象服务事业的征程才能如同星辰大海。

公共气象服务中心党委全委会、常委会

议事规则

第一章　总　则

第一条　为更好地贯彻党的民主集中制，规范公共气象服务中心（以下简称"中心"）党委议事和决策机制，根据《中国共产党党组工作条例（试行）》《中央组织部、国务院国资委党委关于中央企业党委在现代企业制度下充分发挥政治核心作用的意见》，制定本议事规则。

第二条　中心党委在事业和企业管理中发挥政治核心作用，承担从严管党治党责任，对中国气象局党组负责。

第三条　中心按期召开党员代表大会，选举产生中心党委。中心党委设立常务委员会（以下简称"常委会"）。常委会委员由中心党的委员会全体会议（以下简称"全委会"）选举产生。中心党委对党员代表大会负责并报告工作。

第四条　党委议事原则：坚持集体领导、民主集中、个别酝酿、会议决定，重大决策应当充分协商，实行科学决策、民主决策、依法决策。

第二章　全委会议事内容

第五条　全委会在党员代表大会闭会期间领导中心的工作，主要听取讨论以下重要事项并做出决策：

（一）选举常委会委员和书记、副书记，表决通过中心纪律检查委员会选举的书记、副书记。

（二）听取和审议常委会工作报告、纪律检查委员会工作报告。

（三）审议贯彻、执行党和国家的方针政策、中国气象局党组决定的措施意见。

（四）党内重大活动方案。

（五）提交职工代表大会讨论的涉及职工切身利益的重大事项。

（六）讨论决定召开中心全体党员代表大会和党员代表会议的有关事项。

（七）推选出席上级党的代表大会的代表。

（八）其他须由全委会讨论决定的重大问题。

第三章　常委会议事内容

第六条　讨论和决定中心的以下重要事项：

（一）报中国气象局党组的重要请示、报告。

（二）党委、纪委、群团组织换届、调整有关方案，决定增补党委委员，党内重要规章制度。

（三）中心重大改革方案。

（四）中心发展规划。

（五）中心处级领导干部、关键岗以上技术干部的选拔任免。

（六）中心年度预算方案和决算报告。

（七）中心自有资金200万元（含）以上的重大项目。

（八）中心单项200万元（含）以上的固定资产处置。

（九）其他需要审议的重大事项。

第七条　在集团董事会议决策重大事项前，党委常委要召开专题会议讨论和审议有关议题和提案，统一思想，形成一致意见。

（一）集团重大改革方案。

（二）集团发展规划、重大专项计划。

（三）集团副总经理、经理级干部的任免。

（四）集团公司特别重大安全生产、维护稳定等涉及政治责任和社会责任方面采取的重要措施。

（五）集团公司年度预算方案和决算报告。

（六）集团公司500万元（含）以上的单项对外投资项目。

（七）集团公司单项200万元（含）以上的固定资产处置方案。

（八）集团公司100万元（含）以上的对外捐赠事项。

（九）集团公司超年度预算总额10%（含）以上的调整方案以及超出项目预算200万元（含）以上的事项。

（十）其他须报集团公司董事会审议决定的重大事项。

第八条　讨论和审议基层党组织和党员队伍建设方面的重要事项。

（一）各党支部机构设置、调整、选举。

（二）新党员的培养、考察、发展。

（三）党内的重要评比、表彰、奖惩。

第九条 讨论和审议意识形态工作、思想政治工作和精神文明建设方面的重要事项。

（一）党的思想建设、组织建设、作风建设、廉洁建设、制度建设等党建工作。

（二）文化建设规划及相关重要问题。

第十条 讨论和审议党风廉洁建设和反腐败工作方面的重要事项。

（一）党员干部违纪、违规问题的处理。

（二）听取纪委工作和党风廉洁建设情况的汇报，批准纪委对违纪党员、干部的处理。

第十一条 其他应当由党委讨论和审议的重大问题。

第四章 议事规则

第十二条 全委会议事规则：

（一）全委会由党委书记负责召集和主持。全委会必须有三分之二以上委员到会方能召开。

（二）纪律检查委员会委员列席全委会。根据议题需要，党委书记可确定其他有关人员列席全委会、常委会。

（三）全委会的议题，由常委会讨论确定。

（四）全委会议事，必须充分发扬民主。决定重大事项，按少数服从多数的原则，以举手或无记名投票的方式进行表决，以超过应到会委员人数的半数同意为通过。

（五）全委会由党委办公室指定专人记录，会后形成会议决议等有关书面材料存档。

第十三条 常委会议事规则：

（一）常委会必须有超过半数的常委到会方能召开。常委会一般由党委书记召集和主持。党委书记不能履行职责的，可书面委托党委副书记召集和主持。

讨论重要人事任免等重大问题时，必须有三分之二以上的应参会人员出席。

（二）常委会与会人员分为出席人员、列席人员和回避人员。党委常委为出席人员，出席人员具有发言权和表决权。党委办公室主任为列席人员，主持人认为必要时，可通知其他有关人员列席，列席人员有发言权，无表决权。主持人根据会议议案确定应回避与会人员。

（三）常委会议案。

1.会议议程由党委书记（主持人）确定，并提前3日通知与会人员。

2.会议议案由党委书记直接提出或由党委办公室和其他党委委员提出报党委书记同意列为议案。

3.会议议案必须是党委会审议范围内的事项。

4.有关单位和人员应事前认真组织调研，充分与决策事项涉及单位或人员沟通、协商，经过充分论证评估后，形成议案报党委办公室。涉及重要人事任免事项的，要严格按照《党政领导干部选拔任用工作条例》的规定与程序进行。

5.正式议案应提前4日以书面形式递交党委办公室，并附必要的说明材料。党委办公室负责议案材料的审核。

6.常委会议讨论的书面材料，由党委办公室提前安排常委审阅。

7.须经党委常委讨论做出决议、决定的事项，党委办公室应提前拟出决议、决定草案。

8.党委书记（主持人）认为会议议案内容不明确、不具体或有关材料不充分的，可要求提案人进行补充或修订。

（四）常委会决议。

1.常委会召开时，首先由党委书记（主持人）宣布会议议案，并根据会议议案主持议事，常委会对审议事项应逐项表决。

2.一般不得审议临时议案，如遇特别紧急情况，经党委书记（主持人）同意，可在会议上提出临时议案，会后应补充书面议案。

3.议事时因故离开，须经党委书记（主持人）同意，否则视同放弃本次议事权利。

4.党委书记（主持人）在审议某项议案时，可以临时召集与会议议案有关的其他人员到会汇报有关情况或听取有关意见，该议案表决结束后临时被召集人应退席。

5.常委会要保障出席人员独立发表意见的权利，并允许其保留个人的不同意见，并完整记录。

6.常委会在议案审议表决过程中，若存在严重分歧意见，或者因议案相关材料不充分等事由导致无法对有关事项做出决断时，主持人应当要求会议对该议案进行暂缓表决，在进一步调查研究或充分酝酿后再议。

7.常委会决议由出席人员集体表决，表决分同意、反对和弃权。出席人员必须从上述意见中选择其一，不做选择或选择两个以上意见的，视同弃权。中途离开会场不回而未作选择的，视同弃权。

8.常委会作出决议，必须经过应到会人数过半数同意方可通过。

9.出席会议人员有权要求在会议纪要中对其在会议上发言和意见作出说明性记载。

（五）常委会会议记录、纪要。

1.党委秘书负责做好常委会的记录和纪要。

2.常委会后应形成会议纪要，内容包括：会议召开的日期、地点和主持人姓名，出席、列席和缺席人员姓名，会议议程，每一项决议事项的表决方式和结果（表决结果应载明同意、反对和弃权的票数）及附件文件。

3.常委会形成的会议纪要，由党委秘书于会议召开后的 5 个工作日内整理、印发并存档，纸质文档保存期限 10 年，电子文档永久保存。

4.会议纪要应由党委书记（主持人）签发。常委会决议违反法律、法规或有关规定，致使单位遭受损失的，参与决议的人员应承担责任，但经证明在表决时曾标明异议并记载于会议纪要的，该人员可以免除责任。

5.常委会会议纪要的发布须经党委书记同意，并由党委书记确定发布范围，发布范围以外的人员未经过党委书记同意，不得查阅会议纪要、记录。

6.出席及列席会议人员，不得泄露在会议上获得的需要保密的信息。

7.常委会决议实施过程中，党委办公室主任负责决议实施情况的跟踪检查，在检查过程中发现有违反决议的事项时，向党委书记报告，由党委书记予以纠正。

第五章　附　则

第十四条　本规则由党委办公室负责解释。

第十五条　本规则自 2016 年 12 月 5 日起施行。

（起草人：刘彦卿　发布时间：2016 年 12 月）

公共气象服务中心行政议事规则

为切实提高公共气象服务中心（以下简称"中心"）议事决策的质量和效率，加强决策的民主化和科学化，根据《中国气象局办公室关于进一步加强会议管理工作的通知》和《公共气象服务中心党委全委会、常委会议事规则》，特制定本制度。

行政议事主要有中心主任常务会议、中心工作会议、中心工作研讨会、中心主任办公会议、中心周例会五类。要按照《公共气象服务中心关于贯彻落实中央八项规定精神的10项措施》，提高会议效率、严肃会议纪律、规范会议纪要、加强督查督办。

一、中心主任常务会议

中心主任常务会议是中心最高行政决策机构，由中心办公室主办。

主持人：由中心主任负责召集和主持，特殊情况可由主任委托副主任召集和主持。

参加人：中心领导、议题承办单位主要负责人（必要时可带一名助手）以及会议主持人指定的相关人员。

时　间：不定期召开，一般每月召开1～2次。

内　容：研究决定中心发展规划、计划、重大建设和科研项目；审议中心重大财务计划；审议中心重大改革方案；审定中心科级干部的任命或聘任；审定中心高级职称的聘任和高级岗以上技术人员的聘任；审定中心重要人事变动；审定中心各项重要规章制度；审定中心领导、各职能和业务处室提请主任常务会议审议的重大问题及其他需要中心领导集体研究决策的事项。

准　备：除中心领导直接安排的议题外，各职能处室拟提请中心主任常务会议审议的重大事项，一般须提前一周报中心主任审定，并将议题及时告知主任常务会秘书，进行相关会议准备。各业务处室拟提请中心主任常务会议审议的重大事项，应按职责范围报送职能处室，一般不直接报送中心主任。会议议题经中心主任确定后，主任常务会议秘书负责协调会议时间、准备会议材料（保密性文件材料除外），一般应提前三天将会议材料分送主任常务会议与会人员。

纪　　要：主任常务会议秘书负责会议的协调、记录、编印纪要和决议的催办。凡经中心主任常务会议讨论决定的重要事项，由相关职能处室编写会议纪要，经中心主任审定后交办公室印发和存档。

二、中心工作会议

中心工作会议主要是对上一年工作进行全面系统地总结，并对本年度工作进行安排部署，进一步明确任务，推动中心各项事业持续、健康、协调发展。

主持人：由中心主任负责召集和主持。

参加人：中心领导、各职能和业务处室的负责人以及中心主任指定的相关人员。

时　　间：一般在每年年初召开。

内　　容：总结上一年工作，部署本年度工作计划和重点任务，审议决定属于方针、政策性的重大事项。

准　　备：办公室负责会议的准备，协调会议时间、地点、经费和与会人员；负责组织收集、梳理各职能和业务处室上一年度工作总结和下一年度工作计划，形成工作会议的主报告（初稿）；负责落实其他会议材料和会议议程等各项工作。

三、中心工作研讨会

中心工作研讨会是针对中心某些重点工作进行深入研讨和广泛征求意见而举行的会议。

主持人：由中心主任负责召集和主持。

参加人：中心领导、各职能和业务处室的负责人以及中心主任指定的相关人员。

时　　间：一般每年下半年召开。

内　　容：一般根据全国气象局长研讨会精神来部署中心的工作研讨会内容，针对中心某些需要进行深入研讨的重点工作而召开。

准　　备：办公室负责会议的准备，制定工作研讨会方案，协调会议时间、地点、经费和与会人员；负责相关会议材料的准备，并做好中心领导的重点发言材料。

四、中心主任办公会议

主持人：由中心主任或副主任负责召集和主持，由各职能处室主办。

参加人：中心领导、相关职能和业务处室的负责人以及相关人员。

时　　间：不定期召开。

内　　容：传达文件精神，通报重要情况，研究处理日常工作中的重要问题以及协调有关问题。

准　　备：除中心领导直接安排的议题外，各职能和业务处室拟提请中心主任办公会议讨论的重大事项，一般须提前一周将会议预案（包括情况、问题、解决问题的方案和意见）报会议主持人审定，并确定与会人员。需中心领导协调的事项，主办单位必须列出需协调各方的意见和理据，并提出倾向性意见。会议议题经中心领导确定后，由议题承办单位商办公室协调会议时间，准备会议材料，并至少应提前三天将会议材料分送与会人员。

纪　　要：办公室提供文号，议题承办单位负责会议的协调、记录和编写会议纪要，经会议主持人审定后印发和存档。

五、中心周例会

中心周例会是简要报告上周工作进展和本周工作安排的工作会议。

主持人：由中心主任召集并主持，或由主任委托副主任主持召开。

参加人：中心领导，各职能处室处级干部和业务处室主要负责人以及中心领导指定的相关人员参加。

时　　间：一般每周一上午 9:00（遇有特殊情况可另行安排时间）。

内　　容：各单位简要报告上周工作完成情况、存在的主要问题和本周重点工作计划；中心领导对本周的工作进行统筹安排和部署，并传达局相关工作安排、会议精神以及有关工作要求。

准　　备：一般每周五下午安排；各职能和业务处室在会前形成汇报提纲并传送给办公室秘书。

纪　　要：办公室负责周例会的具体协调，形成《公共气象服务中心周例会要点》，印发中心领导、各职能处室处级干部和业务处室主要负责人。

（起草人：韦号、徐辉　发布时间：2017 年 6 月）

公共气象服务中心纪律检查委员会

工作职责和议事规则

为更好地贯彻执行党的民主集中制，促进公共气象服务中心（以下简称"中心"）纪律检查委员会（以下简称"纪委"）议事决策的民主化和科学化，充分发挥集体领导的作用，进一步健全集体领导和个人分工负责相结合的制度，提高中心纪委议事决策水平，切实履行职责，根据《中国共产党章程》和《中国共产党党内监督条例》（试行）以及《中共中国气象局党组落实党风廉政建设监督责任的实施意见》有关规定，制定本工作职责和议事规则。

一、纪委工作职责

（一）维护党章和其他党内法规，经常对党员进行遵纪守法教育，向中心党委以及中央纪委驻中国气象局纪检组、中国气象局直属机关纪委报告党内监督工作情况，提出建议；依照权限组织起草、制定有关规定和制度，作出关于维护党纪的决定。

（二）监督检查中心各级领导班子和成员遵守党章和其他党内法规，遵守党的政治纪律和政治规矩以及贯彻执行民主集中制、选拔任用干部、加强作风建设、依法行使职权和廉洁从政、贯彻落实中国气象局党组重大决策部署等情况。

（三）协助中心党委加强党风廉政建设和组织协调反腐败工作；督促党委落实党风廉政建设主体责任。

（四）在中国气象局直属机关纪委指导下，核查、处理党组织和党员违反党章和其他党内法规的案件，按照有关规定，决定或者取消对这些案件中的党员的处分。

（五）受理对党员违反党纪行为的检举、控告，受理所在单位党组织和党员不服处分的申诉。

（六）对中心各级领导班子及班子成员履行党风廉政建设主体责任不力、造成严重后果的，提出问责建议，按照管理权限交有关部门实施责任追究。

（七）完成中国气象局党组、中央纪委驻中国气象局纪检组及中国气象局直属机关纪委交办的其他任务。

二、纪委议事规则

（一）中心纪委实行集体领导下的分工负责制，书记负责委员会的全面工作。重大问题要按照集体领导、民主集中、个别酝酿、会议决定的原则，由中心纪委集体讨论作出决定。针对组织党风廉政建设宣传教育，检查督促党风廉政建设责任制的贯彻执行，开展党内监督，抓作风建设和效能建设，受理控告、申诉和查办案件等工作，中心纪委委员要有专门分工并切实履行自己的职责。

（二）每半年定期召开一次全体委员会，会议主要内容和任务是：

1. 传达学习中央纪委驻中国气象局纪检组及中国气象局直属机关纪委会议和领导讲话精神，讨论贯彻落实意见。

2. 研究讨论中心纪委年度工作计划、半年及年终工作总结。

（三）根据工作需要即时召开会议。

1. 讨论受理党员控告申诉情况和审理讨论对违纪党员的处分。

2. 按照规定定期向中国气象局直属机关纪委报告工作。

3. 讨论研究需要集体决定的其他事项。会议决定的重大事项，须报告中心党委和中国气象局直属机关纪委同意后执行。

本规则由中心纪律检查委员会负责解释。

（起草人：赵红艳　发布时间：2015 年 9 月）

公共气象服务中心科学技术委员会章程

第一条 中国气象局公共气象服务中心（以下简称"中心"）科学技术委员会（以下简称"科技委"）是在中心领导班子领导下的气象服务科学技术事项的咨询和审议机构，为中心业务科技发展及相关重要决策提供技术咨询和智力保障。

第二条 科技委的任务；

（一）对中心各项工作中涉及气象服务科技发展的重大问题进行咨询、评议，特别是对中心气象业务发展规划、气象现代化工作中涉及气象服务科学技术的重要问题、政策措施、发展规划等进行咨询和审议，并向有关部门提出建议。

（二）对中心申报的国家自然科学基金项目、国家科技计划项目、中国气象局部门内重大科研和建设项目以及中心自设的业务专项项目发挥咨询和审议作用；对在建、在研项目中遇到的重大技术问题发挥咨询引导作用，对重大科技成果的业务转化等进行评估并提出建议。

（三）审议、推荐中心申报国家科学技术奖励项目以及其他社会科技奖励项目，评审中心科技奖励项目以及其他需提交科技委审议的奖项。

（四）审议中心重要科学技术报告。

（五）完成中心交办的其他科技咨询工作。

第三条 科技委的组成；

（一）科技委由主任委员、副主任委员和委员组成。

（二）科技委的组成一般应涵盖中心各项业务涉及的主要科技领域，充分体现科技、业务、管理三方面的代表性，有利于促进科技与业务的结合。其中，中青年专家应占一定比例。

（三）中心科技委委员每届任期四年，可以连任。

（四）科技委下设办公室，由中心业务科技处承担相关工作，科技委办公室主任由业务科技处负责人兼任。

第四条 科技委的产生：

（一）科技委主任委员由中心主任担任。

（二）科技委委员建议名单由科技委办公室提出，报中心审定、聘任。根据中心事业发展需要及委员的实际情况，在届中可以进行人员适当调整，由科技委办公室提出调整建议名单，征求科技委正、副主任委员的意见后，报中心批准、聘任或解聘。

第五条 科技委委员的职责：

（一）科技委正、副主任委员的职责：

1. 主持审议中心科技委章程。

2. 主持科技委的各项咨询、审议活动。

3. 根据情况决定聘请行业内外专家参加有关重大问题的咨询和审议等。

（二）科技委委员的职责：

1. 参加科技委章程的审议。

2. 参加中心重要科技项目及重大业务建设项目立项的咨询、审议活动。

3. 参加中心申报有关科技评奖项目的评审和推荐。

4. 对在建、在研项目中遇到的重大技术问题发挥咨询引导作用，对重大科技成果的业务转化等进行评估咨询。

5. 经常研究国内外气象服务科技的发展动向，并结合中心的实际情况积极提出建议。

6. 完成科技委交办的其他科技咨询工作。

第六条 科技委委员的权利和义务：

（一）应了解党和国家有关科技方面的方针政策，全面理解和领会中国气象局有关科技政策规定，具有较高专业技术水平，并在本专业有一定知名度和代表性，作风正派，秉公办事，敢于负责。

（二）严格遵守工作纪律，依照有关气象科技保密规定的要求，保守国家秘密。有关评审会议的情况和评审结果不得擅自向外泄露。如违反工作纪律，将视情节轻重，给予批评直至取消科技委委员资格。

（三）科技委委员可获得中心为其开展相关活动而提供的支持。

（四）履行科技委委员职责，积极参与科技委组织的各项活动，完成科技委交办的各项任务。

第七条 科技委会议：

（一）科技委全体会议由科技委主任委员、常务副主任委员、科技委办公室主任提议召开，由主任委员主持（主任委员不能到会则由主任委员委托副主任委员主持）召开，出席会议的委员人数须达到应到会人数的三分之二以上（不含三分之二，下同）。中心科技委办公室人员列席。

（二）科技委实行民主集中制。决议事项须超过出席人数的三分之二以上（含通信投票）表决通过，形成的决议方为有效。

（三）经正、副主任委员同意，根据需要可以聘请有关专家列席科技委全体会议，完成临时性工作任务，列席会议人员无权表决。

（四）除会议外，中心科技委可视工作需要，采用书面通信方式征求委员的意见和建议。

（五）委员在咨询、审议、论证等过程中，应客观公正，遵纪守法，并按有关要求做好保密工作。

（六）科技委各类会议的决议、决定等，以会议纪要的方式经主任委员审核签字后生效，在中心科技委办公室备案。

（七）如对科技委作出的决定有异议，须在异议期（一般为一周）内经半数（不含）以上委员同意召开全体会议复议。经复议通过的决定不再复议。

第八条 中心各有关单位应对科技委的活动给予积极支持，有义务就科技委审议的问题提供情况、资料和报告。

第九条 科技委委员必须履行职责，按时参加科技委会议，紧急情况临时不能参加者须向主任委员请假。

第十条 科技委的工作经费，由中心纳入正常年度预算，专项解决。

第十一条 本章程自公布之日起施行。

（起草人：乔亚茹、裴顺强、范晓青　发布时间：2014 年 6 月）

公共气象服务中心办事公开暂行办法

第一章 总 则

第一条 为贯彻落实《中共中央办公厅、国务院办公厅关于进一步推行政务公开的意见》（中办发〔2005〕12号）的精神要求，规范公共气象服务中心（以下简称"中心"）办事公开工作，依据《中华人民共和国政府信息公开条例》《气象部门政府信息公开办法》等法律法规，结合中心实际，制定本办法。

第二条 办事公开应遵循依法、准确、及时、公正的原则，在中心党委统一领导下，党委办公室负责组织协调、督促检查；中心各处室负责按照本办法的要求，准确公开相关信息，并及时更新内容。

第三条 中心各处室在履行办事公开职能中，须遵守本办法。

第二章 办事公开内容及方式

第四条 根据实际工作情况，各处室在职责范围内应向中心职工公布下列几个方面信息：

（一）中心职能。

（二）法律法规、制度标准。

（三）业务信息。

（四）人事管理。

（五）党务管理。

（六）财务管理。

（七）项目管理。

（八）表彰奖励。

中心将根据工作需要每年或适时对办事公开内容进行调整。各处职责、发布时间及内容要求详见《公共气象服务中心办事公开责任一览表》（略）。

第五条 下列事项和信息不予公开：

（一）属于国家秘密的。

（二）属于商业秘密或可能导致商业秘密被泄露的。

（三）属于个人隐私或者可能导致个人隐私受到侵害的。

（四）正在调查处理过程中的事项。

（五）公开后可能会对个人、单位产生重要影响的。

（六）法律法规规定免于公开的其他情形。

第六条 各类办事信息一般应在事件发生后 2 个工作日内对外公开；对涉及职工利益的重要信息，应在事件发生 24 小时内及时公开。

第七条 各类办事信息以在中心办公网"办事公开"专栏进行公开为主，特殊情况以通报会等形式公开。各处室要根据本办法要求，及时做好专栏的更新和维护工作。

第八条 对需要广泛征求意见、听取建议的事项，采取公示、召开座谈会和走访征求意见等形式对行政决策过程和结果予以公开。

第三章　组织实施和监督保障

第九条 中心成立办事公开工作领导小组，不定期对各处室办事公开开展情况进行检查，并纳入年度综合考评内容。

第十条 中心和各处室领导干部应高度重视办事公开工作，确保办事公开工作的落实。如办事公开工作领导小组发现相关人员有违反国家、部门有关政策规定，甚至弄虚作假的行为，将依据有关规定给予严肃处理。

第十一条 建立办事公开反馈机制。对于办事公开的相关内容，中心职工若提出疑问和意见，负责公开信息的处室应及时答复，并不定期向中心办事公开工作领导小组汇报。

第四章　附　则

第十二条 本办法由办公室负责解释。

第十三条 本办法自公布之日起施行。

（起草人：范静　发布时间：2010 年 6 月）

公共气象服务中心职工代表大会工作规则

第一章 总 则

第一条 为贯彻落实党的十八大精神，加强和完善公共气象服务中心（以下简称"中心"）的民主管理制度，保障职工的民主权利，充分发挥职工参与中心工作的积极性和创造性，促进公共气象服务事业的发展，根据《中华人民共和国劳动法》《中华人民共和国工会法》等法律法规，结合中心具体情况，制定本规则。

第二条 职工代表大会（以下简称"职代会"）是实行民主管理的基本形式，是职工行使民主权利的有效渠道。

第三条 职代会正确处理国家、单位和职工三者之间的利益关系，接受中心党委的思想政治领导，支持中心行政领导依法行使管理决策，依照法律规定行使职权。

第四条 职代会动员和教育职工以主人翁的态度参与中心工作，遵守中心的各项规章制度，积极主动发挥作用。

第五条 职代会实行民主集中制原则。

第二章 职 权

第六条 职代会行使下列职权：

（一）审议涉及中心发展和改革的重要议案，并提出意见和建议。

（二）审议涉及职工奖惩、福利等职工关心的重要事项，并提出意见和建议。

（三）其他法律或行政法规规定的需经职工代表大会讨论、审议或决定的事项。

第七条 职代会根据需要可以请非职代会代表的中心领导和有关负责人作为列席代表参加会

议，可以请离退休职工作为特邀代表参加会议。列席代表和特邀代表在职代会上可以发表意见和提出建议。

第三章　职工代表

第八条　按法律规定享有政治权利的中心在职职工均可当选为职工代表。职工代表应具备以下条件：

（一）拥护和贯彻执行党的路线、方针、政策，在思想上、行动上与党中央保持一致。

（二）有较强的政策水平和参政议政能力，并能热心公益活动。

（三）密切联系群众，办事公道，作风正派，不谋私利，受到群众信任和拥护。

（四）有较强的大局观念，工作积极，认真负责，关心中心的改革和发展。

第九条　职工代表以各分工会为单位，由职工直接选举产生。选举时必须有三分之二以上的职工参加，获得本单位在职职工过半数同意票方可当选。职工代表总数一般可按在职职工总数的15%～25%掌握。各单位的代表名额一般按该单位职工人数的多少确定。

第十条　职工代表应具有广泛的代表性。代表中应有业务技术人员、管理人员、科技服务人员、中心领导和其他职工。其中一线职工（科级、工程师以下）代表不低于职工代表总数的60%，青年和女职工应占适当比例。

第十一条　对选举产生的职工代表，由中心工会负责组织进行资格审查，对不符合规定的取消其代表资格。

第十二条　职工代表每届任期与工会会员代表大会一致，可连选连任。

第十三条　选举单位的职工有权监督或按规定程序撤换本单位的代表。代表调离本选举单位、退休或长期（半年以上）病休，代表资格自然终止，由选举单位补选同样数额的代表。

第十四条　职工代表的权利：

（一）在职代会上有选举权、被选举权、表决权，有权向职代会提交提案。

（二）有权参加职代会及其工作机构组织的提案、调查和执行职代会决议情况的调查。

（三）因参加职代会组织的各项活动而占用工作时间，按正常出勤享受应有的待遇。

（四）因行使和维护职工正当权利而遭到压制、阻挠和打击报复，有权向有关部门申诉。

第十五条　职工代表的义务：

（一）努力学习和遵守党和国家的法律法规、方针政策，不断提高政治觉悟、业务技术水平和参与管理的能力，做好本职工作。

（二）密切联系群众，代表职工的合法权益，了解并如实反映职工的意见和要求。

（三）认真执行职代会的决议，及时向所在处室职工传达职代会精神，完成职代会交给的工作任务；带头支持行政领导行使管理职权。

第四章 组织制度

第十六条 职工代表大会一般每年召开1～2次，必要时经中心主任、工会或三分之一以上职工代表提议，可临时召开。每次会议应保证有三分之二以上职工代表出席。

第十七条 职工代表大会选举职代会主席团主持会议，主席团成员候选人中至少应有1名一线职工。主席团是职代会的常设机构，负责职代会的管理工作。

第十八条 职代会作出的决议或决定，必须经应到会的全体职工代表超过半数通过。

第十九条 职代会可根据工作需要设立若干专门工作小组，负责完成职代会交办的有关工作事项。专门工作小组对职代会负责。

第二十条 职代会要定期向全体职工代表报告工作，并接受全体职工代表的监督。

第五章 职代会与工会

第二十一条 中心工会委员会是职代会的工作机构。工会委员会对职代会负责，承办下列工作：

（一）对职工进行宣传教育，引导职工增强主人翁责任感，努力提高政治素质和业务素质，积极参加民主管理，正确行使民主权利。

（二）组织职工选举职工代表。

（三）征集并提出职代会中心议题、议案和建议，负责职工代表大会的筹备工作和组织工作。

（四）主持职代会代表（团）组、专门工作小组负责人联席会议，负责职代会闭会期间的工作。

（五）向职工传达职代会的精神，落实职代会决议，检查督促职代会决议的执行情况。

（六）听取职工代表的意见，受理职工代表和职工的申诉和建议，维护职工的合法权益。

（七）组织中心民主管理的其他工作。

第六章 附 则

第二十二条 本规则由中心工会负责解释。

第二十三条 本规则自职代会通过之日起实行。

（起草人：沙文珍 发布时间：2013年1月）

公共气象服务中心员工守则

一、遵纪守法

公共气象服务中心（以下简称"中心"）员工必须遵守国家宪法和法律法规、法令，严守各项纪律，遵守单位各项规章制度，服从组织领导，不越权行事，保证政令畅通。不得有违背国家法律、方针、政策的言行，不准参与和支持有损于国家和单位利益的活动等。

二、爱岗敬业

中心员工必须忠诚党的气象事业，勤奋工作，尽职尽责有担当，积极践行公服精神。做到按要求做事有方法，按制度做事有章法，按规律办事有效率。对问题不推诿、扯皮，对责任不敷衍、回避，重要信息不泄密。不准无故不到岗，严禁任何原因的脱岗行为。

三、公私分明

中心员工要严格遵守廉洁纪律，克己奉公，严守《中国共产党廉洁自律准则》《中国共产党纪律处分条例》，严格遵守财务制度，艰苦奋斗，勤俭节约，禁止讲排场、比阔气、挥霍公款、铺张浪费。以身作则，抵制诱惑、抵制社会上的不正之风。清白做人，干净做事，不办不合原则的事，更不准假公济私、以权谋私、搞特殊化。坚决反对做表面文章，决不允许弄虚作假、欺上瞒下。

四、团结友善

中心员工要带头遵守社会道德规范，孝老爱亲、家庭和睦。工作中做到大事讲原则、小事讲风格，信守承诺，诚恳待人，相互尊敬。为人正直坦荡，不计个人名利，不搞小团体，不结小帮派，保持融洽的团队合作精神。营造积极、健康、向上的中心文化。

（起草人：赵红艳　发布时间：2017 年 12 月）

公共气象服务中心评选和表彰先进管理办法

第一章 总 则

第一条 为做好公共气象服务中心（以下简称"中心"）评选和表彰先进工作，激发广大干部职工的积极性、主动性和创造性，推进中心事业发展和精神文明建设，结合中心实际，制定本办法。

第二条 评选和表彰先进的奖项包括：

个人奖项：年度先进工作者

重大气象服务先进个人

优秀共产党员

优秀党务工作者

精神文明建设先进个人

集体奖项：文明单位（标兵）

先进党支部

第三条 评选和表彰先进奖项可根据年度重点工作情况，经中心主任常务会议和中心党委会议研究通过后作适当调整。

第二章 评选范围、时间和名额

第四条 "年度先进工作者"每年底表彰一次，评选范围为中心全体职工，表彰比例不超过中心职工总数的 15%。

第五条 "重大气象服务先进个人"每年底表彰一次,评选范围为中心全体职工,表彰比例不超过中心职工总数的 15%。

第六条 "优秀共产党员"每两年表彰一次("七一"之前),评选范围为中心全体共产党员,表彰比例不超过党员人数的 15%。

第七条 "优秀党务工作者"每两年表彰一次("七一"之前),评选范围为中心各党支部委员,表彰比例不超过各党支部委员人数的 20%。

第八条 "精神文明建设先进个人"每两年表彰一次(年底),评选范围为中心全体职工,表彰比例不超过中心职工总数的 30%。

第九条 "文明单位(标兵)"每年底表彰一次,评选范围为中心处级单位。

第十条 "先进党支部"每两年评选一次("七一"之前),评选范围为中心各党支部。

第三章 评选条件

第十一条 "先进工作者"评选条件:

(一)政治立场坚定,在思想上和行动上与党中央保持一致,严格遵守法律法规和中心规章制度。

(二)具有强烈的事业心和责任感,积极学习业务知识,有较强的工作能力和较高的专业技术水平。

(三)兢兢业业,尽职尽责,在工作岗位上发挥骨干作用,在年度工作中做出显著成绩。

(四)作风优良,甘于奉献,团结同事,在职工中有较高的评价和威信。

(五)年度考核为"合格"等次以上。

第十二条 "重大气象服务先进个人"评选条件:

(一)严格要求自己,在本职岗位上尽职尽责,努力工作,表现突出。

(二)在重大气象服务和重要应急响应工作中组织严密,管理有效,出色完成任务。

(三)在重大气象服务和重要应急响应工作中发挥关键性作用,贡献突出。

(四)具有良好的职业道德和敬业精神。

(五)年度考核为"合格"等次以上。

第十三条 "优秀共产党员"评选条件:

(一)认真学习邓小平理论、"三个代表"重要思想和科学发展观,学习贯彻中央精神和局党组、中心党委的部署和要求,立场坚定,具有坚定的共产主义理想和走建设有中国特色社会主义道路的信念。

(二)具有强烈的事业心和责任感,积极学习业务知识,在工作中充分发挥先锋模范作用,埋头苦干、开拓创新、无私奉献,在本职岗位上做出显著成绩。

（三）模范地实践全心全意为人民服务的宗旨，密切联系群众，诚心诚意为群众谋利益，吃苦在前，享受在后，在党员和群众中有较高威信。

（四）带头执行党和国家及中国气象局的各项方针、政策，遵守中心的各项规章制度，坚持党性原则，遵纪守法，廉洁奉公。

（五）带头弘扬正气。发扬社会主义新风尚，敢于同不良风气、违纪违法行为作斗争。

（六）年度考核为"良好"等次以上。

第十四条 "优秀党务工作者"评选条件：

（一）认真贯彻执行党的路线、方针、政策，热爱党务工作，熟练掌握党务知识，解放思想，务实创新，在加强和改进党的建设工作中成绩突出。

（二）党性强、作风正，坚持原则，廉洁奉公，敢于同违反党纪、政纪的现象作斗争，带头组织和完成上级党组织交办的各项任务。

（三）密切联系实际，全心全意为人民服务，严于律己，率先垂范，深得党员、群众的信赖和拥护。

第十五条 "精神文明建设先进个人"评选条件：

（一）认真学习邓小平理论、"三个代表"重要思想、科学发展观和党的十八大精神。热爱党、热爱祖国、热爱人民、热爱社会主义，在思想上、政治上、行动上自觉与党中央和局党组保持一致。

（二）具有较强的事业心和责任感，热爱本职工作，勤于学习，善于思考，肯于钻研，乐于奉献，工作能力强，业务水平高，出色完成各项工作任务。

（三）具有良好的道德情操，恪守社会公德、职业道德和家庭美德。遵纪守法，廉洁自律。公道正派，诚实守信。为人正直，团结同事。

（四）热爱工会工作，热心为职工服务，积极为职工说话办事、排忧解难，出色完成上级工会和本单位工会交给的工作任务，在职工中威信较高。

（五）积极参与精神文明创建和社会公益活动，在中心精神文明建设和文化建设中做出突出贡献。积极参加工会组织的各项活动，为中心争得荣誉，深受职工好评。

第十六条 "文明单位（标兵）"评选条件：

（一）本处室全体同志政治立场坚定，在国家重大事件中能自觉与党中央和局党组保持一致；无人犯严重的政治错误，无人参加"法轮功"等邪教组织。

（二）管理工作程序规范，制度健全，全面落实党风廉政建设责任制；领导班子开拓创新，勤政廉政，注重人才培养，群众拥护。

（三）工作业绩突出，圆满完成所承担的中国气象局和中心年度工作任务；工作气氛和谐，办事效率高，干部职工团结、互助、友爱，精神面貌良好。

（四）认真履行公民义务，自觉遵纪守法，遵守首都文明公约；本处室全体同志积极参加义务劳动、献爱心、捐款捐物等社会公益活动；积极参加中国气象局和中心组织的政治学习及文体活动，成绩突出。

（五）工作环境整洁，无脏、乱、差现象，为职工创造良好的工作环境。

（六）在中心年度综合考评中确定为"良好"等次以上。

第十七条 "先进党支部"评选条件：

（一）支部委员认真履行职责，深入学习实践科学发展观和党的十八大精神，认真贯彻党的路线方针政策和中国气象局党组、中心党委的决策部署，团结协作，求真务实，勤政廉洁，有坚强的凝聚力和战斗力。

（二）支部党员思想政治素质好，业务能力和作风过硬，党员意识强，参加各项政治学习和中心的集体活动，无迟到、早退、无故缺席等现象。

（三）支部规章制度完善，组织生活健全，组织发展工作成效显著。严格执行中心学习制度，全体党员能够按要求完成各项学习任务，撰写学习心得体会。

（四）支部党员自觉围绕中心、服务大局，出色完成各项工作任务，在改进工作作风、提高业务水平和服务能力等方面事迹突出。

（五）支部党员在群众中有较高威信，形象良好，关心帮助群众，党群干群关系密切。

第四章 评选原则及程序

第十八条 评选工作要与年度考核结合起来，注重实际工作业绩，要坚持走群众路线，充分发扬民主，自下而上地广泛听取意见，坚持标准，严格把关，实事求是，保证质量。

第十九条 年度先进工作者、重大气象服务先进个人由各处室推荐。优秀共产党员、优秀党务工作者、精神文明建设先进个人由各支部推荐，文明单位（标兵）由各处室自荐申报，先进党支部由各党支部自荐申报。

第二十条 人事处、党委办公室（监察审计处）为评选活动的组织单位。年度先进工作者和重大气象服务先进个人的评选材料报送人事处审查后，由中心主任常务会议研究确定；优秀共产党员、优秀党务工作者、先进党支部、精神文明建设先进个人、文明单位（标兵）的评选材料报送党委办公室（监察审计处）审查后由中心党委会议研究确定，并按规定进行公示，公示无异议后发文表彰。

第五章 表彰及奖励

第二十一条 个人奖励情况记入个人档案，作为考评晋级的重要依据。

第二十二条 奖励采用发放奖励证书、奖品、奖金和提高绩效等级等形式（上述形式不重复使用）。

第六章 附 则

第二十三条 本办法由党委办公室（监察审计处）负责解释。

第二十四条 本办法自发布之日起实行。

（起草人：沙文珍 发布时间：2013 年 12 月）

人　才　篇

　　人才篇旨在落实党管人才的要求。一系列积极开放、实行有效的人才工作制度，体现了中心党委识才的慧眼、爱才的诚意、用才的胆识、容才的雅量、聚才的良方，目的是在基层人员中遴选出一支有作为、敢担当的管理队伍，聚集一支拥有前瞻思路和创新精神的高层次领军队伍，储备一支综合素质高、业务水平过硬的年轻骨干队伍。特殊人才引进办法提供的配套支持措施，助力精准引进急需紧缺高层次人才，充分发挥引才引智的作用。完善的职称评价机制，鼓励通过工作积累不断提升个人素质，夯实中心人才队伍基础。最终在中心范围内形成人人渴望成才、人人努力成才、人人皆可成才、人人尽展其才的良好局面，让各类人才的创造活力竞相迸发、聪明才智充分涌流。

公共气象服务中心干部选拔任用工作办法

（2017 年 12 月修订）

第一章 总 则

第一条 为建设一支适应公共气象服务中心（以下简称"中心"）事业发展的高素质干部队伍，根据《党政领导干部选拔任用工作条例》（以下简称《条例》）、《党委（党组）讨论决定干部任免事项守则》《公共气象服务中心党委全委会、常委会议事规则》等有关规定，结合中心的实际情况，制定本办法。

第二条 按照干部管理权限，中心处级干部（包括五级、六级职员）和科级干部的选拔任用适用本办法。

第三条 选拔原则与标准。

1. 党管干部原则；

2. 五湖四海、任人唯贤原则；

3. 德才兼备、以德为先原则；

4. 注重实绩、群众公认原则；

5. 民主、公开、竞争、择优原则；

6. 民主集中制原则；

7. 依法办事原则；

8. 坚持信念坚定、为民服务、勤政务实、敢于担当、清正廉洁的好干部标准。

第四条 处级干部由中心人事处组织开展具体遴选工作；科级干部由中心人事处指导并监督各部门组织开展具体遴选工作。科级干部重点考察对象人选由各处室负责确定，正科级干部民主测评和谈话考察工作由人事处组织完成；副科级干部由各部门组织完成并上报人事处审核。

第五条 根据中心工作需要，处级干部选拔任用不定期举行；根据各处室实际工作需要，中心在每年的上、下半年集中开展一次科级干部选拔任用工作。

第二章 选拔任用条件

第六条 选拔任用下列干部，除应当具备《条例》规定的基本资格外，还应符合下列要求。

（一）正处级领导干部

1.担任副处级领导职务满2年以上或任正研技术职务满2年以上；

2.具有大学本科以上文化程度，具有本岗位专业知识；

3.近三年年度考核结果均为合格等次以上；

4.年龄一般在45岁以下，身心健康。

（二）副处级领导干部

1.在正科级岗位工作3年以上或取得高级专业技术职称满2年以上；或取得中级专业技术职称，且满足下列条件之一的：大学本科毕业后工作10年以上，或者硕士研究生毕业后工作7年以上，或者博士研究生毕业后工作4年以上；

2.具有大学本科以上文化程度，具有本岗位专业知识；

3.近三年年度考核结果均为合格等次以上；

4.年龄一般在40岁以下，身心健康。

（三）五级职员

1.在副处级岗位工作满8年以上，年龄在55岁以上；

2.具有大专以上文化程度，具有本岗位专业知识；

3.在副处级岗位任期内考核结果均为合格等次以上。

（四）六级职员

1.在正科级岗位工作满5年以上，年龄在50岁以上；

2.一般具有大专以上文化程度，具有本岗位专业知识；

3.在正科级岗位任期内考核结果均为合格等次以上。

（五）正科级领导干部

1.具有大学本科以上学历，一般担任副科长满1年以上；

2.具有本岗位管理和专业知识，年度考核结果均为合格等次以上；

3.年龄一般在35岁以下，身心健康。

（六）副科级领导干部

1.具有大学本科以上学历，一般应在中心连续工作满2年以上；

2.具有本岗位一定的管理和专业知识，年度考核结果均为合格等次以上；

3.年龄一般在 35 岁以下，身心健康。

第七条　特别优秀的年轻干部或者工作特殊需要的，可以破格提拔。处级干部破格提拔的，应当征求中国气象局人事司同意。

第三章　考核方式及程序

第八条　选拔任用处级和科级干部可采取民主推荐或竞争上岗的方式进行。

第九条　处级干部选拔程序

（一）人事处拟定选拔任用方案，报中心党委常委会动议后，公布干部考核公告。

1.民主推荐：

（1）组织召开民主推荐会，提供符合推荐条件的干部名册，填写推荐票；

（2）进行个别谈话推荐；

（3）统计推荐情况，综合分析，提出重点考察对象名单；

（4）报中心党委常委会研究，确定考察对象。

2.竞争上岗：

（1）报名与资格审查；

（2）组织笔试面试，汇总成绩，提出考察对象建议名单；

（3）报中心党委常委会研究，确定考察对象。

（二）考察程序：

1.组建考察组召开民主测评会，统计测评票；

2.进行个别（延伸）谈话；

3.向党委办公室（监察审计处）征求考察对象的党风廉政情况；

4.对重点考察对象的个人事项报告进行上报核实；

5.对重点考察对象的干部档案进行审查核实；

6.经核实不影响任用的，撰写干部选拔任用考察报告，并报中心党委常委会审批。

第十条　正科级干部选拔程序

（一）确定重点考察对象人选。各处室根据工作需要和岗位现状，提出正科级岗位需求，经中心分管领导同意并与人事处沟通一致后制定选拔工作方案上报中心主任常务会审议后启动。各部门成立考察小组，在处室内发布干部考察公告。

1.民主推荐：

（1）召开民主推荐会，参会人员由有关处室与人事处协商确定（一般为处室领导、高级专业技术人员、科级干部，人数少的处室应全体人员参加），提供符合推荐条件的人员名册，填写推荐票。

（2）统计推荐情况，征求党支部意见并综合分析，经处室领导班子研究确定重点考察对象人选（可差额），形成工作报告并报人事处审核。

2.竞争上岗：

（1）组织报名与资格审查，公示资格审查结果。

（2）组织笔试或面试、汇总成绩，征求支部意见并综合分析，经处室领导班子研究确定重点考察对象人选（可差额），形成工作报告并报人事处审核。

（二）民主测评与延伸谈话。人事处组成考察工作组并进行考察。

1.召开有关处室民主测评会，参会人员由人事处与有关处室协商确定（一般为处室领导、高级专业技术人员、科级干部，人数少的处室应全体人员参加），重点考察对象做述职报告，进行民主测评。

2.进行延伸谈话并形成考察报告，上报中心主任常务会审批。

第十一条 副科级干部选拔程序

各处室根据工作需要和岗位现状，提出副科级岗位需求，经中心分管领导同意并与人事处协商一致后制定选拔工作方案上报中心主任常务会审议后启动。各处室成立考察组，按照本办法第十条的程序开展考察选拔工作（副科级重点考察对象可不进行述职），形成考察报告，正式行文报送人事处，由人事处上报中心主任常务会审批。

第十二条 拟提任干部应进行公示。公示期一般为一周（不少于5个工作日）。公示无异议，处级干部由中心党委书记进行任前谈话、纪委书记进行廉政谈话，中心印发任职通知；科级干部由各处室负责人进行任前谈话、廉政谈话，人事处印发任命通知。

第四章　试用期

第十三条 提任处级领导干部实行任职试用期制度。试用期为一年。科级干部无试用期，印发任命通知后即为正式任用。

第十四条 试用期满考核程序：

（一）下发考核公告，组建考察组，召开民主测评会，统计测评票。

（二）进行个别（延伸）谈话撰写考察报告，报中心党委常委会审批。

第十五条 试用期满考核合格的，中心党委书记（或委托其他党委常委成员）与本人谈话，并印发正式任职通知，其试用期计入任职时间。

不合格不胜任的，免去试任职务，一般按试任前职级安排工作。

经研究不宜马上正式任职的，原则上延长试用期，时间一般不超过半年（延长试用期只能有一次）。延长期满后，再进行考核，决定能否正式任职。

第五章　纪律和监督

第十六条　中心处级领导干部、科级干部实行任职回避制度。

任职回避的亲属关系为：夫妻关系、直系血亲关系、三代以内旁系血亲以及近姻亲关系。有上述亲属关系的处级干部，不得在同一单位担任有直接上下级领导关系的职务；若一方为中心领导班子成员，另一方不得从事人事、审计（监察）、财务、纪检等工作。有上述亲属关系的科级干部，不得在同一处室担任有直接上下级领导关系的职务，也不得在其中一方担任局（处）级领导职务的单位从事人事、审计（监察）、财务、纪检等工作。

第十七条　中心处级领导干部、科级干部选拔任用工作实行回避制度。

中心党委常委、中心领导班子、处室领导班子及人事处讨论干部任免，涉及与会人员本人及其亲属的，本人必须回避。

干部考察组成员在干部考察工作中涉及其亲属的，本人必须回避。

第十八条　中心党委常委、中心领导班子及党委办公室（监察审计处）对干部选拔任用工作和贯彻执行本办法的情况进行监督检查，并自觉接受群众监督。

第六章　附　则

第十九条　本办法由人事处负责解释。

第二十条　本办法自修订发布之日起施行。

（起草人：梅艳、范静　发布时间：2017 年 12 月）

公共气象服务中心首席总师管理办法（试行）

第一章　总　则

第一条　为推动公共气象服务中心（以下简称"中心"）高层次领军人才队伍建设，充分发挥领军人才在业务发展和科技创新中的作用，根据《中国气象局关于加强气象人才体系建设的意见》《中国气象局科技领军人才管理实施细则（试行）》和《公共气象服务中心"十二五"人才发展规划》的有关规定，制定本办法。

第二条　本办法适用范围为中心聘任的首席、总师、副首席和副总师（以下简称"首席总师"）等高层次领军人才。

第三条　人事处负责首席总师的组织遴选、岗位聘任、年度考核及任期届满考核工作，业务科技处及所在单位负责首席总师的日常管理和服务工作。

第二章　聘任条件

第四条　基本条件

1.遵纪守法，爱岗敬业，品德优良。

2.有事业心和责任感，具有良好的职业道德和团队协作精神。

3.近5年年度考核结果为合格以上等次，其中至少有一年为优秀等次。

4.具有培养和指导其他业务人员工作或学习的经历。

5.身心健康，能胜任所聘任岗位工作。

第五条　岗位条件

（一）首席

1.在气象预报或服务一线工作15年以上，具有气象学相关专业的正研级专业技术职称。

2.具有较强科研及技术总结能力；具有主持完成省部级以上重大业务科研课题（项目）的经验。

3.具有较强的气象服务意识和技术把关能力；具有较强的文字语言表达能力以及与媒体、用户交流的技巧和沟通能力。

4.近五年内以第一作者在SCI/SCIE收录刊物或国内一级核心期刊上发表相关领域学术论文3篇（含）以上，其中至少有1篇发表在本专业国际著名SCI刊物上。

5.岗位所需要的其他条件。

（二）总师

1.在业务系统开发和运行维护等业务一线工作10年以上，具有副研级以上专业技术职称5年以上。

2.具有较强的组织协调和技术指导能力；具有主持完成省部级以上业务系统开发项目的经验。

3.具有较强的技术把关能力，具备较强的服务业务系统综合设计能力和计算机开发应用能力。

4.近五年内以第一作者在SCI/SCIE收录刊物或国内一级核心期刊上发表相关领域学术论文2篇（含）以上。

5.年龄一般在50岁以下，具有正研级职称的人员可适当放宽。

6.岗位所需要的其他条件。

（三）副首席

1.在气象预报或服务一线工作8年以上，具有气象学相关专业的副研级以上专业技术职称3年以上。

2.具有较强科研及技术总结能力；具有主持或作为骨干完成省部级以上重大业务科研课题（项目）的经验。

3.具有较强的气象服务意识和技术把关能力；具有较强的文字语言表达能力以及与媒体、用户交流的技巧和沟通能力。

4.近五年内以第一作者在SCI/SCIE收录刊物或国内一级核心期刊上发表相关领域学术论文2篇（含）以上。

5.年龄一般在45岁以下，具有正研级职称的人员可适当放宽。

6.岗位所需要的其他条件。

（四）副总师

1.在业务系统开发和运行维护等业务一线工作8年以上，具有副研级以上专业技术职称3年以上。

2. 具有较强的组织协调和技术指导能力；具有主持完成司局级以上业务系统开发项目的经验。

3. 具有较强的技术把关能力，具备较强的服务业务系统综合设计能力和计算机开发应用能力。

4. 近五年内以第一作者在SCI/SCIE收录刊物或国内一级核心期刊上发表相关领域学术论文1篇（含）以上。

5. 年龄一般在45岁以下，具有正研级职称的人员可适当放宽。

6. 岗位所需要的其他条件。

第三章　遴选程序与聘任

第六条　中心根据业务发展需要，发布首席总师招（竞）聘公告，包括岗位职责和任职资格条件。

第七条　申请人按要求提出申请，提供相关报名材料。中心人事处会同业务科技处对申请人资格和业绩材料进行审核。

第八条　中心组织同行专家组（人数不少于5人），对申请人进行答辩评议，并进行投票表决，得票超过半数的申请人确定为推荐人选，报中心主任常务会审批。

第九条　经主任常务会审批通过后，进行为期一周（至少5个工作日）的公示。公示无异议，印发聘任通知，签订工作合同，聘期为三年。

第四章　考核评价

第十条　首席总师的考核评价以年度考核和聘期届满考核相结合的形式开展，考核内容以工作合同规定的内容为主，主要包括：

1. 开展业务科研工作情况。

2. 组织实施重大科研、技术开发项目情况。

3. 培养青年业务科研人员情况。

4. 发表高水平学术论文情况等。

其中首席总师的年度考核与本人年度工作考核相结合，并且在本处室内进行民主测评。如民主测评结果不满意率超过30%，中心将进行提醒。若连续两年不满意率超过30%，将予以解聘。

第十一条　首席总师聘期届满后，由人事处组织同行专家开展聘期届满考核。

第十二条　聘期届满考核流程

1. 首席总师按照工作合同内容进行总结，填写"聘期届满考核表"，本人签字后提交所在单位审核。所在单位明确提出聘期工作评价意见后，报送人事处。

2.人事处组织同行专家，根据工作合同要求及实际情况，对首席总师进行述职测评，明确提出能否续聘的意见。

3.中心主任常务会对专家意见进行审定，决定是否续聘。

第十三条 出现下列情形之一者，经中心研究决定后，将予以解聘或降低岗位聘任：

1.受党纪政纪处分者。

2.不遵守职业道德、弄虚作假者。

3.出国逾期不归者。

4.调离中心，不再履行首席总师岗位职责者。

5.长期因病或个人原因不能正常工作超过半年者。

6.年度考核等次为不合格者。

第五章 待 遇

第十四条 首席总师自聘任起享受相应岗位的岗位津贴和绩效工资。

第十五条 首席总师所在处室应为每位首席总师配备至少1名助手，协助其工作。

第十六条 中心创造有利于首席总师发挥作用的平台，优先支持开展相关领域战略研究、科技研发、项目申请、学术交流、技术培训，以及指导团队建设和人才培养工作。

第六章 附 则

第十七条 聘期届满考核表将存入个人档案。

第十八条 本办法由人事处负责解释。

第十九条 本办法自正式印发之日起施行。

（起草人：温玮、郑欧 发布时间：2013年11月）

附件：

公共气象服务中心
首席岗位聘用合同书

姓　　名：_____

岗位名称：_____

公共气象服务中心人事处制

填写说明

1. 单位法定代表人代表聘用单位与受聘人员签订岗位聘用合同。

2. 本岗位聘用合同书须由聘用单位和受聘人员双方当事人亲自签订。签字一律用蓝、黑墨水书写，字迹清晰、工整。

3. 岗位聘用合同期限为三年。

4. 离法定退休时间不到一个聘用期限的人员，合同截止时间按照法定退休时间签订。

5. 岗位聘用合同书内的年、月、日一律使用公历，除落款日期外，均用阿拉伯数字填写。

首席岗位聘用合同书

根据工作需要和岗位设置要求，甲乙双方在协商一致的基础上，签订如下岗位聘用合同条款，共同遵照履行。本合同自双方签订之日起生效。

一、聘用合同期限

本合同期限为3年。合同期自＿＿＿年＿＿月起至＿＿＿年＿＿月止。

二、聘用岗位职责要求

（一）甲方根据工作需要和乙方的岗位意向，决定聘用乙方从事＿气象服务首席＿岗位的工作。

（二）岗位职责和任务

1. 牵头组织专业气象服务业务的开展，承担相关专业气象服务的技术把关和组织实施。

2. 组织专业气象服务需求调查，拓展专业气象服务领域。

3. 关注和了解国内外专业气象业务现状、发展趋势和业务技术，参与相关专业气象服务技术、业务发展规划研究。

4. 结合中心专业气象业务科研实际，凝练科学问题，组织研发专业气象关键技术。

5. 组织开展面向行业用户的专业气象预报服务产品研发，在某一领域形成系统性技术成果。

6. 组织申报并主持完成省部级以上重大科研业务项目，为中心重大科研项目工作提供技术指导和咨询。

7. 指导和培养业务骨干，带领气象服务创新团队。

8. 根据中心的需要，承担其他相关任务。

（三）岗位工作标准和要求

1. 负责专业气象服务技术把关以及相关业务服务材料的审核把关。

2. 组织开展重大气象服务保障工作，无重大差错。

3. 任期内，在专业气象服务领域形成至少1项系统性技术总结或技术成果。

4. 任期内，至少主持开发（或作为主要技术骨干参与）省部级以上专业气象服务业务系统1项，并投入业务应用或转化为实际业务，取得良好效果，并被国家级气象业务主管部门认可。

5. 任期内，至少主持申报1项国家级（或相应级别）或2项省部级科研或开发项目。

6. 任期内，作为第一作者（或通讯作者）在核心期刊发表论文2篇以上，或全国性学术会议论文（报告）2篇以上，或国际学术会议论文1篇以上，或以第二作者指导本单位技术人员发表核心期刊发表论文3篇以上。

7.任期内，至少培养1名副首席或关键岗骨干人员，指导副首席以下技术人员完成5篇以上论文或相关报告。

8.任期内，每年为厅局级组织的技术人员培训授课2次以上，或牵头组织学术交流3次。

（四）乙方按照岗位职责任务，按时完成甲方规定的工作任务，达到规定的工作标准。

（五）在聘期内，甲方可以根据工作需要，与乙方协商后，调整乙方的工作岗位或增加岗位职责任务的内容，以书面形式确定合同变更的内容。

三、岗位纪律和考核

（一）甲方有权按照岗位职责，建立健全各项考核制度，做到责权清晰、考核严格、奖惩分明。考核分为年度考核和聘期考核。

（二）考核结果的使用按照相关的规章制度执行。

（三）乙方如违反规章制度和岗位纪律，甲方有权进行批评教育，按照有关规定给予相应的处理。

四、其他

（一）本合同未尽事宜，按照国家和部门事业单位人员岗位设置管理的相关制度执行。

（二）本合同一式两份，具有同等法律效力，甲乙双方各执一份。

甲方（盖章）　　　　　　　　　　　　　　　乙方（签字盖章）

法定代表人或

委托代理人（签字盖章）

　　　　　年　月　日　　　　　　　　　　　　　　　年　月　日

公共气象服务中心"青年英才计划"管理办法

第一章 总 则

第一条 为贯彻落实《气象部门人才发展规划（2013—2020年）》和《公共气象服务中心"十二五"人才发展规划》，推动公共气象服务中心（以下简称"中心"）青年骨干人才队伍建设，充分利用中国气象局"青年英才计划"的支持，培养造就一批具有较高水平、成绩突出的青年骨干人才，制定本办法。

第二条 对于入选"中心青年英才计划"的青年职工，将授予"中心青年英才计划入选者"（以下简称"入选者"）荣誉称号。

第三条 中心人事处负责入选者的组织选拔及考核评价等工作，业务科技处根据上一年度业务基金的完成情况，负责提出候选人的建议名单。

第二章 推荐选拔程序

第四条 中心"青年英才计划"每年选拔1次，每次选拔4名。具体选拔程序如下：

（一）每年初，业务科技处根据上一年度中心业务基金项目的完成情况，提出候选人建议名单，报人事处。

（二）人事处组织候选人相关材料，报中心主任常务会研究确定入选者名单。

（三）经中心主任常务会审定后，进行为期一周（至少5个工作日）的公示。公示无异议，中心印发通知，与入选者签订培养协议，纳入青年英才计划进行培养。

第三章　培养及考核措施

第五条　中心对入选者的培养期为1年。入选者要在培养期内完成以下工作：

（一）将前期已完成的业务基金项目成果进行业务化应用或试用。

（二）参加1次以上提升自身科研业务能力的高级培训，培训时间累计不得少于40学时。

（三）在司局级以上学术会议进行1次以上学术交流或在省级以上培训班授课累计8学时以上。

（四）以第一作者在相关领域正式期刊上发表学术论文。

（五）培养协议所要求的其他工作。

第六条　中心对入选者提供经费资助。资助经费主要用于入选者开展项目后续研究、专家咨询、学术交流、发表论文、培训进修和劳务支出等，费用支出必须按照财务有关规定执行。

第七条　培养期结束时，人事处组织专家组依据培养协议要求进行培养期满考核。

第八条　对于培养期满考核成绩优秀的入选者，可连续入选本计划，优先支持申报中心年度业务基金项目。

第九条　对于培养期满考核不合格的入选者，中心将督促其在三个月内完成整改，整改不合格者，取消入选者称号并且两年内不得入选本计划。

第四章　附　则

第十条　本办法由人事处负责解释。

第十一条　本办法自正式印发之日起施行。

（起草人：温玮、郑欧　发布时间：2013年11月）

公共气象服务中心特殊人才引进办法（试行）

第一章 总 则

第一条 为加快领军人才建设，创造有利于人才发展的环境，吸引优秀人才来公共气象服务中心（以下简称"中心"）工作，促进中心现代化建设，根据《关于深化人才发展体制机制改革的意见》（中发〔2016〕9号），结合中心实际，制定本办法。

第二条 本办法所称特殊人才是指在中心改革与发展中急需的国内外高端人才，一般具有博士学位或正研级专业技术资格。具体由中心人才引进专家组作出认定。

中心人才引进专家组由中心领导班子成员，以及人事处和业务科技处主要负责人组成。

第三条 特殊人才引进坚持党管人才、广纳贤才，服务发展、以用为本，按需引进、高端引领，阳光操作、公平公正原则。

第二章 程 序

第四条 特殊人才招聘计划由用人单位申请、中心人事处审核，报中心党委常委会批准后发布招聘信息。

第五条 特殊人才可通过公开招聘、自荐、专家推荐等多种渠道申请。

第六条 特殊引进人才优先考虑能为中心学术发展、项目争取、市场拓展等发挥重要作用的人才。在应聘时应提供本人简历、专业、学术成就证明、学历和学位证书、任职资格证书复印件、重要社会兼职证明等。

第七条 特殊人才招聘由中心人才引进专家组对计划引进的人才进行考察和面试，通过后在中心内网公示一周，公示无异议，报中心党委常委会批准后引进。

第三章 使 用

第八条 对引进的特殊人才做到量才适用，并提供良好的工作平台，充分发挥其专业技能。

第九条 引进的特殊人才可根据需要，经过简化程序直接聘任为相应的岗位。

第四章 考 核

第十条 引进的特殊人才按照有关规定，每年与中心签订工作协议，明确特殊人才的岗位职责和考核目标。

第十一条 中心人事处会同用人单位每年对引进的特殊人才的工作任务完成情况和业绩进行考核，考核不合格者，可予以解聘。

第五章 待 遇

第十二条 中心在有事业编制、京籍户口等名额时可优先用于引进的特殊人才。

第十三条 对引进的特殊人才实行协议工资制，工资待遇由中心党委常委会专题研究决定。

第十四条 特殊人才的其他福利待遇与中心相应岗位人员相同。

第六章 附 则

第十五条 引进的特殊人才如与原单位发生人事或劳动争议等事项，由本人负责处理。

第十六条 本办法由中心人事处负责解释。

第十七条 本办法自发布之日起施行。

（起草人：范静、马清云　发布时间：2017 年 2 月）

公共气象服务中心职称评定管理办法（试行）

第一章　总　则

第一条　为进一步规范公共气象服务中心（以下简称"中心"）职称评定管理工作，建立健全科学、客观、公正的气象专业技术人员评价机制，促进气象专业技术人才开发使用，根据国家和中国气象局关于职称评定管理和改革的有关规定，结合中心实际，制定本办法。

第二条　职称评定坚持服务发展、遵循规律、规范公正、以用为本原则，以品德、能力、业绩为导向，科学、客观、公正评价气象专业技术人才。

第三条　中心自主组织开展评定的职称系列为气象工程系列中的副高级及以下职称，分为高级工程师（副高级）、工程师（中级）、助理工程师（初级）三个层级；气象系列职称评审原则上不分专业类别，与中心业务职责范围相关的气象服务技术人员可以申报；其他范围气象工程类职称或其他系列职称评审委托有关部门或单位开展；气象正高级职称评审工作按照中国气象局有关规定执行。

第四条　中心人事处负责中心职称评定的组织和管理工作。

第二章　职称评审委员会

第五条　中心建立职称评审专家库，成员包括从中心遴选出的专家和根据不同岗位、不同专业领域确定的一定数量的外单位专家。

中心每年从评审专家库中遴选专家组成气象副高级和中级评审委员会（以下简称评委会），承担中心的职称评审工作，评委名单不对外公布。

第六条 评委会专家应具备以下基本条件：

（一）政治素养好，道德品质高。

（二）学术造诣深，知识面广，熟悉气象事业发展规划和布局，了解国内外气象科技、业务最新发展动态，能够准确把握气象科技和业务服务发展方向。

（三）政策观念强，作风正派，办事公道，能认真履行职责，自觉遵守职业道德和评审纪律。

（四）气象副高级职称评审专家一般应具有气象正高级职称或3年以上气象副高级职称；气象中级以下职称评审专家一般应具有气象高级职称。

第七条 气象副高级、中级职称评委会一般不少于15人。其中中级职称评委会中，具有气象高级职称的委员应不少于二分之一。评委会成员按有关规定实行回避制度。

中心不设气象初级职称评委会，由中级职称评委会全权负责初级职称评审工作。

每年根据实际情况适当调整评委会委员的构成，调整人数不应少于三分之一，同时为保证评审工作的连续性，亦不应多于三分之二。

第八条 评委会设主任委员1人，副主任委员1~2人。评委会在主任委员的领导下，按照规定程序开展职称评审工作。主任委员因特殊情况不能主持的，可委托副主任委员主持。

评委会遵循公平、公正原则，严格遵守评审纪律，全面履行评审职责，切实保证评审质量。

第九条 评委会组建5人以上的资格审查专家组，由主任委员或受其委托的副主任委员担任组长，成员由主任委员在当年评委会委员中选择确定。资格审查专家组负责对资格审查中的疑难问题进行审议并提出解决方案。

第十条 召开职称评审会时，出席会议的评委会委员人数不得少于全体委员的三分之二。因故未出席评审会或中途离会、未参加审议过程的委员不得投票，任何委员不得委托投票或补投票。

第三章　职称申报条件

第十一条 在中心从事气象相关工作的专业技术人员，可按要求申报评定气象职称。外语水平和计算机能力不再作为气象职称申报的必备条件，外语和计算机应用能力学习可作为专业技术人员继续教育学习内容之一。高级工程师职称申报条件参见附件1，工程师职称申报条件参见附件2，助理工程师职称申报条件参见附件3。

第四章　职称评审程序

第十二条 中心组织的气象系列职称评审工作一般每年开展一次。

第十三条 气象副高级及以下职称评审工作程序一般包括评审信息发布、个人申报、资格审查与推荐、专家评议、评委会评审、资格确认等。

（一）评审信息发布。中心人事处在中心范围内发布年度职称评审工作安排。

（二）个人申报。专业技术人员按照申报要求向中心人事处提交申报材料。

（三）资格审查与推荐。中心人事处对其申报材料进行审核，确认其具备申报资格且申报材料真实、完整、规范。各推荐单位按照规定程序组织开展推荐工作，对申报人员的品德、能力、业绩给出推荐意见，明确推荐排序；并对推荐人员申报材料在推荐单位进行不少于5个工作日的公示。

（四）专家评议。专家评议可以由评委会根据年度申报情况分组实施。

（五）评委会评审。评委会根据申报人员能力业绩、专家评议情况，以及推荐单位的推荐意见和推荐排序，对申报人员进行综合评议并投票。申报人员获得支持票数达到出席会议评委三分之二以上者，视为通过评委会评审。

（六）资格确认。评审结果由中心主任常务会审定，并进行不少于5个工作日的公示，公示无异议后，由中心发文确认通过评审人员的职称。资格时间自评委会投票通过之日起计算。

第十四条 气象副高级职称评审结果备案。在评审工作结束1个月内，中心将评审结果正式函报中国气象局人事司备案。备案材料包括：

（一）年度评审工作总结，包括申报评审总体情况、主要评审工作程序、公示情况（含公示时间、范围）等。

（二）评委会专家基本信息。

（三）通过评审人员基本信息。

第五章 职称认定条件及程序

第十五条 符合下列条件，可认定相应的气象系列职称。

（一）获博士学位，或者获硕士学位、从事本专业工作满3年（在获硕士学位前有1年以上工龄的，工作满2年），经考核合格，可认定气象中级职称。

（二）获硕士学位、半年见习期满，或者大学本科毕业、一年见习期满，经考核合格，可认定助理工程师职称。

第十六条 认定结果经中心主任常务会审定，并进行不少于5个工作日的公示，公示无异议后发文确认认定结果。

第十七条 认定资格时间从符合认定条件之日起计算。

第六章　委托评审与转系列评审

第十八条　副高级以下职称委托外单位评审或接受外单位委托评审按以下规定实施：

（一）气象工程系列不得委托外单位评审。研究系列及非气象系列职称可委托相关专业技术方向的主管部门（或单位）评审。

（二）委托外单位评审职称，须由中心按照有关规定进行资格审查、材料公示、组织开展推荐初评，并根据中心岗位设置需要、初评推荐意见，以及申报人员岗位和工作情况研究决定是否同意。同意其委托评审的，按照职称评审管理权限由中心出具委托函；未经单位同意取得的职称，单位不予认可。委托评审结果需经中心主任常务会审定，资格时间自评委会投票通过之日起计算。

委托评审人员的学历资历应同时符合气象部门和委托部门（或单位）的评审条件要求。

（三）外单位委托中心评审职称的，须按有关规定由申报人所在单位或所属人事（职改）部门出具委托函，且符合中心职称评审条件。

第十九条　专业技术人员因工作需要调整专业技术岗位，符合申报条件的可转系列评审与现岗位相适应的职称。转系列评审职称分为平级转评和晋级转评两种形式，按以下规定实施：

（一）平级转评职称的人员，转评系列应与其现专业技术岗位相对应，在现专业技术岗位工作满1年，且符合转评系列的职称申报条件。转评职称前后的任职时间可连续计算。

（二）气象工程系列和研究系列之间的晋级转评，以及与现从事气象专业技术岗位密切相关的非气象系列职称和气象系列职称之间的晋级转评，应与其现从事专业技术岗位相对应，并符合转评系列的职称申报条件。具有其他非气象系列职称的专业技术人员，须先平级转评至气象系列职称，取得气象系列职称2年后可申报上一级职称。

第七章　职称评定监督

第二十条　中心人事处对职称评定相关政策、条件、程序、结果进行公开，负责对气象职称评定工作进行监督、检查，受理举报、申诉，并负责核查和裁定。

第二十一条　职称评定工作实行责任追究制度。

（一）专业技术人员在申报材料中弄虚作假的，一经查实，取消其申报资格；已凭借此申报材料取得职称的，予以撤销。

（二）评委在评审过程中出现不遵守回避制度、徇私舞弊、泄露工作秘密、为申报人员说情拉票等违反评审纪律情况的，取消其评委资格。

（三）对在申报材料审核中把关不严或弄虚作假，造成严重后果的部门和个人，视情况予以通报批评，直至追究相应责任。

第八章　附　则

第二十二条　以往有关文件与本办法不一致的，以本办法为准。本办法由中心人事处负责解释。

第二十三条　本办法自印发之日起施行。

（起草人：梅艳、范静、马清云　发布时间：2017 年 12 月）

附件1

公共气象服务中心气象高级工程师评审条件

第一章 总 则

第一条 为客观公正地评价气象专业技术人员的业务、技术和学术水平，根据国家职称改革有关规定和中国气象局有关要求，结合公共气象服务中心（以下简称"中心"）实际，制定本评审条件。

第二条 本评审条件是从事气象业务服务专业技术人员申报和评审气象高级工程师职称的依据。

第二章 申报条件

第三条 基本条件

凡申报评审气象高级工程师职称的人员，必须热爱祖国，拥护中国共产党的领导，热爱气象事业，遵纪守法，具有良好的职业道德和团队精神，取得中级专业技术职务任职资格后近3年以来年度考核均为合格（称职）以上等次，同时具备以下条件：

（一）学历和资历符合下列条件之一：

1. 大学本科毕业，取得气象中级职称后，从事相关专业技术工作满5年。

2. 研究生毕业，获硕士学位，取得气象中级职称后，从事相关专业技术工作满4年。

3. 研究生毕业，获博士学位，取得气象中级职称后，从事相关专业技术工作满2年。其中博士后在站或出站人员以及在国外取得博士学位的，可不作中级职称要求。

4. 用后续学历（学位）申报者，须在取得后续学历（学位）之后从事相关技术工作满1年，其前后的工作资历可以累加计算（全脱产学习时间除外），并符合上述各学历（学位）的工作年限要求。

5. 获得上述各学历（学位）所学专业，应与从事岗位工作相关。

（二）教育培训要求。取得中级专业技术职务任职资格后，参加本专业或相关专业新理论、新技术、新方法为主要内容的继续教育和岗位培训，达到有关规定要求。

（三）工作能力和业绩符合申报专业的评审条件；破格申报者还须符合破格申报条件。

（四）受党纪、政纪处分影响期内的，不得申报。

第四条 经历能力要求

（一）取得中级职称以来，从事与中心业务密切相关的工作并在相关领域具备下列一项或多项专业工作经历：

1. 作为项目骨干成员，参加完成省部级以上科技或业务技术项目，通过项目主管部门结题验收。

2. 作为项目负责人，主持完成司局级科技或业务技术项目，或者骨干参加完成司局级重点科技或业务技术项目，通过项目主管部门结题验收。

3. 作为项目负责人或骨干成员，主持或参加过司局级以上单位重大、重点气象工程项目的科研、规划、设计、咨询、建设、运行管理等某一专业技术工作。

4. 作为业务骨干，从事单位业务、服务技术把关工作2年以上，在工作中发挥重要作用。

5. 作为骨干成员主笔完成司局级（或3项处级）以上单位业务发展规划、重大项目技术方案、技术标准、培训教材（讲义）、相关的管理规章制度等，并被司局级以上单位业务主管部门采用。

6. 作为骨干成员，参加过新产品、新技术等项目的研究开发或转化推广应用工作，取得重要研究成果和明显的社会经济效益。

7. 作为主要业务技术骨干成员，完成重大或重点专业气象服务项目研发，得到工程应用，并在相关行业领域产生重要影响或示范作用。

（二）具有指导专业技术人员工作或学习的经历，或指导研究生的工作经历，或在重要的业务技术培训中承担教学任务的经历，或带领团队工作的经历。

第五条 业绩成果要求

取得中级职称以来，从事与中心业务密切相关的工作并在相关领域做出显著贡献，取得下列一项或多项业绩成果：

1. 入选司局级单位人才工程人选。

2. 作为主要完成者获得司局级以上或行业的科技奖励。

3. 在气象业务服务工作中，做出突出贡献，获得司局级以上业务技术个人表彰、奖励3次以上；或者作为业务骨干参与建立了比较完善的司局级以上单位的业务体系、服务产品体系等，取得显著社会和经济效益。

4. 在重大气象工程建设、气象业务建设、气象科学研究和技术开发，以及科技成果转化、推广应用等气象现代化建设工作中，创造性地解决了关键性科学和技术难题，形成重要创新性成果，或者取得国家发明专利、实用新型专利或软件著作权，或者使相关专业工作有较大改进，社会和经济效益显著。

5. 作为主要完成人撰写的重大气象服务材料、重大天气气候事件监测报告、重大灾害调查分析报告、气象服务效益评估报告、决策咨询报告、重大建设项目灾害风险评估报告等，发挥重要作用，获得上级主管部门批示。

6. 作为主要完成人执笔完成的业务服务等专项规划（计划）、本专业行业、地方或团体技术标准、部门技术规范或实施细则、业务技术手册、业务流程、业务教材被司局级以上单位业务主管部门正式采用并颁布实施。

7.积极承担气象科学知识普及工作，撰写并发表科普文章累计10万字以上；或编写科普教材50万字以上并出版发行；或制作完成自主编写多媒体科普教材（课件）20小时以上，取得良好的社会效益。

第六条 论文论著要求

取得中级职称后，符合下列一项或多项要求：

1.作为第一（或通讯）作者在正式出版的学术期刊上发表与本专业相关的学术论文2篇以上；或作为第一（或通讯）作者在全国核心期刊或SCI（E）、EI收录期刊上发表学术论文1篇。

2.作为主要作者完成2项以上司局级以上单位事业发展规划、科学计划，重大气象服务报告、气象科技咨询报告，气象工程（项目）报告、技术工作总结、工程方案、设计文件的撰写，以及相关标准规范、业务技术手册、培训教材讲义（教案）等的撰写，并被采纳或受到上级主管部门认可；或者作为主要参加者取得的技术成果获得国家发明专利或实用新型专利2项以上，或作为第一参加者取得的技术成果获得国家发明专利或实用新型专利1项以上。

3.作为主要作者出版1部以上本专业相关著（译）作，本人撰写不少于5万字或翻译不少于10万字。

第三章 破格申报条件

第七条 在实际工作中做出突出贡献，取得下列一项或多项业绩成果的专业技术人员，可降低一个学历层次或在资历上提前一年申报：

1.承担业务技术把关2年以上，3次受到省部级以上业务技术类表彰或奖励的先进个人。

2.省部级以上科学技术类二等以上奖励的主要完成者。

3.作为第一申请者，申请到国家级研究项目（课题），并至少完成一年的研究工作。

4.作为第一作者，在SCI、SCIE、EI收录的期刊上发表1篇以上学术论文，并在二级以上核心期刊上发表2篇以上；或作为第一作者在二级以上核心期刊上发表5篇以上学术论文。

5.在全国业务技能竞赛中获个人全能三等奖及以上，或在司局级业务技能竞赛中获全能前3名者。

6.其他与上述条件相当、同行专家公认的业绩成果。

第八条 按照有关规定被界定为海外引进的高层次留学人才和急需紧缺人才，可放宽资历、年限等条件限制，直接申报评审气象副高级职称。

第九条 国外引进的高层次人才，在国外取得博士学位，回国工作1年以上，有主持2项司局级以上课题（或项目）的经历，可以不受资历限制，按其实际专业技术水平和能力，申报相应专业技术职务任职资格评审。

第四章 附 则

第十条 本评审条件中的"主要完成人""骨干参加"等如无特别说明，是指《项目任务书》（或《科技成果登记表》、《科技成果认定表》、项目验收材料、相关技术报告等）中所列人员。

第十一条 本评审条件中的表彰、奖励、确定、考核等均以正式书面材料为准。同一业绩获多次表彰奖励的，只计1次最高级别奖励。获奖项目主要完成者须在获奖等级限额内。

第十二条 本评审条件中所指"××以上（下）"包括××，满××年指满××周年。

第十三条 本评审条件中的全国核心期刊是指申报当年被《中国科技期刊引证报告（核心版）》（CJCR核心版）、《中国科学引文刊物》（CSCD-JCR）收录的期刊。

对于从事气象教育培训等工作的人员，发表在最新《北大中文核心期刊》、《中文社会科学引文索引》（CSSCI）或《中国人文社会科学期刊》中收录期刊的论文，也视同为核心期刊论文。

出现第一作者并列或通讯作者并列情况时，论文仅供排名第一者使用。凡发表在期刊增刊上的论文，不作为该期刊的正刊文章。所有期刊的清样稿、论文录用通知、录用证明不能作为申报成果或送审论文的依据。

第十四条 本评审条件由中心人事处负责解释。

第十五条 本评审条件自印发之日起施行。

附件 2

公共气象服务中心气象工程师评审条件

一、申报条件

凡申报评审气象工程师职称的人员，必须热爱祖国，拥护中国共产党的领导，热爱气象事业，遵纪守法，具有良好的职业道德和团队精神。同时要符合下列条件。

（一）学历和资历要求。

1. 大学本（专）科毕业，取得气象助理工程师职称后，从事相关专业技术工作满 4 年可申报气象工程师。

2. 研究生毕业，获博士学位、三个月见习期满，或者获硕士学位、半年见习期满并从事本专业工作满 3 年（在获硕士学位前有 1 年以上工龄的，工作满 2 年），经考核合格，可认定气象工程师职称。

3. 用后续学历（学位）申报者，须在取得后续学历（学位）之后从事相关技术工作满 1 年，其前后的工作资历可以累加计算（全脱产学习时间除外），并符合上述各学历（学位）的工作年限要求。

4. 获得上述各学历（学位）所学专业应与从事岗位工作相关，或参加过与从事岗位工作相关的气象基础知识培训。

（二）近 3 年年度考核均为合格（称职）以上等次。

（三）获得初级专业技术职务任职资格后，参加过本专业或相关专业新理论、新技术、新方法为主要内容的继续教育或岗位培训，达到有关规定要求。

（四）工作能力和业绩应符合评审条件；破格申报者，还须符合破格申报条件。

（五）受党纪、政纪处分影响期内的，不得申报。

二、破格申报条件

取得初级职称以来，在实际工作中做出显著业绩，取得下列一项或多项业绩成果的专业技术人员，可降低一个学历层次或在资历上提前一年申报。

（一）从事业务技术工作，在灾害性、关键性、转折性天气过程预报或重大气象服务保障工作中表现突出，成绩显著，受到省部级表彰（或奖励）1 次。

（二）获得 1 次省部级以上或 2 次司局级科学技术类奖励的主要完成者。

（三）全国性业务技能竞赛的获奖者。

（四）作为主要完成者获得与气象专业技术相关的发明专利、实用新型专利，并在实际工作中得到应用。

（五）长期从事业务技术工作，获得初级专业技术职务任职资格后，连续 3 次年度考核获得优秀；或累计 5 次年度考核获得优秀；或男满 55 周岁，女满 50 周岁，工作满 30 年以上，累计 2 次年度考核获得优秀。

（六）其他与上述条件相当、同行专家公认的业绩成果。

三、经历能力条件

取得初级职称以来，应具备独立承担本岗位工作的能力、一定的综合分析能力、解决本专业较复杂问题的能力等。主动参加与业务工作相关的团队；或积极参与课题、工程项目或业务项目建设，作为参加者完成司局级项目 1 项以上；或在岗位工作中主动帮助和指导他人解决疑难问题或避免重大差错，成效明显，同时应具备以下一项或多项专业工作经历：

（一）参与制定本岗位所需要的技术方法、应用工具、规章制度、工作流程，在业务工作中被正式采用。

（二）能针对本专业工作中存在的问题进行细致研究，收集、整理和分析所从事岗位工作的技术资料，并形成有价值的文字材料。

（三）能针对本岗位工作中存在的问题提出有效的解决方案，被处级以上单位采用；或作为骨干参加过本专业发展规划、计划、系统设计等工作。

四、业绩成果条件

取得初级职称以来，取得下列一项或多项业绩成果：

（一）在灾害性、关键性、转折性天气预报服务或重大气象服务保障工作中表现突出，成绩显著，得到司局级以上业务部门表彰。

（二）在实际工作中，解决过比较重要的技术或关键问题，使本岗位工作有所提高或改进，质量（或效益）明显提高；或参与获得与气象专业技术相关的发明专利、实用新型专利或有价值的软件著作权。

（三）参加完成的科研工作获得司局级以上奖励；或在本岗位工作中表现突出，获得司局级以上个人工作奖励。

（四）参加编写司局级以上项目的可行性研究报告、技术方案设计报告、业务技术总结报告等，并获实施；或参加撰写重大气象服务材料、重大天气气候事件监测报告、重大灾害调查分析报告、重大建设项目灾害风险评估报告、服务评价报告等，发挥重要作用，且获得上级主管部门批示。

（五）参加完成的业务服务等专项规划（计划）、本专业行业或地方技术标准、部门技术规范或实施细则、业务技术手册、业务流程、业务教材被司局级以上单位业务主管部门正式采用并颁布实施。

（六）积极承担气象科学知识普及工作，撰写并发表科普文章、撰写并采用科普文案累计 2 万字以上，或制作完成自主编写多媒体科普服务类教材（课件）10 小时以上，或参与录制科普服务类节目累计 20 小时以上，取得良好的社会效益。

五、论文论著要求

取得初级职称后，符合下列一项或多项要求：

（一）作为第一作者在全国正式期刊发表与本专业相关的学术论文 1 篇；或作为第一作者在全国性学术会议上大会交流过 1 篇以上论文或技术报告，并被正式出版的会议文集全文收录；或作为第一作者在司局级学术会议上大会交流过 2 篇以上论文或技术报告，并被正式出版的会议文集全文收录。

（二）在本专业业务、科研或服务等工作中，作为第一作者完成理论联系实际的科学计划、技术报告、科技咨询报告、重大气象工程（项目）报告、工作总结、工程方案、设计文件，以及标准规范、专利成果，并经 2 名具有副研级以上职称的同行专家确认具有一定水平和实用价值。

（三）参加编写过与本专业相关的著作（译著），其中独立完成不少于 2 万字或翻译不少于 4 万字。

六、补充说明

（一）本评审条件中的表彰、奖励、确定、考核等均以正式书面材料为准。同一业绩获多次表彰奖励的，只计 1 次最高级别奖励。

（二）本评审条件中所指"××以上（下）"包括××，满××年指满××周年。

（三）本评审条件由中心人事处负责解释。

（四）本评审条件自印发之日起施行。

附件 3

公共气象服务中心气象助理工程师评审条件

凡申报评审气象助理工程师职称的人员，必须热爱祖国，拥护中国共产党的领导，热爱气象事业，遵纪守法，具有良好的职业道德和团队精神。同时要符合下列条件：

一、学历和资历要求

（一）中专毕业，从事相关技术工作满 4 年，或大学专科毕业，从事相关技术工作满 2 年。

（二）大学本科毕业、一年见习期满，或获硕士学位、半年见习期满，经考核合格，可认定助理工程师职称。

（三）用后续学历（学位）申报者，须在取得后续学历（学位）之后从事相关技术工作满 1 年，其前后的工作资历可以累加计算（全脱产学习时间除外），并符合上述各学历（学位）的工作年限要求。

（四）获得上述各学历（学位）所学专业应与从事岗位工作相关，或参加过与从事岗位工作相关的气象基础知识培训。

二、其他条件

（一）近 3 年年度考核均为合格（称职）以上等次。

（二）能力和业绩应符合工作岗位要求，并提交不少于 1 篇的专业技术工作总结，并经 2 名具有副研级以上职称的同行专家确认具有一定水平和实用价值。

（三）受党纪、政纪处分影响期内的，不得申报。

三、补充说明

（一）本评审条件中的表彰、奖励、确定、考核等均以正式书面材料为准。同一业绩获多次表彰奖励的，只计 1 次最高级别奖励。

（二）本评审条件中所指"××以上（下）"包括××，满××年指满××周年。

（三）本评审条件由中心人事处负责解释。

（四）本评审条件自印发之日起施行。

创　新　篇

　　科技创新篇是围绕气象服务事业需求，落实国家科技创新政策，以发展业务、提升科技、鼓励创新为目的，编制的包含项目、人员、团队、机构、经费以及成果固化、转化等科技活动的一系列管理制度。科技创新管理规范的宗旨是激发员工开展气象服务科技研发、成果转化和应用推广的积极性和创造性，既支持首席领军人才解决业务服务紧迫需求、发展重点需要的问题，也支持培养锻炼青年科技人才、打造科研梯队。同时，强调气象科技成果的转化应用，以气象科技奖励办法、创新工作奖励办法、促进科技成果转化管理办法等，全面提升员工参与科研的积极性和创新活力。

公共气象服务中心创新工作管理办法

第一章　总　则

第一条　为推动中国气象局公共气象服务中心（以下简称"中心"）的创新工作，激发创新工作活力，营造创新环境氛围，开拓创新工作局面，推动创新工作持续发展，提高气象服务经济社会发展的能力和水平，制定本办法。

第二条　本办法所称的创新工作，是指围绕中心改革与发展的大局，在气象业务服务、科技和科学管理等方面开展的首创性工作。包括工作思路、工作机制、工作方式的创新以及重大改革措施的推行等，并在业务中得到应用且取得明显成效的工作。

第三条　中心根据创新主题、创新内容、实施效益等综合情况，开展中国气象局年度创新工作推荐及中心创新工作评比。

　　每年评选出的中心创新工作，原则上不超过 10 项。

第四条　办公室负责创新工作评比的组织管理，主要职责包括：

（一）制定创新工作评选的办法、规则。

（二）组织创新工作的申报、审查和评比。

（三）开展创新工作的宣传与推广。

（四）承担创新工作的其他管理职责。

第五条　业务科技处负责创新工作评比的指导评估，主要职责包括：

（一）参与创新工作的审查及评比。

（二）组织创新工作成果应用。

第六条　中心各处室负责创新工作的培育、申报及推广应用。

第二章　创新工作的申报

第七条　全国气象部门年度创新工作评比活动按中国气象局通知要求开展申报，中心创新工作一般在全国气象部门创新工作后组织开展申报。

第八条　创新工作的评比项目申报条件包括：

（一）率先性。首创或率先在气象服务行业内完成某项特定工作或任务；在借鉴和推广外部经验基础上再完善、再创造并充分体现本地化特色的新做法、新机制、新模式。

（二）实效性。对促进气象服务事业发展具有明显的推动意义，在实践中充分证明能够有效解决重点、难点问题，能够创造显著的社会和经济效益。

（三）完整性。具有清晰的创新思路、完善的创新方案、详细的工作要求、具体的措施方法以及科学的实施过程，具有较高的示范借鉴价值且能被推广运用。

第九条　申报处室应严格控制申报数量，原则上每处室不得超过 2 项。

第十条　申报材料应包括《公共气象服务中心创新工作申报表》（见附表）、创新工作成果书面材料等。申报材料要全面、详细介绍创新工作的总体思路、主要内容、创新点、实施过程及取得的效益等。

第三章　创新工作的评比

第十一条　中国气象局年度创新工作推荐、中心创新工作评比程序包括初审、复审和报中心审定等环节。

第十二条　办公室与业务科技处联合对申报的创新工作进行初审。办公室主要负责整理汇总各处室提交的申报材料、审查所申报的创新工作是否符合评选要求，业务科技处对符合评选条件的创新工作分类进行排序。

第十三条　办公室负责遴选评审专家，组成复审小组，对年度创新工作进行评审，推荐工作候选项目，形成书面评审意见并按程序公示。

第十四条　公示无异议后，报中心主任常务会审定，研究确定中国气象局年度创新工作推荐项目及中心年度创新工作评选结果。

第十五条　中心创新工作评比项目分设特等奖和一、二、三等奖四个等次。中心推荐并获得中国气象局年度创新工作表彰项目一般作为中心创新工作特等奖项目，中心推荐未获奖项目一般作为一等奖项目。

第四章　创新工作的应用

第十六条　办公室对中国气象局年度创新工作、中心年度创新工作进行通报表彰，并进行宣传。

第十七条　业务科技处根据创新工作所属领域，组织各处室开展成果推广。创新成果所属处室应积极配合开展推广工作。

第十八条　创新工作推广应用将纳入各处室年度目标考核。

第五章　附　　则

第十九条　本办法自印发之日起执行，由办公室负责解释。

（起草人：韩笑　发布时间：2017 年 12 月）

附表

编号_____

中国气象局公共气象服务中心
创新工作申报表

创新工作名称_____

申 报 类 别_____

申 报 单 位_____

填 表 日 期_____年___月___日

填写说明和注意事项

一、本表填写一式两份，报送中心办公室。

二、"编号"系指中心办公室按年度对申报的创新工作进行顺序编号，申报单位不必填写。

三、"申报类别"：在"业务服务""科技""科学管理"三类中选择一个。

四、"申报单位"必须是中心处级单位。

五、本表必须按要求逐项填写，表达要清楚、准确。

名称:
类别：业务服务（　　　）　科技（　　　）　科学管理（　　　　）
背景或出发点：
主要内容和过程：
创新点：
取得的预期成绩：

申报单位	名　称				
	通讯地址				
	邮政编码		联系电话		
	联系人		职务（职称）		
			联系电话		

申报单位预审意见：

签章_____

　　　年　月　日

中心评选意见：

签章_____

　　　年　月　日

公共气象服务中心核心业务流程再造团队管理办法

第一章 总 则

第一条 为加强和规范中国气象局公共气象服务中心（以下简称"中心"）基础性、全局性核心业务流程再造的工作及其团队的管理，确保团队工作质量和效率，激励流程再造团队工作主动性和创新性，制定本办法。

第二条 本办法主要用于中心核心业务流程再造团队工作质量管理和团队成员工作绩效考核。

第二章 团队组建与职责

第三条 流程再造团队由组长（副组长）及成员组成。组长（副组长）由中心研究确定，成员由组长根据工作需要从中心相关业务单位挑选和推荐，经与其所在业务单位主要负责人确认，中心研究确认后正式进入流程再造团队。团队成员实行动态调整的管理机制。

第四条 流程再造团队工作实行组长负责制，组长职责包括：根据团队任务目标制定工作计划并组织实施；对团队成员进行任务分工，指导团队成员开展工作并对其工作进行考核等。

第五条 团队成员在执行团队任务时应服从组长的统一指挥与安排，切实保证投入必要的时间与精力完成团队任务。团队成员参与的流程再造工作是其所在业务单位工作的组成部分，既要将其所在业务单位的各项业务需求带入团队中来，也要将流程再造所取得的成果应用到其所在业务单位的业务服务工作中。鼓励团队成员在确保按要求优先完成团队工作的基础上，根据个人情况及所在业务单位需要承担本单位岗位职责内相关工作。

第六条 业务科技处负责中心核心业务流程再造团队的协调与管理，具体职责包括：组织协调团队成员的组成；协调推进团队工作任务执行；组织团队工作进展汇报及绩效考评；协调解决团队工作过程中出现的相关问题等。

第三章 团队工作管理与考核

第七条 各团队组长负责组织制定流程再造工作的实施方案，包括主要建设目标、建设任务、技术路线、绩效考核指标、工作进度和人员分工等。

第八条 中心对各流程再造团队实行季度工作考评机制。各团队组长每季度末对近期工作计划执行情况进行总结讨论，分析取得的工作进展、存在的问题及需要协调的事项，形成阶段总结分析报告，同时明确下一阶段工作计划，并填写《公共气象服务中心核心业务流程再造团队工作考核表》。业务科技处每季度末安排中心层面的阶段工作进展汇报暨考评会，考评结果与团队绩效挂钩。

第九条 中心对各团队工作绩效实行绩效包总量控制，根据团队每季度工作考评情况，确定各团队绩效包额度。每季度团队成员的绩效额度由各团队负责人根据团队成员的贡献确定，不搞平均分配，不搞成员固定绩效，并填写《公共气象服务中心核心业务流程再造团队成员绩效考核表》，报业务科技处审定后发放。

第十条 在2个及以上跨团队工作的成员绩效，须经所在各团队负责人协商后发放。

第十一条 团队成员所在单位原则上应按照不低于本单位相同岗位平均绩效水平的标准向团队成员发放本单位工作绩效。

第四章 附 则

第十二条 本办法由业务科技处负责解释。

第十三条 本办法自修订之日起施行，原办法同时废止。

（起草人：张礼春、卫晓莉 发布时间：2017年5月）

公共气象服务中心业务服务专项基金管理办法

第一章 总 则

第一条 为规范中国气象局公共气象服务中心（以下简称"中心"）业务服务专项基金项目（以下简称"业务基金项目"）管理，加快提升中心科技创新与业务服务能力，加强项目成果转化应用，带动业务科研人才培养，提高中心业务基金使用效益，制定本办法。

第二条 业务基金项目主要是面向中心气象服务业务发展的紧迫需求，以解决影响和制约中心业务发展较为突出的业务技术难题、业务标准和运行管理机制等问题，按照重点和面上项目分类组织。

第三条 业务基金项目组织管理坚持面向需求、程序规范、公平公正、公开透明、注重实效的原则。

第四条 中心每年安排一定资金作为业务基金，重点支持解决日常业务运行工作中急需解决而暂时得不到其他渠道经费支持的突出问题。

第二章 基金使用

第五条 业务基金重点项目支持额度一般不超过 10 万元，面上项目一般不超过 5 万元。重点项目与面上项目数量的比例约为 1∶3。

第六条 项目经费主要用于项目开发相关的会议费、差旅费、交通费、办公用品费、出版印刷费、专用材料费、委托业务费、培训费、维修（护）费、邮电费、专家咨询费、劳务费等开支。其中，劳务费及专家咨询费合计总额不得超过项目经费总额的 30%，办公用品费用总额不得超过项目经费总额的 20%。项目经费支出严格按照项目合同书批准的款项、额度和期限执行，合同未批的款项不得列支。

第七条 项目经费一次核定总额、分期拨款，实行专款专用。70% 项目经费随项目任务书一并下达，其余 30% 在项目通过中期评估后核拨。具体操作时通过项目报账卡额度进行控制。

第三章　组织管理

第八条 中心成立业务基金项目咨询专家组，由中心科技委员会成员及各专业领域专家代表组成，其主要职责是：

（一）提出业务基金重点项目支持建议。

（二）协助编制业务基金项目申报指南。

（三）评议确定年度业务基金建议项目。

（四）参与年度业务基金项目中期检查及验收。

第九条 中心业务科技处负责业务基金项目的总体协调与组织管理，负责组织指南编制与发布、项目立项、实施过程管理、综合验收、成果管理等工作。中心计划财务处负责项目预算审核、预算执行情况检查和财务验收。中心各单位负责协助编制项目指南、组织和监督本单位的项目申报、实施和验收。

第十条 项目承担单位为中心各处级单位，对项目总体目标完成及实施效果负责。其主要职责是：

（一）组织推荐业务基金项目指南任务建议；对项目申请书、项目任务书进行审核，并确认项目承担单位和项目负责人所提交材料的真实性。

（二）协调并处理项目执行过程中出现的有关问题，及时报告项目实施相关重大事项。

（三）及时组织提交项目验收的有关文件资料；组织成果登记，及时汇交项目形成的技术报告、论文、数据、评价报告等成果资料，并按有关要求归档；加强成果转化和应用推广的管理，条件成熟时提出成果业务转化的建议。

（四）按照有关政策法规，加强对项目成果的知识产权管理和保护工作。

第十一条 项目负责人主要职责是：

（一）根据业务基金项目建设指南，按要求编制项目申请书。

（二）按照中心业务基金批复情况编制项目任务书，并根据签订的项目任务书实施项目研发工作，按规定使用项目经费。

（三）接受中期检查、验收和后效评估，按要求报告项目实施进展情况、预算执行进度等有关信息报表及有关重大事项，按照规定时间及时报送项目财务验收和综合验收相关材料。

（四）在上级管理部门的协调指导下，承担项目成果业务转化、推广应用等工作。

第四章 申请条件

第十二条 申请业务基金项目须符合以下条件：

（一）项目负责人一般应具有2年以上业务工作经验，取得博士学位的项目负责人一般应具有6个月以上业务工作经验，且在申请项目的领域具有一定的业务技术基础。

（二）项目负责人同期只能主持1项业务基金项目，非项目负责人不得同时参加超过2项业务基金项目。

（三）鼓励年轻技术骨干主持和参与业务基金项目。

第十三条 有下列情况之一的不在业务基金项目申请范围：

（一）作为项目负责人正在承担在研的业务基金项目。

（二）项目申报的研究和开发内容已得到过其他渠道立项支持的。

（三）作为负责人承担中心及以上科研项目没有按期完成研究任务的人员。

（四）中心首席、总师及正研以上职称的人员，不在申请业务基金项目的范围，但可作为参加人员或项目顾问对青年人才给予指导。中心副首席、副总师（已承担在研的省部级以上项目人员除外）可申请主持业务基金重点项目，但不能申报业务基金面上项目。

第五章 项目设立与审批

第十四条 业务基金项目按照指导性项目和指令性项目两类项目来源进行分类组织。指导性项目是指中心业务发展年度或短期计划中已相对明确的业务发展任务；指令性项目是指在业务发展过程突发性或应急性而需要支持的临时业务开发建设任务。

第十五条 指导性业务基金项目建设指南编制。

（一）围绕中心业务发展和科技支撑的现实需求，一般每年10—11月面向中心科技委委员和中心各单位征集下一年度业务基金重点项目建议，业务科技处汇总形成年度业务基金项目建设指南。

（二）重点项目指南经咨询专家组评议后及时发布，面上项目采用限额自由申请。

第十六条 指导性业务基金项目申请。

中心各单位依据项目申报条件以及重点项目建设指南组织项目申报重点项目，面上项目依据限额要求自由申请。各项目承担单位对本单位项目申请书进行审查后上报中心业务科技处。

第十七条 指导性业务基金项目立项审查。

中心业务科技处组织咨询专家组对项目申请书进行审查和评议，根据项目综合评审结果，经中心研究确定年度推荐立项项目。

第十八条 指导性业务基金项目立项批复。

项目负责人根据专家评议意见填报项目任务书并报中心业务科技处进行公示。经公示一周无异议后，业务科技处会同计划财务处于每年年底前组织与项目负责人签订项目任务书。

第十九条 指令性业务基金项目申请与立项。

在日常业务运行中遇到突发的或应急的需要紧迫解决的业务技术问题，由中心业务科技处指令性提出业务建设需求，组织承担单位填报业务基金项目申请。业务科技处组织对项目进行审查，经中心领导审议通过后，按照有关程序运作。

指令性项目所占经费一般不超过年度业务基金项目经费的15%。

第六章 项目实施与管理

第二十条 项目研究时间一般不超过10个月；对于业务中急需应用的紧迫性研究任务，其依托项目要尽可能缩短开发周期。

第二十一条 项目实施期间如确需进行项目计划任务调整、项目负责人变更，项目承担单位应及时向中心业务科技处提出申请，经批准后方可执行。

第二十二条 项目执行过程中，项目承担单位和项目负责人应严格按照下达的项目预算执行，一般不予调整。确有必要调整的，应当按以下程序审批：

（一）项目预算总额和项目承担单位变更，应由项目负责人经由项目承担单位向中心业务科技处和计划财务处提出申请，业务科技处会同计划财务处报中心领导审定后批复。

（二）项目总预算不变，预算支出类型如须调整可由项目负责人向计划财务处提出申请并得到确认。

第二十三条 业务科技处每年组织有关专家对在研项目进行中期检查评审，各项目负责人应及时按要求上报中期工作进展材料并按要求进行现场汇报。未通过中期检查的项目将视情况限期整改，情节严重的将中止项目执行并做相应的处理，必要时可追溯项目已执行经费。

第二十四条 对研究开发成果以业务化转化应用为目标的项目，须由中心业务科技处组织有关专家对成果进行业务化认定。

第七章 项目验收

第二十五条 项目验收一般在规定执行期结束后一个月内完成，项目验收以正式签订的项目任务书、任务变更批复文件等为依据。

第二十六条 项目验收包括财务验收和综合验收。

（一）财务验收。项目负责人最迟要在项目执行期结束后一周内经项目承担单位提出财务验收申请，并按要求提交相关材料。如项目组提前完成研究建设任务，可提前提交财务验收申请；计划财务处在接到申请后一周内安排完成财务验收，并形成财务验收意见。

（二）综合验收。完成财务验收后，项目负责人应向业务科技处提出综合验收申请，并提交项目验收材料。业务科技处组织项目综合验收。验收重点主要针对项目的执行情况、业务化程度、业务服务效益等考核指标进行。

第二十七条 综合验收结论分为通过验收和不通过验收，存在下列情形之一的，不通过验收：

（一）项目目标任务完成不到85%。

（二）所提供的验收文件、资料、数据不真实，存在弄虚作假。

（三）未经批准，项目承担单位、项目负责人、项目计划任务等发生变更。

（四）超过项目执行期1个月以上未完成项目任务，且事先未做出说明。

（五）未通过财务验收。

第二十八条 项目负责人应严格按照项目任务书所签订的研究内容及进度完成全部工作。若确实因主客观因素不能按期完成，只能申请延期一次，最长延期时间为3个月。需要延期的项目应在预定执行期终止前2个月向中心业务科技处提出书面申请，办理延期事宜。

第二十九条 项目实行后效评估和成果转化应用情况通报制度。中心业务科技处会同中心各单位对项目验收后成果转化应用情况组织开展连续1～2年的跟踪调查评估，并及时通报有关结果。

第三十条 项目实行项目负责人激励和信用考核制度。项目综合验收评价优秀的项目负责人优先享有推荐入选"中心青年英才计划"资格。项目负责人无特殊原因未按期完成任务的，三年内不得再申请中心业务基金项目。

第八章 附 则

第三十一条 本办法由中心业务科技处负责解释。

第三十二条 本办法自发布之日起施行。《公共气象服务中心业务服务专项基金管理办法》（公气发〔2011〕29号）同时废止。

（起草人：乔亚茹、范晓青、卫晓莉　发布时间：2017年5月）

公共气象服务中心首席专项工作基金管理办法（试行）

第一章 总 则

第一条 为规范中国气象局公共气象服务中心（以下简称"中心"）首席专项工作基金（以下简称"首席基金"）管理，推动首席人才队伍建设，凝聚和造就高层次首席团队，推动中心气象服务技术水平的提高，制定本办法。

第二条 中心将每年安排 60 万元用于首席专项工作基金，重点资助气象服务首席（含副首席）团队，按照中国气象局和中心对气象服务业务发展、服务领域拓展、服务内容创新、服务手段改进、服务人才队伍培养等的规划、部署和要求，有针对性地组织开展相关气象服务能力提升工作。

第三条 首席基金项目的申报与实施，应根据中心整体气象服务事业发展和重点工作需要开展，坚持业务流程再造的理念，打破处室界限开展工作，宁缺毋滥，不搞平均主义。

第四条 业务科技处负责首席基金项目的具体组织管理，计划财务处负责预算审核和财务验收。

第二章 首席基金项目申报与管理

第五条 资助范围和要求

（一）中心首席团队研判提出的符合服务发展需要和紧迫需求，事关服务技术发展、服务产品创新、服务资源拓展、栏目节目创新等迫切需要团队联合攻关解决的业务问题。

（二）根据上级要求或中心工作需要，由中心领导指令性提出的有关业务问题的集中研究攻关。

（三）基础性气象服务数据挖掘、系统平台研发、工程类建设等不在首席基金资助范畴。

（四）首席团队提出的同类问题已经在其他项目或经费渠道资助开展的，不再重复资助。

（五）首席基金项目牵头申报人须为中心首席（含副首席），团队人员组成应体现跨部门合作、跨单位联合，人员结构合理，团队中应有一定比例年轻骨干参加。

（六）承担首席基金项目的负责人同期只能主持 1 项首席基金项目，已承担首席基金项目未结题的人员或承担首席基金项目未按照要求完成考核任务的人员，不具备新申请项目的资格。

第六条 申报方式和确定

首席基金按照指导性项目和指令性项目两种形式组织开展。

（一）指令性项目由中心根据工作需要进行指令性下达，指派或提议具体负责人组建团队开展研究，并填写《公共气象服务中心首席专项基金资助申请书》。

（二）指导性项目是指由首席团队根据工作需要，按照项目规定的有关申报要求研判提出，并填写《公共气象服务中心首席专项基金资助申请书》。

（三）首席基金项目工作开展周期一般不超过 1 年。无特殊情况，业务科技处一般每年 1 月和 7 月分两次受理，并经中心主任办公会审定后执行。

第七条 资助额度

（一）中心首席基金单个项目额度一般不超过 20 万元。

（二）项目经费使用时，严格控制一般支出。其中，劳务及咨询费合计总额不超过项目经费总额的 40%，办公用品费和专用材料费用总额不超过项目经费总额的 10%，交通费不超过项目经费总额的 5%。不得列支会议费、招待费、出国费。

第三章　首席基金项目执行

第八条 首席基金项目实行项目负责人制，项目负责人要严格按照任务书约定内容组织团队开展工作，项目相关承担单位和参与单位应提供有关人员及业务资源的支持。

第九条 项目实施期间如确须进行项目计划任务调整，包括项目预算调整，项目负责人应及时向中心业务科技处、计划财务处提出申请，经批准后方可执行。

第十条 中心业务科技处负责组织对项目成果进行工作验收和成果认定。

第十一条 项目验收须填写验收表，提交验收材料。

第四章　附　则

第十二条 本办法由中心业务科技处负责解释。

第十三条 本办法自发布之日起施行。

（起草人：乔亚茹、范晓青、裴顺强　发布时间：2015 年 8 月）

公共气象服务中心科研项目和经费管理办法

第一章 总 则

第一条 为贯彻落实《中共中央办公厅 国务院办公厅印发〈关于进一步完善中央财政科研项目资金管理等政策的若干意见〉》(中办发〔2016〕50号)、《中共中国气象局党组印发〈关于增强气象人才科技创新活力的若干意见〉的通知》(中气党发〔2017〕25号)精神,进一步加强中国气象局公共气象服务中心(以下简称"中心")科研项目的科学化、规范化和制度化管理,保证科研项目的顺利开展和经费的合理使用,促进科研成果的推广应用,全面提升中心的业务能力和科研水平,制定本办法。

第二条 本办法所指的科研项目是指以中心为依托单位承担或者作为参加单位参与中央财政资金、地方财政资金和单位自筹资金和其他渠道资金支持的科研项目。

第三条 公共服务中心严格执行项目承担单位法人责任制。业务科技处为中心科研项目的归口管理部门,牵头负责科研项目的全过程组织管理,包括科研选题、项目申报、评审立项、中期检查、进度审查、合同管理、项目验收、成果管理与推广应用等;计划财务处负责项目经费管理,包括科研项目预算编制审核、经费使用过程中的审批和监督、财务验收等;党委办公室(监察审计室)负责项目经费的监督和审计,办公室协助负责项目的合同管理;中心科学技术委员会协助负责对科研项目的咨询和审议;各项目承担部门协助业务科技处组织、管理、监督项目实施,并按要求及时组织上报进展报告。

第四条 科研项目经费严格按照国家和中国气象局有关财务规章制度的要求,实行合同化管理,专款专用。

第二章　申报与立项

第五条　业务科技处负责建立公平竞争的项目遴选机制组织开展国家级科技计划（专项、基金等）及其他各类科研项目的申报。各业务单位或申报人根据国内外业务科研趋势和气象服务业务发展的需求，按照有关科研计划要求与管理规定，经所在处级业务单位审核同意后向业务科技处提出科研项目申请建议，并按规定科学合理、实事求是地编制项目预算。项目申请人通过其他途径获得信息申请项目时，须向业务科技处提供该信息源，并将申请报业务科技处审核。对与中心业务发展联系不紧密、关联度不大的科研项目建议一般不予推荐。中心鼓励科研业务人员积极申请国家自然科学基金。

第六条　科研项目申请内部审核流程：

（一）项目负责人依据科研项目来源部门的具体要求，提出申请建议，明确参加人员，并对参加人员是否满足限项要求进行核对。

（二）项目负责人填写《项目申报审批流程表》，报处室领导审批后方可申请。作为参加单位参与申报其他科研项目、接受企业和其他社会组织的横向委托项目也须填写此表。

（三）项目负责人所在处室领导对项目申请内容进行审核，是否与中心业务发展相关。

（四）业务科技处对项目申请材料进行形式审查，计划财务处负责对经费预算进行审查后，由业务科技处组织申报单位或申报人根据项目来源部门要求，组织完成后续专家论证审查及项目申报相关工作。

第七条　经立项主管部门批准获批的科研项目签订任务书、合同、申请书、协议书须由项目责任人所在单位同意，经业务科技处审核后签订项目合同，并按照要求及时报送项目计划主管部门。合同签署流程按照《公共气象服务中心合同管理办法》执行。

第八条　中心人员参与中心以外单位主持的科研项目，原则上不再在中心内部进行下一级子课题和经费分解。

第三章　实施与管理

第九条　已获批的科研项目，须在中心科技管理系统中进行立项备案，填写基本信息，将项目论证材料（包括申请书、可行性报告、实施方案等）、项目任务书、批复文件（包括合同、协议书、委托书等）等相关资料电子版在系统中进行上传，纸质版提交业务科技处备案。需要进行合同存档的，按照《公共气象服务中心合同管理办法》提交办公室存档。

第十条　科研项目报业务科技处备案审核后，由计划财务处按项目经费预算制发项目经费报账卡。所有项目支出都必须使用报账卡报销。

第十一条 已立项科研项目实行项目负责人制。项目承担单位和业务科技处按照项目批复要求监督项目按计划执行，所有科研项目均应建立完整的科研档案。

第十二条 科研项目研究任务的分解须签订课题任务书，明确任务的负责人、研究目标与内容、经费预算等。项目如有变动（内容变更、预算变更、执行进度变更、成员增减、撤销等），项目负责人应及时向业务科技处提出申请，业务科技处按照项目主管部门有关规定程序报批。

第十三条 科研项目负责人调离中心，其承担的科技计划项目按照国家相关规定执行报批手续，国家自然科学基金项目可仍由原项目负责人组织实施。

第十四条 除上级主管单位有特殊规定的项目外，在法定退休年龄内不能全程参加所申报项目研究工作的人员，一般不担任项目负责人。科研项目外聘或返聘人员，只能在项目执行期内聘用，并须办理相应的聘用手续。

第十五条 业务科技处负责对科研项目进行全过程跟踪管理，各项目负责人或项目承担单位根据有关要求，及时编制年度执行报告并及时通过中心科技管理系统进行上报。

第十六条 科研项目负责人或项目承担单位在项目实施过程中应及时跟踪国内外研究发展动态，对能形成自主知识产权的发明创造及时以专利、技术秘密或著作权等形式进行保护。

第十七条 科研项目资助下发表的论文、研究报告等技术材料上必须按照有关规定的格式，标注：本论文（或×××）由×××项目（项目编号）资助。

第四章　经费使用与管理

第十八条 科研项目经费的使用必须严格按照项目立项部门批复的项目经费预算执行。项目经费的列支、审批、使用程序等严格按照中国气象局财务核算中心财务报销规定和中心财务支出管理办法执行。科研项目经费的使用实行合同化管理，专款专用，不得用于支付各种罚款、捐款、赞助费、保证金、投资等支出。

第十九条 科研项目经费到账后，项目负责人应填写《公共气象服务中心到款通知单》，并在中心科技管理系统进行登记，经业务科技处和计划财务处审核后，由计划财务处向中国气象局财务核算中心申请开立报账卡。项目报账卡实行一个项目一卡制。

第二十条 项目预算编制和执行要求。

（一）各类科技计划（专项、基金等）的支出科目和标准原则上一致。项目申请单位应当按规定科学合理、实事求是地编制项目预算，并对仪器设备购置、合作单位资质及拟外拨资金进行重点说明。

（二）会议费、差旅费、国际合作与交流费科目合并，由科研人员结合科研活动实际需要编制预算并按规定统筹安排使用。项目实施中发生的三项支出之间可以调剂使用，但不得突破三项支出预算总额。

（三）专家咨询费不得支付给参与项目及所属课题研究和管理的相关工作人员。

（四）劳务费可用于参与科研项目的研究生、博士后、访问学者以及项目聘用的研究人员、科研辅助人员等。劳务费开支标准要参照当地科学研究和技术服务从业人员平均工资水平，结合其承担的工作任务，在聘用合同中确定。劳务费在直接费用中列支，预算由项目承担单位和研发人员据实编制，不设比例限制。

第二十一条 中央财政科技计划（专项、基金等）中实行公开竞争方式的研发类项目，间接费用核定比例按照不超过项目直接费用扣除设备购置费的一定比例核定：500万元以下的部分为20%，500万元至1000万元的部分为15%，1000万元以上的部分为13%。公共服务中心在间接经费中统一提取30%的管理费用于单位统筹安排，剩余70%用于项目参加人员的绩效支出。

第二十二条 科研项目绩效支出安排与科研人员在项目工作中的实际贡献挂钩，由项目负责人对项目参加人员研究贡献评估后安排使用。绩效分配方案须由项目负责人提交所在处室主要负责人审核后，并经计划财务处确认资金渠道，由各处室主要负责人按季度向人事处提供项目绩效发放数据，人事处依据中国气象局绩效工资有关管理制度进行绩效发放。

第二十三条 科研项目经费的使用必须严格按照项目立项部门批复的项目经费预算执行，确有必要进行预算调剂时，当按照以下调剂范围和权限，履行相关程序：

（一）项目预算总额调剂，项目预算总额不变、课题间预算调剂的，课题预算不变、课题参与单位之间预算调剂以及增减单位的，由项目承担部门从公文系统提出申请，经业务科技处、计划财务处会签，中心主管领导同意后，逐级报送项目（经费）主管部门审批。

（二）在项目（课题）总预算不变的情况下，课题直接费用中的材料费、测试化验加工费、燃料动力费、出版／文献／信息传播／知识产权事务费及其他支出预算科目可以根据项目实际需要进行调整，由课题承担部门公文系统报送，由业务科技处和计划财务处会签同意，报项目承担单位备案。

（三）设备费、差旅／会议／国际合作交流费、专家咨询费、劳务费预算一般不予调增，如需调减用于课题其他直接支出的，按照上一条程序办理审批手续。

（四）课题间接费用预算总额不得调增，由项目承担单位与项目负责人协商一致后，可申请调减用于直接费用，按照上一条程序办理审批手续。

第二十四条 项目实施期间，年度剩余资金可结转下一年度继续使用。项目完成任务目标并通过验收后，由中心每年度对结余资金进行统筹安排并用于科研活动的直接支出。项目验收2年后未使用完的，由科技项目主管机构按规定收回。

第二十五条 中心对科研项目实行内部公开制度，主动公开科研项目预算、预算调剂、资金使用（重点是间接费、外拨资金、结余资金使用）等情况。

第五章　验收与结题

第二十六条　科研项目负责人严格按照项目任务书或合同书所签订的研究内容及进度完成全部研究工作。若不能按期完成，应在预定执行期终止前2个月内向业务科技处提交《项目延期结题申请表》，由业务科技处按项目主管部门有关规定申请办理延期事宜。如未获批准，项目仍须按原定期限进行验收。

第二十七条　科研项目研究任务完成后，项目负责人按项目主管单位要求开展财务审计，通过财务审计后再向业务科技处提出业务结题验收申请，并提交主管单位要求的结题验收材料，一般主要包括：项目任务书、审计报告、财务验收报告、结题申请书、项目验收自评价报告、成果登记表、论文复印件及论文清单、程序源代码及说明等。与业务系统有关的软件成果，应有完整的测试报告，并由软件或成果应用单位出具接收或应用证明。业务科技处负责审核项目结题验收材料，并协助完成项目结题材料的上报及验收工作。

第二十八条　对未按时结题且未办理延期的科研项目，原则上从应结题之日算起，项目负责人两年内不得申请新的项目。

第二十九条　用科研项目经费购置的资产属于国有资产，应纳入中心固定资产管理。

第三十条　科研项目形成的知识产权，除合同特殊约定外，知识产权权利人为"中国气象局公共气象服务中心"。

第三十一条　科研项目通过验收后，项目负责人和承担单位须填写中心科研项目结题验收备案表，提供验收档案材料（装订成册）和电子版，一个月内报送业务科技处存档。验收档案材料一般包括：项目申请书、实施方案、合同（任务）书、年度执行报告、专题总结、样品照片、技术规程、成果评价意见、获奖情况、知识产权证明、工作报告、技术报告、决算报告、审计报告、专家验收意见等。保密资料按有关保密规定执行。

第六章　成果应用

第三十二条　科研项目取得的成果应按照《气象科技成果登记实施细则》等有关规定进行登记和管理。对完成较好且具有一定学术水平的科研项目，业务科技处可组织申报中心和上级科技成果奖。申报程序按照相关规定执行。

第三十三条　对具有明确业务化应用考核目标的科研项目成果，项目负责人在项目验收通过后向业务科技处提出准业务应用或正式业务应用申请，并负责向应用单位推广项目研究成果，开展应用培训。

第三十四条 科研项目（课题）实行后效评估制度，具体由业务科技处组织实施。

第七章 附 则

第三十五条 本办法由业务科技处负责解释。未尽事宜请参照国家和项目主管部门的有关规定执行。

第三十六条 本办法自颁布之日起施行，原《公共气象服务中心科研项目管理办法》同时废止。

（起草人：乔亚茹、范晓青、陈辉、刘欣、韩萌、范静　发布时间：2017 年 10 月）

气象服务科技成果中试基地管理办法（试行）

第一章 总 则

第一条 为贯彻落实《气象科技创新体系建设指导意见（2014—2020年）》（气发〔2014〕99号）和《中国气象局关于加强气象科技成果中试基地（平台）建设的指导意见》（气发〔2015〕80号）等文件精神，发挥国家级业务单位科技创新的示范引领作用，有效促进气象科技成果在公共气象服务业务中的转化应用，带动公共气象服务领域科学研究与服务相结合，加强和规范气象服务科技成果中试基地（以下简称"中试基地"）管理，制定本办法。

第二条 中试基地坚持"创新发展、开放合作、成果共享"的原则，促进科研与业务紧密结合，发挥促进科技成果产出实现业务转化应用的重要载体作用，搭建开放式的业务仿真平台，面向国内外科研机构、高等院校、气象部门、气象服务企业及个人开放，开展和提供有利于气象服务业务发展和服务开展的科技成果遴选准入、测试检验、集成开发、评估评价、应用推广等中试服务功能，为科技成果更好地实现转化应用提供平台与环境支撑。

第二章 主要任务

第三条 中试基地承担的主要任务

（一）建立科技成果中试环境。搭建开展气象服务科技成果中试所需的业务环境，包括高性能硬件服务环境和数据、模式运行、系统测试等软件环境，为气象服务科技成果中试提供基础保障。

（二）开展科技成果中试活动。中试基地对申请开展中试的气象服务相关科技成果进行准入遴选，并在仿真业务环境下开展测试或检验，测试内容包含科技成果在基本业务系统、服务平台、各类媒体端应用环境的适配性、可用性、稳定性与系统兼容性、开放性与标准化等。

（三）开展科技成果评估评价。依托和利用中试基地，对科技成果的技术创新和核心技术突破、业务应用前景和应用价值、业务准入条件和资格等进行分类评估评价，为科技成果业务化转化提供决策依据。

（四）开展科技成果的二次开发与集成。根据中试基地对科技成果的检验评估结果，依托中试平台环境，通过协商共识，可组织对气象服务领域中的关键性、基础性和共性的关键技术以及具有重大应用前景和应用价值、但尚不能满足业务化考评标准的科技成果进行业务应用所需的二次开发，最终形成具备业务应用条件的成果。

第三章　组织机构

第四条　中试基地主任由公共气象服务中心（以下简称"中心"）分管科技工作的副主任兼任。

第五条　中试基地设办公室，挂靠中心系统开放实验室。主要负责制定中试基地运行管理实施细则、中试仿真平台、检验平台的总体设计和具体建设、科技成果中试各个环节的落实与计划跟进、中试基地专家库建设，以及负责中试基地的日常维护运行等工作。

第六条　中心业务科技处负责对中试基地发展和运行的管理、协调与监督，保障和推动中试基地相关工作顺利开展。

第四章　中试流程

第七条　成果中试流程包括成果遴选准入、测试与检验、效果评估、集成开发等环节。

第八条　成果遴选准入

对申请进入中试基地的气象服务科技成果进行遴选与评审。

（一）成果准入申请

中心各业务单位可结合业务需求向中试基地办公室提出需要解决的关键技术问题和需要引进转化的科技成果资源，与成果持有单位协商提出科技成果中试准入申请。有中试需求的气象部门、高校、科研院所及个人均可向中试基地办公室提出科技成果中试申请，经中心业务科技处统一组织审核通过后进入评审阶段，并须提供如下申请材料：

1. 气象服务科技成果中试准入申请表；

2. 科技成果技术报告和验收证明材料；

3. 与科技成果相关的证明材料。

（二）成果准入专家评审

1.专家组成。建立由职能管理人员、科研专家和业务技术人员组成的专家库，专家应具有副高级（含）以上技术职称。评审专家组成员由中试基地办公室从专家库中遴选拟定并商业务科技处确定，专家人数不少于5人。

2.评审方式。一般采用会议评审方式，由成果持有单位或个人进行成果介绍与答辩，评审专家根据评审标准严格进行评审，并给出评审意见。

3.评审标准。科技成果评审标准包括是否满足实际业务服务需求，是否解决业务服务中面临的主要问题，是否具有推广应用价值和开放共享前景等。

4.评审结果。专家组出具是否同意准入中试平台的评审意见，对评审通过准入的科技成果，由中试基地办公室报中心业务科技处进行审定。

第九条 测试与检验

（一）测试条件准备。气象服务科技成果通过准入评审后，成果持有单位、成果拟应用单位与中试基地办公室共同制定气象服务科技成果中试实施方案，并组成由成果持有者、中试基地人员、成果拟应用单位人员共同参与的中试团队，共同开展中试工作。

（二）测试与检验。中试团队依据气象服务科技成果中试实施方案，开展和完成成果功能模块、业务流程、运行性能、数据标准等各项测试与检验。

第十条 效果评估

中试基地办公室负责开展科技成果测试效果评估，并编写《气象服务科技成果中试业务运行测试效果评估报告》。

第十一条 科研成果二次研发

依据检验评估结果，对气象服务领域中的关键性、基础性和共性的关键技术以及具有重大应用前景和应用价值的科技成果，但尚不能满足业务运行标准和条件的科技成果组织进行二次开发，形成具备业务服务业务化应用条件的成果。

第五章 人员和经费管理

第十二条 中试基地办公室可根据实际需求组建中试团队。

第十三条 中心争取中国气象局对中试基地运行的专项资金支持，中心每年度根据需要向中试基地匹配一定的资金。同时，研究制定成果测试方对成果中试的资金支持机制。中试基地试验所用设备和仪器，由依托单位按国有资产管理办法进行管理。

第十四条 中试基地建设资金实行专款专用。

第六章 附 则

第十五条 通过中试基地测试的科技成果，可申报中心科技成果奖项。对于可在全国气象部门推广应用的成果，中试基地通过中心向中国气象局职能司提出推广的具体推荐意见和建议。

第十六条 本规范由中心业务科技处负责解释。

第十七条 本规范自印发之日起试行。

（起草人：乔亚茹 发布时间：2017 年 11 月）

公共气象服务中心气象科技奖励办法

第一章 总 则

第一条 为不断增强科技创新支撑气象服务业务发展的能力，进一步激发公共气象服务中心（以下简称"中心"）科技人员开展气象科技成果研发、转化和应用推广的积极性和创造性，在中心营造良好的科技工作氛围，制定本办法。

第二条 本办法贯彻"尊重劳动、尊重知识、尊重人才、尊重创造"的方针，鼓励多种形式团队协作和联合攻关，鼓励在科研与业务服务工作中积极思考和勇于探索，注重成果原始创新、集成创新、引进消化吸收再创新和取得自主知识产权，注重科技成果转化应用及在对解决业务关键技术问题的贡献等，注重满足市场需求并产生较好的经济效益。

第三条 中心设立研究开发奖、成果转化奖和科技人才奖三类科技奖项，并对优秀科技论文给予奖励。

研究开发奖、成果转化奖各分设三个等级，分别为一等奖 1 项、二等奖 3 项、三等奖 5 项，无符合条件项目宁缺毋滥。获奖人数实行限额，其中一等奖获得人数不超过 9 人，二等奖获得人数不超过 7 人，三等奖获得人数不超过 5 人。

科技人才奖不分等级，获奖人数合计不超过 4 人。优秀科技论文奖实行总数限制。

第四条 研究开发奖、成果转化奖每两年评选一次，科技人才奖每年评选一次。优秀科技论文奖每年集中受理申报两次。

第五条 中心科技奖的推荐、评审和授奖，按照公开、公平、公正的原则，实行科学的评审制度。

第六条 中心科学技术委员会（以下简称"科技委"）负责科技奖的评审工作。科技委办公室（挂靠业务科技处）负责科技奖评审的组织、受理和形式审查工作。

第七条 中心科技奖是中心授予个人、组织的荣誉，奖励证书不作为确定科学技术成果权属的直接依据。

第八条 中心设立气象科技奖励专项基金，与中心业务服务专项基金一并纳入年度预算。

第二章 奖励范围和评选标准

第一节 研究开发奖

第九条 研究开发奖授予符合下列条件之一的成果：

（一）在应用基础研究方面所取得的对中心业务服务发展和科技进步具有一定开拓性和创新性的科研成果。

（二）在应用研究与技术开发方面所取得能够显著提高中心业务服务发展水平和能力的成果，具有明显的业务效益和社会经济效益。

第十条 申报研究开发奖的成果必须同时满足以下要求：

（一）通过司局级以上（含司局级）单位业务科技主管部门组织的项目验收或科技成果认定。

（二）具有在国内外核心学术刊物正式发表的论文，或者取得发明专利，或者取得计算机软件著作权登记证书。

第十一条 研究开发奖成果主要完成单位是指在成果获取过程中提供技术、设备和人员等条件，对成果获取、推广应用起到重要作用，成果关键技术由本单位开发，且成果完成者中本单位人员比例占50%以上的单位。成果的第一完成单位、第一完成人仅限于中心内部的单位或个人，其他参加项目的人员和单位可不限于中心内部。

第十二条 研究开发奖评定标准

（一）一等奖须符合下列标准之一：

1.在应用基础研究方面取得创新性的业务技术方法，主要学术观点在学术界产生较大影响，得到国内外同行的公认和引用。

2.在应用研究或技术开发中解决了关键性技术难题或在系统集成方面取得重大突破或实质性创新，自主创新成果在总体技术中占重要部分，具有重大应用价值，对推动中心乃至气象及相关行业的科技进步起到积极作用。

（二）二等奖须符合下列标准之一：

1.在应用基础研究方面取得的业务技术方法有较大创新，主要学术观点在学术界产生一定影响，被国内领域或同行承认、引用。

2.在应用研究或技术开发中解决了重要技术难题或在系统集成方面有明显突破和创新，取得具有重要应用价值的成果。

（三）三等奖须符合下列标准之一：

1.在应用基础研究方面取得的业务技术方法有所创新，主要学术观点在学术界一定范围内产生影响，被气象部门学术界承认、引用。

2.在应用研究或技术开发中解决了技术难题或在系统集成方面有一定突破和创新，取得具有应用价值的成果。

第二节　成果转化奖

第十三条　气象科技成果转化是指对在气象科学研究与技术开发过程中所产生的具有实用价值的科技成果所进行的后续中试、开发完善、应用推广等活动，对提升气象业务服务能力或形成新产品、新流程、新设备起到重要促进作用。

第十四条　成果转化奖授予符合下列条件之一的成果：

（一）引进中心外气象科学技术研究成果，在中心范围内开展成果的转化应用，并显著提升气象服务实际业务效果。

（二）中心自主研究开发形成的科技成果，经过中试和开发完善后应用到中心实际业务中，或推广到气象行业有关部门进行转化应用，显著提升了气象业务服务能力。

第十五条　成果转化奖须同时满足以下条件：

（一）转化应用的科技成果必须在1个以上的单位进行转化应用，应用单位的性质在评定标准中进行界定。

（二）业务应用时间须达1年以上，且具有良好的应用效果，对提高中心业务能力、解决业务重大关键技术难题做出了重要贡献。

第十六条　所涉及的转化成果第一完成单位、第一完成人不限于中心内部，但成果应用单位须包括中心，但不仅限于中心。

第十七条　成果转化奖评定标准

（一）一等奖须符合下列标准：

解决了中心业务服务需求重大、关键性难点问题，在气象业务服务中进行了系统、有效的推广，得到广泛和稳定的应用，转化为现实的业务能力，成果应用在中心取得重大影响及显著的业务效益和社会经济效益，或成果在除中心外的不少于10个省级气象部门或2个以上相关行业部门得到应用，显著提高了气象业务服务水平，产生了重大效益。

（二）二等奖须符合下列标准：

解决了业务服务需求急迫的实际问题，在气象业务服务中得到较大范围和稳定的应用，转化为现实的业务能力，提高了气象业务服务水平，成果应用在中心取得重要影响及重要的业务效益和社会经济效益，或成果在除中心外不少于5个省级以上气象部门或1个相关行业部门得到应用，显著提高了气象业务服务水平，产生了重要效益。

（三）三等奖须符合下列标准：

解决了业务服务需求急迫的实际问题，在气象业务服务中得到一定范围的应用，转化为现实的业务能力，提高了中心气象业务服务水平，成果在中心内部1个以上业务部门得到应用，显著提高了气象业务服务水平，产生了较大效益。

第三节 科技人才奖

第十八条 科技人才奖分设优秀科技人才奖和青年科技人才奖两类奖项。

第十九条 优秀科技人才奖。主要面向中心做出突出科技贡献的优秀科研和业务技术骨干。授予取得创新性研究成果，解决了制约中心业务服务领域相关关键科技问题，有效促进了现代气象服务业务发展和服务水平提高的科技工作者，且应同时具备以下条件：

（一）评奖年度前五年（含当年）内主持完成1项以上国家级或2项以上省部级立项的科研及业务研发项目（标准项目和业务建设项目不属其中）。

（二）作为第一完成人获得司局级以上（含司局级）科技、业务管理部门认可的科技成果及业务建设项目成果，或取得国家发明或专利、软件著作权，并在中心业务中得█████████████效果。

（三）以第一作者在评奖年度前三年（含当年）在被SCI或SCIE收录的期刊发表1篇或一级核心期刊发表2篇以上科技论文。

第二十条 青年科技人才奖。主要面向中心35周岁以下青年科研和业务骨干技术人员。授予取得了一定创新性研究成果，解决了中心业务服务领域核心科技问题，切实提升了中心气象服务业务和科研能力的中心气象科学技术工作者，且应同时具备以下条件：

（一）评奖年度前五年（含当年）内主持完成2项以上司局级（含司局级）或作为主要参加人（前5名）完成2项以上省部级（含省部级）或1项以上国家级科研及业务研发项目。

（二）作为主要完成人获得司局级以上（含司局级）科技、业务管理部门认可的科技成果及业务成果，取得国家发明或实用专利、软件著作权，并在中心业务中得到良好的推广应用效果。

（三）以第一作者在评奖年度前三年（含当年）在被SCI或SCIE收录期刊发表1篇或一级核心期刊上发表1篇以上科技论文，或在国际学术会议口头交流2篇以上科技论文。

第四节 优秀科技论文奖

第二十一条 中心支持对科技成果进行总结论述，鼓励在国内外正式出版的核心期刊上发表科技论文，并给予适当奖励。获奖科技论文应同时满足以下条件：

（一）论文第一作者为中心职工。

（二）第一作者和作者单位均明确标注为"中国气象局公共气象服务中心"。

（三）科技论文内容与作者本人的工作岗位或中心的实际业务和科研工作密切相关，具有较高的实际应用价值。

第二十二条 论文收录期刊级别的确定。根据《中国科技期刊引证报告》和《中国科学期刊引证报告》中收录期刊的排名确定的核心期刊认定级别：

（一）按综合评价总分排名在 200 名以内的为一级核心期刊论文，排名在 201 ～ 500 名的为二级核心期刊论文。

（二）同时兼顾总被引用频次排序和影响因子项，总被引用频次排序在 200 名以内的为一级核心期刊论文，排序在 201 ～ 500 名的为二级核心期刊论文；当影响因子单项进入前 500 名时，视为二级核心期刊论文。

（三）同一种期刊在上述不同指标排序中不同时，按就高原则确认。

（四）在国外学术期刊上以通讯作者发表的论文视同为第一作者。

（五）以下几种情况，不属于本规定所适用的范围：

1. 以摘要、增刊或论文集等形式发表的论文。

得到良好的推广应用

第二十三条 同刊发表及管_级_五年内总计不超过 3 篇，起始时间自第一篇获奖论文发表时间开始计算。

第三章　申报与评审

第一节　奖项推荐

第二十四条 研究开发奖、成果转化奖和科技人才奖候选项目由中心各单位择优推荐。每年 10 月由科技委办公室组织申报和评审。

第二十五条 推荐单位在推荐时应当依据本办法第二章的奖励范围，按照奖励条件和科技委办公室通知要求，填写统一格式的推荐书，提供真实、可靠的评价和证明材料，并在规定的时间内报送科技委办公室。

第二十六条 奖项申报与推荐须满足以下要求：

（一）申报研究开发奖项目须至少提供下列证明材料之一：项目可行性研究报告及项目验收

证明或专家鉴定证明，论文刊出、科技论著出版、专利证书或计算机软件登记证书等知识产权证明。

（二）申报成果转化奖项目须提供业务应用效益证明和技术评价证明（包括验收、鉴定等材料）。

（三）申报科技人才奖须提供论文刊出原文、主持完成科研项目验收证明、参与完成的科技成果应用证明。

第二十七条　科技委办公室对推荐材料进行形式审查，对不符合规定的推荐材料，可以要求推荐单位和推荐人在规定时间内补正，逾期未补正或者经补充仍不符合要求的，不提交评审。

第二十八条　形式审查主要内容包括成果完成单位负责人或主要完成人本人签名；成果推荐单位推荐意见及公章；推荐书、技术评价证明（包括验收、鉴定等材料）、应用证明、知识产权归属证明及其他证明的真实性和完整性；推荐书内容与附件证明材料的一致性。

第二十九条　优秀科技论文奖采用作者自荐方式，根据本办法第十九条和第二十条之要求，填写《公共气象服务中心优秀科技论文自荐表》，每年5月和11月集中受理。由科技委办公室组织审查，经公示一周无异议后报中心审批后予以公布表彰。

第二节　奖项评审

第三十条　初评。在科技委评审会议之前，科技委办公室对推荐项目指定1名主审员和2名辅审员审阅相关推荐材料，主审员按要求填写评审意见表，提出初评意见。初评意见应指出评审对象的成果价值、创新点和应用与贡献潜力。

第三十一条　评议。召开中心科技奖评审会议，由中心科技委承担奖励评审工作，采取无记名投票方式表决，形成决定。出席会议的人数超过科技委委员总数三分之二（含三分之二）时，会议有效。由于当事人回避等客观原因，出席人数不能达到要求时，可临时增补非科技委委员的有关专家参加会议，增补专家名单由科技委办公室提出建议，科技委主任委员审定。

第三十二条　科技委评审会议工作流程。

（一）听取科技委办公室汇报推荐材料的受理情况。

（二）候选项目（人）的主审员向科技委介绍初评情况和初评意见。

（三）根据需要可以组织被推荐项目候选项目（人）进行汇报和现场答辩。

（四）科技委对候选项目（人）进行评议。

（五）科技委通过无记名投票进行表决，并进行现场唱票，科技委负责人委托与会人员监票。

第三十三条　科技委评审通过的获奖项目（人）条件。

（一）研究开发奖和成果转化奖一等奖获奖项目所获得的一等奖赞成票数应当在出席会议的科技委委员或投票总数三分之二以上（含三分之二）；二等奖获奖项目所获得的一等奖和二等奖

赞成票数之和应当在二分之一以上（不含二分之一）。三等奖投赞成票数总和应当在二分之一以上（不含二分之一）。

（二）科技人才奖获得赞成票数应达到投票总数的三分之二。

（三）在满足上述条件的项目中，根据授奖成果的限额，按得票数由高到低选取。

第三十四条 中心科技奖评审实行回避制度。

若科技委委员为候选项目的完成者，在评审会议对与其相关的候选项目进行审议时，该委员须退场回避，并不参加针对该候选项目的投票表决。

第三十五条 经评审未获奖的候选项目，如果在此后的科学研究与技术开发中获得新的实质性进展，并符合本办法规定条件的，可以在下一评奖年度被重新推荐。

第四章　异议及其处理

第三十六条 中心科技奖评审工作实行异议制度。

（一）科技委办公室对评审结果予以公示，任何单位和个人对候选项目（人）持有异议，应当在公示期内向科技委办公室提出，逾期不予受理。

（二）提出异议的单位或个人应当以真实身份提交书面异议材料，并提供证明文件；匿名异议不予受理；推荐单位、推荐人及项目的完成人和完成单位对评审等级的异议，不予受理。

第三十七条 科技委办公室在接到异议材料后，经审查属于异议受理范围，将异议内容（不记名）通知推荐单位，要求在规定时间内核实异议内容，并将调查核实情况及初步处理建议报送科技委办公室审核；候选项目（人）的推荐单位在规定时间内未按要求提供相关证明材料的，视为认同异议。科技委办公室将最终处理意见通知异议双方。

第三十八条 参与异议调查、处理的有关单位和人员应当对异议者的身份予以保密。确实需要公开的，应当事前征求异议者的意见。

第五章　奖　励

第三十九条 中心气象科技奖实行以精神奖励为主、物质奖励为辅的原则。科技委评选出的获奖项目（人）报中心审核批准并颁发证书和奖金。

第四十条 奖金设置。

（一）研究开发奖一、二、三等奖奖金分别为每项5万元、3万元、1.5万元。

（二）成果转化奖一、二、三等奖奖金分别为每项3万元、2万元、1万元。

（三）优秀科技人才奖奖金为每人1万元，青年科技人才奖奖金为每人8000元。

（四）对在 SCI 或 SCIE 收录期刊上正式发表的论文每篇奖励 2000 元，其中对在 SCI 或 SCIE 收录期刊上首次正式发表的论文奖励 4000 元；对在 EI 收录期刊和一级核心期刊上正式发表的论文奖励 1000 元；对在二级核心期刊上正式发表的论文奖励 500 元。

第四十一条 同一项目成果（人）不得同时申报两种及以上奖项，且在获得一种奖项后不得再次申报评奖。

第四十二条 获得中心科技奖的，优先推荐参加中国气象局气象科技奖的评审。

第六章 罚 则

第四十三条 参与评审工作的科技委成员及有关工作人员应当对评审内容严格保密。参与科技奖评审活动的有关人员在评审活动中违反保密规定、弄虚作假、徇私舞弊的，依照中心有关规章给予纪律处分。

第四十四条 剽窃、侵夺他人的发现、发明或者其他科学技术成果的，或者以其他不正当手段骗取科技奖励的，由中心科技委办公室报中心批准后撤销奖励，追回奖金，依照中心有关规章给予纪律处分。

第四十五条 各类科技奖励申报人和推荐单位提供虚假数据、材料的，在中心内部予以通报批评；情节严重的，暂停其申报或推荐科技奖资格两年；对负有直接领导责任的人员和其他直接责任人员，依照中心有关规章给予纪律处分。

第七章 附 则

第四十六条 本办法由中心科技委办公室负责解释。

第四十七条 本办法自发布之日起施行。《公共气象服务中心科技工作奖励办法》（试行）（公气发〔2011〕12号）同时废止。

（起草人：乔亚茹、范晓青、裴顺强　发布时间：2014年6月）

公共气象服务中心促进科技成果转化管理办法

第一章 总 则

第一条 为深入贯彻落实创新驱动发展战略，更好地规范、引导和促进中国气象局公共气象服务中心（以下简称"中心"）成果转化工作，激发广大科技工作人员的创新潜力，根据《中华人民共和国促进科技成果转化法》（2015 年修订）、《国务院办公厅关于印发实施〈中华人民共和国促进科技成果转化法〉若干规定的通知》（国发〔2016〕10 号）、《中共中央办公厅 国务院办公厅印发〈关于实行以增加知识价值为导向分配政策的若干意见〉》（厅字〔2016〕35 号）、《中共中国气象局党组印发〈关于增强气象人才科技创新活力的若干意见〉的通知》（中气党发〔2017〕25 号）等有关法律、法规和相关政策，制定本办法。

第二条 本办法所称科技成果，是指中心员工执行中心的工作任务或利用单位物质资源和技术条件，开展科学研究与技术开发所产生的具有实用价值的职务性科技成果。科技成果须具有专利证书、著作权证书等知识产权证明，或由第三方机构提供的科技成果评价报告，或通过中心科技成果认定。科技成果类型涵盖技术、方法、模型、系统、平台、产品等。

第三条 本办法所称科技成果转化，是指对科技成果进行后续试验、开发、应用、推广进而形成新技术、新工艺、新材料、新产品或发展新产业，通过转让、许可、合作和作价投资等方式开展转移转化，并取得相应收益的活动。科技成果转化活动应当遵守法律法规，维护国家利益，不得损害社会公共利益和他人合法权益。

第四条 中心作为科技型事业单位，其科技人员在科技成果转化过程中开展技术开发、技术咨询、技术服务所取得收益的活动（以下统称技术类活动），视同科技成果转化进行管理。

第五条 对中心科技成果进行转化，不得影响原有正常业务运行。如科技成果已纳入中心与其他单位以气象信息服务协议等方式进行反哺或补偿，不再按照本办法进行科技成果转化收益分配。

第二章　成果转化的组织实施

第六条　中心各相关职能部门负责科技成果转化工作的组织实施：业务科技处负责科技成果转化申请受理、转化工作组织、转化协议审核、转化公示、转化备案管理、知识产权备案管理等；计划财务处负责科技成果转化相关财务核算工作；监察审计处（党办）负责科技成果转化财务审计工作，并按年度出具科技成果转化收支事项的专项审计报告；人事处负责专项绩效管理与发放。

第七条　科技成果转化执行主体：

（一）由司局级及以上科技管理机构正式批复立项的科技项目形成的科技成果、团队及个人自主研发形成的科技成果，科技成果转化的执行主体为项目负责人。

（二）在成果转化过程中开展技术开发、技术服务、技术咨询类活动，执行主体为项目牵头承担单位负责人（中心处级科研业务单位）。

第八条　中心科技成果转化建立重大事项领导审批制度。科技成果转化申请由相应的执行主体提出，业务科技处进行形式审核，并公开公示 15 个工作日，无异议后报中心分管领导审定。涉及重大事项的须报中心主任常务会审定通过后，方可按相关规定签署成果转化有关协议。

第九条　申请科技成果转化需提交材料包含以下内容。

（一）科技成果转化申请。

1.科技成果转化申请书。

明确科技类成果技术的成熟程度和水平、成果转化方式、成果转化对象和转化前景、科技团队情况、转化净收益团队分配建议等事项。

2.科技成果认定材料。

科技成果认定材料可以为专利权证书、作品登记证书、软件著作权证书、科技成果认定证书、第三方科技成果评价报告等。

3.科技成果转化协议。

明确转化方式以及转化过程产生知识产权归属、违约责任、分年度经费预算等。

4.其他需要提供的证明材料。

（二）成果转化过程中技术类活动申请。

1.技术类活动申请书。

明确成果转化过程中开展技术类活动的类型、内容，以及已有科技成果基础、转化对象、考核指标、转化净收益团队分配建议等事项。

2.技术类活动合作协议。

明确产权归属、合同预算、利益分配、违约责任等内容。

3.其他需要提供的证明材料。

需提供开展技术服务、技术开发、技术咨询活动前期已有的科技成果认定证明，包括知识产权证明、项目立项/结题证明等。

第十条　中心各单位开展科技成果转化应以"中国气象局公共气象服务中心"的名义统一对外签订书面协议，如联合企业或社会组织对外开展科技成果转化，须签订科技成果转化合作或委托协议，并明确成果转化收益分配比例、转化成本、违约责任等内容。科技成果的转让、许可或者作价投资应当通过协议定价、在技术市场挂牌交易、拍卖等市场化方式确定价格。

第十一条　承担科技成果转化任务的单位和个人应按照协议开展工作，不得随意更改协议约定的工作内容和时间节点、更换任务负责人、改变约定的经费用途等，确须变更的，应征得委托方、合作方同意，报业务科技处按程序经分管领导审批后，签订补充协议，报业务科技处与原协议一并存档备案。

第十二条　科技成果转化协议履行完成后一个月内，科技成果转化执行主体应向业务科技处提交任务来源单位出具的任务完成证明。

第三章　科技成果转化收益管理

第十三条　中心科技成果转化收益纳入中心财务统一管理，经费支出按照协议约定管理使用，转化收益分配额度不受当年本单位工资总额限制。

第十四条　科技成果转化收益由公共服务中心按规定进行分配和奖励。

科技成果转化收益：是指中心签署科技成果转化协议约定的收益，包括科技成果转化成本、税费和净收入三部分，由成果转化执行主体负责测算，中心计划财务处负责审核。

科技成果转化成本：是指按照协议约定开展研究工作而发生的直接物化成本（设备费、办公费、资料费、水电费、采暖费、通讯费、差旅费、交通费、会议费等）、劳务咨询及委托业务费、转化转移机构服务费等。

税费支出：是指按国家税法规定应交纳的税费，含当年收到款项应缴纳的流转税费，当年形成的结存资金应缴纳的所得税等。

净收入：是指科技成果转化合同金额扣除科技转化成本、税费支出后的剩余经费。

收益分配：成果转化净收入50%用于奖励完成和转化职务科技成果做出重要贡献的人员，由成果转化执行主体提出突出贡献者奖励分配比例；净收入其余50%由中心统筹使用，主要用于中心科技研发投入、科技成果转化中试、科技人才培养和激励等。

发放方式：科技成果转化执行主体依据到款额制定净收益分配方案，由所有成果完成人签名认可，报业务科技处和计划财务处审核后，在成果完成单位公示 5 个工作日，无异议后由人事处进行发放（产生税费由个人承担）。

第四章　法律责任

第十五条　违反本办法规定，在科技成果转化活动中弄虚作假，采取欺骗手段，骗取奖励和荣誉称号、诈骗钱财、非法牟利的，由中心依照管理职责责令改正，取消该奖励和相关荣誉称号，追回违规经费支出，没收违法所得，并处以罚款。给他人造成经济损失的，依法承担民事赔偿责任。构成犯罪的，依法追究刑事责任。

第十六条　职务科技成果属国有资产，职工未经单位允许，泄露本单位的技术秘密，或者擅自转让、变相转让或提供第三方使用职务科技成果的，参加科技成果转化的有关人员违反与本单位的协议，在离职、离休、退休后约定的期限内私自从事原单位科技成果转化活动，给本单位造成经济损失的，依法承担民事赔偿责任；构成犯罪的，依法追究刑事责任。

第五章　附　　则

第十七条　中心职务性科技成果，其知识产权权利人、成果登记完成单位均为"中国气象局公共气象服务中心"。中心联合其他单位或者企业承担实施的财政性科研项目、与其他部门、企业或社会组织联合开展的科技项目取得的科技成果，其权属依据相关国家法律法规或者合同进行约定。

第十八条　科技成果转化项目实行年度报告制度。科技成果转化部门应于每年度 12 月 10 日前将获得的科技成果情况、科技成果转化情况、收入及分配情况等内容进行梳理，形成科技报告报业务科技处进行备案。

第十九条　本办法由中心业务科技处负责解释。

第二十条　本办法自发布之日起施行。

（起草人：乔亚茹、范晓青、卫晓莉、陈辉、马清云、刘欣、赵红艳、范静

发布时间：2017 年 11 月）

业 务 篇

业务管理制度是指导业务人员行为的导向灯，业务的高效运转离不开制度的规范管理。中心的业务范围广泛，特别是在公众气象服务领域，拥有包括影视、广播、网站、手机、气象服务热线等在内的立体化全方位服务体系。业务篇的制度涉及应急气象服务、气象服务会商、影视业务和网站业务的业务管理、评价及考核管理等各方面，这些规章制度使得业务责任界定清晰，营造了中心业务发展健康良好的管理秩序，也有力保障了服务业务的安全有序开展。

公共气象服务中心应急气象服务预案

（2017年12月修订）

一、目的

为深入贯彻落实《中国气象局气象灾害应急预案》（气发〔2011〕55号）精神，切实履行气象防灾减灾职责，建立中国气象局公共气象服务中心（以下简称"中心"）内部统一指挥、科学高效、规范有序的应急气象服务业务和管理体系，保证中心的应急气象服务工作科学、有力、有序和有效进行，提高应急气象服务响应能力和防灾减灾能力，制定本预案。

二、编制依据

依照《中国气象局气象灾害应急预案》编制。

三、适用范围

本预案适用于中心组织的气象灾害、突发事件、重大活动等应急气象服务保障工作。

四、组织机构及职责

中心应急气象服务领导小组（以下简称"领导小组"）统一领导和指挥中心应急气象服务各项工作。

中心办公室负责应急气象服务的综合协调与联络，负责应急响应启动、变更和解除的信息发布及后勤保障、宣传等。

中心业务科技处负责应急气象服务工作的业务协调与联络、检查督促、信息报送及应急会商的组织等。

其他各相关单位根据职责分工组织做好应急气象服务工作。

（一）领导小组

组　长：中心主任。

副组长：中心副主任。

成　员：办公室、业务科技处、计划财务处、人事处、党委办公室、中国气象频道、节目部、制作与播出部、预警发布运控室、预警工程与标准化办公室、专业气象台、全媒体气象产品室、数据应用室、系统开放实验室、气象服务评价室等单位主要负责人，中国天气网、中国兴农网、中国天气通主要业务负责人。

主要职责：

1.组织领导中心各单位开展应急气象服务。

2.负责组织落实中国气象局及有关上级部门下达的应急气象服务保障任务。

3.负责制定完善中心应急气象服务管理工作的政策措施和规章制度。

4.负责调度应急处置所需的人力、物力、财力、技术装备等资源，协调解决应急气象服务保障工作中出现的问题。

5.决定和宣布中心应急响应和特别工作状态的启动、变更和终止。

（二）应急管理办公室

领导小组下设应急管理办公室（以下简称"应急办"）。应急办挂靠中心办公室。

主　任：由中心办公室主要负责人兼任。

成　员：办公室负责人、业务科技处负责人以及办公室、业务科技处分管和联系应急工作的有关人员。

主要职责：

1.及时发布中心应急响应和特别工作状态启动、变更和终止的信息。

2.协助组织中心各单位开展应急响应工作，协调解决应急工作中出现的问题。

3.对中心应急值班值守情况进行检查。

4.负责组织应急气象服务工作的宣传报道，组织新闻发布会和对外宣传。

5.负责应急物资储备、定期采买以及应急物资使用管理。

6.负责应急响应工作期间后勤保障工作。

（三）应急队伍

由气象服务首席、各业务单位及职能处室的应急响应带班领导和值班人员组成。

主要职责：

1.组织落实中心应急响应业务处置和总结工作，负责与上级应急响应部门的业务沟通和联系，负责重要业务信息的沟通和传达，负责应急气象服务和宣传工作动态、零报告等材料的组织、把关、报送，应急期间中心内部服务会商、加密服务会商的组织实施。

2.根据领导小组的统一部署，通过各种手段和渠道广泛开展决策、公众和专业气象服务，负责预报预警信息发布、应急气象服务产品和信息的制作发布、应急气象防灾减灾科普宣传的组织开展及气象服务舆情的收集分析。

3.负责保障中心业务系统、技术装备、办公系统的稳定运行。

4.组织、协调开展应急气象服务现场报道工作。

5.根据领导小组要求，落实应急气象服务工作所需的人员、物资、财务、后勤等保障。

6.完成领导小组交办的其他事项。

五、应急响应级别和启动标准

根据事件的严重性和影响范围，预警响应级别从低到高一般为Ⅳ级、Ⅲ级、Ⅱ级、Ⅰ级四个响应等级。

中心的应急响应启动标准分为三类：

（一）根据中国气象局启动或变更气象灾害应急响应的级别，中心启动或变更相应等级的应急响应。

（二）根据中国气象局启动的特别工作状态，中心启动相应的特别工作状态。

（三）根据特殊性、突发性、临时性气象服务保障任务或重大灾害事件，中心决定启动进入特别工作状态。

六、应急响应行动

（一）应急响应启动

1.应急响应状态启动

根据中国气象局发布的气象灾害或突发事件等应急响应命令的级别，中心随即启动相应级别的应急响应。详见附件1。

中心办公室通过办公网、NOTES邮件、微信群和手机短信等方式向领导小组成员和中心各单位发布启动相应级别的应急响应工作的信息①，并根据要求适时向中国气象局上报应急带班领导和行政值班人员名单。

中心业务科技处根据应急响应工作要求立即部署和组织落实相关应急气象服务保障工作。

中心各单位按照各自的职责做好应急响应工作。

2.特别工作状态启动

根据中国气象局启动的特别工作状态，中心随即启动进入相应的特别工作状态。

根据特殊性、突发性、临时性气象服务保障任务或重大灾害事件，经中心领导或服务首席、办公室、业务科技处共同研究确定，视情况启动中心特别工作状态。

（二）应急响应行动

1.Ⅳ级应急响应

（1）领导小组全体成员待命，手机24小时保持联络畅通。实行领导带班和行政值班制度。各相关单位应在响应启动3小时内向办公室、业务科技处上报未来3天应急值班表（附件2）。办

---

① NOTES邮件和手机短信仅发送领导小组全体成员。

公室负责统筹安排中心应急值班表，并报中国气象局应急办。

（2）中心带班领导及业务科技处值班人员参加中央气象台有关天气会商及临时增加的应急天气会商，带班首席、其他各相关应急值班人员在中心7层预警平台收看中央气象台天气会商及临时增加的应急天气会商。

（3）影视、网站、新媒体各相关单位，负责通过电视、广播、网站、手机、微博、微信等渠道，及时向公众和决策用户发布预报预警信息，提供相关气象服务产品：中国气象频道做好特别报道策划及直播；节目部通过节目或滚动字幕等方式发布预警信息，《联播天气预报》在节目发布预警信息；中国天气网、中国兴农网视情况策划制作服务专题；中国天气网负责做好气象用户服务业务受理和需求调查与反馈工作，及时反映气象服务热线和预警服务热线收集的重大问题和事项；中国天气通负责在新媒体服务平台第一时间发布预警信息；各单位服务产品及时向社会媒体进行推广；各单位气象服务首席及时到岗并参与指导气象服务工作；影视中心制播部加强节目制播和外部推广技术保障；完成领导小组交办的其他事项。

（4）预警发布运控室负责通过国家突发事件预警信息发布系统、国家应急办突发事件预警服务平台、中办国办气象服务网站等向中央领导及有关部委发布预警信息；完成领导小组交办的其他事项。

（5）专业气象台负责制作交通、旅游、卫生、森林（草原）火险等领域气象预报服务产品，并根据服务需要提出针对相关行业、领域的灾害防御措施和建议，及时向有关部委和中国气象局决策气象服务中心提供；本单位气象服务首席及时到岗并参与指导专业气象预报服务工作；完成领导小组交办的其他事项。

（6）全媒体气象产品室负责为全媒体相关业务单位公众服务提供应急气象服务相关数据挖掘信息或产品；负责影视城市预报信息的核对确认；本单位值班气象服务首席及时到岗并参与指导气象服务工作；完成领导小组交办的其他事项。

（7）数据应用室负责为各业务单位提供应急气象服务基础数据保障；负责做好支撑应急服务网络、设备等运行保障和应急处置；完成领导小组交办的其他事项。

（8）服务系统开放实验室负责为各业务单位完成应急气象服务产品制作提供系统平台支撑；完成领导小组交办的其他事项。

（9）气象服务评价室负责关注并指导相关省级单位做好气象服务案例收集；完成领导小组交办的其他事项。

（10）办公室负责保障办公系统的稳定运行，负责应急气象服务工作的宣传报道和后勤保障等。

（11）业务科技处负责联系中国气象局各相关直属业务单位的应急气象服务保障，负责组织安排中心的应急气象服务工作，协调解决应急和专项保障期间的业务问题等。

（12）计划财务处负责应急资金保障。

（13）人事处负责中心应急气象服务的表彰奖励；党委办公室负责组织应急气象服务中先进人物事迹的宣传报道。

（14）各业务单位应加强应急服务工作总结报告。遇有突发事件，根据《中国气象局重大突发事件信息报送标准和处理办法实施细则》的有关规定，随时向中国气象局报告。

2. Ⅲ级应急响应

（1）领导小组全体成员待命，手机24小时保持联络畅通。实行领导带班和行政值班制度，随时关注中国气象局应急管理平台信息，密切关注灾害性天气的发展和变化情况，根据需要待岗或到岗。各相关单位应在响应启动3小时内向办公室、业务科技处上报未来3天应急值班表（附件2）。办公室负责统筹安排中心应急值班表，并报中国气象局应急办。

（2）中心带班领导、业务科技处值班人员参加中央气象台天气会商及临时增加的应急天气会商；带班首席、其他各相关单位负责人及应急值班人员在中心7层预警平台收看中央气象台天气会商及应急天气会商。

（3）影视、网站、新媒体各相关单位，负责通过电视、广播、网站、手机、微博、微信等渠道，及时向公众和决策用户发布预报预警信息，提供相关气象服务产品：中国气象频道根据天气和灾情需要，联系相关省份做好应急特别报道策划及直播；节目部及时调整相关节目的制作时间，《联播天气预报》在节目头条发布预警信息和启动Ⅲ级应急响应的消息；中国天气网、中国兴农网视情况策划制作服务专题；中国天气网负责做好气象用户服务业务受理和需求调查与反馈工作，及时反映气象服务热线和预警服务热线收集的重大问题和事项；中国天气通负责在新媒体服务平台第一时间发布预警信息；各单位服务产品及时向社会媒体进行推广；各单位气象服务首席及时到岗并参与指导气象服务工作；相关单位视情况派出记者赴现场报道；影视中心制播部加强节目制播和外拍、外部推广等技术保障；完成领导小组交办的其他事项。

（4）预警发布运控室负责通过国家突发事件预警信息发布系统、国家应急办突发事件预警服务平台、中办国办气象服务网站等向中央领导及有关部委发布预警信息；完成领导小组交办的其他事项。

（5）专业气象台负责制作交通、旅游、卫生、森林（草原）火险等领域气象预报服务产品，并根据服务需要提出针对相关行业、领域的灾害防御措施和建议，及时向有关部委和中国气象局决策气象服务中心提供；本单位气象服务首席及时到岗并参与指导专业气象预报服务工作；完成领导小组交办的其他事项。

（6）全媒体气象产品室负责为全媒体相关业务单位公众服务提供应急气象服务相关数据挖掘信息或产品；负责影视城市预报信息的核对确认；本单位气象服务首席及时到岗并参与指导气象服务工作；完成领导小组交办的其他事项。

（7）数据应用室负责为各业务单位提供应急气象服务基础数据保障；负责做好支撑应急服务网络、设备等运行保障和应急处置；完成领导小组交办的其他事项。

（8）服务系统开放实验室负责为各业务单位完成应急气象服务产品制作提供系统平台支撑；完成领导小组交办的其他事项。

（9）气象服务评价室协助中心相关业务部门做好气象服务效果评价工作；关注并指导相关省级单位做好气象服务案例收集；完成领导小组交办的其他事项。

（10）办公室负责应急气象服务保障工作和宣传报道；协助中国气象频道、中国天气网现场报道的联系工作。

（11）业务科技处负责联系中国气象局各相关直属业务单位的应急气象服务保障，负责组织安排中心的应急气象服务工作，协调解决应急和专项保障期间的业务问题等。

（12）计划财务处负责应急资金保障。

（13）人事处负责中心应急气象服务的表彰奖励；党委办公室负责组织应急气象服务中先进人物事迹的宣传报道。

（14）中心各应急业务单位应于每日15时前通过NOTES向业务科技处（业务科技处/业务科技处/公共气象服务中心/CMA，下同）报告每日应急工作情况，业务科技处及时汇总整理并于每日16时前报送中国气象局办公室、应急减灾与公共服务司和中国气象报社（报送地址：中国气象局应急办/局机关/CMA，中国气象局值班室/局机关/CMA，宣传科普处/办公室/局机关/CMA，减灾服务/应急减灾处/减灾司/局机关/CMA，气象报社/气象报社/CMA，下同），同时抄送中心领导小组和应急办成员。遇有突发事件，根据《中国气象局重大突发事件信息报送标准和处理办法实施细则》的有关规定，随时向中国气象局报告。

3. II级应急响应

（1）接到应急响应通知后，领导小组及应急办全体成员、中心值班首席（副首席）、值班总师（副总师）迅速到达应急工作状态，根据需要迅速到达岗位，手机24小时保持联络畅通，随时关注中国气象局应急管理平台信息，密切关注灾害性天气的发展和变化情况。

（2）实行24小时中心领导带班和各单位主要负责人行政值班制度以及业务巡视制度。各相关单位应在响应启动2小时内向办公室、业务科技处上报未来3天应急值班表（附件3）。办公室负责统筹安排中心应急值班表，并报中国气象局应急办。

（3）中心带班领导、业务科技处负责人及相关人员参加中央气象台天气会商及临时增加的应急天气会商；带班首席、其他各相关单位主要负责人和应急值班人员在中心7层预警平台收看中央气象台天气会商及应急天气会商；以上各类人员参加中心内部服务会商；带班首席视情况组织召开加密服务会商。

（4）影视、网站、新媒体各相关单位，负责通过电视、广播、网站、手机、微博、微信等渠道，及时向公众和决策用户发布预报预警信息，提供相关气象服务产品：中国气象频道随时播报天气实况、最新气象灾害动态和预报预警信息以及中国气象局应急响应安排部署工作情况，根据天气和灾情需要，联系相关省份做好应急特别报道策划及直播；节目部及时调整相关节目的制作时间，《联播天气预报》在节目头条发布预警信息和启动Ⅱ级应急响应的消息；中国天气网在中心启动应急3小时内上线应急服务专题，负责做好气象用户服务业务受理和需求调查与反馈工作，延长服务热线人工服务时间，与相关省级热线进行服务联动，及时反映气象服务热线和预警服务热线收集的重大问题和事项；中国兴农网视情况及时策划制作服务专题；中国天气通负责在新媒体服务平台第一时间发布预警信息；各单位服务产品及时向社会媒体进行推广；各单位气象服务首席及时到岗并参与指导气象服务工作；相关单位视情况派出记者赴现场报道；影视中心制播部加强节目制播和外拍、外部推广等技术保障；完成领导小组交办的其他事项。

（5）预警发布运控室增加预警发布应急岗，24小时保障通过国家突发事件预警信息发布系统、国家应急办突发事件预警服务平台、中办国办气象服务网站等及时向中央领导及有关部委发布预警信息；完成领导小组交办的其他事项。

（6）专业气象台负责制作交通、旅游、卫生、森林（草原）火险等领域气象预报服务产品，并根据服务需要提出针对相关行业、领域的灾害防御措施和建议，及时向有关部委和中国气象局决策气象服务中心提供；本单位气象服务首席及时到岗并参与指导专业气象预报服务工作；完成领导小组交办的其他事项。

（7）全媒体气象产品室负责为全媒体相关业务单位公众服务提供应急气象服务相关数据挖掘信息或产品；负责影视预报信息的核对确认；本单位气象服务首席及时到岗并参与指导气象服务工作；完成领导小组交办的其他事项。

（8）数据应用室增加数据保障、技术保障应急岗，24小时保障应急数据接入、技术支撑问题的处置工作；做好支撑应急服务网络、设备等运行保障和应急处置；完成领导小组交办的其他事项。

（9）服务系统开放实验室增加系统平台支撑应急岗，24小时为各业务单位完成应急气象服务产品制作提供系统平台支撑；完成领导小组交办的其他事项。

（10）气象服务评价室适时启动重大灾害气象服务专项评价工作；协助中心相关业务部门做好气象服务效果评价工作；关注并指导相关省级单位做好气象服务案例收集；完成领导小组交办的其他事项。

（11）办公室根据应急工作进展不同阶段的宣传口径和重点，负责应急气象服务保障工作的宣传报道；协助中国气象频道、中国天气网现场报道的联系工作；负责安排应急值班宿舍、车辆等。

（12）业务科技处负责联系中国气象局各相关直属业务单位的应急气象服务保障，负责组织安排中心的应急气象服务工作，协调解决应急气象服务期间的业务问题和系统故障问题等。

（13）计划财务处负责应急资金保障。

（14）人事处负责中心应急气象服务的表彰奖励；党委办公室负责组织应急气象服务中先进人物事迹的宣传报道。

（15）中心各业务单位应于每日15时前通过NOTES向业务科技处报告每日应急工作情况，业务科技处及时汇总整理并于每日16时前报送中国气象局办公室、应急减灾与公共服务司和中国气象报社，同时抄送中心领导小组和应急办成员。遇有突发事件，根据《中国气象局重大突发事件信息报送标准和处理办法实施细则》的有关规定，随时向中国气象局报告。

4. I级应急响应

（1）接到应急响应通知后，领导小组成员、应急办全体成员、值班首席（副首席）、值班总师（副总师）迅速到达工作岗位，手机24小时保持联络畅通，随时关注中国气象局应急管理平台信息，密切关注灾害性天气的发展和变化情况。

（2）实行24小时中心主要领导带班、带班领导和各单位主要负责人行政值班制度以及业务巡视制度。各相关单位应在响应启动1小时内向办公室、业务科技处上报未来3天应急值班表（附件3），办公室负责统筹安排中心应急值班表，并报中国气象局应急办。

（3）中心主要领导或委托带班领导、业务科技处主要负责人及相关人员参加中央气象台天气会商及临时增加的应急天气会商；带班首席、各单位主要负责人和应急值班人员在中心会商室收听中央气象台天气会商及应急天气会商；中心气象服务会商调整为应急气象服务专项会商，以上各类人员参加应急服务专项会商；带班首席视情况组织加密服务会商。

（4）影视、网站、新媒体各相关单位，负责通过电视、广播、网站、手机、微博、微信等渠道，及时向公众和决策用户发布预报预警信息，提供相关气象服务产品：中国气象频道随时播报天气实况、最新气象灾害动态和预报预警信息以及中国气象局应急响应安排部署工作情况，根据天气和灾情需要，联系相关省份做好应急特别报道策划及直播；节目部及时调整相关节目的制作时间，《联播天气预报》在节目头条发布预警信息和启动I级应急响应的消息；中国天气网在中心启动应急2小时内上线应急服务专题，根据中国气象局统一安排组织网络宣传，加强信息发布和舆论引导，负责做好气象用户服务业务受理和需求调查与反馈工作，延长人工服务时间，与相关省级热线进行联动，及时反映气象服务热线和预警服务热线收集的重大问题和事项；中国兴农网视情况及时策划制作服务专题；中国天气通负责在新媒体服务平台第一时间发布预警信息；各单位服务产品及时向社会媒体进行推广；各单位气象服务首席及时到岗并参与指导气象服务工作；相关单位视情况派出记者赴现场报道；影视中心制播部加强节目制播和外拍、外部推广等技术保障；完成领导小组交办的其他事项。

（5）预警发布运控室增加预警发布应急岗，24小时保障通过国家突发事件预警信息发布系统、国家应急办突发事件预警服务平台、中办国办气象服务网站等及时向中央领导及有关部委发布预警信息；完成领导小组交办的其他事项。

（6）专业气象台负责制作交通、旅游、卫生、森林（草原）火险等领域气象预报服务产品，并根据服务需要提出针对相关行业、领域的灾害防御措施和建议，及时向有关部委和中国气象局决策气象服务中心提供；本单位气象服务首席及时到岗并参与指导专业气象预报服务工作；完成领导小组交办的其他事项。

（7）全媒体气象产品室负责为全媒体相关业务单位公众服务提供应急气象服务相关数据挖掘信息或产品；负责影视城市预报信息核对确认；本单位气象服务首席及时到岗并参与指导气象服务工作；完成领导小组交办的其他事项。

（8）数据应用室增加数据保障、技术保障应急岗，24小时保障应急数据接入、技术支撑问题的处置工作；做好支撑应急服务网络、设备等运行保障和应急处置；完成领导小组交办的其他事项。

（9）服务系统开放实验室增加系统平台支撑应急岗，24小时为各业务单位完成应急气象服务产品制作提供系统平台支撑；完成领导小组交办的其他事项。

（10）气象服务评价室启动重大灾害气象服务专项评价工作；协助中心相关业务部门做好气象服务效果评价工作；关注并指导相关省级单位做好气象服务案例收集；完成领导小组交办的其他事项。

（11）办公室根据应急工作进展不同阶段的宣传口径和重点，负责应急气象服务保障工作的宣传报道；协助中国气象频道、中国天气网现场报道的联系工作；负责安排应急值班宿舍、车辆等。

（12）业务科技处负责联系中国气象局各相关直属业务单位的应急气象服务保障，负责组织安排中心的应急气象服务工作，协调解决应急气象服务期间的业务问题和系统故障问题等。

（13）计划财务处负责应急资金保障。

（14）人事处负责中心应急气象服务的表彰奖励；党委办公室负责组织应急气象服务中先进人物事迹的宣传报道。

（15）中心各业务单位应于每日15时前通过NOTES向业务科技处报告每日应急工作情况，业务科技处及时汇总整理并于每日16时前报送中国气象局办公室、应急减灾与公共服务司和中国气象报社，同时抄送中心领导小组和应急办成员。遇有突发事件，根据《中国气象局重大突发事件信息报送标准和处理办法实施细则》的有关规定，随时向中国气象局报告。

（三）特别工作状态响应行动

（1）根据全国气象灾害、突发公共事件及重大活动保障等气象服务的需要，中心领导、服务首席、办公室、业务科技处经过形势研判，由中心领导决定启动中心进入特别工作状态，行动标准一般参照中心启动的Ⅳ级应急响应级别，必要时根据情况及时升级。

（2）当北京市气象局启动应急响应后，中心启动进入特别工作状态。当北京市气象局启动Ⅳ、Ⅲ级应急响应后，中心特别工作状态的行动标准一般参照中心Ⅳ级应急响应级别，必要时根据情况及时升级;当北京市气象局启动Ⅱ、Ⅰ级应急响应后,中心特别工作状态的行动标准一般参照中心Ⅱ级应急响应级别,必要时根据情况及时升级。

七、应急响应变更和终止

(1)根据中国气象局有关气象灾害应急响应或进入特别工作状态命令,及时变更(或终止)中心应急响应级别或特别工作状态。应急响应的变更程序与启动程序相同(见本预案第六部分)。

(2)根据中国气象局的应急响应命令,根据实际情况,经中心领导、服务首席、办公室、业务科技处研判,中心可决定提升应急响应级别。

(3)中心启动的中心级别的应急响应或特别工作状态,根据情况由中心决定及时予以更新和解除。

应急响应终止程序如下:

根据中国气象局发布的撤销气象灾害应急响应或特别工作状态的命令,由办公室通过办公网、NOTES邮件和微信群、手机短信等方式向领导小组、应急办全体成员和中心各单位发布终止应急响应信息①。中心启动的中心级别的应急响应或特别工作状态由中心领导、办公室、业务科技处研究确定后决定终止。

八、其他处置

(一)设备备份和故障应急保障

中心办公设备备份由办公室负责,各业务单位的业务用机备份由各相关单位商数据应用室共同负责,并明确各类应急备份设备的型号、配置、功能、数量等。

当各单位业务系统或设备出现故障后,应立即通知数据应用室,数据应用室应在10分钟内到达中心7层业务平台、30分钟内到达局内机房、60分钟内到达托管机房进行现场处置。遇有需要更换故障设备的情况时,应由各单位和数据应用室共同到办公室领取备份设备,由数据应用室负责安装调试;如无备份设备,应由各单位商数据应用室及时按规定采购应急设备,再由数据应用室负责安装调试。

故障处理完毕后,应填写《公共气象服务中心业务故障处理报告单》(附件4),报业务科技处,同时抄送数据应用室、办公室。

气象影视中心的业务系统及设备管理由制播部负责。制播部负责检查、确认所有节目制作设备、现场报道设备及播出传输系统运行状态良好,排查安全隐患;要及时掌握节目部门的应急需求情况,做好节目直播或新增节目的准备;加强应急值班,合理调整节目制作机房和制作时间;应急设备、直播设备随时可以启用。

(二)应急服务总结

办公室和各业务单位应根据《公共气象服务中心气象服务总结报送规范》在应急响应终止后

---

① NOTES邮件和手机短信仅发送领导小组全体成员。

1日内完成本单位应急气象服务工作总结，并通过 NOTES 报送业务科技处。

业务科技处负责汇总形成公共气象服务中心应急气象服务工作总结，在应急响应终止2日内报领导小组审批后^①，通过 NOTES 报送中国气象局办公室（应急办）、应急减灾与公共服务司和中国气象报社，同时抄送中心领导小组和应急办成员。

（三）奖励与责任追究

对在应急气象服务工作中做出突出贡献的单位和个人，中心按照中国气象局有关规定予以表彰和奖励；对在应急响应工作中玩忽职守造成重大损失和影响的，将追究当事人的责任。

把党员领导干部在应急响应工作中的表现情况，作为评价、任用和奖惩干部的重要依据。要注意在应急响应服务中培养锻炼和发展入党积极分子，做好在一线发展党员工作。

对在应急响应工作中推诿扯皮、工作不力的，要批评教育；对失职渎职的党员领导干部，要进行组织处理。要及时发现、总结和宣传基层党组织和广大党员、干部在汛期气象服务中涌现出来的先进事迹，并利用多种渠道等大力宣传。

（四）应急物资采买、储存

办公室负责应急物资的采买和储存和管理工作。应急物资包括应急食品、应急设备、防寒防暑用品等。应急物资发放由领导小组统一调配，应急资金使用由党委办公室统一监督，由办公室发放登记管理。

（五）应急资金预算、筹措与管理

办公室和计划财务处负责中心应急气象服务保障所需资金的预算与筹措。在年度财务预算中，应留有专款专用的应急资金，用于应急响应工作中的必要开支。资金使用由领导小组统一掌握。

九、预案管理

（一）预案实施后，随着应急救援相关法律法规的制定、修改和完善，部门职责或应急工作发生变化，或发现应急过程中存在问题和出现新的情况，业务科技处应牵头适时组织有关单位进行评估，及时修订完善本预案，并报领导小组审批。

（二）中心各单位应依据本预案，制定完善本单位应急气象服务工作预案，并报办公室、业务科技处备案。

（三）本预案由中心办公室和业务科技处负责解释。

（四）本预案自印发之日起实施。

（起草人：张礼春、陈辉、卫晓莉、韦号、董安安、王贵彬　发布时间：2017年12月）

---

① Ⅲ、Ⅳ级应急服务总结报业务科技处主要负责人审批，Ⅰ、Ⅱ级应急服务总结报中心领导审批。

附件 1

公共气象服务中心应急响应行动状态简表

	IV级应急响应	III级变化内容	II级变化内容	I级变化内容
总体要求	●领导小组全体成员待命，手机 24 小时保持开通联络畅通。实行领导带班和行政值班制度。 ●各相关单位应在响应启动 3 小时内向办公室、业务科技处上报未来 3 天应急值班表。 ●办公室负责安排中心应急值班表，并报中国气象局应急办。	●领导小组全体成员待命，手机 24 小时保持联络畅通。实行领导带班和行政值班制度，根据需要待岗或到岗。 ●各相关单位应在响应启动 3 小时内向办公室、业务科技处上报未来 3 天应急值班表。 ●办公室负责统筹安排中心应急值班表，并报中国气象局应急办。	●接到应急响应通知后，领导小组及应急办全体成员、中心值班首席（副首席）、值班总师（副总师）迅速到达应急工作状态，根据需要迅速达岗位。 ●实行 24 小时中心主要领导带班和各单位主要负责人行政值班制度以及业务巡视制度。 ●各相关单位应在响应启动 2 小时内上报未来 3 天应急值班表。	●接到应急响应通知后，中心值班首席（副首席）、值班总师（副总师）迅速到达工作岗位。 ●各相关单位应在响应启动 1 小时内上报未来 3 天应急值班表。
会商要求	●中心带班领导和业务科技处按要求参加中央气象台有关天气会商。 ●带班首席及其他各相关单位负责人和应急值班人员在中心会商室收看中央气象台天气会商及应急天气会商。	●中心带班领导和业务科技处按要求参加中央气象台有关天气会商。 ●带班首席及其他各相关单位负责人和应急值班人员在中心会商室收看中央气象台天气会商及应急天气会商。	●中心带班领导、业务科技处、带班首席、其他各相关单位负责人和应急值班人员参加中心内部服务会商。 ●带班首席视情况组织召开加密服务会商。	●中心服务会商调整为应急服务专项会商，中心带班领导、业务科技处、带班首席、其他各相关单位负责人和应急值班人员参加应急服务专项会商。
影视、网站、新媒体各服务渠道	●通过各渠道及时向公众和决策用户发布预报预警信息：中国气象频道做好特别报道策划及直播；节目部通过节目或滚动字幕等方式发布预警信息，《联播天气预报》在节目发布预警信息；中国天气网、中国兴农网视情况策划制作服务专题；中国天气网负责做好气象用户服务业务受理和需求调查与反馈工作，及时反映气象服务热线和预警服务热线收集的重大问题和事项；中国天气通负责在新媒体服务平台第一时间发布预警信息；各单位服务产品及时向社会媒体进行推广；各单位气象服务首席及时到岗并参与指导气象服务工作。 ●影视中心制播部加强节目制播和外部推广技术保障。	●中国气象频道根据天气和灾情需要，联系相关省份做好特别报道的具体策划及直播安排。 ●节目部时调整相关节目的制作时间，《联播天气预报》在节目头条发布预警信息和启动 III 级应急响应的消息。	●中国气象频道随时播报天气实况、最新气象灾害动态和预报预警信息以及中国气象局应急响应安排部署工作情况，及时进行灾害性天气防御的科普宣传。 ●节目部调整相关节目的制作时间，《联播天气预报》在节目头条发布预警信息和启动 II 级应急响应的消息。 ●中国天气网在中心启动应急 3 小时内上线应急服务专题；延长服务热线人工服务时间，与相关省级热线进行服务联动。	●节目部在节目头条发布预警信息，进行防灾减灾措施、相关科普知识介绍，《联播天气预报》在节目头条发布预警信息和启动 I 级应急响应的消息。 ●中国天气网在中心启动应急 2 小时内上线应急服务专题。

续表

	Ⅳ级应急响应	Ⅲ级变化内容	Ⅱ级变化内容	Ⅰ级变化内容
预警发布运控室	●通过国家突发事件预警信息发布系统、国家应急办突发事件预警服务平台、中办国办气象服务网站等向中央领导及有关部委发布预警信息。	无变化	●增加预警发布应急岗，24小时保障通过国家突发事件预警信息发布系统、国家应急办突发事件预警服务平台、中办国办气象服务网站等及时向中央领导及有关部委发布预警信息。	无变化
专业气象台	●制作交通、旅游、卫生、森林（草原）火险等领域气象预报服务产品，并根据服务需要提出针对不同行业、领域的灾害防御措施和建议，及时向有关部委和中国气象局决策气象服务中心提供。 ●本单位气象服务首席及时到岗并参与指导专业气象预报服务工作。	无变化	无变化	无变化
数据应用室	●为各业务单位提供应急气象服务基础数据保障。 ●做好支撑应急服务网络、设备等运行保障和应急处置。	无变化	●增加数据保障、技术保障应急岗，24小时保障应急数据接入、技术支撑问题的处置工作。	无变化
全媒体气象产品室	●负责为全媒体相关业务单位公众或决策服务提供应急气象服务相关数据挖掘信息或产品。 ●负责应急相关精细化预报数据发布的业务把关。	无变化	无变化	无变化
服务系统开放实验室	●为各业务单位完成应急气象服务产品制作提供系统平台支撑。	无变化	●增加系统平台支撑应急岗，24小时为各业务单位完成应急气象服务产品制作提供系统平台支撑。	无变化
气象服务评价室	●负责关注并指导相关省级单位做好气象服务案例收集。	●协助中心相关业务部门做好气象服务效果评价工作。	●适时启动重大灾害气象服务专项评价工作。	●启动重大灾害气象服务专项评价工作。
办公室	●负责保障办公系统的稳定运行，负责应急气象服务工作的宣传报道等。	●协助中国气象频道、中国天气网现场报道的联系工作。	●安排值班宿舍、应急车辆。 ●应急物资发放。	无变化
业务科技处	●负责通知相关单位参加应急会商；负责联系中国气象局各相关直属业务单位的应急气象服务保障，负责组织安排中心的应急工作；协调解决应急和专项保障期间的业务问题。	无变化	无变化	无变化

续表

	Ⅳ级应急响应	Ⅲ级变化内容	Ⅱ级变化内容	Ⅰ级变化内容
计划财务处	•负责应急资金保障。	无变化	无变化	无变化
人事处、党委办公室	•负责中心应急气象服务的表彰奖励。 •负责应急气象服务中先进人物事迹的宣传报道等。	无变化	无变化	无变化
应急信息报送	•各业务单位应加强应急值班信息总结报告。 •遇有突发事件，根据《中国气象局重大突发事件信息报送标准和处理办法实施细则》的有关规定，随时向中国气象局报告。	•各业务单位于每日15时前向业务科技处通过NOTES报告应急工作情况。 •业务科技处及时汇总整理并于每日16时前报送中国气象局办公室、应急减灾与公共服务司和中国气象报社。	无变化	无变化

注：每一级应急响应行动状态均是比前一级增加的变化。

附件 2

公共气象服务中心 Ⅲ、Ⅳ 级应急响应值班表

填报处室：   填报人：

日　期	行政值班	手　机	应急值班	手　机

附件 3

公共气象服务中心 Ⅰ、Ⅱ 级应急响应值班表

填报处室：   填报人：

值班 ＼ 日期		姓名	手机	姓名	手机	姓名	手机
行政值班							
应急值班	应急岗位 1						
	应急岗位 2						
	应急岗位 3						
	应急岗位 4						
	应急岗位 5						

注：应急岗位由各单位自行填写。

附件 4

公共气象服务中心业务故障处理报告单

报告单位		值班领导	
报 告 人		报告时间	
业务故障描述			
主要受影响业务			
故障原因初步分析			
解决措施及结果			
建议			
受理人签字			

公共气象服务中心汛期应急突发事件信息报告规定

为规范公共气象服务中心（以下简称"中心"）对汛期应急气象服务突发事件的统一领导和全面管理，确保有关值班人员及时处置突发事件，制定本规定。

一、报告要求

（一）中心值班室人员在接到突发事件电话通知后，应立即记录来电时间、来电人姓名和联系方式、事件发生时间和地点、事件具体情况及目前所带来的影响等，并及时向当天业务值班人员和行政值班人员通报。

（二）报告内容应实事求是、完整及时。

（三）应当报告而未报告的，视造成的影响和后果追究当事人及其主管领导的责任。

二、报告程序

（一）中心值班室人员在接到电话后立即填写《公共气象服务中心汛期值班来电记录表》（附件1），并于5分钟内电话通知当天有关业务值班人员及当天行政值班人员（详见汛期值班表），完整描述事件情况。

（二）行政值班人员应立即将来电信息通报当天中心带班领导。

（三）有关业务值班人员应立即通报所属业务处室领导并组织进行事件处置。

（四）事件处置完毕后，业务值班人员应尽快将处置结果反馈中心值班室并告知行政值班人员，再填写完整《公共气象服务中心汛期值班突发信息报告表》（附件2），发送至中心应急管理办公室，同时抄送当天行政值班人员。由行政值班人员将事件处置结果告知中心带班领导。

（五）中心值班室应及时将事件处置结果电话反馈来电单位（来电人）。

中心应急管理办公室联系人：

1.联系人：董安安

　　联系电话：68407663　13810871009

　　NOTES：董安安 / 办公室 / 公共气象服务中心 /CMA

2. 联系人：张礼春

　　联系电话：58993520　18610121760

　　NOTES：张礼春 / 业务科技处 / 公共气象服务中心 /CMA

　　　　　　　　（起草人：董安安、张礼春　发布时间：2017 年 11 月）

附件 1

公共气象服务中心汛期值班来电记录表

缓急（特急　急　一般）

来电时间	年 月 日 时 分		来电号码	
来电单位			联系人	
来电内容				
处理意见				
受电单位			受电人	
备注				

附件 2

公共气象服务中心汛期值班突发信息报告表

当日业务值班人员：_____ 　　　　当日行政值班人员：_____

填表人：_____ 　　　　　　　　　　填表日期：_____年___月___日

事件发生时间	事件发生地点	事件内容 （截至事件报告时）	事件所带来影响 （截至事件报告时）
事件处理完成时间			
事件处理结果			

公共气象服务中心地震灾害专项应急气象服务预案

（2017 年 12 月修订）

一、总则

破坏性地震属于突发性事件，对公共安全造成严重威胁。为增强中国气象局公共气象服务中心（以下简称"中心"）应对突发事件（地震）的气象服务保障能力，及时、高效、有序地做好地震灾害应急气象保障服务工作，在《中国气象局气象灾害应急预案》和《中国气象局公共气象服务中心应急气象服务预案》的基础上，制定本预案。

本预案为中心应对突发事件的专项预案之一。

二、适用范围

（一）当出现中国境内发生 6 级以上地震、地震级别较低但造成重大人员伤亡、中国气象局启动地震灾害气象服务应急响应命令等三种情况之一时，中心各单位须按照《中国气象局公共气象服务中心应急气象服务预案》立即进入响应状态，做好各项气象服务保障工作。

（二）本预案适用于地震灾害气象服务应急响应过程中，在常规气象服务保障基础上新增应急气象服务产品内容、流程和制作规范等，同时规定各单位职责分工。

（三）常规气象服务产品按照原有业务流程制作审核发布，不在本预案中规定。

三、组织体系和职责

（一）应急响应期间，中心各项地震灾害应急气象服务工作均在中心应急气象服务领导小组统一领导和指挥下开展工作。

中心办公室、业务科技处负责地震灾害应急气象服务综合协调、管理、后勤保障和宣传等事宜，具体职责如下。

1. **办公室**

负责启动和解除应急响应状态。负责地震灾害应急气象服务工作的宣传，及时组织总结报道中心在地震灾害应急气象服务中有效的工作机制和方式，以及新产品、新技术和新服务，并积极向中心领导和上级主管部门反映。

2. 业务科技处

负责组织各业务单位地震灾害应急气象服务需求梳理和任务分解，负责协助带班首席做好各项应急工作的组织协调与检查落实。

（二）应急响应期间，地震灾害应急气象服务工作实行带班气象服务首席和媒体服务首席共同负责制，各相关业务单位根据职责分工组织做好应急气象服务保障工作，具体职责如下。

1. 带班首席

负责根据本预案的规定统一组织调配中心各类气象和媒体业务服务资源，及时组织开展应急气象服务保障工作，带班气象服务首席负责专项应急气象服务产品审核和签发。

2. 气象影视中心

负责中国气象频道有关地震视频、资讯以及地震灾害应急气象服务影视产品的制作和技术保障工作；负责通过中国气象频道、公共频道等渠道及时发布地震气象服务信息。

3. 中国天气网

负责中国天气网有关地震专题、资讯以及应急气象服务产品的制作和维护；负责通过网站、微博等渠道及时发布气象服务信息、社会应急资讯（如交通管制、道路抢修等信息）等；负责对地震应急气象服务产品进行监控，对出现的异常服务信息实时报告；负责通过气象服务热线收集用户意见及需求，及时向相关产品制作单位反馈。

4. 预警发布运控室

负责加强国家突发事件预警信息发布系统、中办国办等决策平台、气象信息决策支撑系统的预警信息、天气预报、实况数据业务的运行监视；负责依据应急需求安排应急人员配合其他业务单位完成应急服务产品制作。

5. 专业气象台

根据地震灾区抗震救灾服务需求；负责研发设计公路交通气象抗震救灾产品模板，负责服务产品制作和内容初审；负责将带班首席审核签发后的服务产品推送至决策气象服务中心及相关合作单位。

6. 全媒体气象产品室

负责为全媒体相关业务单位公众服务提供地震应急气象服务相关数据挖掘信息或产品；负责地震影响区域影视城市预报信息核对确认。

7. 数据应用室

负责为中心各单位提供所需气象数据保障；24小时保障应急数据接入、技术支撑问题的处置工作；做好支撑应急服务网络、设备等运行保障和应急处置。

8.服务系统开放实验室

负责根据地震气象服务产品制作需求，提供基于 1∶50 000 地震灾区地理信息气象服务产品底图（精细到 5 级河流、县级以上道路、居民点）；负责协助专业气象台、中国天气网制作新增应急气象服务产品模板并提供技术支持；负责应急需要安排业务值班人员配合中心各业务单位完成应急或决策气象服务产品制作。

9.气象服务评价室

负责针对地震应急气象服务过程进行效益评估及典型案例分析，并于地震应急气象服务结束后两周内形成总结材料上报中心业务科技处。

四、应急结束

（一）根据中国气象局发布撤销地震灾害气象服务应急响应或特别工作状态的命令，终止应急响应工作。

（二）应急响应终止后，经中心应急气象服务领导小组研究需要继续做好气象服务保障时，应按照本预案继续执行。

五、附则

（一）中心各业务单位应依据本预案做好地震灾害专项应急气象服务保障工作。

（二）本预案由中心业务科技处负责解释。

（三）本预案自印发之日起施行。

（起草人：张礼春、陈辉、乔亚茹、裴顺强　发布时间：2017 年 12 月）

公共气象服务中心网络安全事件应急预案

一、总则

（一）编制目的

为全面落实《国家网络安全事件应急预案》《中国气象局网络安全事件应急预案》，建立健全中国气象局公共气象服务中心（以下简称"中心"）网络安全事件应急工作机制，提高应对网络安全事件能力，预防和减少网络安全事件造成的损失和危害，保障气象工作正常开展，制定本预案。

（二）编制依据

《中华人民共和国网络安全法》《中华人民共和国突发事件应对法》《国家突发公共事件总体应急预案》《突发事件应急预案管理办法》《国家网络安全事件应急预案》《中国气象局网络安全事件应急预案》和《预报司关于建立信息安全通报机制的函》（气预函〔2016〕40号）等相关规定。

（三）适用范围

本预案适用于中心网络安全事件的预防、监测和预警、应急处置等工作。

（四）工作原则

中心依据"谁主管谁负责、谁运行谁负责"的原则，开展网络和信息系统网络安全事件的预防、监测、报告、应急处置和调查评估工作。

二、组织与职责

（一）领导机构与职责

成立由中心分管信息网络安全的领导牵头的网络安全事件应急领导小组（以下简称"领导小组"），组织领导中心网络安全事件应急工作。

领导小组人员组成：

组　　长：中心分管领导。

副组长：业务科技处、办公室负责人。

成　员：计财处、人事处、党办及各业务单位负责人。

领导小组主要职责：

1.组织领导中心各单位开展网络安全事件应急响应、应急处置和业务恢复工作。

2.审核签发中心网络安全事件应急响应的启动、变更和终止命令。

3.必要时与相关部门组织开展联动处置。

4.负责调度网络应急事件处理所需的人力、物力、财力、技术装备等资源，协调解决应急保障工作中出现的问题。

应急领导小组挂靠业务科技处，业务科技处负责按照应急领导小组要求具体组织协调落实网络安全事件应急保障任务，组织制定完善中心网络安全事件应急处置规范，发布应急响应的启动、变更、解除信息，负责应急信息通报。

（二）工作机构与职责

数据应用室是中心网络安全事件应急工作的业务技术支撑机构，牵头成立应急处置工作组，负责中心网络安全事件应急工作的技术支撑保障。

应急处置工作组组成：

组长：数据应用室负责人。

成员：数据应用室、制播部、中国天气网、中国气象频道、节目部、中国兴农网、全媒体气象产品室、系统开放实验室、专业气象台等部门有关人员。

主要职责：

1.负责为各部门提供事件研判、应急处置的技术支撑。

2.负责组织有关业务单位开展网络和信息系统网络安全事件的预防、监测、报告、应急处置和调查评估工作。

3.负责应急与业务恢复期间各项安全设备和安全防护手段的实施。

4.负责门户网站应急与恢复期间决断、实施和管理；负责门户网站系统应急恢复期间技术实现和支持。

5.负责应急与恢复期间机房和网络设备维护和技术支持，以及相关资源的调配管理。

三、事件分类分级

（一）网络安全事件分类

根据《信息安全技术—信息安全事件分类分级指南》（GB/Z 20986-2007）对信息安全事件的分类方法，公共气象服务中心网络与信息安全事件分为：有害程序事件、网络攻击事件、信息破坏事件、信息内容安全事件、设备设施故障、灾害性事件、其他信息安全事件。

（二）事件分级

公共气象服务中心网络安全事件分为四级：特别重大网络安全事件（Ⅰ级）、重大网络安全事件（Ⅱ级）、较大网络安全事件（Ⅲ级）、一般网络安全事件（Ⅳ级）。

表1　网络安全事件级别对应表

级别	涉及业务系统	影响程度
Ⅰ级	中国天气网 国家突发公共事件预警信息发布系统 中国气象频道节目播出控制系统	发生内容篡改、系统瘫痪、数据泄露等安全事件，造成特别严重的影响
Ⅱ级	关键重要业务系统[①]	发生内容篡改、系统瘫痪、数据泄露等安全事件，造成严重的影响
Ⅲ级	关键重要业务系统	发生网络安全事件，造成重大影响
Ⅳ级	关键重要业务系统及其他业务系统	发生网络安全事件，造成一定影响

四、监测、事件报告和预警

（一）网络安全监测

各单位按照"谁主管谁负责、谁运行谁负责"的要求，组织对本单位负责的网络和信息系统开展网络安全监测工作；相关单位定期查看门户网站和网页防篡改系统，及时向应急领导小组报告突发安全事件。及时向领导小组及业务科技处报送特发安全事件。

（二）应急协作部门的通报与协调

公共服务中心的系统管理员、安全管理员、系统运维人员与安全运维人员要建立信息情况热线通道，建立"中心网络安全事件应急"微信群，做到网络与信息安全事件第一时间响应，确保随时的技术服务与指导。

针对突发网络安全事件安全上报流程，定期对安全设备进行分析检查、随时上报反馈网络安全事件处理情况。

（三）分析研判

应急处置技术组根据事件的监测信息进行研判并且上报应急领导小组。

表2　公共服务中心网络安全事件、应急响应对照表

网络安全事件等级	启动应急响应等级	应急响应级别确定流程
特别重大	Ⅰ级	由应急处置工作组组长报领导小组确定发布
重大	Ⅱ级	
较大	Ⅲ级	由应急处置工作组组长确定，并报领导小组发布
一般	Ⅳ级	

---

① 中心关键重要业务系统包括中国天气网（www.weather.com.cn）、国家突发公共事件预警信息发布系统(www.12379.cn)、中国气象频道节目播出控制系统、中国天气通APP、公共气象服务中心官方政务网（www.pmsc.cn）、中国兴农网（www.xn121.com）、气象信息决策支撑系统、中国气象决策气象服务APP等信息系统。

五、启动响应与应急处置

（一）应急启动

依据中国气象局网络安全事件应急响应级别，由领导小组启动公共气象服务中心对应的安全事件应急响应级别。

领导小组根据工作组研判的结果启动对应响应级别，进行应急处置，控制事态，消除影响。

（一）分级响应措施

1. I 级响应

I 级应急响应事件应立即向中国气象局预报与网络司（以下简称"预报司"）及国家气象信息中心报告。加强值班值守，应急领导小组组长和处置工作组组长靠前指挥，相关技术人员实行 24 小时值班，保持通信联络畅通。同时应急领导小组组织应急工作组及相关技术人员开展应急处置工作。处理过程中需要保留相关截图及证据，方便后期追踪事件的发生原因及攻击源。实行 24 小时监测，及时将事态发展、影响范围和处置进展报预报司和国家气象信息中心。如安全事件确定上升为中国气象局网络安全事件，根据预警级别在规定时间内提出本单位具体技术处置方案。

2. II 级响应

II 级应急响应事件应立即向预报司及国家气象信息中心报告。加强值班值守，应急领导小组组长和处置工作组组长靠前指挥，相关技术人员实行 24 小时值班，保持通信联络畅通。由应急领导小组组织应急处置工作组开展应急处置工作。处理过程中需要保留相关截图及证据，方便后期追踪事件的发生原因及攻击源；如果事态严重需要升级至更高级事件，应立即向领导小组汇报，并应立即向预报司及国家气象信息中心报告。实行 24 小时监测，及时将事态发展、影响范围和处置进展报预报司和国家气象信息中心。如安全事件确定上升为中国气象局网络安全事件，根据预警级别在规定时间内提出本单位具体技术处置方案。

3. III 级响应

III 级突发事件由应急领导小组组织应急处置工作组开展应急处置工作。业务管理和技术人员加强值班值守，保持通信联络畅通。处理过程中需要保留相关截图及证据，方便后期追踪事件的发生原因及攻击源。及时将事态发展、影响范围和处置进展报预报司和国家气象信息中心。

4. IV 级响应

IV 级突发事件由应急处置工作组开展应急处置工作。业务管理和技术人员加强值班值守，保持通信联络畅通。处理过程中需要保留相关截图及证据，方便后期追踪事件的发生原因及攻击源。及时将事态发展、影响范围和处置进展报预报司和国家气象信息中心。

（三）处置流程

发生网络安全突发事件后，立即实施先期处置，并按照制定的相关应急预案，控制事件进一步发展。

（1）业务值班人员发现门户网站发生异常情况后，立即通知安全管理员，前往现场开展应急响应处置。如果遇到信息破坏等不良社会影响事件时，值班人员应同时前往机房关闭系统服务器，拔掉网线，防止不良社会影响事件持续扩展。

（2）应急安全管理员接到通知后根据值班人员反馈的异常情况立即向应急处置技术组组长报告。

（3）应急处置技术组组长收到通知后前往现场开展应急工作，并对信息安全事件做出判断，初步将事件定级通报。Ⅳ级安全事件立即向应急领导小组副组长汇报；Ⅲ－Ⅰ级安全事件立即向应急领导小组组长汇报，并且执行 24 小时值班。

（4）应急处置技术组值守人员收到通知后，在 10 分钟内达到现场开展应急响应处置。

（5）网络事件发生处理过程中，保留相关证据，对事件的发生、发展、处置过程、步骤、结果进行详细记录。

（6）网络安全事件发生后，实施处置并及时报送信息。对于初判为特别重大、重大网络安全事件的，由中心业务处立即报预报司和国家气象信息中心。

（四）网络安全事件专项处置措施

1.对外服务网站

（1）拒绝服务防御方案

确认攻击模式：应急人员接到问题通知后可通过流量、连接数、访问量、可用性、攻击类型和强度等综合判断攻击态势。

确定防护方式：拒绝服务采取主站外和主站内两级防护的方案。

对于流量型拒绝服务攻击，强度在 2 Gbps 以内的，应主要通过主站进行防护。超过 2 Gbps 以上的流量应优先采用 CDN 和云服务的方式进行防护。

对于资源耗尽型的拒绝服务攻击，应优先采用主站进行防护。主站设备接近瓶颈后应及时采用 CDN 和云服务的方式进行防护。

（2）内容篡改防御方案

对于中国天气网、国家突发事件预警信息发布系统等网站内容篡改，无法快速恢复正确内容时应立即停止网站服务。对于云服务应立即关闭 SLB 服务，对于 CDN 应通知厂家紧急处理。

同时应通知安全服务专家进行取证和安全分析，查找攻击源和攻击路径。随后依照应急流程上报、恢复业务和总结。

（3）安全入侵防御方案

通过流量、连接数、访问量等监控和入侵防护系统报警等，怀疑为安全入侵后，应通知数据室网络应急人员。及时发现篡改风险的转篡改防御预案。

2.气象影视制作服务业务

（1）内网病毒爆发应急预案

安全管理员根据安全设备和网络杀毒软件的报警和日志，分析攻击来源，对攻击来源和攻击区域及时采取隔离措施；对重要的网络服务器和业务应用系统紧急断网备份和更换，防止因病毒造成数据丢失，必要时可暂停系统运行；同时更换演播室制作节目。

（2）内网网络攻击及设备故障应急预案

网络管理员根据安全设备的报警和审计日志，确定攻击目标和攻击来源；对攻击来源进行隔离，分析原因，停止攻击行为，调整安全防范策略；网络管理员、系统管理员和安全管理员在对系统进行安全评估后，恢复系统上线运行；同时断开局域网连接，采用私网运行业务，涉及网络设备故障，及时更换备用设备。

六、应急响应解除与信息报送

（一）应急响应解除

由中国气象局启动的网络安全事件应急响应命令解除后，中心网络安全事件应急响应随之解除。

中心自行启动的Ⅰ级与Ⅱ级响应结束：由应急领导小组决定签发解除命令，并向预报司和国家气象信息中心报告。

中心自行启动的Ⅲ级、Ⅳ级响应结束：由应急工作组提出解除意见，由应急领导小组签发解除命令。

（二）事件调查和报告

应急事件处置结束后，各部门应对事件进行研究分析和调查处理，要通过调查，查明突发信息安全事件的原因、经过、性质以及危害程度，并提出消除安全隐患的改进措施和相关建议，以防止同类事件再次发生，形成《网络与信息安全事件应急响应结果报告表》。

特别重大网络安全事件、重大网络安全事件由国家气象信息中心、公共服务中心业务科技处负责调查处理和总结评估；Ⅳ级网络安全事件由事件发生单位自行组织调查处理和总结评估。总结调查报告应对事件的起因、性质、影响、责任和应急响应等进行分析评估，提出处理意见和改进措施。调查评估报告应在应急响应结束后30天内完成，报预报司备案。

（三）业务恢复与重建

应急处置完毕后，业务信息系统恢复重建工作按照"谁主管谁负责，谁运行谁负责"的原则，领导小组办公室组织制定恢复、整改或重建方案，报领导小组审核实施。

七、预防工作

（一）日常管理

中心职能处室及业务单位按职责做好网络安全事件日常预防工作，制定完善相关应急预案，做好网络安全检查、隐患排查、风险评估和数据备份，开展信息安全检测能力建设，提高主动防御能力，健全本单位信息安全通报机制，及时采取有效措施，减少和避免网络安全事件的发生及危害，提高应对网络安全事件的能力。

（二）演练

应急领导小组每年至少组织一次预案演练，并将演练情况报预报司。

（三）宣传和培训

加强突发网络安全事件预防和处置的有关法律、法规和政策的宣传，开展网络安全基本知识和技能的宣传活动。

将网络安全事件的应急知识列为领导干部和有关人员的培训内容，加强网络安全技术特别是网络安全应急预案的培训，提高防范意识及技能。

（四）重要敏感时期的预防措施

在国家重要活动、会议等重要敏感时期，要加强网络安全事件的防范和应急响应，确保网络与信息系统安全。加强网络安全监测和分析研判，重点部门、重点岗位保持 24 小时值班，及时发现和处置网络安全事件隐患。另外，按照《预报司关于建立信息安全通报机制的函》（气预函〔2016〕40 号）相关要求做好信息通报工作，信息安全负责人、通报联络员及有关人员保持 24 小时联络畅通。

八、保障措施

（一）机构和人员

各单位要落实网络安全应急工作责任制，要把责任切实落实到每个具体部门和每个具体责任人，并建立健全应急工作机制。

（二）技术支撑队伍和专家队伍

加强网络安全应急技术支撑队伍建设，做好网络安全事件的监测预警、预防防护、应急处置、应急技术支援工作。配备网络安全专业技术人才，成立网络安全应急技术支撑队伍。

（三）社会资源

积极探索利用社会资源，在政策、法律法规允许的范围内开展与网络安全教育科研机构、企事业单位、协会等的合作，提高应对网络安全事件的能力。

（四）经费支持

公共服务中心每年应安排资金预算，作为中心网络安全事件检测评估、网络安全防御升级、运维人员培训及社会资源运用等专项资金。

（五）责任与奖惩

网络安全事件应急处置工作实行责任追究制。

在网络安全事件应急管理工作中做出突出贡献的先进个人，优先推荐为年度全国优秀气象信息技术人员。

对不按照规定制定预案和组织开展演练，迟报、谎报、瞒报和漏报网络安全事件重要情况或者应急管理工作中有其他失职、渎职行为的，依照相关规定对有关责任人给予处分；构成犯罪的，依法追究刑事责任。

九、附则

（一）本预案由公共服务中心业务科技处负责解释。业务科技处根据实际情况适时修订本预案。

（二）本预案自印发之日起实施。

（起草人：卫晓莉、陈辉、李蕊、兰海波　发布时间：2017年9月）

公共气象服务中心气象服务会商业务规定

第一章　总　则

第一条　建立气象服务会商业务是中国气象局公共气象服务中心（以下简称"中心"）全面把握服务需求及重点，交流沟通气象服务思路、技术和技巧，确保中心做好全国气象会商工作，促进中心全媒体服务业务的有机融合，提质增效，形成气象服务合力的重要手段。为更好地组织中心气象服务会商，制定本规定。

第二条　本规定适用于中心参加的中国气象局早间会商、国家级气象服务会商、中心气象服务周会商、全媒体气象服务会商、应急气象服务会商及专业气象服务会商等。

第三条　本规定所包含的中国气象局早间会商、国家级气象服务会商、中心气象服务周会商由值班气象首席负责；全媒体气象服务会商实行双值班首席负责制，即值班媒体首席和值班气象首席共同负责；专业气象服务会商由专业气象台牵头负责；应急气象服务会商实行值班气象首席负责制。各类值班首席从中心认定并聘任的各业务服务领域的气象服务首席、副首席及相关业务服务关键技术骨干中选拔。

第二章　会商种类

第四条　中国气象局早间天气会商中心发言、全国应急天气会商中心发言、全国重大事件/活动气象会商中心发言，由中心值班气象首席负责组织，并代表中心发言。

时间一般安排在每周五（包括所有节假日）、春节前3天、国庆节前3天、应急气象服务期间，以及中国气象局的临时安排。

第五条 国家级气象服务会商。国家级气象服务会商是中国气象局各大业务中心之间的气象服务会商，汛期（5—9月），每天（包括节假日）早间全国天气会商结束后，在国家气象中心二楼进行。由中心值班气象首席负责，并且代表中心主持会商和参加发言。

第六条 气象服务周会商。每周四上午10:00举行一次，由值班气象首席负责组织和主持，中国气象频道、全媒体产品室、专业气象台、中国天气网参加，并制作PPT发言。该会商重点服务于每周五中心在中央气象台的发言。

第七条 全媒体气象服务会商。工作日每天举行两次，09:00为线上会商（建立全媒体会商微信群平台），16:30为线下会议会商。周末及节假日如遇二级及以上应急响应，按照工作日的要求自动启动全媒体会商；其他应急状态，由业务科技处商首席确定全媒体会商是否启动。全媒体会商由中心值班媒体首席负责组织和主持，值班气象首席、中国气象频道、节目部、专业气象台（参加线上会商）、全媒体产品室、制作与播出部、数据应用室、中国天气网参加并发言，形成会商结论和服务建议，并填写会商日志。

第八条 应急气象服务会商原则上与全媒体会商合并举行，视应急响应程度，邀请中心领导及其他各业务单位参加会商。

第九条 专业服务会商由专业气象台负责，根据公路交通、森林草原防火、公共卫生气象服务需求不定期组织。

第三章 会商内容

第十条 中国气象局早间会商气象服务发言内容包括：

（一）影响相关灾情，包括实况、舆情实况。

（二）气象影响分析预报。

（三）气象服务（公众、专业、决策）防御措施、建议和预报支撑需求。

第十一条 国家级气象服务会商内容包括：

（一）针对当前天气及趋势，提出气象服务应关注的重点。

（二）重点介绍资讯信息、数据挖掘、预报分析以及服务产品等方面的意见和建议。

（三）针对灾害性、关键性、转折性天气如何做好提醒和信息发布服务以及舆论引导服务。

（四）针对公众和行业需求进行天气风险和服务影响分析。

（五）需要沟通商议的其他事项。

第十二条 中心气象服务周会商主要包括以下几方面内容：

（一）影视气象服务。中国气象频道负责重点汇总、挖掘和解读一周新闻资讯和社会舆情等信息，介绍一周内影视气象服务关注的重点、气象视频服务专题策划及服务产品支撑需求、媒体合作、提供媒资导向分析结论等内容。

（二）新媒体气象服务。中国天气网负责搜集一周新媒体气象服务舆情，分析媒资导向、介绍新媒体气象服务关注的重点、气象服务专题策划及服务产品支撑需求、媒体合作及转发情况、中国天气网访问量及其分析等内容。

（三）全媒体气象服务产品。全媒体产品室负责汇总一周内在深度挖掘分析气象数据及其影响方面的工作，提供影响分析结论以及相关全媒体气象服务产品。

（四）专业气象服务会商。专业气象台负责汇总一周内专业气象服务关注重点，提出满足公众和行业需求的针对性的服务产品或产品建议，结合交通、卫生健康、森林（草原）火险等进行影响和风险分析，提出针对性的服务建议。

第十三条 全媒体气象服务会商主要包括以下几方面内容：

（一）值班气象首席发言。值班气象首席传达中央气象台早间天气会商意见、国家级气象服务会商的重点及要求，对当天服务进行专业建议及服务把关。

（二）媒体服务重点及近期策划。中国气象频道、节目部、中国天气网汇总当天及次日天气象服务重点，与省级站联动具体内容及计划、当天记者约采计划、节目安排情况等，对近期重点策划情况进行交流沟通，实现资源共享和统筹集约。

（三）气象产品制作情况及近期策划。全媒体产品室提出当天及次日产品制作情况及近期策划重点，并对其他部门的产品需求进行回应；专业气象台负责介绍专业气象服务的重点及专业服务产品制作情况；制播部对其他部门的图形制作需求进行回应；数据应用室对媒资需求进行回应。

第四章　会商组织

第十四条 中心业务科技处负责气象服务会商工作的管理和协调。值班首席负责气象服务会商的具体实施。

第十五条 中国气象局早间会商和国家级气象服务会商，由中心当日值班气象首席负责组织和制作服务会商发言PPT，并代表中心发言；各业务部门按照值班气象首席要求，负责提供材料和技术支持。

第十六条 中心气象服务周会商每周四召开，由当日值班气象首席负责主持，各业务单位负责组织参加和发言。中国气象频道、中国天气网、专业气象台、全媒体气象产品室参加定期发言准备；节目部、预警发布运控室、数据应用室、风能太阳能资源中心、天际公司参加不定期发言准备，不定期发言时间由业务处和值班气象首席提前1天通知。

第十七条 全媒体气象服务会商由值班媒体首席负责主持，值班气象首席、气象频道、节目部、制作与播出部、全媒体产品室、专业气象台（线上参加会商）、数据应用室、中国天气网参加并发言。遇有特殊情况需其他部门参加的，由业务科技处和值班媒体首席提前 1 天通知。

第五章　会商流程

第十八条　每周四的中心气象服务周会商，重点分析天气变化趋势，组织各业务单位针对面向决策、公众和行业的服务重点进行讨论，并对会商意见进行总结。各单位发言一般不超过 5 分钟（PPT）。

第十九条　每天的全媒体气象服务会商，重点在于当天及次日工作的汇报、安排及部署，通过会商整合资讯的收集和分发，集中策划和布置日常工作任务，提高整个中心的新闻业务效率。各单位口头汇报沟通，无须制作 PPT。有事则长，无事则短，重在提高会商实效。

第二十条　中心业务科技处要跟踪会商效果，及时协调解决有关问题。

第六章　会商人员

第二十一条　中国气象局早间会商发言、国家级气象服务会商主持和发言，由值班气象首席负责组织、实施和执行。

第二十二条　中国气象局早间会商及应急加密会商收视，由值班气象首席组织各相关单位业务服务值班人员、各相关单位领导、业务科技处相关人员参加，视情况邀请中心领导参加。

第二十三条　中心气象服务周会商由值班气象首席负责组织、主持，各相关单位业务服务值班人员参加和发言，业务科技处相关人员、各相关单位值班领导（汛期期间）参加。各业务单位应根据会商要求安排在本岗位业务关键岗以上或具备一定的服务经验积累的技术骨干人员参加会商发言。

第二十四条　全媒体气象服务会商由值班媒体首席负责组织、主持，值班气象首席、各相关单位当日值班主编参加和发言。

第七章　会商保障

第二十五条　中心气象服务周会商和中国气象局早间会商及应急加密会商收视地点为七层业务平台。数据应用室负责安排值班人员根据各类会商时间做好会商环境和会商设备的准备，会商开始前 10 分钟打开大屏幕系统和调试会商发言电脑。

第二十六条　中心全媒体气象服务会商地点为影视楼二楼会商室。一般不需要开启大屏，如需开启二楼会商室大屏，由值班媒体首席进行通知，由制播部负责相关系统的启动和调试。

第二十七条 为加强对中心气象服务会商的管理，由中心确定专人负责气象服务首席团队业务值班的组织，业务科技处负责协调相关工作。气象服务首席值班工作制度另行制定。

第二十八条 各单位参加会商发言人员应至少提前3分钟到岗，并填写会商值班签到表。一个月内迟到三次的业务单位通报批评，各业务单位参加气象服务会商的情况将作为本单位年度目标考核的重要参考指标。

第二十九条 值班首席负责不定期组织对会商相关人员进行培训和指导，不断改进气象服务会商质量。

第八章 附 则

第三十条 本规定由中心业务科技处负责解释。

第三十一条 本规定自发布之日起施行，《公共气象服务中心气象服务会商业务规定》（公气发〔2016〕28号）同时废止。

（起草人：段丽、王秀荣、倪敏莉、卫晓莉 发布时间：2017年7月）

中国天气网业务运行报告制度

为确保中国天气网稳定、安全运行，保证重要事项及时上报，特制定本制度。

一、中国天气网运行状况快速报告

中国天气网在业务运行中发生故障、业务变动、工作状态调整、流量突出变化或异常及遭受攻击等重要事件时，应及时向各级领导及主管部门报告。

（一）业务故障报告

1.业务运行人员在业务故障发生时：

（1）10分钟之内可及时处理完毕的，无须报告；

（2）10～30分钟未能处理完毕的，报告部门领导；

（3）30～60分钟未能处理完毕的，报告业务处；

（4）超过60分钟未能处理完毕的，报告中心和主管职能司领导。

2.业务恢复正常后，向已汇报的领导报告业务已恢复正常，详细记录值班日志。

3.凡故障类报告，当故障排除后，应及时发送故障排除报告。

（二）业务变动报告

1.频道上线，报告中心领导。

2.省级站上线，报告中心领导。

（三）重大事件报告

1.中国天气网日页面浏览量创新高且增幅达100万以上时，请示部门领导后，报告中心和主管职能司领导。

2.遇有重大天气事件和重大服务保障，中国天气网启动特别工作状态后，报告中心和主管职能司领导。

3.网站遭受黑客攻击，网站无法正常访问或页面被篡改时，立即报告中心和主管职能司领导，并按照中国天气网应急预案进行处理。

二、中国天气网业务统计分析报告

按日、月向各级领导及有关部门书面通报中国天气网主站及省级站用户访问情况、专题服务情况、网站建设情况及合作推广情况。

（一）中国天气网运行日报

1.发送时间及范围

每周一至周日早08:30前发布前一日中国天气网业务统计报告。

发送对象：中心主要负责人，集团主要负责人，中国天气网业务相关人员。

2.报告内容

（1）综述中国天气网的页面浏览量，独立用户数；

（2）首页、天气预报、新闻资讯的页面浏览量；

（3）最新专题的页面浏览量。

（二）中国天气网运行月报

1.发送时间

每月10日（如遇法定节假日则顺延至假日结束后的第一个工作日）下午17:00前将上一月中国天气网业务统计分析报告上传至决策服务信息共享平台。

2.报告内容

（1）中国天气网当月页面浏览量和独立用户数及同上月环比，附变化趋势图及峰值数据；

（2）中国天气网国内独立用户数分布；

（3）新闻资讯当月及上月天气气候类页面浏览量前五名及其他类页面浏览量前五名；

（4）新闻资讯当月各大媒体转载情况；

（5）当月用户黏性指标分析；

（6）当月中国天气网省级站日均页面浏览量及访问省级站用户占当地互联网全部用户比例；

（7）网站建设、推广与合作、业务运行等情况及下一步工作重点简述。

三、本制度由中国气象局公共气象服务中心业务科技处负责解释，自发布之日起施行。

（起草人：汪岩　发布时间：2017年12月）

气象服务热线业务运行报告制度（试行）

为规范气象服务热线（400-6000-121）（以下简称"热线"）的运行管理，为使气象部门各级领导及有关部门及时了解"热线"业务运行情况和用户需求情况，对"热线"业务运行报告的发送时间、范围和内容进行规范，参照《中国气象局气象服务热线投诉处理管理办法》（气服函〔2009〕16号）和《全国气象服务热线运行管理暂行办法》（气减函〔2011〕30号），特制定本办法。

"热线"业务运行报告的主要内容包括"热线"业务受理和处置情况、典型案例、用户需求分析、用户调查和满意度统计分析等，报告形式分为日报、月报、年报、重要天气过程和汛期服务报告以及不定期的用户调查报告和用户需求专报等。

一、"热线"日报

发送时间：每周一至周五早09:00前发布前一日（如遇法定节假日，则包含节假日前一工作日和节假日）的"热线"业务统计分析报告。

报告内容："热线"前一日受理的业务数据统计和典型案例汇编。

发送对象：报告发布至公共气象服务中心共享平台。

二、"热线"月报

发送时间：每月10日（如遇法定节假期顺则顺延至假日结束后的第一个工作日）下午17:00前上传至决策服务信息共享平台。

报告内容：上一月全国"热线"受理的业务情况及详细统计分析、各地工作动态，以及经典案例选编等。

三、"热线"年报

发送时间：每年1月15日下午17:00前上传至决策服务信息共享平台。

报告内容：上年受理的业务情况及统计分析，用户满意度评价统计，年度工作经验、体会，对"热线"进一步发展、改进的建议和措施，以及经典案例选编、分析。

四、重要天气过程和汛期服务报告

发送时间：重要天气过程和汛期结束，按照业务科技处要求的时限及时进行"热线"服务总结和上报。

报告内容：受影响区域用户来电分析、用户需求分析、全国"热线"用户服务情况总结。

发送对象：中心业务科技处。

五、用户调查和用户需求专报

发送时间：不定期。

报告内容：用户需求和满意度调查、重要天气过程用户调查、用户需求分析和"热线"发展建设情况等。

发送对象：

（1）中国气象局领导；

（2）中国气象局办公室、应急减灾与公共服务司、预报与网络司、综合观测司、科技与气候变化司、计划财务司、政策法规司领导；

（3）国家气象中心、国家卫星气象中心、国家气候中心、国家气象信息中心、中国气象局大气探测中心、中国气象科学研究院、华风集团领导及业务管理部门的有关负责人；

（4）公共气象服务中心领导及相关处室负责人。

六、重大投诉事项受理报告按照《中国气象局气象服务热线投诉处理管理办法》有关规定执行。

七、本制度由中国气象局公共气象服务中心业务科技处负责解释。

八、本制度自发布之日起施行。

（起草人：杨继国、汪岩　发布时间：2017年12月）

公共气象服务中心气象影视业务变更工作流程

一、总则

本流程用于规范气象影视节目相关的业务所发生的变更，当该变更涉及两个以上（含两个，以下同）部门的业务发生变化时，适用本流程。

该业务变更工作流程适用范畴为：由影视中心各演播室制作完成并播出的节目，其制作播出流程发生变更，且该变更须由两个以上部门协作完成或对两个以上部门的业务工作产生影响。

二、业务变更分类

（一）一类变更

1. 新增出主持人类节目。

2. 公共频道出主持人节目整体改版，包括节目名称、包装、内容定位到制作流程的全面变更。

3. 中国气象频道整体改版，包括节目、包装、内容定位、整体编排到制作流程的全面变更。

（二）二类变更

1. 新增图文类预报节目。

2. 出主持人类节目改版，包装、内容或制作流程进行单项变更。

3. 节目制作系统变更。

4. 节目播出形式变更。

5. 节目传输方式变更。

6. 《新闻联播天气预报》涉及二类、三类所列内容的任何变更。

7. 中国气象频道节目编排整体变更。

（三）三类变更

1. 主持人或城市预报部分改版。

2.常用地理信息底图变更。

3.节目结构变更,版式没有较大变化。

4.图形自动化变更。

5.节目部门对预报城市进行重大调整。

6.节目制作流程调整,须其他业务部门配合进行。

（四）四类变更

1.节目片头阶段性（季节性）变更。

2.节目总时长变更,或节目内部结构微调,整体结构基本不变。

3.临时新增的直播节目。

4.节目播出形式（录播、直播）临时变更。

5.对制作流程没有影响的节目播出时间变更。

6.经营部门发起的城市预报变更。

7.中国气象频道节目编排部分变更。

8.日常节目发生的其他临时变更。

三、业务变更流程

（一）一类变更工作流程

1.策划和报批阶段

节目变更部门在确定须进行一类节目变更后,与相关部门就节目变更的内容、气象信息、技术路线等进行沟通,形成初步策划方案和时间进度安排,经部门初审后,立即向影视中心节目编委会（以下简称编委会）提出节目变更申请,编委会在3～5个工作日内对节目方案进行审核。

非合作媒体提出的一类节目变更必须在节目变更1个月之前提交节目变更申请。

对于需要修改的节目变更方案,节目变更部门在5个工作日内根据审批意见修订出新的变更方案,节目部门再次报请编委会审核（程序和时限同上）。

审批通过后,编委会通知节目部门和业务科技处审核结果,各部门根据职责对节目变更流程中的相应工作给予安排。

注:节目中的气象信息应尽量开发使用已有产品,并由全媒体产品室进行最终确认;如必须在节目中使用目前中心尚没有的产品,经全媒体产品室确认,节目变更部门在节目变更至少1个月前向业务科技处提出需求,由业务科技处与中国气象局相关单位协调落实。

节目变更部门根据节目方案组织完成包装版式设计,如须专业包装公司进行设计,应得到公服中心批准。设计完成后,由节目部门提请编委会审看包装版式。

版式通过后,节目变更部门组织制作完成样片。样片完成后,节目部门提请编委会审看,根据编委会意见修改至通过为止。

编委会将通过的样片审看意见转发节目部门和业务科技处。

2. 试运行阶段

在节目试运行前至少10个工作日（具体根据工作量和工作复杂程度核算），节目变更部门将包装版式、城市预报顺序、站点表提供给制播部。制播部负责完成城市预报模板制作，接入数据接口，搭建业务环境，在试运行机器上完成节目试运行业务化，形成操作说明交节目变更部门。华风集团广告部负责导入广告画面。

试运行至少在节目变更前5个工作日进行，试运行时间不少于3个工作日。

节目变更部门与制播部协调安排试运行时间、地点，提出试运行申请（包括试运行安排及相关操作说明、试运行流程等，以下同），经相关部门领导会签、业务科技处分管处长审核后，由业务科技处业务主管签发试运行业务通知。业务通知发至各相关业务部门（节目部门、全媒体产品室、制播部、数据室、广告部等，以下同），要求予以协助节目试运行工作。

节目变更部门负责组织节目试运行，试运行过程中，各相关部门均应安排专门人员在试运行现场检查本部门所负责部分的正确性，以便及时发现试运行中的问题和隐患，并协调解决。

对于试运行中存在问题的节目变更，可根据情况延长试运行时间；如节目变更存在重大问题需要修改，试运行中止，从修改环节起重新执行节目变更流程（程序和时限同上）。

3. 正式运行阶段

试运行完成后，各相关部门领导对试运行中所辖工作进行审核，确认试运行没有问题。制播部在业务使用设备上将节目业务化，形成操作说明交节目变更部门；数据室更新城市预报查询系统，做好在线点播等准备工作，完成文稿和节目保存的准备工作；节目部门组织节目宣传推广工作。

节目部门提出正式运行申请，经相关部门领导会签、业务科技处分管处长审核无误后，由影视中心主任签署同意变更意见。

节目部门将节目变更相关资料（包括节目名称、播出时间、变更主要内容、节目操作说明、制作流程等）提交业务科技处业务主管签发正式运行业务通知。业务通知发至与节目变更相关的各业务部门，节目进行正式变更。节目变更部门根据数据室要求在10个工作日内将栏目相关资料（片头、音乐、背景图等）入库。

节目正式运行开始前3日，节目变更部门相关人员必须在现场监督实施和运行。

节目正式运行后，制播部将旧文件另行保存，待业务运行5个工作日，节目变更部门确认改版工作正常无误后再删除。

（二）二类变更工作流程

1. 策划和报批阶段

节目部门在确定须进行二类节目变更后，与相关部门就节目变更的内容、气象信息、技术路线等进行沟通，形成初步变更方案和时间进度安排，经部门初审后，提交业务科技处分管处长在

3 个工作日内审批；涉及节目的改版，应向编委会提出节目变更申请，编委会在 3～5 个工作日内对节目方案进行审核。

非合作媒体提出的二类节目变更必须在节目变更半月之前提交节目变更申请。

对于需要修改的节目变更方案，节目变更部门在 5 个工作日内根据审批意见修订出新的变更方案，节目部门再次报审（程序和时限同上）。

审批通过后，节目变更部门根据节目变更方案筹备各项工作，各部门根据职责安排专人负责节目变更流程中的相应工作。

涉及节目的改版，由节目变更部门根据节目方案组织完成包装版式设计，如须专业包装公司进行设计，应得到中心批准。设计完成后，节目部门提请编委会审看包装版式。

版式通过后，节目变更部门组织制作完成样片。样片完成后，节目部门提请编委会审看，根据编委会意见修改至通过为止。

编委会将通过的样片审看意见转发节目部门和业务科技处。

2. 试运行阶段

在节目试运行前至少 10 个工作日（具体根据工作量和工作复杂程度核算），节目变更部门将包装版式、城市预报顺序、站点表提供给制播部。制播部负责完成城市预报模板制作，接入数据接口，搭建业务环境，在试运行机器上完成节目试运行业务化，形成操作说明交节目变更部门。华风集团广告部负责导入广告画面。

试运行至少在节目变更前 5 个工作日进行，试运行时间不少于 3 个工作日。

节目变更部门与制播部协调安排试运行时间、地点，提出试运行申请，经相关部门领导会签、业务科技处分管处长审核批准后，由业务科技处业务主管签发试运行业务通知。业务通知发至各相关业务部门，要求予以协助节目试运行工作。

节目变更部门负责组织节目试运行，试运行过程中，各相关部门均应安排专门人员在试运行现场检查本部门所负责部分的正确性，以便及时发现试运行中的问题和隐患，并协调解决。

对于试运行中存在问题的节目变更，可根据情况延长试运行时间；如节目变更存在重大问题需要修改，试运行中止，从修改环节起重新执行节目变更流程（程序和时限同上）。

3. 正式运行阶段

试运行完成后，各相关部门负责人对试运行中所辖工作进行审核，确认试运行没有问题。制播部在业务使用设备上将节目业务化，形成操作说明交节目变更部门。

节目部门提出正式运行申请，经相关部门会签、业务科技处分管处长审核无误后，签署同意变更意见。

节目部门将节目变更相关资料（包括节目变更主要内容、节目操作说明、制作流程等）提交业务科技处签发正式运行业务通知。业务通知发至各相关业务部门，节目进行正式变更。节目变更部门根据数据室要求在 10 个工作日内将栏目相关资料（片头、音乐、背景图等）入库。

节目正式运行的前 3 日，节目变更部门相关人员必须在现场监督实施和运行。

节目正式运行后，制播部将旧文件另行保存，待业务运行 5 个工作日，节目变更部门确认改版工作正常无误后再删除。

（三）三类变更工作流程

1. 策划和报批阶段

节目部门在确定须进行三类节目变更后，与相关部门就节目变更的内容、气象信息、技术路线等进行沟通，形成初步变更方案和时间进度安排，经部门初审后，提交业务科技处分管处长在 3 个工作日内审批。

审批通过后，节目变更部门根据节目变更方案筹备各项工作，各部门根据职责对节目变更流程中的相应工作给予安排。

涉及节目版式的变化，在设计完成后，节目部门提请编委会审核，审核意见转发节目部门和业务科技管理部。

2. 试运行阶段

在节目试运行前至少 3 个工作日（具体根据工作量和工作复杂程度核算），节目变更部门将包装版式、城市预报顺序、站点表提供给制播部，制播部负责完成城市预报模板制作，接入数据接口，搭建业务环境，在试运行机器上完成节目试运行业务化，形成操作说明交节目变更部门。华风集团广告部负责导入广告画面。

试运行至少在节目变更前 3 个工作日进行，对于操作流程有变化的节目变更，试运行时间不少于 3 个工作日。

节目变更部门与制播部协调安排试运行时间、地点。对于操作流程有变化的节目变更，提出试运行申请，经相关部门领导会签后，将试运行安排及相关操作说明、试运行流程提交业务科技处签发试运行业务通知。其他节目变更可由节目变更部门自行组织相关部门进行试运行。

节目变更部门负责组织节目试运行，试运行过程中，各相关部门均应安排专门人员在试运行现场检查本部门所负责部分的正确性，以便及时发现试运行中的问题和隐患，并协调解决。

对于试运行中存在问题的节目变更，可根据情况延长试运行时间；如节目变更存在重大问题需要修改，试运行中止，从修改环节起重新执行节目变更流程（程序和时限同上）。

3. 正式运行阶段

试运行完成后，各相关部门负责人对试运行中所辖工作进行审核，确认试运行没有问题。制播部在业务使用设备上将节目业务化，形成操作说明交节目变更部门。

节目部门提出正式运行申请，经相关部门会签、业务科技处分管处长审核无误后，签署同意变更意见。

节目部门将节目变更相关资料（包括节目变更主要内容、节目操作说明、制作流程等）提交业务科技处签发正式运行业务通知。业务通知发至各相关业务部门，节目进行正式变更。涉及版式变化的节目，节目变更部门根据数据室要求在 10 个工作日内将栏目相关资料（片头、音乐、背景图等）入库。

节目正式运行的前 3 日，节目变更部门相关人员必须在现场监督实施和运行。

节目正式运行后，制播部将旧文件另行保存，待业务运行 5 个工作日，节目变更部门确认改版工作正常无误后再删除。

（四）四类变更工作流程

节目变更部门应在节目变更前 1 天以上向业务科技处提交业务变更申请。

业务科技处在审核后签发业务通知，转发各相关合作部门准备进行正式变更。

四、其他相关事项

（一）气象频道二类（含二类）以下节目变更的变更方案、样片审核工作可由频道的编委会负责。

（二）广播节目变更工作的相关环节由制播部予以协助。

（三）变更工作的组织实施由节目变更部门负责，部门负责人对各环节把关，相关业务部门应给予积极配合，业务科技处根据需要进行协调。

（四）各相关部门负责人安排相对固定人员参与节目改版，对变更流程中的相应工作给予审核把关。节目变更工作流程中的各个环节均应按照改版进度安排按时完成，如有延误，由相关部门向业务科技处递交情况说明。

（五）对于节目变更工作流程中遇到的问题，可由节目部门提请业务科技处协调解决。

（六）对于需要紧急调整的业务变更，操作流程和时限视实际情况而定。

（起草人：李璐、吴向君　发布时间：2016 年 8 月）

气象广播电视节目主观评价办法

为不断提高气象广播电视节目质量，鼓励探索和创新精神，保证节目具有持久的竞争力，根据气象广播电视节目特点，特制定气象广电节目主观评价办法。

一、基本原则

本着"公平、公正、公开"的原则，定期组织外部广电、气象行业专家和内部节目评审员（以下统称"评审人员"），对参评节目进行主观评价。

二、参评办法

（一）参评组织

气象广电节目主观评价工作由业务科技处统一组织、协调，由节目部负责联系外部广电、气象行业专家，组织专家讲评会，汇总专家评分和内部在线评分结果等具体工作的实施。

（二）参评范围

由影视中心自制，在合作广播、电视媒体及自有媒体平台上播出，主持人播音或出镜时间不少于 30 秒的气象预报类节目。

（三）操作细则

电视节目主观评价每月组织一次，节目时间段为上月 20 日至本月 19 日；广播节目主观评价每季度组织一次，时段为一个自然季度。

每个栏目每月选送一期节目参加评价，电视节目主观评价的最佳创新图形单项奖参评节目由制播部选送，每期最多报送三期。

参评节目的选取采取指定和自选相结合的方式。即如果参评时间范围内出现特殊天气（可以是突发灾害性天气，或者转折性天气、重大天气新闻等），由全媒体产品室指定参评节目的时间范围或选题范围。

奖项打分由外部专家打分和内部节目评审员在线测评两部分组成。专家打分采取讲评会的形式，每次邀请外部广电行业专家 2 名、气象专家 1 名进行打分和讲评。在线测评打分由影视中心内部节目评审员（科级或关键岗以上人员）完成。最终由节目部汇总专家评分和内部在线评分结果，统计主观评价结果，并上报至业务科技处。

业务科技处定期发文公布获奖结果，并组织对获奖人员进行奖励。

三、评价奖项

（一）主观评价综合奖

评审人员将从节目内容、表现形式等多方面对节目进行分项评分。电视节目主观评价奖励得分最高的前三名；广播节目主观评价奖励得分最高的第一名。

（二）主观评价单项奖

电视：根据投票，由最佳解说词、最佳选题、最佳主持人、最佳编辑、最佳造型等内容中评出最佳单项奖一名。根据图形图像、气象信息在节目中的表现评出最佳制图奖和最佳气象信息奖各一名。

广播：根据投票，由最佳气象信息、最佳解说词、最佳选题、最佳主持人表现等内容中评出最佳单项奖一名。

四、奖励标准

（一）电视节目奖励标准

一等奖奖励金额为 1500 元，二等奖为 1000 元，三等奖为 500 元，单项奖为 200 元，奖励给主创人员。奖金分配办法：制片人 30%，编导和主持人等主创人员 70%。

（二）广播节目奖励标准

一等奖奖励金额为 500 元，节目单项奖为 100 元，奖励给主创人员。奖金分配办法：制片人（或栏目负责人）10%，编导和主持人等主创人员 90%。

（起草人：卢晓露、吴向君　发布时间：2017 年 1 月）

公共气象服务中心电视广播节目事故、差错处理规定

（试行）

第一章　总　则

第一条　为了保证节目按时、正确地播出，杜绝事故、减少差错，特制定本规定。

第二条　本规定适用于公共气象服务中心（以下简称"中心"）制作的所有电视、广播类实时气象节目。

第三条　事故、差错的管理协调工作由业务科技处负责，具体处理及操作流程由节目部承担。

第四条　因各种不可抗力因素造成的事故、差错，根据鉴定结果认同后，相关部门及相关负责人可不承担责任。

第二章　事故、差错的定义

第五条　事故、差错的定义

（一）事故：客观上影响节目正常播出或造成重大不良影响的错误。

（二）差错：客观上影响节目质量，但未造成重大不良影响的失误。

第六条　根据所造成的影响和经济损失的程度将事故、差错分为：重大事故、事故；重大差错、差错、一般差错。

第七条　责任事故、差错

因应急处理措施不当等人为因素引起的事故、差错。

第八条　非责任事故、差错

（一）各种不可抗力因素所造成的事故、差错。

（二）因目前中心设备、技术、人力和物力尚难预防或制止所造成的事故、差错。

（三）非本中心负责的外部环节所造成的节目源事故，以及非本中心负责的外部供电电源、通信网络中断等外部事故。

第三章　事故、差错的认定

第九条　在节目制作过程导致的事故、差错按照《节目制作事故、差错认定办法》认定。

第十条　中国气象频道和中南海气象频道由非节目制作环节引起的安全播出事故及公共频道节目传输事故按照《安全播出事件／事故认定办法》认定。

第四章　事故、差错的处理

第十一条　责任事故、差错的处理

（一）重大事故：直接责任人停班学习3个月，扣除发生事故的当月岗位工资和绩效工资。停班期间经部门考核合格后，由部门研究决定可提前上岗。扣除间接责任人当月绩效工资。相关的部门负责人、科长或栏目制片人等承担领导责任。扣除直接领导责任人（科长或制片人）600元；部门主要负责人400元。

在12个月之内，两次出现重大事故责任人为同一人，第二次直接责任人由所在部门进行待岗处理。

对因个人玩忽职守或故意破坏造成重大事故的直接责任人，由所在部门报人事部门按相关规定进行辞退处理。

（二）事故：直接责任人停班学习1个月，扣除当月绩效工资，停班期间经考核合格，可提前上岗。扣除间接责任人500元。相关部门负责人、科长或栏目制片人承担领导责任，扣除直接领导责任人（科长或制片人）400元；部门分管负责人200元。

在12个月之内，两次出现事故直接责任人为同一人，第二次升级为重大事故。

（三）差错（重大差错、差错、一般差错）由各相关责任人所在处级业务部门根据部门相关业务及岗位管理规定进行相应的处理，同时将处理结果反馈错情业务管理人员。

第十二条　非责任事故、差错一般不承担相应责任。

第五章　事故、差错认定流程

本流程适合责任和非责任事故、差错的认定和处理。

第十三条 事故认定

出现重大事故及事故时：

（一）当事人应在事件发生后 30 分钟内通知本部门主管领导，由所在部门上报中心主管领导及业务科技处。

（二）当事人所在部门，要在事发后 1 个工作日内写出《情况说明》交节目部错情管理人员。

（三）节目部错情管理人员在接到《情况说明》后 1 个工作日内组织相关部门负责人进行调查认定后，形成《错情认定单》交相关部门。

（四）相关部门须在接到《错请认定单》后 1 个工作日内完成认定签字，并将《错请认定单》返回节目部错情管理人员，上报中心主管领导及业务科技处。

第十四条 差错认定

发生重大差错及以下错情时：

（一）节目部错情管理人员在接到错情信息后 2 个工作日内核实情况并告知相关部门联系人。

（二）当事人所在部门须在得知发生错情后的 5 个工作日内写出《错情处理说明单》交节目部错情管理人员备案。

（三）节目部错情管理人员对错情处理情况每季度汇总一次，形成《节目错情处理情况季报》上报中心主管领导及业务科技处。

第十五条 存疑错情处理

如果当事人或栏目组或责任部门对错情认定处理有异议：

（一）由错情发生相关部门向节目部错情管理人员提出异议。

（二）节目部错情管理人员须在接到异议后 1 周内组织错情认定会。

（三）错情认定会由业务科技处领导、疑似责任人及其部门负责人（或二者之一）、节目部错情管理人员参加，必要时中心主管领导参加，产生最终认定处理结果。

第十六条 错情处理时效

（一）《错情处理说明单》《错情认定单》超出规定时间未返回节目部错情管理人员时，则视为当事人或相关部门、相关栏目放弃申诉权或建议权，由节目部错情管理人员根据错情处理办法及调查情况酌情处理。错情处理决定发布后，当事人或相关部门不得再提出异议。

（二）当事人因轮休、出差等原因无法按时完成认定单签字时，由部门负责人沟通确认后，代签《错情认定单》。

（三）当接到差错类错情信息的时间距离差错发生时间超过 6 个月时，只对该差错当事人及相关栏目和部门进行提醒，请其调整完善存在安全隐患的流程或制度，不对该差错进行处理。

第六章 其 他

第十七条 事故、差错的责任人和领导责任人按照岗位描述、栏目流程等相关文件规定认定。如出现按岗位职责无人承担责任的错情，由相关负责人（栏目负责人、部门领导）负责，并由相应负责人在一周内修订相应岗位职责，保证各业务环节均有人负责。

第十八条 节目制作中，如果遇到重大紧急情况，由部门领导作最终决定，以优先保证播出为原则，若出现事故、差错，处理时可酌情减轻。

第十九条 天气预报部分，重大天气信息以不违背中央气象台发布的灾害性天气警报为原则。重大天气信息包括与热带气旋、海上大风、暴雨、暴雪、寒潮、沙尘暴、强对流、低温、高温、干旱、冰冻、霜冻、大雾、霾等 14 类气象灾害对应的各类警报；特定栏目指定播出内容相关的警报，如地质灾害、渍涝风险、森林火险、草原火险、山洪风险等各类警报。

第二十条 新增加的节目开播后两周内，出现错情降一级处理。

第二十一条 直播节目出现错情可酌情降一级处理。直播节目中出现错情，但在节目中对该错情及时进行了更正，则不对该错情进行处理。

第二十二条 气象频道播出的节目出现错情（一般差错除外），首播后发现并修改，在首次重播中予以纠正，该错情可酌情降一级处理。

第二十三条 当存在直接责任人和间接责任人时，酌情对间接责任人降级处理。

第二十四条 为了从源头控制错情发生，有审核环节的日常业务出错时，操作人和审核人区别处理。操作人为直接责任人，审核人为间接责任人，酌情降级处理。

第二十五条 错情责任人为实习生时，由负责指导该实习生的正式职工承担责任，没有给实习生指定指导老师时，则由其所归属的主管领导或制片人负责。

第二十六条 错情由于违反或未履行现有规章制度、岗位职责造成时，由当事人和违反或未履行现有规章制度、岗位职责的人员共同承担责任。

第二十七条 本办法中未尽事宜，参照本办法处理原则执行，经错情认定会作出处理决定。

第二十八条 本办法自颁布之日起执行，原有办法同时废止。

（起草人：王宪彬、吴向君　发布时间：2017 年 5 月）

气象影视节目主持人管理办法

第一章 总 则

第一条 为规范气象影视中心（以下简称"影视中心"）主持人管理，培养高素质主持人队伍，维护影视中心及主持人的良好声誉和形象，根据国家新闻出版广电总局《广播电视编辑记者、播音员主持人资格管理暂行规定》《新闻从业人员职务行为信息管理办法》（新广出发〔2014〕75号）等相关规定，制定本办法。

第二条 本办法适用于所有在影视中心主持人岗任职的节目主持人员（以下简称"主持人"），外籍主持人、出镜采访记者不包括在内。

第二章 人员招聘与岗前培训

第三条 主持人招聘工作，由人事部门按照相关规定执行。

第四条 主持人入职后，由影视中心节目部组织对新入职主持人进行3～6个月岗前培训。通过对气象知识、节目创作、气象主持人主持技巧的学习，尽快适应工作岗位。

第五条 学习期满后，节目部依据学习情况对新入职主持人进行考核，组织相关科室填写《新入职主持人考核表》，考核通过后进行资格认定、聘任上岗。

第三章 上岗资格认定

第六条 影视中心节目部负责主持人上岗资格认定工作，并在每年年终进行一次复审。

第七条 主持人上岗资格认定的基本条件

（一）正式聘用的员工。

（二）取得《广播电视播音员主持人资格考试合格证》，取得国家普通话一级甲等证书。

（三）申请在中央电视台出镜的主持人，须在主持岗位工作满一年，并取得中央电视台出镜资格。

第四章　聘任上岗

第八条　主持人聘任上岗需要具备的条件

（一）通过主持人上岗资格认定。

（二）符合合作媒体或栏目的相关规定或通过认定。

（三）节目主持人上岗最终由影视中心编委会审定，联播天气预报主持人上岗在影视中心编委会审查的基础上，另须经过影视中心最终研究审定，并报中国气象局与中央电视台相关部门备案。

第九条　主持人上岗流程

（一）新申请上岗主持人

新申请上岗主持人，除具备资格认定的基本条件，并经过3～6个月的岗前培训。

节目部播音主持业务指导委员会根据新申请上岗主持人拟出镜节目的定位和要求，负责进行主持业务指导，制片人负责录制样片，报送节目部进行初审。初审人员由节目部负责人、节目方负责人、播音主持业务指导委员会委员代表组成。

对初审未通过的主持人，可再安排录制样片送审两次，对仍未通过的，安排转岗。

初审通过后，按照《影视中心编委会章程》向编委会提出审定申请；编委会对申请人员进行审定。

1.影视中心编委会审核通过后

（1）对报送央视出镜资格的主持人，由申请栏目组填写"中央电视台拟用播音、主持人员出镜报送单"及准备相关资料报节目部；节目部负责将申请中央电视台出镜人员的资料和样片报送中央电视台人事部门进行审批。

栏目组应根据拟上岗节目合作媒体的要求确定是否继续向合作媒体申报或直接上岗。

（2）对报送中央电视台的主持人出镜资格审批未通过的主持人，原则上须培训半年后才具备再次送审的资格。

2.影视中心编委会审核未通过

新申请上岗主持人半年内可送审样片两次，如两次均未通过，则考虑转岗。

（二）栏目组新增或更换主持人

栏目组新增或更换主持人，须首先向节目部提出申请，原则上须面向全体主持人范围进行内部选拔。播音主持业务指导委员会根据拟出镜节目的定位和要求进行主持业务指导，制片人负责录制样片，报送节目部审核。审核人员由节目部负责人、节目方负责人、播音主持业务指导委员会委员代表组成。审核通过后，方可出镜。

对未选拔到符合条件的主持人的栏目，节目部再考虑是否须向人事部门提交申请，面向社会组织公开招聘。

对已取得中央电视台出镜资格的主持人，如需承担在目前已取得出镜许可权的栏目之外的中央电视台其他栏目的播音、主持工作，在通过节目部审核之后，根据央视要求确认是否再次送审，并报中央电视台人事部门备案。

（三）未经节目部审核批准，各频道、栏目组不得擅自增加或更换主持人。

第十条　对于连续三个月以上（含三个月）未在主持岗位从事工作的主持人，如需要继续从事主持工作，须重新履行聘任上岗程序。

第五章　工作职责与业务考核

第十一条　工作职责

（一）严格遵守影视中心各项规章制度及主持人管理规定，认真履行岗位职责。

（二）有较强的政治敏锐性，坚持正确的舆论导向。

第十二条　基本工作量

（一）主持人月均业务值班量应达到 100 小时以上。

（二）主持人原则上以一档日播节目为主，同时可以最多兼任两档其他节目。

第十三条　形象包装业务考核

（一）按照《中国气象局公共气象服务中心电视气象节目主持人（出镜分析师）形象包装业务考核管理办法》，对出镜主持人的工作量与工作质量进行考核。

（二）影视中心每年采取多种形式组织在岗主持人进行相关业务培训、学习交流和研讨活动。

第六章　日常管理

第十四条　影视中心节目部统一负责主持人值班等业务管理以及主持人队伍建设，品牌建设，业务培训及服装、化妆等整体造型，从事社会活动等工作。

第十五条　主持人不得随意改变屏幕形象，如须改变，须提前填写《主持人形象变化申请单》，报节目部审批。

第十六条　公共气象服务中心内各部门、公司以及个人使用主持人照片进行宣传推广活动，或使用主持人形象制作台历、挂历、宣传页等宣传物品，应提前将拟定主持人名单报节目部统一协调安排并向节目部提出申请，填写《主持人照片使用申请登记表》进行填表备案后方可使用。特殊情况须报公共气象服务中心审批。

第七章　行为规范

第十七条　主持人应拥护中国共产党的领导，热爱祖国和人民，践行社会主义核心价值观，为党和国家工作的大局服务；严格遵守国家法律法规，严格遵守政治纪律和宣传纪律，自觉维护国家媒体的良好形象。

第十八条　主持人作为公众人物，代表着影视中心的形象和整体水平，不得通过任何渠道或以任何方式发表损害行业形象的言论，不能给整个行业带来负面影响。

第十九条　严格遵守中国气象局廉政规定，不得以个人知名度和社会影响力谋求私利。

第二十条　主持人出镜时，在着装、发型、语言以及整体风格方面应做到端庄、大方，杜绝低俗媚俗现象。在节庆、重大活动、重要事件等敏感时期，正确把握服装搭配，符合当日气氛。如喜庆日子应选择色调明亮、烘托喜庆气氛的服装。在哀悼日、灾难日等沉痛气氛的纪念日，应着暗色或黑色衣服。

第八章　社会活动管理

第二十一条　为维护部门和主持人队伍的声誉和不影响本职工作，主持人从事各类社会活动须由节目部统一协调管理，未经批准不得私自外出从事社会活动，如担任其他单位、媒体的节目、晚会等的主持、嘉宾以及各种大赛活动评委等。

第二十二条　主持人不得参加以下社会活动：

（一）违反国家法律、法规和宣传指令的活动。

（二）社会企业产品代言、带有商业性质的市场推广、商业信息发布、庆典活动等。

（三）商业歌曲、广告、电影、电视剧录制。

（四）带有商业炒作性质的比赛、选秀活动。

（五）以自我炒作或个人牟利为目的活动。

（六）内容媚俗、格调低下的活动。

（七）其他不符合规定和要求的活动。

第二十三条　主持人不得在外兼职工作。

第二十四条　审批流程

（一）参与中国气象局内部活动，须由借用单位填写《主持人外借、出差申请表》，将申请表及活动安排报节目部，由节目部统一协调安排主持人。

（二）参与中国气象局外部活动，须由借用、邀请单位出具盖有单位公章的借用函、邀请函，与节目部联系。节目部审核同意后，上报影视中心主管领导审批。借用函、邀请函原件由节目部备案。

第二十五条 未经批准私自外出从事社会活动，一经发现，将取消该年度的主持人特别奖励津贴。

第九章 个人信息发布管理

第二十六条 主持人在互联网平台上进行信息发布时，应自觉维护党和国家利益，遵守国家法律法规；应坚持正确舆论导向和新闻工作者的责任，坚持实事求是的新闻职业精神；应有利于传播气象影视的核心价值、维护气象影视的国家媒体形象和声誉；应有利于推广频道和栏目品牌，提升气象影视的引导力、影响力和传播力。

第二十七条 主持人互联网信息发布行为，应恪守以下要求：

（一）遵守《中华人民共和国气象法》《计算机信息网络国际联网安全保护管理办法》《互联网信息服务管理办法》《互联网电子公告服务管理规定》等法律法规。

（二）遵守中国气象局《气象预报发布与传播管理办法》等相关规定。

（三）未经授权不得发布中国气象局各单位内部信息、未播出节目信息以及因工作关系获得的保密信息。

（四）不得发布、复制有损中国气象局和气象影视声誉及可能对其产生不良影响的言论，不得破坏中国气象局和气象影视的品牌形象。

（五）微博、微信等单位统一认证的账号不得以主持人名义发布带有商业广告性质的信息和言论。

（六）不得擅自发布、复制涉及影视中心其他员工个人隐私的内容。

（七）不得发布含有低俗、庸俗、媚俗内容的信息和言论。

（八）在转发或链接他人信息时，也须遵守上述规定。

（九）影视中心对播音员、主持人的信息发布行为实行备案制，上述个人新开通或已开通互联网信息发布平台，须填写《主持人开通互联网信息发布平台备案表》报节目部备案。

（十）播音员、主持人要对各自开通的网络账号的安全性负责，在密码设置时尽量设置为较高安全级别，同时需要每日对本人各平台账号进行监管，避免出现账号被他人盗用，长时间不知情的情况。一旦发现账号出现问题，应第一时间通知节目部，协调相关部门解决。

第二十八条 主持人互联网用户因为违反本规定而触犯中华人民共和国法律的，责任自负，将追究相关责任。

第十章　奖惩制度

第二十九条　奖励与再培训

影视中心每年按照主持人相关制度对上岗主持人进行综合考评。依据考评结果，对主持人进行奖励或再培训。

第三十条　处罚

上岗主持人如出现下列情况之一的，须做下岗处理，一年内不得再申请上岗资格，并取消其主持人待遇：

（一）凡受到刑事处罚及行政记过以上处分的。

（二）年终考核为"不合格"的。

（三）因个人行为致使工作遭受重大损失，并造成严重社会影响的。

（四）违反中央电视台或中心有关播音员、主持人管理规定，造成严重不良影响的。

（五）主持人应严格执行主持人各项管理规定，如发生违规违纪行为，一经发现、查实，将视情节严重程度，给予纪律处分、经济处罚，直至取消播音、主持资格，甚至辞退。

第十一章　附　则

第三十一条　本办法由节目部负责解释。

第三十二条　本办法自发布（修订）之日起执行，以前文件废止。

（起草人：王新竹、张易　发布时间：2017 年 1 月）

出镜电视气象节目主持人（分析师）形象包装

业务考核管理办法（试行）

第一章　总　则

第一条　为保障气象影视节目的质量和品牌，确保电视气象节目出镜主持人（以下简称主持人）和气象分析师（以下简称分析师）的公众出镜形象，在参照电视行业的普遍做法与执行标准的基础上，制定本办法。

第二条　本办法所指形象包装主要包括主持人（分析师）出镜服装、造型等相关费用。

第二章　考核对象及额度

第三条　本办法适用于经公共气象服务中心气象影视中心（以下简称"中心"）影视编委会审核通过的正式在岗的气象节目出镜主持人和分析师。

第四条　主持人以及取得《广播电视播音员主持人资格考试合格证》和国家普通话一级甲等证书（简称"两证"）的全职分析师全年形象包装控制额度为人均 20 000 元；未取得"两证"的全职分析师全年形象包装控制额度为人均 10 000 元；其他兼职分析师全年形象包装控制额度为人均 5 000 元。

第三章　考核内容及要求

第五条　中心对主持人、分析师的形象包装业务质量实行实时动态考评管理机制，对业务值班出镜次数及造型质量进行严格客观的考核，每半年组织考评一次，考核结果与形象包装额度挂钩。

第六条 对业务值班出镜工作量进行考核：每半年对主持人、分析师的业务值班出镜工作量进行统计和审核，分别由多到少进行排名，按名次计算得分，满分为60分。具体见下表：

排名	得分	排名	得分
1～5 名	60	26～30 名	40
6～10 名	55	31 名之后	30
11～25 名	50		

第七条 对业务质量进行考核：由节目部牵头组成考评小组，考评小组须报中心审查核准，由考评小组对主持人、分析师的出镜妆容面貌及整体造型质量进行考评。

具体操作办法为：每半年考评小组抽选一期节目，主持人、分析师自选一期节目（如果同时值多个节目，自选节目不得和抽选节目栏目相同），由考评小组进行评分。

两期节目造型质量考评分数的平均分为业务质量考核部分最终得分，满分为40分。

第八条 考核结果：业务值班出镜工作量考核分数与业务质量考核分数相加，为形象包装考核最终得分。主持人、分析师根据得分享受不同等级的形象包装额度。详见下表：

考核分数	等级	形象包装额度
≥90 分	一等	115%
80～89 分	二等	100%
70～79 分	三等	80%
＜70 分	四等	50%

第九条 强化合作媒体或专家对主持人、分析师造型的反馈意见在考评中的使用，反馈造型方面的问题在两次以内，对该主持人或分析师提出警告及改进建议；反馈造型问题三次及以上，每增加一次扣除该主持人或分析师应享受的形象包装额度的5%。

第十条 脱离业务岗位累计1个月以上（含1个月）的主持人、分析师，按照相应规定等级额度及脱岗日期数量扣减相应的形象包装额度。

第十一条 主持人、分析师转岗或停岗，从停止出镜次日起按天计算取消形象包装额度。

第四章　考核管理

第十二条 主持人、分析师当年形象包装额度随工资每半年发放一次，全年发放两次。

第十三条 严格审查发放程序。气象频道会同全媒体产品室核算全体分析师半年考核等级及发放额度，填写主持人、分析师形象包装审批表报节目部，节目部统一汇总主持人、分析师发放额度并审核后，报送中心业务处、人事处、计财处会签，最后报影视中心领导审签后由人事部门发放。

第十四条 本规定自发布之日起执行。

（起草人：王新竹 发布时间：2016 年 11 月）

行　政　篇

　　行政管理主要有管理、协调、服务三大功能，其中管理是主干，协调是核心，服务是根本。行政管理工作千头万绪、纷繁复杂，看似琐屑，却是一个单位有效运转的中枢神经，也最能够具体体现中央八项规定落实情况。行政篇的制度，对于会议组织、公文处理、综合考评、档案管理、合同管理、印章管理、办公环境、公务接待、出国（出境）、安全管理、保密管理、车辆使用、公寓管理等都作出了详尽规定，涉及中心日常运行的方方面面。

公共气象服务中心公文处理实施办法

　　根据《党政机关公文处理工作条例》(中办发〔2012〕14号),为进一步促进公共气象服务中心(以下简称"中心")公文处理工作规范化、制度化、科学化,提高公文质量和公文处理效率,制定本实施办法。

　　一、收文处理

　　发送给中心的文电信函,都应按收进、启封、登记、拟办(批办)、分送(传阅)、承办、催办(查办)、存档等程序处理。

　　(一)收进

　　收发人员统一负责文电信函的接收、分发;机要秘书负责接收中国气象局的机要文件。

　　(二)启封

　　文秘人员应按各自领取文电信函的范围及时将文电信函启封处理,其他人员(除分管文秘工作的领导外)不得擅自启封。发送中心领导本人的文电信函,送领导本人启封。

　　1.启封要注意保护封内文件的完好,并把封内文件取净。

　　2.启封后应对封内文件进行检查、清点。对少发或错发的文件要及时通知发文机关补齐或调换改正;对不完整的文件(如有缺页、白页、未具落款、未盖章等)要及时进行处理后才能分发。

　　(三)登记

　　收到的上级机关的文件、下级单位的请示(报告)、其他单位商洽问题和需要答复的文件、重要或带有密级的刊物和资料、上级机关印发的会议文件(材料)等都必须进行登记。

　　对于一般性的简报、公开或不带密级的刊物、资料以及纯属事务性的便条、请柬和一般性的通知等,可直接分发处理。

　　1.公文登记一般应列收文日期、序号、来文单位、发文字号、文件标题、缓急、批办意见、承办（主办）单位、分转日期及签收人、催办情况等栏目。

2.公文一般要分类登记。局转发的机要文件由机要秘书亲自领取并分类登记；其他文件由文秘人员按外部门来文和部门内来文分类登记。

（四）批办（拟办）

1.上级机关和气象部门内的来文，由办公室主要负责人提出拟办意见后报主管中心领导批办，重要文件报中心主任批办。

2.气象系统外的一般性来文，可由办公室主要负责人根据职责直接批转有关职能部门承办，重要的由办公室主要负责人提出拟办意见后报请分管中心领导批办。

3.拟办和批办公文，必须明确承办单位或承办人；对于涉及两个及两个以上单位的公文，必须明确主办单位或主办人。

4.批办文件一般要求批办人当天批办完，紧急公文即报即批。

（五）分送（传阅）

文秘人员要按照中心领导的批办意见和确定的分发办法，分别送达承办（主办）或阅研单位。

1.分送（传阅）文件要及时。一般应做到当日文件当日送出，急件和有时限要求的文件要立即送出，不得积压延误。

2.分送（传阅）公文要主次分明。要根据文件内容和缓急程度，保证重点，优先送达主要领导、分管领导和承办（主办）单位。

3.分送（传阅）公文要手续严密。分送（传阅）公文要建立并执行登记交接制度。

4.发送文件，若领导批办由两个或两个以上单位承办（或阅研），文秘人员可将文件送主办（或主要阅研）单位，并由该单位负责组织（或分送）协办单位传阅和共同研办，办后公文及处理结果亦由主办单位负责立卷、存档。

5.机要文件的分送（传阅）按中办机要局和外交部关于机要文件管理的有关规定处理。

（六）承办

承办是公文办理的中心环节。

1.承办人员要认真研究文件内容和批办意见，及时提出处理意见（有前案材料的应将前案材料作为参阅件附在后面），超出职责权限范围的应报领导审批后处理。处理结果要报告领导并向文秘部门反馈。

2.涉及多个部门办理的文件，主办（或牵头）部门要先准备好处理意见，再与协办部门协商、会签，然后归纳整理各部门意见办理，须报批的要报批后办理。若意见有分歧，经主办部门主要负责人亲自协商后仍难以协商一致，主办部门应将各方意见、根据及处理建议一并说明后报领导裁决。

3.须回复的公文，承办单位要及时办复。有时限要求的应按要求办理，特殊情况不能按时回复的应向发文机关说明情况。

4.承办部门须请示中心领导的事项，应当抓紧做好前期工作及时上报，给中心领导留出研究、决策的时间：一般事项不得少于 3 个工作日，紧急事项不得少于 1 个工作日，特别紧急的事项，需要即时批办的，必须在文中说明特别紧急原因及在本部门的办理过程。

（七）催办（查办）

对于呈送中心领导批办的文件，文秘人员要根据文件的缓急程度进行催批。对于需要承办的文件，文秘人员要按时限要求催促承办单位及时办理。

（八）归档

属有归档价值的，承办（或主办）、传阅单位应按机关档案工作管理要求，及时整理、归档。机要文件由中心办公室统一保管，按局要求年底送回。

二、行文处理

（一）行文规则

1.行文关系

行文关系是根据机关单位各自的隶属关系和职权范围确定的。下级机关向上级机关行文用上行文（请示、报告、函），下级机关应按隶属关系对上级机关行文，一般不要越级行文，若遇特殊或紧急情况须越级行文时，应当抄报被越过的上级机关。

上级机关对下级机关行文用下行文（命令、决定、通报、批复、通知、函），向下级机关的重要行文应当同时抄报直接上级机关。

平行或不相隶属机关间行文用平行文（函、通知）。同级机关可以联合行文。

2.中国气象局内外行文关系

中国气象局与各直属单位是上下级关系，两者之间行文分别用下行文和上行文文种。

局各职能司与各直属单位是平行关系，两者之间行文分别用平行文，一般用函。但前者在其职权范围内或经专项批准后亦可用"通知"向后者制发指令性、指导性和阅知性文件；后者也可用"通知"告知前者有关事项，如一般性的会议通知等。

3.上行公文要求

"请示"和其他须审批的公文应当一文一事，只报一个主送机关；除领导直接交办的事项外，需要审批的文件不得直接报领导个人；"报告"中不得夹带需要审批和答复的问题和事项，更不能"请示"和"报告"合二为一变为"请示报告"；如果提出意见和建议，应当注明仅供上级机关参考。凡上报的公文，必须由正职或主持工作的副职领导人签发。

4.内部行文要求

（1）中心各职能和业务处室须报中心领导审批或签发的文件，若涉及两个或两个以上部门职责范围的，要先协商，后正式拟文会签，会签后方可呈批。

（2）各职能和业务处室要各司其职，各负其责，严格按职权范围行文。凡部门职权范围内的事情，由部门自行发文；一些须报中心领导审批的事项，经批准后，由主办部门行文答复，文中可注明"经中心领导批准"字样。

（3）各职能和业务处室呈报中心领导审签的公文，必须由承办部门主要负责人签署后方可上报，若主要负责人不在岗时，由主持工作的负责人核签。署名须署全名，并注明签署日期。

（4）呈报中心领导签发的中心发文，一般不要在文件之前附请示批准发文内容的请示，若确需对发文意图及有关问题作说明，可在文件正文之前附"发文说明"。

（5）行文要坚持"党政分开"的原则。要严格按党、政各自的职责范围分别行文。

5. 中心行文规定

（1）中心行文要严格遵守行文要求和规范。

（2）中心各职能和业务处室向本处室发文要报办公室备案。

（3）中心各职能和业务处室协商或通知事情一般不鼓励发函。

（4）中心各职能和业务处室向中心领导的请示（报告）一般不用发文形式，而使用签报。

（二）公文撰制

1. 拟稿

（1）公文内容要符合国家的法律、法规、方针、政策及有关规定。如提出新的政策规定，应加以说明。

（2）要情况确实，重点突出，观点明确，逻辑条理清楚，文字精练通畅，标点准确，篇幅力求简短（"请示"一般不超过1000字，"报告"一般不超过3000字；会议总结不超过4000字；除中心工作会议文件外，以中心名义印发的普发类文件不超过5000字，以职能处室名义印发的普发类文件不超过3000字），呈报稿必须按规定格式打印。

（3）"请示"必须明确、具体地列出所请示批准的问题。需要贯彻落实的发文，措施要具体、明确，具有可操作性。

（4）文字规范，人名、地名、数字、引文要准确。引用公文要先引标题，然后在括弧中注明发文字号。引用外文应当注明中文含义。文内使用简称，应当先用全称，并注明简称。日期应当写具体的年、月、日。公文中的数字，除部分结构层次序数和词组、惯用语等作为词素的数字必须使用汉字外，应当使用阿拉伯数字。

（5）必须使用国家法定计量单位。

（6）结构层次序数，第一层为"一、"，第二层为"（一）"，第三层为"1."，第四层为"（1）"。

（7）呈送中心领导审签的外文函电一般应附中文译稿。

（8）正确使用文种，符合公文格式。草拟文稿的首页，应严格按规定准确填写用于文件内部运转呈批的稿头纸（发电稿纸）。

（9）所拟草文件的会签意见、依据和前案等有关材料应作为参阅件按顺序排列并附在文件正文之后供领导审核、签批时参考。发文如有附件，应在报头纸中规定的栏目内注明并按顺序附在发文稿之后。

（10）各职能和业务处室向中心领导请示、报告问题，文件主送部门都应署称"中心领导"。

2. 审核

（1）发文及呈中心领导阅批的请示、报告，应经承办部门负责人审核后再呈批。

（2）中心发文和呈中心领导阅批的请示、报告，呈批前，除承办部门审稿并由主要负责人审核外，还须送办公室审核后方可呈中心领导签批。若涉及其他部门职责范围的，主办部门主要负责人签署后还须会签有关部门并对会签意见进行处理后送办公室审核呈批，重要会议纪要和保密性材料除外。

（3）中心各级领导都有对公文进行严格审核把关的责任。未按规定程序审核的公文不得呈中心领导签批，通过审核发现的问题应及时纠正，必要时须提出意见退回承办单位修正或会同承办单位协商解决。

（4）公文审核内容

公文审核应该从公文种类、格式、行文规则等各个方面全面把关，一般应注意"八查"。

一查是否需要发文。可发可不发的公文，应坚决不发（中国气象局下发文件中有关政策已经明确且未要求制定具体贯彻意见的，不再发文；能通过 Notes 邮件、电话、手机短信等方式明确的事项，不再发文；没有中心领导参加的调研，不发正式调研函）；可授权下一级机关发的文件，上一级机关不发；按职权划分，可由本部门自行解决的问题，不应再行文请示上一级机关。

二查有无矛盾抵触。即检查文件内容同党和国家的方针政策、有关条例规定，同上级的指示、决定以及业务主管机关和本机关已发布过的有关文件，有无相互矛盾和抵触之处。如果是同本机关已发的文件前后精神不一致，应考虑是否切实可行，是否需要一并修改或废止本机关以前的有关规定和意见等。就一份文件本身来说，应检查前后段落、条款之间，有无自相矛盾、前后不一致的现象。

三查政策界限。即检查指示、决定、条例、规定等政策性文件的内容，对于应该怎样做和不应该怎样做，界限是否明确，交代是否清楚，有无模棱两可或规定过死、过于烦琐等现象。

四查措施落实。即检查文件内容提出的措施是否切实可行，免于落空或达不到既定目的和要求。如具体检查措施是否可行、由谁执行、怎样执行及时限是否相宜。

五查程序和手续。即检查用什么名义发布合适（用本机关或有关业务部门名义，还是由上级机关批转等），是否需要提交有关的会议进行讨论，是否需要经有关部门会签或上级机关批准等。

六查文字表达。即检查文字的表达是否准确、简练、通顺、明了、合乎语法逻辑，标点符号使用是否正确，计量单位是否符合国家法定标准，有无文字错漏等。

七查公文体式。即检查文种的使用是否恰当，语气是否得体，文件标题、发送机关、密级、时限、主题词标引等是否准确和安排的位置是否妥当。

八查附阅材料。即检查文件应附的会签意见、依据、事由和前案等参阅材料和发文的附件是否齐全、是否排列标注清楚等。

3. 签批

签发和审批文件是领导人履行职权的重要表现，签批人代表中心和部门对文件从政治上到文字上负有完全责任，因此领导人必须按职权范围签批公文。

（1）中心发文，由主管中心领导签发。上报中国气象局的文件和其他重要的发文，经分管中心领导审核后报中心主任签发，特殊情况可由中心主任委托主持工作或其他副主任签发。

（2）各部门报中心领导审批的文件，按分工报分管中心领导审批，若分管中心领导认为需要，再由分管中心领导批请其他有关中心领导批示；属中心主任职权范围内的，由分管中心领导审核后报中心主任审定。

（3）中心领导签批发文或请示性文件，应当明确签署意见（写明"发"、"同意"或其他具体意见，圈阅或签字视为同意），并写上姓名（全名）和签批日期。领导在"报告"、抄送（报）的文件和其他参阅、知会性文件、材料上圈阅或签字，则表示领导已阅知。

（4）领导签批意见若有分歧，应以分管领导和主要负责人的签批意见为准。

（5）已经领导签发或审批的文件，若要修改，则必须回呈签发人或最终审定人批准同意。如确需对个别文字上进行修改，可经办公室领导同意后改在发文稿上。其他任何人无权对已经中心领导签发或审批的文件擅自进行改动。

（6）拟制、修改和签批公文，所用纸张和书写字迹等必须符合存档要求。

4. 缮印

（1）中心发文经中心领导签发后，由文秘部门按公文的规定格式编号、排版、缮印。附件由各主办单位缮印。

（2）中心各职能和业务处室对内发文由各单位按公文的规定格式编号、排版，并交中心文秘部门缮印。

（3）文印部门及有关人员应注意做好保密工作。

5. 用印、分发

（1）印鉴管理人员要严格审验发文定稿中的发文机关和签发人，符合规定后方可在印好的文件上加盖发文机关印章，并在发文定稿印发日期处盖章封文。

（2）要严格控制公文盖章份数，留存和多余的公文不加盖印章。

6.承办和催办

（1）已经中心领导审批的请示性文件，承办单位要按中心领导的批示意见及时办理并反馈办理结果给中心办公室。办公室文秘人员对中心领导在文件上的批示要按时或定期催办，并及时汇总催办情况报中心领导。

（2）中心发文（函），需要贯彻落实和回复的，承办单位应尽快组织落实和催办，并将贯彻落实和催办情况适时向领导反馈。

7.立卷、归档、销毁

（1）公文办完后，承办单位应根据文书立卷、归档的有关法规和规定及时将公文定稿、正本和有关材料整理立卷。

（2）公文立卷要按事件和发生时间的顺序及相互联系、特征和保存价值分类立卷，保证档案的真实、齐全和完整。

（3）联合办理的公文，原件由主办单位立卷。

（4）公文复制件作为正式文件使用时，应当加盖复制机关证明章，视同正式文件妥善保管。

（5）案卷应当确定保管期限，按有关规定定期向档案部门移交。个人不得保存应当归档的公文。

（6）没有存档价值和存查价值的公文，经过鉴别和分管领导批准，可以定期销毁。销毁秘密公文，应进行登记，由至少两人监销，保证不丢失、不漏销。

（三）公文运转呈批程序及要求

中心发文、各职能和业务处室呈报中心领导审批的文件的一般流程和要求如下：

1.承办人拟稿，承办处室主要负责人核稿、审核，主要负责人签署后报送中心办公室。

2.办公室文秘负责签收、登记并录入中心内部收文数据库后送办公室主要负责人审核、签批。

3.办公室主要负责人审核后，对于请示、报告类文件直接按分工呈报中心领导审阅；紧急公文应按时限要求审核、呈批和催批，有特殊情况应向承办单位说明。

4.中心领导阅批完的文件直接退办公室文秘人员处理（需要其他中心领导核阅的文件也不要横传）。中心领导签批后，文秘人员应将领导的批示摘录入库，并及时催办和向中心领导反馈办理情况。

5.文件批回后，承办单位要按领导批示及时办理。

6.承办单位要及时将文件进行立卷、存档、销毁。

（四）公文质量考核

各职能处室做好各类文件的审核把关，中心办公室从政策、内容、程序、格式、文字、是否公开等方面对报局公文进行严格把关，对不符合国家和中国气象局有关政策规定或者不需行文的公文退回公文起草单位，对不合格的公文退回起草单位进行修改，同时填写《公共气象服务中心不合格公文通知单》，并在年度综合考评中作为对相关处室的考核内容。

三、附则

（一）本办法由中心办公室负责解释。

（二）本办法自公布之日起施行。

（起草人：魏玮、马清云　发布时间：2014 年 7 月）

公共气象服务中心综合考评管理办法（试行）

第一章　总　则

第一条　根据《气象部门综合考评办法》，结合中心工作实际，为科学、准确、客观、公正地评价公共气象服务中心（以下简称"中心"）各处室的工作业绩，激励先进，鞭策后进，为保证各项目标任务的圆满完成，推进中心工作再上台阶，特制定本办法。

第二条　综合考评遵循以下原则：坚持实事求是，公平公正；科学、合理设定考评细则和评分标准；定性考核与定量考核相结合；年度考核与平时考核相结合；日常管理与重点任务相结合；工作实绩与干部培养相结合。

第三条　办公室负责组织实施综合考评工作；各职能处室按照分工对有关考评内容进行组织或审核；各处室负责组织相关综合考评材料的整理上报。

第四条　综合考评小组负责综合考评得分的最终评定，其组长由主管办公室的中心领导担任，组员为中心各处室主要负责人。

第五条　综合考评的时间段为每年的 1 月 1 日至 12 月 31 日。

第二章　考评内容

第六条　考评内容包括以下五项内容：

（一）各项工作目标完成的具体情况。

（二）年终测评情况。

（三）加分。

（四）扣分。

（五）一票否决事项。

第七条 综合考评得分计算方法。

年终综合考评得分＝年度测评得分 ÷ 年终测评总分 ×100×15%

＋年度目标任务得分 ÷ 年度目标总分 ×100×85%

＋加分 － 扣分。

（一）年度测评。中心领导、各单位一把手年度考核集中述职后的民主测评，满分100分。

（二）年度目标任务。由考核小组根据重点业务工作、综合行政和党建工作等分数进行计算。重点工作目标100分，综合行政和党建工作目标20分（安全生产与公文宣传工作5分，财务工作5分，人事人才工作5分，党风廉政5分），满分120分。

（三）加分。

1.本处室的单项工作受中国气象局表彰的加15分，受到中心表彰的加10分。

2.本处室的单项工作在中国气象局组织的评比中名列前三名的加10分，得到局通报表彰的加8分。

3.本处室单项工作得到中国气象局主要领导批示表扬或肯定的加5分，得到同级其他领导批示表扬或肯定的加3分。

4.创新服务新机制，改进内部管理方式，专项工作的经验、做法得到上级通报表彰的，司局级得3分，省部级得6分，国家级得10分。

5.积极发挥职能作用，于目标任务之外创造性开展工作，开创工作新局面，取得一定实效的，得到上级肯定，经考评小组认定的，每项得3分。

6.同一项工作满足以上多项条件的，以最高分数为准，不累计加分。

（四）扣分。

1.中心重点任务或中心安排的临时重要工作任务，未能按期完成的，每发一次逾期督办通知单，减扣1分。

2.上报材料出现明显错误，受到局领导或上级主管部门或中心领导批示批评的，扣2分。

3.中心及上级组织的会议或各项活动，无故缺席（以签到为准，不签到视同缺席）1人次扣0.5分；迟到、早退1人次扣0.2分。

4.能解决而不及时解决、激化矛盾，导致本单位个人上访或群体上访、越级上访的，每次扣2分。

5.受到服务对象、社会公众投诉，经查证属本单位责任的，每次扣1分。

（五）一票否决事项。

凡出现严重违反法律、法规以及党和国家政策情况的单位，实行一票否决制，确定为不达标单位；凡有因计划生育、社会治安综合治理、廉政建设问题，受到党纪政纪处分的单位，不得评为优秀等次。

第三章 考评方式

第八条 中心领导、各单位一把手的年度考核民主测评,由人事处负责组织并提供测评结果。

第九条 目标管理考核按照年度目标管理考核方案规定的程序和要求执行。

第十条 加分扣分情况由各处室提供相关材料,办公室对加分和扣分内容进行审核,并提供审核结果。

第十一条 办公室负责对以上各项考评分数进行汇总并提交综合考评小组进行审定。

第四章 考评结果

第十二条 综合考评得分由中心综合考评小组进行最终评定,最后报中心主任常务会审定。

第十三条 年度综合考评结果分为四个等级,即优秀单位、良好单位、达标单位、不达标单位。其中被评为优秀的单位不超过 2 个,被评为良好的单位不超过 5 个。

第十四条 中心对综合考评结果为优秀单位的处室给予表彰和奖励;对综合考评结果为不达标的处室予以通报批评,其主要负责人当年年度考核不得评为称职(合格)以上等次。

第五章 附 则

第十五条 本办法由中心办公室负责解释。

第十六条 本办法自公布之日起实施。

(起草人:郑欧、王佳禾 发布时间:2010 年 12 月)

公共气象服务中心信息报送奖励办法（试行）

  第一条 为充分调动公共气象服务中心（以下简称"中心"）职工信息报送的积极性、主动性和创造性，进一步提高信息报送质量，营造良好舆论氛围，促进各项重点工作顺利推进，结合中心实际，特制定本办法。

  第二条 面向中央和国务院刊物、中国政府网、中国气象局要情摘报、中国气象报、中国气象网、中心办公网组织报送宣传信息适用于本办法。

  第三条 本办法所指的宣传信息包括：围绕气象服务事业发展和气象服务体制机制改革，报送的重大天气过程和重要活动气象保障情况；重点工作、重大项目推进情况；重要会议精神落实情况；具有典型意义、值得推广的经验、做法；对重点问题的调查研究及对策建议；业务规定、流程调整情况等。

  第四条 应高度重视信息报送工作的时效性，具备敏锐、强烈的新闻意识，做到快速撰稿、快速审核、快速上报。

  所报送的信息应突出重点、关注热点、反映难点，同时要确保信息内容的正确性、全面性，文字表达的准确性、精练性。

  第五条 中心信息报送奖励包括重要渠道信息报送奖励、中国气象报（网）宣传报道奖励、中心办公网投稿奖励三种。

  重要渠道信息报送奖励：报送的信息由中央和国务院刊物采纳并发表，每篇奖励2000元；由中国政府网、中国气象局要情摘报采纳的稿件信息，每篇奖励1000元；

  中国气象报（网）宣传报道奖励：报送的信息稿件在中国气象报、中国气象网发表，每半年累计发稿数量超过10篇奖励5000元，累计发稿数量7篇以上奖励3000元，累计发稿数量5篇以上奖励1000元。

中心办公网投稿奖励：在中心办公网年度发稿量超过 50 篇且位列前三，分别奖励 3000 元、2000 元、1000 元。

第六条　中心信息报送评比按部门进行统计，流程包括重要渠道信息报送、中国气象报（网）宣传报道、中心办公网投稿。

重要渠道信息报送评比：每季度第一个月，中心办公室统计上一季度中央和国务院刊物、中国政府网、中国气象局要情摘报稿件采纳发表情况，形成重要渠道宣传信息报送奖励方案报中心领导审批。

中国气象报（网）宣传报道评比：每半年，中心办公室统计中国气象报、中国气象网稿件采纳发表情况，并在当月宣传例会中通报，形成中国气象报（网）宣传报道奖励奖励方案报中心领导审批。

中心办公网投稿评比：每年 1 月，中心办公室统计上一年度各部门在中心办公网年度总发稿量，形成中心办公网投稿奖励方案报中心领导审批。

第七条　经中心领导审批通过后，获奖人员名单及宣传信息将在评比当月通过中心办公网进行表彰。

如获奖的同一篇信息有多人参与，则奖励由牵头人员根据组织报送过程中参与人员的贡献排名进行分配。

如同一篇信息被多个渠道采纳，按就高原则奖励，不重复奖励。

第八条　本办法自下发之日起试行，由中心办公室负责解释。

（起草人：韩笑　发布时间：2017 年 12 月）

公共气象服务中心档案管理办法

第一章 总 则

第一条 为了进一步加强中国气象局公共气象服务中心（以下简称"中心"）档案的科学管理，充分发挥档案作用，全面提高档案工作的管理水平，有效收集、保护和利用档案，为中心发展服务。根据国家档案局和中国气象局档案管理有关法规，结合中心实际情况，制定本办法。

第二条 本办法适用于中心各部门。

第三条 中心档案，是指中心工作人员从事业务、管理以及其他各项活动直接形成，以纸张、磁盘、光盘、实物等为载体，具有保存价值的文字、图表、照片、声像等信息记录。干部人事档案管理办法另行制定。

第二章 文件材料的收集管理

第四条 中心设立档案室，档案实行集中统一管理，任何单位和个人都不得据为己有，中心各部门应当按照规定进行归档，并确保档案材料的完整和安全。

第五条 中心办公室归口管理中心档案工作，并指定政治可靠、责任心强的职工作为档案管理人员。

第六条 档案管理人员应当遵纪守法、忠于职守，努力维护中心档案的完整和安全。

第七条 档案管理人员承担中心档案的收集、管理和服务工作，负责督促、检查、指导中心各部门的归档工作。

第八条 借调、聘用、挂职、调动的中心工作人员离岗时，属于归档范围的文件材料，必须全部上交，并办理移交手续，不得擅自带走或毁弃。

第三章　归档范围

第九条　本单位的文件材料

（一）中心党委和行政领导会议材料（含文件、照片、声像材料）。

（二）中心党委、行政部门召开的代表大会、工作会议、工作研讨会、专业会议等会议材料（含文件、照片、声像材料）。

（三）中心呈送的公文（请示、报告等）与上级机关的批复文件，下属单位呈送的公文与中心的批复文件。

（四）中心事业发展纲要、规划和工作计划、总结。

（五）中心制定的规章制度和业务技术规范。

（六）建设项目和科研课题的申报、批复、建设、研发、合同（协议）、验收等文件材料。

（七）业务、科研、科技服务和预警服务工作中形成的相关成果、产品、业务／技术／用户手册等重要材料。

（八）中心人事、劳动工资、教育培训、干部任免、年度考核、专业技术职称、奖励、惩戒等管理制度、办法、规定的文件材料。

（九）中心退休干部工作管理制度、办法、规定、年度计划、调研报告、总结和重要工作方案。

（十）中心党委、团委、工青妇组织和其他内部机构在工作、活动中形成的文件材料。

（十一）重要的信函、电话记录和电子邮件，从国外及国内其他部门获得的与本单位工作有关的重要的文件材料。

（十二）重要的人民来信来访材料，有关领导的批（指）示和本中心处理过程与结果及有关的记录、分析、报告等材料。

（十三）机构成立、更名、合并、撤销、启用印信及组织沿革、人员编制等文件材料。

（十四）荣誉奖励证书、重要活动与事件和有纪念意义与凭证性的实物、照片、录音、声像等文件材料。

（十五）财产、物资、档案等交接凭证材料。

（十六）签订的各种合同、协议及其相关的文件材料。

（十七）学术团体和专业技术组织及其重要活动的文件材料。

（十八）外事活动中形成的文件材料和有关国际组织颁发的有查考价值的重要文件材料及出版物。

（十九）中心编印的重要简报、大事记、年鉴、年报、各种定期或非定期编发的业务服务产品等印刷物和公开出版物。

（二十）其他需要归档的材料。

第十条 其他机关的文件材料

（一）上级机关召开的需要本单位贯彻执行的有关会议文件材料。

（二）上级单位颁发的需要本单位贯彻执行的有关政策、法规、制度、规范、规划、计划等文件材料。

（三）党和国家领导人、上级机关领导及有关国际组织等视察、检查本单位工作的重要指示、讲话、题词、照片、录音、声像等材料。

（四）上级单位印发、批复本单位的文件材料。

（五）其他单位重要来文。

第四章 归档要求

第十一条 各部门应当指定专人负责归档工作，对本部门当年形成的应归档文件材料按有关规定进行收集、整理、立卷和归档，并于次年上半年（每年一次）移交办公室统一管理。

第十二条 档案质量总的要求是：遵循文件的形成规律和特点，保持文件之间的有机联系，区别不同的价值，按照《公共气象服务中心机关文书档案保管期限表》（附件1）确定保管期限，按照规范化的原则归档，便于档案的保管和利用。

第十三条 各部门应当在每年6月30日前，将上一年度形成的文件材料，按要求收集整理后移交办公室档案管理人员，移交时双方应当清点验收并签字。

中心重大活动产生的声像、照片档案，由活动主办部门负责收集整理，并随时向办公室移交。

第五章 服务与利用

第十四条 档案的价值在于利用。中心鼓励各部门积极开展档案利用工作，整理中心发展历史，凝练中心发展文化，传承中心发展成果。

第十五条 中心职工因工作需要，根据责任范围和工作权属，经中心领导批准后，方可到档案室查阅有关档案。借阅时应当填写《公共气象服务中心档案查（借）阅登记表》（附件2）。

第十六条 借阅本部门形成的档案，应当报部门负责人批准；借阅涉密、党委、人事、计财以及非本部门形成的档案，应当报中心领导批准。

第十七条 借阅档案原则上在档案室阅览，确须借出的，应当办理借阅登记手续（须经中心主管领导批准），并在规定日期归还。归还档案时，档案人员应当查验档案齐全无误后，办理注销手续。

第十八条 档案借阅者应当爱护档案，保证档案的安全。严禁私自修改、折叠、涂画、剪裁、拆散、转借和复制，归还时应当保持档案原有的完整性。如有丢失、涂改、损坏或泄密时，应当及时报告。

第十九条 如须复印档案的，应当填写《公共气象服务中心档案复印单》（附件3），并报本部门负责人签字，中心领导批准后，由办公室档案管理人员复印。

第六章 鉴定与销毁

第二十条 档案的鉴定工作是一项重要而严肃的工作，必须准确地判定档案的保存价值。使具有长久保存价值的档案完整地保存下去，把属于无继续保存价值的档案剔除，以提高室藏档案的质量。

第二十一条 对档案的鉴定和处理工作必须慎重、认真，按制度有组织、有领导地进行。档案鉴定工作由领导小组和档案人员共同进行，对须处理和销毁的档案，严格履行鉴定、审批、处理和销毁手续。

第二十二条 须销毁的档案，应当逐件填写《公共气象服务中心销毁档案材料登记表》（附件4），经过鉴定后报中心领导批准。

第二十三条 档案的销毁工作由档案室负责执行，并由两人负责监销，档案销毁后，监销人要在《公共气象服务中心档案材料销毁清册》（附件5）上签字，并注明"已销毁"和销毁日期。在目录和检索目录上注明已注销。

第七章 附 则

第二十四条 本办法由中心办公室负责解释。

第二十五条 本办法自发布之日起执行。

（起草人：郑毅 发布时间：2017年12月）

附件1

公共气象服务中心机关文书档案保管期限表

一、中心办公室

1. 中心的工作计划和年度工作总结（永久）

2. 涉及国家气象工作的科研、业务、重大方针和政策向中国气象局报送的请示、报告等文件（永久）

3. 中心领导分工、调整文件（30年）

4. 印发的气象应急保障、气象宣传、办公自动化、档案管理、安全生产等办公室工作中长期规划、计划（永久）

5. 制发的规范性文件

（1）公共气象服务中心的议事规则、规章、制度（永久）

（2）应急、信息、宣传、目标管理、文件、密码、保密、档案管理、安全生产等规范性文件（永久）

（3）保卫、消防、接待、后勤服务等规范、标准（10年）

6. 组织的会议（活动）文件

（1）中心主任常务会、协调会的记录、纪要等文件材料（永久）

（2）参加中国气象局召开的会议形成的会议情况汇报、报告（30年）

（3）组织召开的应急、宣传、档案、安全生产等座谈会、研讨会、论证会等文件材料

①重要的（30年）

②一般的（10年）

7. 公共气象服务中心有关目标考核文件的请示、批复、考核结果的通知、文件（30年）

8. 以公共气象服务中心或中心领导名义发出的贺信（电）、慰问信（电）（30年）

9. 对中心领导的重要批示和重点工作进行督查督办形成的文件材料（30年）

10. 制发的关于公共气象服务中心外事工作的中长期规划、计划（永久）

11. 组织的外事工作会议（活动）文件

（1）国际性会议、全国性会议（重大活动）文件材料

① 会议（活动）方案、请示、批复、通知、议程、名册、汇报、领导讲话、总结等文件及会议（活动）专集材料（永久）

② 交流材料、简报等（10年）

（2）一般性外事工作会议相关文件材料（30年）

12. 外事工作年度统计、汇总等材料

（1）有关外事的统计年报、年度汇总材料 （永久）

（2）一般性总结材料、统计报表、汇总材料 （10年）

13.公共气象服务中心组织签订的合作协议、合同等文件

（1）与外国、区域性气象组织签署的气象科技合作谅解备忘录（协议）和工作组会议纪要、合作协议 （永久）

（2）与其他单位签署的合作协议、合同 （30年）

14.开展重要国际合作的计划、活动方案等文件材料 （永久）

15.承办国际会议接待来访、报送外事工作信息等一般性文件 （10年）

16.编印的外事工作简报 （10年）

17.气象应急管理文件材料

（1）贯彻落实中国气象局对应急工作重要部署的方案、请示、通知、总结等 （永久）

（2）应急工作中有关业务问题的请示、通知

①重要的 （永久）

②一般的 （10年）

18.气象宣传管理文件材料

（1）气象部门报刊的创办、变更、撤销、年度核验等文件材料 （永久）

（2）报刊申请增刊文件材料 （10年）

（3）公共气象服务中心重要会议和活动宣传报道方案、新闻通稿及重要媒体的报道 （永久）

19.信息报送要点及新闻宣传要点、信息采纳情况 （10年）

20.关于保密要害部门、要害部位、涉密人员、机构人员的确认、调整等文件材料 （永久）

21.气象档案管理文件材料

（1）重要的 （永久）

（2）一般的 （10年）

22.保卫工作文件

（1）组织重大气象国际会议、重要活动的安全保卫工作相关文件 （永久）

（2）一般性活动安全保卫和内保工作相关文件 （10年）

（3）社区综合治理方案、措施等 （10年）

（4）反恐和国家安全工作文件

①重要的 （永久）

②一般的 （10年）

23.安全生产、消防等事故处理文件

（1）事故调查记录、总结、汇报、通报及警告（不含）以上处分的文件 （永久）

①会议（活动）方案、请示、批复、通知、议程、名册、汇报、领导讲话、总结等文件及会议（活动）专集材料

a.重要的 （30年）

b.一般的 （10年）

②交流材料、简报等 （10年）

（6）与其他部门开展气象科技合作的文件材料 （永久）

9.基本建设项目管理文件

（1）关于基本建设、重点工程项目投资计划的通知 （永久）

（2）与地方人民政府协商共建或匹配投资重大工程项目的函件 （30年）

（3）项目批复文件材料，初步设计方案、建设概算等文件材料 （永久）

（4）项目变更调整的批复等文件材料 （永久）

（5）项目竣工决算和验收文件材料 （永久）

三、计划财务处

1.计划财务业务年度计划、总结和重要专项工作方案、总结 （永久）

2.计划财务业务统计报表和汇总材料

（1）统计年报、综合汇总材料 （永久）

（2）一般性统计报表、汇总材料 （10年）

（3）项目竣工决算和验收文件材料 （永久）

3.投资计划管理文件

（1）年度预算批复、调整等文件 （30年）

（2）报送的预算申请、预算执行情况等文件材料 （30年）

（3）对中心各类决算的批复 （永久）

4.政府采购管理文件材料

（1）采购申请、批复、合同（协议）、验收、登记等文件材料 （永久）

（2）关于政府采购事项的请示 （30年）

5.资金账户管理文件材料

（1）编制的《年度国库集中支付改革范围划分建议表》（10年）

（2）申请归还垫付资金的文件 （10年）

（3）编报的气象部门预算国库执行情况快报 （10年）

（4）申请开立、变更、撤销零余额账户的文件 （30年）

（5）申请提前恢复年度国库集中支付结余资金的请示 （10年）

（6）报送《财政国库管理制度实施单位年终预算结余资金申报核定表》（10年）

（7）银行账户年检工作相关材料（10年）

（8）自有资金账户拨款的文件材料（永久）

6.国有资产相关材料

（1）核发的各单位资产处置文件（永久）

（2）固定资产、无形资产、耗材登记增加单及相关材料（永久）

（3）行政事业单位资产统计报表、中央行政事业单位国有资产年度决算报表等（永久）

（4）固定资产清查盘点表等（永久）

7.编印的计划财务工作简报（10年）

8.有关部委对本机关预算、决算、重大工程项目、年度投资计划、项目竣工决算、政府采购、国库集中支付、垫付资金等重要事项的批复、通知等文件材料（永久）

四、人事处（老干办）

1.制定的关于人才、劳动工资、职工教育培训等的中长期规划、计划（永久）

2.颁发的关于人事、劳动、教育培训工作的管理制度、办法、规定等文件（永久）

3.表彰、奖励文件材料

（1）活动方案、请示、批复、通知、表彰名单、领导讲话、总结等文件材料（永久）

（2）获副部级（含）以上表彰、奖励的单位和个人的文件材料（永久）

（3）获副部级以下表彰、奖励的单位和个人的文件材料（30年）

（4）事迹材料、评审过程材料（10年）

4.惩戒文件材料

（1）受到警告（不含）以上处分的（永久）

（2）受到警告处分的（30年）

5.关于人事、劳动工资、教育培训工作的专项调研报告

（1）重要的（30年）

（2）一般的（10年）

6.人事、劳动工资、教育培训年度计划、总结和重要工作方案、总结（30年）

7.人事处统计报表和汇总材料

（1）统计年报、综合汇总材料（永久）

（2）一般性统计报表、汇总材料（10年）

8.报送组织人事部门的文件材料

（1）报送中国气象局关于干部任免、干部档案等文件材料（永久）

（2）报送京外调干备案函、京外调干计划等文件材料（30年）

（3）解决干部夫妻两地分居备案函（30年）

（4）报送主管部门有关人事、劳动、教育培训的工作规划、计划的文件材料 （永久）

9.机构编制文件材料

（1）机构成立、更名文件材料 （永久）

（2）机构编制方案或调整方案文件材料 （永久）

（3）人员编制和调整文件材料 （永久）

10.因公出国人员政治审查文件材料 （永久）

11.贯彻落实中央关于组织工作精神的方案、请示、通知、总结等文件材料 （永久）

12.领导班子建设和干部考核任免文件材料

（1）领导班子建设、调整方案、请示、协商函件等文件材料 （永久）

（2）干部考察、任免等文件材料 （永久）

（3）干部挂职、推荐任职等文件材料 （永久）

（4）干部年度考核材料 （永久）

13.专业技术职务管理文件材料

（1）副研级专业技术职务评审委员会组建、调整、评审通知等文件材料 （永久）

（2）确认专业技术职务任职资格的文件材料 （永久）

（3）高级职称委托其他单位评审的文件 （30年）

（4）"323"人才工程有关工作的通知、评选等文件材料 （永久）

（5）推荐"百千万、863计划专家、特殊津贴"人选等文件材料 （永久）

14.工资管理文件

（1）工作人员工资的确定和调整文件材料 （永久）

（2）工作人员工资、津贴、补贴标准确定和调整文件材料 （永久）

（3）工作人员收入申报文件材料 （永久）

（4）工作人员保险福利文件材料 （永久）

（5）退休人员退休费核定、调整文件材料 （永久）

（6）确定抚恤金标准的文件材料 （永久）

15.艰苦台站类别和津贴的确定、调整文件材料 （永久）

16.教育培训管理文件材料和毕业生就业相关材料 （30年）

17.岗位管理的有关文件 （30年）

18.在职研究生、访问学者等相关材料 （30年）

19.制发的关于退休干部工作的中长期计划 （永久）

20.颁发的关于退休干部工作的管理制度、办法、规定等 （永久）

21.组织的退休干部工作会议文件材料

（1）会议（活动）方案、请示、批复、通知、议程、名册、汇报、领导讲话、总结等文件及会议（活动）专集材料 （永久）

（2）交流材料、简报等 （10年）

22.组织的一般性会议（活动）的相关文件材料

（1）重要的 （30年）

（2）一般的 （10年）

23.举办的退休干部工作培训班文件材料 （10年）

24.退休干部工作考察、调研报告

（1）重要的 （30年）

（2）一般的 （10年）

25.退休干部工作年度计划、总结和重要工作方案、总结 （30年）

26.发送给其他部门关于退休干部工作的文件

（1）重要的 （永久）

（2）一般的 （10年）

27.退休干部工作统计报表、汇总材料

（1）统计年报、年度汇总材料 （永久）

（2）一般性总结材料、统计报表、汇总材料等 （10年）

28.报送上级机关及主管部门的有关退休干部工作的专项检查报告 （10年）

29.公共气象服务中心与有关单位、个人签订的协议、合同等文件 （30年）

30.贯彻落实退休干部"两项待遇"、发挥老同志作用、解决老同志特殊困难等工作的文件材料 （永久）

31.组织退休干部重要文体活动的请示、通知、计划、总结等文件材料 （10年）

32.退休干部重要照顾、治疗方案的请示、报告等 （30年）

33.退休干部丧葬活动的方案、请示、批复、讣告、生平简历等文件材料 （永久）

34.处理退休干部来信来访有关材料

（1）已办结并有局、中心领导批示的 （永久）

（2）已办结但无局、中心领导批示的 （30年）

35.退休干部住房补贴请示、发放等文件材料 （永久）

36.退休干部劳动工资、福利补贴等文件材料 （永久）

37.退休干部管理工作奖惩文件材料 （永久）

38.公共气象服务中心固定资产采购申请、批复、合同（协议）、验收、登记、处置等文件材料 （永久）

39.有关老干部活动室等项目改造、维修的报告、请示、批复、验收意见、决算等 （永久）

40.项目及基本支出请示、计划、报告等

（1）大额基本支出请示、计划、报告等 （30年）

（2）小额基本支出请示、计划、报告等 （10年）

五、党委办公室（监察审计处）

1.制发的关于公共气象服务中心党、团、纪委、统战、精神文明建设工作的中长期规划、计划 （永久）

2.颁发的关于公共气象服务中心党、团、纪委、工会、统战、精神文明建设工作的管理制度、办法、规定等 （30年）

3.组织的会议（活动）文件

（1）党、团、纪委、工会、统战、精神文明建设工作重要会议和其他重大活动的文件材料

①会议（活动）方案、请示、批复、通知、议程、名册、汇报、领导讲话、总结等文件及会议（活动）专集材料 （永久）

②交流材料、简报等（10年）

（2）一般性会议（活动）相关文件 （30年）

（3）座谈会、研讨会等相关文件材料

①重要的 （30年）

②一般的 （10年）

（4）党委常委会、全委会会议记录、纪要及讨论通过的决议、决定 （永久）

（5）团委会议纪要及讨论通过的决议、决定 （永久）

（6）纪委全委会会议纪要及讨论通过的决议、决定 （永久）

（7）召开的民主生活会文件材料 （30年）

4.举办的党、团、纪委、工会、统战、精神文明建设业务培训班相关文件材料 （10年）

5.以公共气象服务中心名义组织的评优表彰活动文件材料

（1）活动方案、请示、批复、通知、表彰名单、领导讲话、总结等文件材料 （永久）

（2）事迹材料、评审过程材料 （10年）

6.本单位负责起草的与其他机关往来的函件

（1）重要的 （30年）

（2）一般的 （10年）

7.组织的党、团、纪委、工会、统战、精神文明建设工作考察、调研专题报告

（1）重要的 （30年）

（2）一般的 （10年）

8.党、团、纪委、工会、统战、精神文明建设工作年度计划、总结和重要专项工作方案、总结 （30年）

9.党、团、纪委、工会、统战、精神文明建设工作年度统计、汇总等材料

（1）统计年报、年度汇总材料 （永久）

（2）一般性总结材料、统计报表、汇总材料 （10年）

10.报送上级机关及主管部门关于公共气象服务中心党团工会组织情况、党团员、工会会员名册、领导干部廉洁自律情况等文件材料 （永久）

11.与有关单位签订的合作协议等文件材料 （30年）

12.关于公共气象服务中心党、团、工会、统战、精神文明建设等重要事项和活动的请示、报告、通知等文件材料

（1）重要的 （永久）

（2）一般的 （10年）

13.公共气象服务中心各内设机构及单位支部（总支）书记、副书记、委员职务的调整、任职、免职、备案报告、撤职、处分有关文件 （永久）

14.公共气象服务中心团委书记、副书记、委员职务的调整、任职、免职、撤职、处分的文件材料 （永久）

15.公共气象服务中心纪委书记、副书记、委员职务的调整、考核、任职、免职、撤职、处分的文件 （永久）

16.党纪处分文件

（1）受警告（含）以上处分的 （永久）

（2）受警告以下处分的 （30年）

17.编印的党、团、工会、统战、精神文明建设工作简报 （10年）

18.中国气象局党组、局直属机关党委对公共气象服务中心党委、纪委负责人调整的批复文件 （永久）

19.中国气象局机关团委对公共气象服务中心团委负责人调整的批复文件 （永久）

20.制发的关于公共气象服务中心纪检、监察、审计工作的中长期规划、计划 （永久）

21.颁发的关于公共气象服务中心纪检、监察、审计工作管理制度、办法、规定等 （永久）

22.组织的纪检、监察、审计工作会议文件

（1）会议文件材料

①会议（活动）方案、请示、批复、通知、议程、名册、汇报、领导讲话、总结等文件及会

议（活动）专集材料 （永久）

②交流材料、简报等 （10年）

（2）一般性的会议文件材料 （30年）

（3）座谈会、研讨会等文件材料

①重要的 （30年）

②一般的 （10年）

23.举办的纪检、监察、审计工作培训班文件材料 （10年）

24.与其他机关往来函件

（1）重要的 （30年）

（2）一般的 （10年）

25.关于纪检、监察、审计工作的考察、调研报告

（1）重要的 （30年）

（2）一般的 （10年）

26.纪检、监察、审计工作统计报表、汇总材料

（1）统计年报、年度汇总材料 （永久）

（2）一般性总结材料、统计报表、汇总材料等 （10年）

27.纪检、监察、审计工作年度计划、总结和重要工作方案、总结 （30年）

28.有关气象部门纪检、监察、审计工作的请示、通知等文件

（1）重要的 （永久）

（2）一般的 （10年）

29.处理来信来访文件材料

（1）上级纪检监察部门转群众来信 （永久）

（2）信访初核及立案材料 （永久）

（3）向上级部门报送信访统计情况 （永久）

（4）信访处理结果 （永久）

30.审计文件材料

（1）审计通知书 （30年）

（2）审计建议书 （10年）

（3）审计结论意见书 （永久）

（4）经济审计情况报告 （永久）

（5）基本建设审计文件

①重大项目基本建设审计报告 （永久）

②中、小型项目基本建设审计报告 （30 年）

（6）专项审计情况报告 （30 年）

（7）财务收支审计情况报告 （30 年）

（8）审计调查情况报告 （30 年）

31. 编印的纪检、监察、审计工作简报 （10 年）

附件 2

公共气象服务中心查（借）阅档案登记表

序号	日期	单位（部门）	姓名	档案材料名称	是否涉密	查阅	查阅日期	借阅	归还日期	部门领导签字	中心（主管）领导签字	借阅注销

制表：办公室　　　　　　　　　　　　　　　　　　　　　　　　　年　月　日

附件 3

公共气象服务中心档案复印单

序号	日期	单位（部门）	姓名	档案材料名称	是否涉密	复印	复印数量	复印日期	部门领导签字	中心领导签字	备注

制表：办公室　　　　　　　　　　　　　　　　　　　　　　　　　年　　月　　日

附件 4

销毁档案材料登记表

序号	归档编号	文件编号	档案文件标题	页数	所属部门	归档日期	保管期限	销毁日期	备注

制表：办公室　　　　　　　　　　　　　　　　　　　年　月　日

附件 5

档案材料销毁清册

序号	档案文件名称及主要内容	档案编号	数量	建档时间	原保管期限	销毁原因	备注

制表：办公室　　　　　　　　　　　　　　　　　　　　　年　月　日

公共气象服务中心合同（协议）管理办法

第一章 总 则

第一条 为了规范公共气象服务中心（以下简称"中心"）各项合同（协议）的审核、签订和管理，维护中心合法权益，根据《中华人民共和国合同法》《中华人民共和国招标投标法》等法律法规，结合中心实际，制定本办法。

第二条 本办法中涉及的合同或协议（以下统称"合同"）是指中心在日常经营活动中，与其他平等主体的法人、自然人、其他组织之间设立、变更、终止民事权利义务关系的合同及具有合同性质的意向书、协议书、责任书等，主要包括：

（一）中心对外重大战略合作协议。

（二）业务基本建设项目的合同：

1. 中国气象局或国家其他部委下达的项目，包括国家重点建设项目、中国气象局小型基建项目、中国气象局气象关键技术集成与应用项目等。

2. 中心自筹经费为支持业务开展和运行而设立的项目。

（三）科研项目有关合同：

1. 中国气象局或国家其他部委下达的科研项目。

2. 中心自筹资金设立的科研项目。

（四）各种维持资金的有关合同，包括各种技术开发和技术服务合同等。

（五）其他涉及对外往来应明确各自权利义务和资金运作的事项。

第三条 本办法适用于以中心名义对外签订的所有合同（含补充合同）。所签合同必须符合《中华人民共和国合同法》等国家和部门有关法律、法规，任何单位和个人不得利用合同进行违法活动。

第二章 合同准备

第四条 合同一律采用书面形式，经办单位、项目实施小组负责合同谈判并根据实际谈判情况编制合同，内容一般需包括以下条款：

（一）合同当事单位名称、项目负责人（或联系人）姓名、详细地址及联系方式。

（二）合同签订的日期和地点。

（三）合同的类型。

（四）合同标的及要求。

（五）合同标的物的技术条件、质量、规格、数量。

（六）履行的期限、地点和方式。

（七）货物的包装方式、运输方式、交接方式和验收方式。

（八）价格条件、支付金额、支付方式和各种附带的费用。

（九）特殊物品、精密设备等的专门规定。

（十）生产厂家的售后服务、质保和维修期限，零配件供应方式。

（十一）双方的权利和义务，违约的赔偿和争议解决的办法。

（十二）合同必须有法人单位的公章和签订人的签章。

经办单位对合同内容负有主体责任，合同内容应当做到：手续完备，主体合格，条款齐全，意思表示真实，责权利明确。对某些内容有特殊要求的，应当在合同中予以特别说明。

采用中央国家机关政府采购中心的协议供货、定点采购、网上竞价等方式的，按其确定的合同格式执行。

第五条 中心对外重大战略合作协议文本由相关职能处室准备，其他合同由经办处室准备。

第三章 合同审批及流程

第六条 中心签署所有合同须经中心聘请的律师、合同管理部门、监督部门、中心领导审核和批准后，方可签署和盖章。不允许在没有履行完审核、批准手续的合同上盖章。

第七条 办公室、业务科技处、计划财务处是中心合同的管理部门，党委办公室（监察审计处）是合同的监督部门，应严格审核合同内容，维护中心合法权益。

（一）办公室负责查看附件是否齐全、合同盖章、统一编号和归口管理。

（二）业务科技处负责审查合同内容是否确保中心利益和必须的技术、服务指标，负责审查合同是否符合项目目标中业务技术和办公环境需要。

（三）计划财务处负责审核合同的资金是否申报预算、是否合理等，负责合同履行时的资金监督，在办理支付时要按合同约定并符合财务制度，不得提前支付或超出合同金额范围。超出合同金额要履行相关手续。

（四）党委办公室（监察审计处）负责审查合同是否符合国家有关法规、政策和上级分管部门有关规定要求，负责监督项目招标、竞争谈判等过程，合同签订程序是否符合有关规定。

（五）律师负责审查合同是否符合国家相关法律、政策，维护中心的利益。

第八条 合同审批流程

持《公共气象服务中心合同（协议）审签单》办理合同审批流程，并将项目前期各阶段报批的有关文件作为附件一并上报。阶段审批手续不全的合同，要补齐手续后方可报批。具体流程如下：

（一）1万元（含）以下或有批复已确定委托额度和单位的项目合同：

经办人签字—项目负责人审核—经办单位主要负责人批准—律师审核—中心分管主任审批。

（二）1万～5万元（含）项目合同：

项目负责人签字—经办单位主要负责人把关—律师审核—合同审核小组（业务科技处（业务类）、计划财务处、党委办公室（监察审计处））审核—中心分管主任审批。

（三）5万～50万元（含）项目合同：

项目负责人签字—经办单位主要负责人把关—律师审核—合同审核小组（业务科技处（业务类）、计划财务处、党委办公室（监察审计处））审核—中心分管主任和分管财务主任审批。

（四）50万元以上项目合同：

项目负责人签字—经办单位主要负责人把关—律师审核—合同审核小组（业务科技处（业务类）、计划财务处、党委办公室（监察审计处））审核—中心分管主任、中心分管财务主任和中心主任审批。

（五）中心对外重大战略合作协议：

经办职能处签字—律师审核—中心主任审批。

政府采购合同不用律师审核。

第四章　合同签署

第九条　完成审批流程后的合同，按对等原则，由中心领导或项目负责人或经办单位主要负责人或经办人签字；中心对外重大战略合作协议由中心领导签字。

第十条　持完成审批程序的《公共气象服务中心合同（协议）审签单》和签字后的合同文本，直接到办公室加盖公共气服务中心公章。办公室管理人员直接留存一份盖章后的合同正本及相关材料存档。

第十一条 合同签字和盖章完毕后正式生效，方可进入财务流程。

第五章 合同的履行

第十二条 合同依法成立，即具有法律约束力。一切与合同有关的部门、人员都必须本着"重合同、守信誉"的原则，做好合同的履行或跟踪管理。

合同签订后，各单位应当按照合同约定和本办法规定全面履行自己的义务：合同承办部门应当对合同的履行直接负责，既要保证本单位或项目实施小组全面履行合同，还要跟踪并督促对方当事人全面履行合同，及时处理合同履行过程中的问题，及时主张权利；合同的履行涉及其他部门的，合同承办部门应当及时协调相关部门，相关部门应当按照职责分工，积极配合承办部门履行合同的有关约定。

第十三条 各单位应严格按照合同约定的价款、支付进度和付款方式等收取或支付合同价款。合同承办人员应当及时收集凭证单据，经相关审批后在规定时间内提交核算中心办理结算。

第十四条 各单位应当对合同履行情况实施有效监控，合同归口管理部门不定期检查合同的履行情况，可采取重点检查和抽查的方式，针对合同管理中的薄弱环节进行跟踪监督。可以建立合同管理信息系统，跟踪合同履行进度。

第十五条 合同履行过程中出现下列情形的，合同承办部门应当及时主张权利，采取措施预防和应对合同风险的发生：

（一）合同依据的法律法规或者政策修改、废止，可能影响合同正常履行。

（二）订立合同时的客观情况发生重大变化，可能影响合同正常履行。

（三）合同相对人财产状况恶化导致丧失或者可能丧失履约能力。

（四）出现不可抗力，可能影响合同正常履行。

（五）对方当事人明确表示或者以自己的行为表明不履行或不能履行合同义务。

（六）其他影响或者可能影响合同履行的情形。

第十六条 合同在履行过程中出现前款情形的，合同承办部门应当及时向合同归口管理部门提交预警报告。预警报告应当包括以下内容：

（一）合同订立和履行情况的说明。

（二）争议合同文本及相关补充合同。

（三）合同风险的主要内容及初步处理预案。

（四）需要论证的问题明细。

（五）证据材料及清单。

（六）需要提交的其他资料。

第十七条 合同履行完毕的标准，应以合同条款或法律规定为准。没有合同条款或法律规定的，一般应以物资交清、项目结题并验收合格、价款结清、无遗留交涉手续为准。

第六章 合同变更及验收

第十八条 经双方当事人协商一致可以进行合同变更，合同变更条件应符合《中华人民共和国合同法》相关要求。各单位合同变更应当根据原合同类别重新履行签订程序，签订补充协议或重新签订合同，通过政府采购或公开招标签订的合同，不得重新签订合同，补充协议不能超过合同价款的10%。非政府采购或公开招标签订的合同，变更后合同价款总额不得达到或超过政府采购或公开招标限额。

第十九条 各单位应加强对合同验收的管理。合同验收是合同的执行部门与合同相对人履约责任义务的交割点。合同验收合格，合同标的物质量责任发生转移，交付方履约义务完毕；合同验收不合格，应根据合同约定，过错方赔偿合同相对方损失，双方都有过错的应当各自承担相应的责任；合同验收不合格，经修复后验收合格的，修复费用酌情确定承担方。

第七章 合同纠纷处理

第二十条 各单位应当加强对合同纠纷的处理，明确合同纠纷的处理办法及相关的审批权限和处理责任，纠纷处理过程中，未经授权批准，相关经办人不得向对方做出实质性答复或承诺。

第二十一条 合同纠纷应当尽可能通过协商或调解解决。经协商、调解达成一致意见的，应当签订书面协议；经协商或调解不能达成一致意见的，可按合同约定的仲裁或诉讼方式解决。

通过仲裁或诉讼方式解决合同纠纷，合同承办部门应当全面收集证据，按照诉讼时效的要求以及仲裁、诉讼规则做好应对工作，防止因应诉不当导致败诉。

第二十二条 合同纠纷处理中，承办部门不得有下列行为：

（一）擅自放弃属于中心一方享有的合法权益。

（二）无正当理由，拒不履行中心应当履行的义务。

第八章 责任与检查

第二十三条 合同承办部门对所提供的合同及附属资料的真实性、完整性负责。因合同原因造成中心重大经济损失的应追究相关人员主要责任。

第二十四条　中心合同管理和监督部门对所签署的审签意见负责。中心合同管理和监督部门在审签过程中，对合同实质内容方面存在明显异议、显失公平事项的问题，没有针对性地提出审签意见或建议，从而造成中心重大经济损失的，应追究相关人员的失职责任。

第二十五条　未按照本办法审核、管理合同，致使出现合同无效、不能履行、败诉等情况，给中心造成重大经济损失的，应当追究有关单位和人员的责任。

第二十六条　中心合同管理和监督部门根据工作需要，定期或不定期地开展合同审签情况的内部检查。

第九章　合同的文档管理

第二十七条　中心办公室负责对所有合同进行分类管理、统一编号。

第二十八条　中心至少保留2份合同正本，一份由办公室保管，另一份报核算中心，项目实施单位应当保存合同的副本。

第二十九条　除合同文本外，需要归档的其他资料，由项目实施单位进行归档，包括：

（一）往来的商务文件，传真、谈判纪要等。

（二）与本合同有关的招标文件和中标方文件。

（三）合同附件或图纸。

（四）合同执行情况记录。

（五）合同变更、解除的资料。

（六）其他相关文件资料。

第十章　附　则

第三十条　本办法自颁布之日起施行，由中心办公室负责解释。

（起草人：董安安、韦号　发布时间：2017年12月）

公共气象服务中心印章管理规定

第一条 中国气象局公共气象服务中心（以下简称"中心"）印章由中国气象局负责出具刻制证明和制发，印章为圆形，直径 4.2 厘米，中间刊五角星，五角星外刊单位法定名称，名称自左至右环行。

第二条 中心印章、中心领导的人名章由办公室指定专人负责使用和保管，并严格按规定用印。

第三条 中心印章用印，由用印人员写明缘由并经部门负责人和办公室负责人签字后，经中心分管领导审签同意，方可用印；中心领导人名章须经领导本人审签同意后可用印。用印流程在办公网"印章管理"模块中办理。

第四条 印章管理人员盖印前要认真检查审批手续是否完备，用印内容是否与审批一致，须盖印的材料是否齐全，严格按规定用印。

第五条 盖印要端正，印迹清楚。凡在公文、函件落款处加盖的印章，要盖在成文日期的上方，并做到上不压正文，下压年月日。

第六条 中心印章、中心领导的人名章原则上不能携带出办公室以外使用，不能脱离印章管理人员的监督。在特殊情况下，如须将印章带出中心外使用，必须经中心领导批准，由办公室印章管理人员携带，方可使用。

第七条 中心各处室的印章，经中心领导批准，由办公室统一负责刻制，直径不超过 4.2 厘米，由各处室指定人员到办公室领取并安排人员妥善保管，规范使用，要将使用情况登记造册，每年 12 月份报办公室备案。因部门名称变更重新刻制新章后，在领用新章的同时交回旧章。部门印章因故停止使用后，须及时将停用印章交回中心办公室封存或销毁，交回时写明停用时间、原因。

第八条 印章停用或者作废后，任何机构和个人不得使用。

第九条 对伪造印章或者使用伪造印章的行为，将依照国家有关法规查处。

第十条 本规定自发文之日起执行，由办公室负责解释。

（起草人：肖从容 发布时间：2017 年 12 月）

公共气象服务中心办公环境管理规定（试行）

为创建公共气象服务中心（以下简称"中心"）整洁、优美、和谐的工作环境，营造积极向上的文化氛围，制定本规定。

一、个人办公环境

个人办公环境须保持干净整齐，办公桌上可摆放与工作业务相关的文档、书籍、办公用具，以及水杯、台历、纸巾等。不得摆放食品、衣物、果皮、纸屑以及其他杂物。有条件的应将外套、大衣等放到衣柜或挂到衣架上。

二、公共区域

公共区域内严禁吸烟，注意使用文明用语；不得私自挪动安放办公设备，不得乱扔废物。最后离开公共区域的职工要关灯、关门窗、关空调、关电源。在装饰和布置上要积极营造体现中心文化和精神风貌的办公环境。

三、个人仪表仪态

职工应当注意个人仪态，整洁着装。穿着的衣服要整齐、干净、大方，提高中心对外的形象，打造时尚大气的中心形象。

四、办公设施设备

不得利用个人计算机进行与工作无关的活动。下班后应关闭计算机及附属设备并切断电源。职工可共享办公资源，如打印机、复印机、照相机等，提倡低碳办公，节约纸张和电能。

办公设施、设备不得私自带出，要保护使用，因工作需要挪出的设备，须到中心办公室办理相关手续。

五、现场管理

中心各处室负责本单位办公环境的现场管理。中心办公室要进行不定期检查，对违反以上规定的职工进行批评教育，同时在中心办公网通报批评，并纳入年度中心目标管理考核。

本规定由中心办公室解释，自发布之日起执行。

（起草人：穆璐、马清云　发布时间：2011 年 3 月）

公共气象服务中心关于贯彻落实

中央八项规定实施细则精神的具体措施

为深入贯彻落实中央八项规定实施细则精神，根据《中共中国气象局党组贯彻落实中央关于改进工作作风、密切联系群众八项规定的实施意见》（中气党发〔2016〕80号）及《中共中国气象局党组关于贯彻落实中央八项规定实施细则精神的实施办法》（中气党发〔2017〕73号）精神要求，结合中国气象局公共气象服务中心（以下简称"中心"）实际，制定以下措施。

一、精简会议活动

党委中心组学习会、全国气象服务中心主任会等重要或大型会议严格按照年度计划执行。中心行政会议按照《公共气象服务中心行政会议制定》执行。其他各类会议做好统筹安排，能不开的会议坚决不开，能整合的坚决整合。参会人员相同或交叉且时间相近的多个会议，应套开或衔接召开。严格控制各类庆祝会、纪念会、表彰会及各类论坛等活动的举办，严格按照中国气象局关于外事活动的有关规定审核把关涉外会议和活动。

二、控制会议规模和会期

中心召开的四类会议会期不超过2天（其中传达、布置类会议会期不得超过1天），会议报到和离开时间合计不超过1天。无京外代表且会议规模能够在单位内部会议室安排的会议原则上在单位内部会议室召开，不安排住宿。要坚持开短会、讲短话、求实效，力戒空话、套话。会议活动现场要简朴，工作会议一律不摆花草、不制作背景板。

三、提高会议效率

充分运用现代信息技术手段改进会议形式，提高会议效率。各类会议应主题突出明确，汇报简明扼要，发言讨论言简意赅。除中心工作会议和中心承办的全国性会议外一般不准备讲话全文稿。会议纪要应规范简明，明确需落实事项的责任单位、时效、预期成果等。要加强会后督查督办，切实把会议精神落到实处。

四、规范调查研究

处级及以下调研活动需经中心分管领导批准，重大调研课题或中心分管领导参与的调研活动由中心主要负责人批准。领导干部参加调研按审批规定履行报批程序。调研活动要注重实效，事先确定调研方案，包括调研目的（题目）、人员、时间和调研成果撰写安排等。减少陪同人员，无直接工作任务人员一律不到现场，按级别、按实际情况严格控制陪同人员数量。尽量把调研与其他公务活动兼顾进行。避免短期内轮番到同一地点调研。调研工作结束后2周内应提交调研报告，在一定范围内举办调研成果报告会，并切实抓好落实。

五、严格执行出访规定，提升出访实效

严格遵照中国气象局审批计划和管理规定，规范执行出访活动及范围、规模，遵守出访纪律和证照管理规定，严格执行《气象部门因公临时出国经费管理办法》。出访团组人员应与出访任务直接相关，出访应有明确的公务目的和实质内容，做好行前准备，提高出访实效。出访活动结束后，应在2周内提交总结报告，同时在中心一定范围内进行成果汇报，真正体现一人出国（境）、大家受益的理念。

六、压缩公文数量

精简中心内部制发的文件，制度建设类按上级对口要求和适用原则统筹制定，事务类的工作安排一般不发文件。及时清理和报废失效文件。内部工作动态、通知、通报、宣教资料等，应利用政务网或邮件等方式传达。

七、提高办文质量

严格执行《公共气象服务中心公文处理实施办法》。文件要主题突出、条理清楚、可操作性强。加强政策审查和文字审核，不合办文规则和质量要求的不予放行，对返工、错漏等情况实行登记和定期通报，并计入部门综合考评结果。中心对外发文的正文不超过3000字，其中申请类不超过1000字，对内发文的正文不超过1500字，必要的相关内容只列为附件。

八、禁止超范围和标准会议支出

严格执行《中央和国家机关会议费管理办法》。各类会议以使用本单位和局内场地为主，凡需要在局外召开的会议要填写《公共气象服务中心会议审批表》，报中心批准。禁止会议安排娱乐、健身、游览、购物或纪念品等其他支出，不组织与会议无关的活动。会议用餐以自助餐方式为主，杜绝烟酒高档菜肴消费。中心内部会议除因特殊接待安排专门服务外，其他会议均由会议主办单位自备饮水。会场不布置花草、背景板等装饰，不制作代表证、不发文具。除重要会议外，一律不挂横幅。

九、厉行勤俭节约

严格执行资产管理制度和政府采购相关规定，按资产存量和使用年限严控办公设备采购。严格按标准使用办公用房、配备办公家具。严格执行公务用车使用规定。严禁利用公款请客送礼。

严格控制水电、通讯、交通等费用。严格执行《气象部门差旅费管理办法》和差旅住宿标准，尽量选择价格优惠的交通工具。

十、严格控制公务接待，减少数量、杜绝浪费

中心接待上级和部门内外单位调研，不专门装饰场面，安排相应接待条件和相关人员陪同，如逢用餐时间可在本局职工食堂从简安排工作餐，不提供高档菜肴，不提供烟酒，严格控制陪餐人数。中心到其他单位调研及执行公务，除直接相关的对口负责人和工作人员外，谢绝其他同志陪同和迎送。受接待规格应限于公务基本需求及规定标准，不准转嫁自己的支出费用或额外增加接待单位的负担。公务事项与当地气象局无关的，不得要求安排接待，更不准要求安排旅游等非公务活动。

十一、规范新闻报道

新闻报道重点反映中心气象服务业务科研的发展、重大服务保障和应急服务情况、现代化建设进展、上级重要部署落实情况、中心重要工作安排、改革创新、合作交流、党建和廉政建设、职工群众文化等重要事项的实质内容，不专门突出领导干部参与情况，不编写单纯反映领导干部动态的报道。报道方式以政务网信息为主，报道稿件文字简明，表达要点即可。对外对上的简报等材料，按上级批准种类和临时要求编发。新闻报道文字稿件要简短。中心各级领导接受行业外媒体采访、专访，应事先报中心领导批准。

十二、带头树立良好家风，带头遵守职业道德

中心各级领导干部要严格执行《中国共产党廉洁自律准则》《中国共产党纪律处分条例》，廉洁齐家，教育管理好家属和身边工作人员。谨言慎行，本分做人，遵守国家法规、单位规章和员工守则。不得大操大办，变相操办婚丧嫁娶事宜，不得借机收受礼金、礼品、有价证券或支付凭证等。

本措施有关要求，要纳入主要负责人年度党风廉政责任书、民主生活会和单位年度综合考评内容中。中心纪委要根据相关监督、举报和问责机制，对于违反本措施的单位和个人，严肃追究责任。中心办公室负责牵头监督检查各单位落实情况，并将有关情况进行汇总上报；人事处负责将执行情况作为各处室领导干部年度考核的重要内容；计划财务处负责每年对各单位会务、接待相关经费使用情况进行审查；党委办公室（监察审计处）负责把监督执行本措施作为党风廉政建设的重要内容。中心各单位要严格执行本措施要求，每年年底前对执行情况进行1次专项检查，将检查结果报中心办公室，并对存在的问题及时整改。

（起草人：韦号、徐辉　发布时间：2018年1月）

附件

公共气象服务中心会议审批表

单位	
会议时间	
会议地点	
会议内容	
申请理由	
处室领导意见	
中心分管领导意见	

申请日期：　年　月　日

公共气象服务中心公务接待管理暂行办法

第一条 为贯彻落实《党政机关国内公务接待管理规定》（中办发〔2006〕33号）和《中国气象局公务接待管理暂行办法》（气办发〔2013〕33号）有关精神，进一步规范中国气象局公共气象服务中心（以下简称"中心"）公务接待工作，严格公务接待管理，改进接待方式，特制定本办法。

第二条 本办法适用于中心各单位。

第三条 基本原则

（一）厉行节约。减少公务接待数量，严格控制接待费用支出，杜绝浪费。

（二）事前审批。确有必要的公务接待事项，必须事先按规定程序报批。

（三）对等接待。根据接待对象情况，确定参加接待的相关人员。

（四）符合实际。接待应联系实际、有利于公务活动开展，简化接待礼仪并尊重各地区和各民族的风俗习惯。

第四条 公务用餐范围包括有关部门和单位到我中心参加公务活动和我中心重要会议及重大活动、业务值班、应急响应期间误餐的人员。公务活动主要包括：

（一）中央、国家机关各部门，军队和行业气象部门对口单位的领导及有关人员到中心检查指导、洽谈或协调工作、交换意见、出席重大活动、考察调研、学习交流等。

（二）各省（区、市）气象局的相关人员来京进行公务活动。

（三）外请专家来我局讲课、进行业务交流等。

（四）特殊岗位业务值班人员的值班餐。

（五）重要会议、重大活动、应急响应期间误餐。

第五条 使用程序

（一）中央、国家机关各部门、军队和行业气象部门的领导、各级气象部门领导、重要外请专家等人员到中心进行公务活动或参观考察，由中心办公室提出接待方案。

（二）各级气象部门的相关人员、专家等人员来中心商谈业务工作或参观考察，由对口业务单位提出接待方案，涉及参观的由办公室统一安排。

（三）特殊岗位业务值班人员的值班餐由办公室统一安排。

（四）重要会议、重大活动、应急响应期间误餐由各单位提出申请，经办公室同意后，各单位按标准自行订餐。

第六条　职责分工

（一）办公室负责公务接待工作的统一管理，制定接待管理办法，加强接待费的预算管理和控制，审核报销接待费支出，并牵头负责重要公务接待活动的组织协调。

（二）接待单位应及时向对方了解清楚来访的目的、时间、人员等情况，提出接待安排计划，以上述事权划分为依据，按有关程序办理。

第七条　接待标准

（一）餐费标准：接待省部级领导，每人每餐标准为150元；接待厅局级领导，每人每餐标准为120元；接待县处级及以下工作人员，每人每餐标准为80元。除陪餐人员外的工作人员和司机原则上不安排工作餐，情况特殊需要安排就餐的，每人每餐标准为60元。如安排盒餐，每人每餐标准为20～40元。接待单位应严格控制陪餐人数，接待对象在10人以内的，陪餐人数不得超过3人；超过10人的，不得超过接待对象人数的三分之一。接待用餐时一律禁酒。

（二）就餐地点：一般安排在中国气象局职工食堂或中国气象局招待所餐厅等局大院内餐厅。

（三）住宿标准：接待对象如需要安排住宿的，一般安排在中国气象局招待所。不能在中国气象局招待所安排的，接待对象应按照财务规定的住宿标准缴纳住宿费。

（四）用车标准：接送接待对象或安排出行原则上集中乘车，严格控制用车数量。严禁用公车办理与公务活动无关的任何事项，更不允许用于私人活动。

第八条　审批和结算

公务接待安排工作餐，必须事前填写《公共气象服务中心公务用餐申请表》，经本单位主要负责人签字后送办公室主要负责人批准。禁止任何单位自行安排，禁止使用办公、业务经费安排工作餐。

第九条　《公共气象服务中心公务用餐申请表》由办公室统一制作，各单位在办公网下载，按程序办理报批。

第十条　招待费须严格控制在规定的限额内报销，报销材料必须完整。报销所需凭证包括财务票据、《公共气象服务中心公务用餐申请表》、《调研函》、接待清单（用餐人员名单（职务）、用餐人数等）。

第十一条 接待费资金支付应严格按照国库集中支付制度和公务卡管理有关规定执行。采用银行转账或者公务卡方式结算，不得以现金方式支付。

第十二条 各单位在公务接待中要厉行勤俭节约，从严从简安排接待，严禁各单位之间以各种名义相互宴请；严禁用公款安排旅游及到营业性的娱乐、健身场所活动；严禁以任何名义向接待对象赠送礼金、有价证券和贵重礼品；严禁向其他单位转嫁接待任务和接待费用。

第十三条 各单位应当严格遵守本办法。对违反本办法的，按照有关规定处理。

第十四条 本办法由中心办公室负责解释。

第十五条 本办法自下发之日起执行，同时原有接待管理办法废止。

（起草人：郭俊萍、韦号 发布时间：2018 年 1 月）

公共气象服务中心因公临时出国（境）管理规定

（试行）

为贯彻落实《中国气象局关于印发〈气象部门因公临时出国（境）管理规定（试行）〉的通知》（气发〔2013〕113号）文件精神，结合中国气象局公共气象服务中心（以下简称"中心"）实际情况，制定本规定。

第一章　管理原则

第一条　因公临时出国（境）应按照务实、高效、精简、节约的原则，紧密结合工作需要、有计划地进行。出国（境）必须有明确的公务目的和实质内容，讲究实效。不得把出国（境）作为一种待遇，严禁借机公费旅游。

第二条　坚持因事定人，统筹确定全中心对外交流与合作任务事项，根据工作需要和人员分工提出因公临时出国（境）计划与人选建议。不得因人找事，不得安排照顾性和无实质内容的一般性出访，不得安排考察性出访。

第三条　参加境外培训遵循"从严控制、为我所用、突出重点、少而精"的原则，不得安排参加无实际需要的培训项目。不得举办或组织参加外方资助的背景复杂、专题敏感的境外培训。

第四条　凡因公出国（境）的团组和个人必须通过因公出国（境）审批渠道办理手续，除有关国家特殊要求外，必须持因公证照出国（境）执行公务。因私出国（境）不得使用因公出国（境）证件。

第二章　适用人员

第五条　本规定适用于在中心工作的全体人员，以及其他依照法律和规定从事中心公务的人员。

第六条　已退休司局级以下人员不再派遣出国（境）执行任务。

第三章　审批权限和原则

第七条　审批权限

中心因公临时出国（境）计划、任务审批由办公室归口管理。办公室负责管理中心各单位、社会团体的出国（境）项目。

中心领导年度因公临时出国（境）计划须行文报送中国气象局审批。

中心各单位其他人员出国（境），需由中心行文报中国气象局国际合作司审批。

所有出国（境）项目由办公室按照出国（境）事项审批流程的有关规定程序办理审批手续。中心领导因公临时出国（境）由办公室填写《因公临时出国（境）人员备案表》，报中国气象局人事司备案，并抄送中国气象局国际合作司；其余人员出国（境）由本单位填写《因公临时出国（境）人员备案表》报人事处备案，同时抄送办公室，由办公室向中国气象局国际合作司报备。

第八条　审批原则

各单位应按要求向中心报送本单位年度出国（境）计划总数，中心主任常务会审核后汇总报中国气象局审批。经批准的计划下达后，一般不再安排计划外团组出国（境）。如遇特殊情况需要安排计划外出国（境）的，须报中心专项研究，严格审批。

严格执行应邀出访规定。出访须有外方业务对口部门或相应级别人员邀请，邀请单位和邀请人应与出访人员的职级身份相称，不得降格以求。

各单位应对本单位因公临时出国（境）人员的出国（境）事项进行审核把关，并由所在单位按照中心签报流程，由中心主任审批通过后，方可办理出国（境）手续。

每个出访团组总人数一般不得超过6人。每次出访不得超过3个国家和地区（含经停国家和地区，不出机场的除外），在外停留时间不超过10天（含离、抵我国国境当日）。出访2国不超过8天，出访1国不超过5天，赴拉美、非洲航班衔接不便的国家的团组，出访2国不超过9天，出访1国不超过6天。出席国际会议、参加培训等团组的人数和在外停留天数应按现行有关规定并根据任务需要和人员身份从严控制。

参加非本单位组团出国（境）的任务，应按照中心规定的签报流程审批，并向办公室提供组团单位的具有外事审批权的部门征求意见函等相关材料。

出国（境）任务如涉及敏感问题、讨论重要议题或签署双方合作协议等重大事项，须事先告知办公室，并由办公室向国际合作司报送备案，批准后执行。

第四章　出国（境）经费管理

第九条　出国（境）经费预算由计财处归口管理。

第十条　计财处应严格按照有关规定将因公出国（境）经费纳入预算管理，严格控制因公出国（境）经费预算规模。

第十一条　出国（境）经费开支范围包括国际旅费、城市间交通费、国（境）外伙食费、公杂费、国（境）外住宿费、个人零用费和经批准的其他费用。参加国际或国外培训的，还包括有关培训费用。

第十二条　出国（境）人员的费用支出要严格执行财政部、外国专家局等有关部门的规定。出国（境）人员应本着节约原则，根据工作需要实事求是地安排出访活动，不得随意超过规定的开支标准。

第十三条　各单位在报送出国（境）项目文件时，应出具计财处对经费来源与预算的审核意见。计财处审核时，对无出国（境）经费预算安排的团组，一律不得出具经费审核意见，对超预算或出国（境）经费开支超标准的提出调整意见。

第十四条　出国（境）人员返回后，应在 1 个月内到核算中心报销经计财处审核后的出国（境）费用开支。计财处应严格根据经费预算和有关费用开支标准及管理办法审核出国（境）费用。

第十五条　参加气象部门外团组出国（境）且经费需要由中心承担的，批准程序按照上述规定执行。

第五章　信息公开

第十六条　出国（境）前公示

除需要保密的内容和事项外，办公室要事前通过中心办公网公告栏如实公示有关团组和人员信息。公示期限原则上不少于 5 个工作日，内容包括团组全体人员的姓名、单位和职务，出访国家（地区）、任务、日程安排、往返航线，邀请函、邀请单位情况介绍，经费来源和预算等。

办公室对公示期间反映的问题，要会同有关部门认真核实；对确有问题的，要采取切实措施，严肃查处，追究责任。

第十七条 出国（境）后公示

出国（境）团组返回后，应在1个月内由办公室在中心办公网公告栏公布出国（境）团组上述公示内容的实际执行情况和出国（境）总结报告等。未按规定公示公开的，计财处不予核销出国费用。

第十八条 出国（境）总结报告

各出国（境）团组返回后应在1个月内将总结报告交由办公室上报国际合作司。

第六章　外事纪律

第十九条 出国（境）人员应严格执行中央对外工作方针政策和国别政策，严守外事纪律，遵守当地法律法规，尊重当地风俗习惯，杜绝不文明行为，严禁出入赌博、色情场所，自觉维护国家形象。出国（境）团组在国（境）外应接受我国驻外使领馆的指导和监督。重要情况要及时报告中心领导和我国驻外使领馆。

第二十条 未经中心批准和授权，任何单位和个人不得应允与外方的合作交流事宜。以中心（及其下属单位）名义对外做出承诺或签署具有法律约束力的协议，事前要报中心审批。未经批准和授权，任何单位和个人不得随意签署。

第二十一条 出国（境）团组实行团长负责制。两人以上的团组须指定一名团长。在外期间，团长应负责管理和督促团组成员遵守各项外事纪律。团组及团组成员发生违规违纪行为，除对当事人进行严肃处理外，将根据情节追究团长责任，以及派出单位负责人的责任。

第二十二条 不得擅自延长在外停留的时间；未经批准不得变更出访路线，首选直达航班，不得以任何理由绕道旅行；不得参加与项目任务无关的活动；不得携带配偶和子女同行；培训团组不得擅自更改既定教学方案和行程安排，不得组织既定日程以外的对外交流活动。

第二十三条 出国（境）团组要注重节约，严格按照规定安排交通工具和食宿，不得铺张浪费。原则上不赠送礼品、不搞宴请。确有必要赠送礼品的，严格按照相关规定执行。确需宴请的，应连同出国（境）活动计划一并报批。不得接受国内相关部门或企业委托其驻外人员在国（境）外安排的宴请和其他应酬活动。

第二十四条 增强安全保密和应急应变意识。严格遵守国家有关保密规定，注意防范敌对势力的干扰、破坏。不得携带涉密载体；不得对外提供内部文件和资料；不在非保密场所谈论涉密事项；不得泄露国家秘密。

第二十五条 切实遵守证照管理的有关规定。因公出国（境）证件应在返回后7天内交办公室，由办公室送国际合作司统一保管或注销。对拒不执行证照管理规定的，吊销其所持护照或证件。

第七章　责任追究

第二十六条　办公室、人事处、计财处、党办（监审处）等部门要按照工作职责加强日常监督检查。办公室负责牵头受理公示期间发生的信访举报，党办（监审）处负责牵头受理公示期间以外发生的信访举报。对违纪单位和相关责任人要严肃查处，对涉嫌犯罪的要依法追究法律责任。

第八章　附　则

第二十七条　本规定由办公室负责解释。

第二十八条　华凤集团及其所属企业因公临时出国（境）管理规定另行制定。

第二十九条　本规定自下发之日起试行。

（起草人：魏玮、韦号　发布时间：2015 年 9 月）

公共气象服务中心登记备案人员因私出国（境）管理暂行办法

为进一步加强公共气象服务中心（以下简称"中心"）登记备案人员因私出国（境）的监督管理，根据中组部有关文件精神和中国气象局的有关规定，结合中心实际，制定本办法。

第一条 按照干部管理权限和有关要求，中心以下工作人员须向所在地公安机关登记备案：

（一）中心现任处级领导干部（含非领导处级干部）。

（二）退休的司局级干部。

（三）从事机要、保密、档案和财务管理的人员。

第二条 中心人事处负责向公安机关进行登记备案，并由专人负责登记备案人员的信息采集、撤销、报送和变更工作，确保登记备案信息完整准确。

第三条 登记备案人员因私出国（境）证件的管理：

（一）登记备案人员已申领的因私普通护照、往来港澳通行证、大陆居民往来台湾通行证以及其他因私出国（境）证件，必须统一交由中心人事部门集中保管。

（二）新申领因私出国（境）证件的登记备案人员要及时报告，应在证件办好后7天内将其交至中心人事处登记保管。

（三）新任处级干部持有因私出国（境）证件的，应当在任命文件发布后7天内，将证件上交中心人事处登记保管。

（四）因遗失补办等原因，不能将所持出国（境）证照按时交至人事处的，应做出书面说明。

（五）中心人事部门应指定专人负责做好因私出国（境）证照的登记、造册、收缴、保管和领用等工作，实施保存、借用等动态记录。已过有效期的证件，退还持有人。

第四条 登记备案人员因私出国（境）须严格办理请假审批手续。经审批同意后，持请假单到中心人事处填写《公共气象服务中心登记备案人员因私出国（境）证件领用登记表》后，办理因私出国（境）证件的领用手续。

第五条 因私出国（境）的登记备案人员应在回国（境）10天之内，将所持因私出国（境）证件交回中心人事处集中保管。对违反出国（境）证件管理规定，拒不交出所持出国（境）证件的登记备案人员，根据相关规定严肃追究其责任。

第六条 本办法由中心人事处负责解释，其他未尽事宜按照上级相关部门规定执行。

第七条 本办法自发布之日起实施。

（起草人：郑毅、沙文珍　发布时间：2015 年 8 月）

公共气象服务中心安全生产管理办法

第一条 为加强安全生产监督管理，预防和减少中国气象局公共气象服务中心（以下简称"中心"）安全事故，保障职工生命和财产安全，促进中心各项工作的顺利进行，制定本办法。

第二条 本办法适用于中心所属各部门，安全生产管理范围包括环境安全、设备安全、运行安全、人身安全、网络安全、信息安全等。

第三条 中心安全生产管理坚持"安全第一、预防为主"的原则。

第四条 中心主任为中心安全生产第一责任人，分管办公室的领导对中心安全生产负综合监管责任，其他领导按照"一岗双责"要求对分管业务安全生产工作负直接责任。

中心各部门主要负责人是本部门安全生产第一责任人，每年年初与中心签订安全责任书，明确安全责任和范围。

第五条 中心办公室是中心安全生产管理的职能部门，负责中心的安全生产日常管理和监督检查工作，并负责中心领导办公室、档案室、库房及其他公共区域的安全。

中心各部门负责所在办公区域及所承担工作的安全管理，中心网络和信息系统运行主管部门负责所管理的网络、系统、信息、设备、机房的安全。

第六条 各部门应确保环境安全，根据实际工作需要，在防火、防爆、防盗、防静电、防尘、防雷击、防毒、防腐等方面采取切实有效的措施。启用电、气焊等设备时，应经中心办公室审批，否则不能启用。

第七条 各部门开展业务、工程、科研及行政等工作使用的设备、设施，应符合安全生产要求，且具备安全操作规程；不符合安全要求、可能引发安全生产问题，或不具备安全操作规程的设备、设施，不能投入使用；擅自使用的，应承担相关责任。

第八条 各部门应针对机器、设备操作相关岗位的人员开展安全操作规程学习培训，确保熟练掌握且严格遵守安全操作规程的各项要求后方可安排上岗。由于违反操作规程造成安全事故的，将追究当事人及所在部门负责人的责任。

第九条 各部门应针对安全生产相关岗位建立安全责任制，制定安全制度规范，明确安全职责及设备、设施、办公环境的安全要求。

第十条 中心网络和信息系统运行部门应采取措施，监测、防御、处置网络安全风险和威胁，保护中心信息基础设施、数据免受攻击、侵入、干扰和破坏，维护中心网络空间安全和秩序。

第十一条 中心和各部门应实行安全隐患和事故报告制度，职工发现安全隐患或事故时应及时逐级报告，并由安全责任部门组织撰写安全隐患和事故报告。紧急情况下可采取先口头报告、再事后书面补报的方式。

第十二条 中心和各部门应积极开展安全宣传教育工作，中心每年至少组织一次安全生产应急演练，提高全体职工的安全意识。

第十三条 中心和各部门应加强安全检查工作，组织开展定期安全检查与不定期抽查，推动各项安全管理措施落实，重点强化汛期前后和重大节日、重要活动期间等安全保障，及时发现、整改安全隐患，对于整改周期较长的，应制定应急处理措施及整改实施计划。

第十四条 本办法自下发之日起执行，由办公室负责解释。

（起草人：王贵彬　发布时间：2017 年 12 月）

公共气象服务中心保密工作管理规定

第一条 为了进一步加强中国气象局公共气象服务中心（以下简称"中心"）保密工作，严防泄密事件发生，确保国家秘密安全。根据中国气象局保密工作的有关规定，结合中心实际情况，制定本办法。

第二条 中心设立保密委员会，成员由中心领导和相关人员组成，保密委员会全面负责领导和管理中心保密工作。

第三条 保密委员会负责定期召开会议，根据上级保密管理部门下达的工作任务和安排，制订中心保密工作计划，并组织实施；负责组织学习和宣传保密有关的法律法规，对职工进行保密教育；负责对中心保密工作进行监督和检查，检查各项保密措施的落实情况。

第四条 中心主任是中心保密工作的第一责任人，中心分管领导对保密工作负直接领导责任，各处室主要负责人为本部门保密工作的第一责任人，各部门具体工作人员对自己职责和业务范围之内的保密工作负全部责任。

第五条 办公室负责承办保密工作管理的日常具体事务，组织协调保密管理的具体事项的实施，检查督促保密规定和措施的落实，完成保密委员会交办的其他任务。

第六条 涉密人员应该满足以下基本条件：政治可靠，忠于职守，保密观念强，熟悉国家保密法规及有关的保密制度。人事部门要严把政审关，坚持先审后用并在上岗之前进行业务培训和保密教育。

第七条 涉密文件信息资料（指以纸介质、光介质、电磁介质等方式记载、存储国家秘密的文字、图形、音频、视频等）保密管理应当坚持统一管理、分级负责、严格标准、确保安全的原则。

第八条 中心需要印制涉密文件时，应报请有关部门对文件材料进行定密后，再报送中心领导审核批准后方可印发。

第九条 涉密文件的排版、印制和鉴印由中心办公室文秘负责。拟稿人应该在专用涉密电脑上起草和处理文件，如果需要附加相关资料，应当将资料电子版拷贝到涉密移动存储介质或一次性光盘上，再到涉密电脑上进行操作。文件印制时须标明密级、保密期限、份数及印发范围、发送单位、文件编号等。

第十条 涉密文件的流转应以纸质文件、传阅人员当面交接文件的方式进行。涉密文件流转各环节经办人应及时办理，确保文件安全，防止丢失或无关人员浏览。禁止通过普通传真、互联网或其他非涉密网络等无保密措施的渠道传递涉密文件等信息资料。

第十一条 收到涉密文件后，中心文秘应履行登记手续后再按规定进行流转。涉密文件、载体不得随意放置或丢弃。

第十二条 涉密文件应按年进行归档，拟稿人应当按照归档要求将文件材料收集完整后移交办公室归档。涉密视听资料严格按照有关规定管理。

第十三条 组织阅读、传达、审议、视听或者以其他方式使用涉密文件信息资料，应当在符合安全保密要求的场所进行，严格限定知悉范围，并提出明确保密要求。

第十四条 未经批准，不得转发、摘发、汇编和复制涉密文件内容。经批准转发、摘抄、复制、汇编涉密文件形成的文件材料，其密级应当等同于原文件密级。如内容摘抄自不同密级文件，则其密级应当按最高密级确定。

第十五条 涉密文件和涉密载体按中国气象局保密办公室的安排，移交销毁单位集中销毁。

第十六条 涉密办公设备应当放置在安全环境中，处理涉密信息的设备不能与国际互联网或其他公共信息网络连接。要有密级标识。使用涉密设备要履行登记手续。U盘、移动硬盘、软盘及其他数码存储设备不得在非保密电脑和保密电脑之间交叉使用。

第十七条 涉密办公设备的销毁应当履行审批、登记手续，送至有保密资质的销毁单位进行销毁，任何个人不得擅自销毁。

第十八条 中心应加强对涉密人员的教育培训。定期对保密工作进行监督检查，发现问题及时纠正。对严重违反保密规定或者发生泄密案件的，将依法追究责任。

第十九条 涉密人员应签订保密承诺书，涉密人员、保密管理人员离岗、离职前，应当将所保管的秘密载体全部清退，并办理移交手续，配合脱密期管理。

第二十条 本规定自下发之日起执行，由办公室负责解释。

（起草人：肖从容　发布时间：2017 年 12 月）

公共气象服务中心车辆使用管理办法

为加强和规范中国气象局公共气象服务中心（以下简称"中心"）车辆使用管理，推动节能减排，降低行政成本，推进公务用车制度改革，促进党风廉政建设，根据《中国气象局关于中国气象局公共气象服务中心公务用车制度改革实施方案的批复》（中气函〔2017〕7号），制定本办法。

第一条 办公室为中心综合业务用车归口管理部门，对车辆实行集中管理，统一调度。

第二条 党委办公室（监察审计室）负责对车辆使用管理规定执行情况进行监督检查。

第三条 计财处根据年度使用车辆需求统筹安排运行经费，列入部门预算，实行严格管理。

第四条 车辆全部实行编制管理，不得超编制、超标准配备。车辆更新时应当优先选用新能源汽车。

第五条 降低使用和维修保养成本，实行定点加油、定点保养、定点维修、定点投保。

第六条 严格车辆使用登记制度，详细记录用车单位、用车时间、事由、地点、费用等信息。

第七条 中心人员到外地开展工作，除特殊情况外，应尽量乘用公共交通工具，减少车辆长途行驶。外事接待、会议和集体活动用车应当主要通过社会租赁方式解决。

第八条 中心不得对外出租单位车辆，不得借用、占用下属单位或者其他单位车辆，不得接受企业捐赠车辆。严禁为车辆增加高档配置或者豪华内饰，不得在车辆维修等费用中虚列名目或者夹带其他费用。

第九条 把车辆管理工作纳入领导干部党风廉政建设责任制和节能减排检查考核内容，按照谁主管、谁负责的原则，明确责任分工，加强车辆使用管理工作。

第十条 严禁公车私用。

（一）严禁将公车用于婚丧喜庆、探亲访友、度假休闲、接送亲友、接送子女上下学等非公务活动。

（二）严格实行公车回单位停放制度。除了公务外出和加油、维修、保养等情况，车辆必须停放在指定位置。

（三）严格执行节假日封存制度，除值班车辆外，其他车辆一律统一封存，存放在单位指定位置。

第十一条 严禁非专（兼）职驾驶员擅自驾驶使用公车。凡违反规定驾驶使用公车的，造成肇事、损坏、丢失的，一切损失费用由该驾驶使用人承担，造成严重后果和恶劣影响的，按有关规定给予党纪政纪处分。

（起草人：陈滨海、韦号　发布时间：2017 年 4 月）

公共气象服务中心公寓管理办法

为加强对中国气象局公共气象服务中心（以下简称"中心"）公寓的使用与管理，根据《中国气象局园区公寓集体宿舍使用管理办法》（气办发〔2011〕60号）和中国气象局机关服务中心分配给中心使用与管理的公寓情况，结合中心实际，制定本办法。

一、基本原则

按分排队，公开透明，统一调配，有效周转。

二、公寓管理

公寓的日常管理工作由中心办公室负责，重要事项须由中心公寓管理小组和中心主任办公会议议定。中心公寓管理小组由中心分管领导、职能处室主要负责人组成。

三、租住条件

根据中国气象局相关规定及房源分配原则，租住条件如下。

（一）具有以下条件之一的职工不具备申请租住资格：

1. 本人及其配偶之一已享受过气象部门福利分房、国家保障性住房或已租住过园区周转公寓的。

2. 家住北京市城区（五环内）的北京籍职工，且局龄不满5年的。

3. 在北京城区（五环内）已购住房的。

（二）在（一）规定限制之外的中心已婚职工及年龄超过30周岁（含）单身职工可申请租住公寓。

四、租住程序

（一）提出申请。符合租住条件的职工，须本人向中心办公室提交书面租住申请，并须本人手工填写《公共气象服务中心租住公寓申请表》。

（二）资格审查。本人提出租住申请后，由中心公寓管理小组根据本办法规定的租住条件对申请人资格进行严格审查。

（三）积分统计。资格审查通过后，按照本办法积分计算规则进行积分统计，并公示结果（第一榜）。

（四）安排入住。根据公寓房源情况，按照积分统计从高到低顺序安排租住（其中单身职工按一居室安排）。入住前再进行公示（第二榜）。在公示无异议或异议处理之后，由中心办公会确认后，由办公室统一安排。租住申请人须与中心办公室签订《公共气象服务中心租住公寓协议》，并到物业部门办理相关手续后方可入住。

五、积分计算

年限统计规则按照年头计算，如 2008 年 8 月到 2009 年 4 月按 2 年计分。

（一）学龄积分

学龄积分是指从高中毕业后，按全日制高等或中专教育学制规定一年累积 0.5 分。

（二）局龄积分

局龄积分是以在气象部门内工作的年数计算，其中在中心工作一年累积 1 分（中心二期改革划转人员在 2008 年之后的工作年数等同于在中心工作），其余年份一年累积 0.5 分。

（三）职龄积分

指受聘任为科级干部、工程师以上技术职称的管理或技术职务分。积分按年累计，双重职务的就高计算。

1. 正研一年加 1 分。

2. 正处一年加 0.8 分。

3. 副高、副处一年加 0.5 分。

4. 科级、工程师一年加 0.3 分。

（四）岗位加分

按受聘岗位获得的一次性加分。

1. 首席、总师、处长：3 分。

2. 副首席、副总师、副处长：2.5 分。

3. 关键岗：2 分。

4. 高级岗、科长：1.5 分。

5. 中级岗、副科长：1 分。

（五）获奖加分

对获下列奖励的个人给予一次性加分，重复获奖的只计算最高奖分（获奖以证书或文件为依据，省、部级奖指以中国气象局或部委名义颁发的个人奖励，不含集体奖）。

1.劳模、先进类

（1）全国劳动模范或先进个人，加2分。

（2）省、部级先进个人，加0.5分。

2.科技奖类

（1）国家级奖，加2分。

（2）省、部级奖，加0.5分。

（六）特殊加分

下列特殊情况给予一次性加分。

1.双职工分：指夫妻都在中心工作的双职工，加1分。

2.艰苦地区工作分：由中国气象局统一安排，援藏、援疆、扶贫工作者，加2分。

3.计划生育分：领取独生子女证书者，加0.5分。

以上项目合计分值为租住公寓人员排队总分，如分值相同分别按局龄长者优先、年龄长者优先的原则排序（按日计算）。

六、租住期限

职工公寓为周转过渡房，期满腾退，租住期限不超过4年。

租住申请者为中国气象局统一安排的援藏、援疆、扶贫工作者，租住期可延至5年。

七、租金标准

公寓的租金、押金按照《中国气象局园区公寓集体宿舍使用管理办法》规定的标准执行。

八、租金支付

职工个人承租公寓，应与单位签订租金代扣代缴协议，租金委托核算中心按月扣除并划转到中国气象局机关服务中心租金专户。

承租公寓期间发生的水、电、气、电话、有线电视、网络等费用及须由个人承担的维修费由承租人承担，并按时到有关部门缴纳。

职工在承租公寓期间，不能享受供暖补贴等住房有关的待遇。

九、租住腾退

承租人有下列情形之一的，终止公寓承租协议，承租人须按规定及时腾退住房：

（一）承租期限到期的。

（二）已在北京市城区（五环内）购买住房的。

（三）调离中心或与中心解除工作关系的。

对于拒不腾退者，中心会同房管等有关部门强制性收回公寓。

十、租住纪律

承租人须按照规定条件如实填写租住房屋申请表，符合第九条中腾退条件的须及时腾退住房，否则将承担租住协议中承诺的一切责任与后果。

承租人应自觉服从物业部门的相关规定，爱护公物，注意防火防盗安全，维护卫生清洁。不得随意变更房屋结构，不得损毁所配置的设施、家具。严禁将承租公寓转借、转租他人，违者将按有关规定进行处罚。

十一、本办法由中国气象局公共气象服务中心办公室负责解释。

十二、本办法自下发之日起执行。

（起草人：魏玮、马清云　发布时间：2013 年 1 月）

人　事　篇

人事篇旨在规范员工日常工作行为和人事常规工作基本要求和流程，以公平公正为原则，使各项工作有章可循、可靠衔接，围绕中心发展需要，搭建起最优化的人力资源管理体系。人事管理制度以实现和稳定中心基本职能和机构为大前提，注重尊重政策和原则，推动中心职责的落实。一方面，明确员工晋升通道与匹配的激励机制，明确员工日常表现和相应奖惩措施，保障员工充分的再学习机会，保障规范的节假日加班及补助，使员工之间达到公平和谐的状态，让员工有更加充裕的时间发挥创造力；另一方面，以员工在中心内外的流动为管理流程，以员工招聘为起点，优化整体人员队伍，打通员工内外部调动流程，同时尊重和爱护退休员工，鼓励退休专家、管理干部发挥经验和特长。

公共气象服务中心机构设置规范

根据《中国气象局关于印发〈中国气象局公共气象服务中心主要职责、机构设置及人员编制调整方案〉的通知》（中气函〔2014〕22号）和《中国气象局关于中国气象局公共气象服务中心部分业务机构调整的批复》（中气函〔2015〕147号），制定公共气象服务中心（以下简称"中心"）机构设置规范。新组建机构或涉及机构调整的，有关机构及主要职责做相应调整。

一、中国气象局公共气象服务中心（国家预警信息发布中心）承担的主要职责

（一）负责国家级（全国性）电视、广播、网络、手机、新媒体所需的公众气象服务产品制作和发布，负责中国气象局门户网站信息服务。

（二）负责国家级专业部门所需的水文、交通、旅游、环境、健康等专业气象服务产品的制作和发布。

（三）负责风能、太阳能资源开发利用及其相关的功率预报、资源评估等业务。

（四）负责国家突发预警信息发布系统建设、运行和维护以及预警信息发布。

（五）负责国家级公共气象服务业务系统的建设，牵头承办全国公共气象服务平台系统建设。

（六）负责国家级公共气象服务信息收集与共享，承担全国公共气象服务产品库的建设和运行。

（七）负责收集和分析公共气象服务需求、气象服务公众满意度调查和行业气象服务效益评估，承担重大灾害性天气的全国气象服务总结。

（八）负责中国气象频道的建设和运行管理。

（九）负责中国气象局公共气象服务门户网站、中国兴农网站、气象服务热线的建设与运行管理。

（十）负责为气象影视中心的市场经营提供技术保障和服务支撑。

（十一）负责全国气象部门公众和专业气象服务业务指导，参与公众和专业气象服务业务发展规划的制定；承担气象服务关键技术研发与推广应用；负责组织开展气象服务的学科建设、科学研究和交流合作工作。

（十二）依据授权承担全国气象服务资质、资格、认证、标准、培训、监督等工作的实施。

（十三）负责中心及所属企业的国有资产监管。

（十四）承担中国气象局交办的其他事项。

二、中心各部门名称（简称）及主要工作职责

（一）管理机构

1.办公室（办公室）：组织制定中心年度工作计划、规章制度并监督执行，承担年度工作报告和重要会议文件的起草工作；协调、安排中心领导的会议及活动，协助中心领导协调日常事务，承担突发事件的组织协调工作；负责年度目标管理和督办工作；承担重大活动的组织接待工作；负责宣传报道和重要新闻的发布以及与新闻媒体的联系沟通；承担印章、机要、文件、保密、档案、信访、办公自动化、外事、安全、保卫、消防、住房及车辆管理等管理工作；负责办公场所的运行保障。

2.业务科技处（业务处）：组织编制业务技术规范、标准，制定业务流程；组织编制业务维持项目预算；管理、协调业务工作，负责考核业务运行质量，组织开展相关业务合作；承担对全国气象部门公共气象服务业务的指导；负责业务基本建设项目协调管理和组织实施；承担公益性增值服务和专业有偿服务的管理工作；负责组织协调气象影视对外业务往来事宜和业务运行方面的应急管理；负责气象影视节目监看管理，开展节目评价、满意度调查和节目错情分析处理；负责气象服务学科建设的协调，承担中心科研项目管理、科技合作和学术交流等工作；组织开展公共气象服务的科研、技术开发和推广等工作；依据授权承担全国气象服务资质、资格、认证、标准、培训、监督等工作的实施。

3.计划财务处（计财处）：负责制订财务工作发展规划，承担编制中心预算、项目库管理、年度收入和支出计划；负责管理并督办预算执行情况，承担各种财务统计报表的编制与报送工作；承担经费合同的验收和管理；承担财务资料和原始凭证、直接支付、授权支付的申请和核对用款计划，办理直接支付；承担公务卡、医药费报销标准和购房补贴等审核和确认；承担固定资产的管理、清查；承担大型项目政府采购招投标工作的管理与监督；承担项目竣工决算和手续、资产移交手续；负责与影视中心财务部门的沟通与协调；负责中心及所属企业的国有资产监管；负责中心下属企业的国有资产保值增值的指导、监督、检查工作；组织拟定产业发展的规划、计划及相关制度并组织实施。

4.人事处（人事处）：负责拟订中心改革方案、人事制度、人才发展规划、教育培训年度计划等；承担中心机构编制、干部考核、岗位及绩效管理、人员调配、人才招聘、人事档案、人员政审等管理工作；负责中心改革方案、职工教育培训、专业技术职称评聘、职工年度考核等工作的组织实施；负责创新团队的组建和任期届满考核工作；负责高层次人才的选拔及考核管理。承担劳动工资年度预算、统计及日常管理工作；承担年度住房公积金和社会保险金的核定与缴纳、考勤休假、集体户籍管理等工作；承担离退休人员的服务与管理；负责与影视中心人力资源部的沟通与协调。

5.党委办公室（监察审计室）（党办）：负责制定并组织实施党委年度工作计划；负责中心党组织建设及各项党务工作，承担中心党风廉政建设、精神文明建设和文化建设等工作；负责中心纪检、监察、审计工作，承担中心内部审计、经济责任审计、专项审计等相关审计工作；承担中心合同合法性的审查和监督工作；负责工会、共青团、妇女等方面的工作。

（二）业务机构

1.中国气象频道（气象频道）：负责气象预警预报信息及时发布与中国气象频道业务系统建设；负责带动全国气象影视业务能力提升；负责中国气象频道宣传推广；负责气象影视业务关键技术研发；负责建设气象影视服务品牌与全国气象影视人才培养。

2.节目部（节目部）：负责向国家级媒体、境外媒体等制作和提供气象类节目；负责气象预警信息发布和国家突发公共事件气象保障预警信息发布；负责收集、加工公共气象服务信息、媒体信息和相关社会信息，参与日常节目制作及策划，对节目气象服务内容进行审核和把关；负责天气分析师的出镜及培训；负责国家级气象影视节目团队建设和人才培养。

3.制作与播出部（制播部）：负责公共频道节目和中国气象频道节目录制工作；负责中国气象频道和中南海气象频道的安全播出和插播系统的技术支持；负责气象影视节目制作和播出业务的广播电视和IT业务系统的技术保障和支持工作；承担全国气象影视制作业务的指导、交流、合作工作落实；承担演播室节目录制、图形图像制作、现场拍摄报道、节目后期剪辑、信号收发和调度、节目上载、传送等节目制作和播出系统的日常使用、常规维护、技术保障；为中心提供影视业务技术问题决策依据；组织新技术、新设备引进规划和调研；组织技术业务建设工程的预算、执行和项目管理、技术培训。

4.预警发布运控室（预警发控室）：负责全国预警信息发布业务的运行管理和指导培训；负责为国务院、各部委发布预警信息提供综合发布渠道与对接实施工作；负责国家预警信息发布系统的7×24小时业务运行；负责国家预警信息发布系统、中办国办等决策服务系统的运行维护及功能优化；负责预警信息在社会媒体、行业发布手段上的推广及应用；负责预警信息发布、传播情况的监控与发布效果的分析评估；负责预警发布品牌的宣传与推广；负责组织全国气象服务热线、12379预警发布热线业务的实施与管理；负责预警信息发布相关技术的研究与应用推广，负责预警发布技术的中试平台搭建和成果转化等相关工作；完成上级交办的其他工作。

5.预警工程与标准化办公室（预警工程办）：负责与国务院有关部门或应急指挥机构等预警发布责任单位的联络、对接等工作及组织实施；负责制定全国突发事件预警信息发布体系发展规划及组织实施；负责国家突发事件预警信息发布相关政策的制定、实施和监督；负责国家突发事件预警信息发布相关技术标准的研究制定及组织实施；负责组织预警发布相关重点工程、重大项目的建设和实施；负责全国突发事件预警信息发布相关工程和项目的指导和监督；负责全国突发事件预警信息发布的社会管理；完成上级交办的其他工作。

6.专业气象台（专业台）：承担国家级地质灾害、森林（草原）火险等专业气象服务业务运行及服务任务；承担上述相关预报和服务方法技术的研究开发任务；负责与国土、林业等部委的专业气象业务技术合作；承担公路、铁路、海洋导航等交通气象服务业务运行及服务任务；承担旅游、健康等专业气象业务运行及服务任务；承担上述相关预报和服务方法技术的研究开发任务；负责对省级气象服务机构相关专业气象服务业务的指导；负责与交通、海洋、旅游等部门的专业气象业务技术合作；承担其他相关工作。

7.全媒体气象产品室（产品室）：负责全媒体气象服务信息、重大灾害天气资料的采集、分析、挖掘与应用；负责全媒体气象服务信息产品的采集、分析、挖掘、加工、审核与发布；负责全媒体气象服务图形前端产品的数据分析、策划、制作、审核与发布；负责基于行业影响的气象服务产品、公众气象指数类产品新产品的研究与业务化应用；负责精细化气象服务模式产品面向公众发布的业务把关与产品应用；负责参与全媒体重大栏目的专业策划、信息审核等把关工作；承担手机决策气象服务客户端决策信息的加工、审核、发布；负责公众气象服务技术和产品应用规范、标准的制定；负责气象分析员队伍的建设和培养，承担在全媒体中的出镜、出声、撰稿；承担中心公众气象服务人员的培训等工作；完成上级交办的其他工作。

8.数据应用室（数据室）：负责中心全业务系统 7×24 小时的实时监控业务；负责中心电子政务与办公系统等业务运维工作；负责中心 IDC 机房管理与业务系统托管代维；负责中心信息系统安全建设及等保测评等工作；负责中心计算、存储及网络等信息系统的架构设计、建设与日常运行支持；负责媒资数字化编目、媒资磁带库管理、媒资版权信息应用等业务工作；负责全媒体新闻、资讯采编业务运行保障；负责气象服务数据产品的采集、存储、处理、发布与对下分发工作；负责大数据、云计算等技术在中心的应用推广工作；负责中心的信息化及相关业务运行系统的规划与实施工作；负责数据应用跟踪、使用效果统计反馈等业务；完成上级交办的其他工作。

9.系统开放实验室（系统室）：承担国家级公众、专业气象服务业务支撑系统、服务平台的设计、开发、维护及升级任务；承担国家预警信息发布业务系统的规划设计、开发建设和推广应用任务；承担气象服务数据应用关键技术研发及业务应用任务；承担面向公众以及行业的数据服务产品的收集、加工处理和共享应用任务；承担全国公共气象服务产品库的开发建设及运行维护业务；负责对省级气象服务机构相关的技术指导；承担其他相关工作。

10.气象服务评价室（评价室）：承担公众气象服务满意度调查和评估业务；承担行业气象服务效益评估业务；承担气象服务典型案例的收集、分析任务；承担气象服务评价相关技术方法研究与应用任务；开展相关气象及衍生灾害影响调查以及与承灾体对接的气象风险评估预警业务；承担中国气象学会公共气象服务委员会秘书处工作；负责公共气象服务学科建设及相关科学研究；负责与相关行业、高校、研究机构的交流与合作；负责对省级气象服务机构相关业务的指导；承担其他相关工作。

（起草人：马清云、范静　发布时间：2017 年 12 月）

公共气象服务中心岗位管理办法

第一章 总 则

第一条 根据《中国气象局公共气象服务中心气象服务体制改革试点实施方案》（中气函〔2014〕358号）的要求，结合中心的发展实际，为进一步加强和规范中国气象局公共气象服务中心（以下简称"中心"）的岗位管理工作，特制定本办法。

第二条 中心岗位设置原则：职责明确，任务饱满，成熟业务，按需设岗，动态调整，宁缺毋滥。

第三条 本办法所称岗位指中心内部岗位，分为管理岗位和业务岗位。

第二章 岗位设置

第四条 中心管理岗位层级分为：中心主任、中心副主任、总工/四级职员、处长（3档）、五级职员（2档）、副处（3档）、六级职员（2档）、管理关键岗（2档）、正科（2档）、副科（2档）、科员（4档）及见习期（3档）。

第五条 中心业务岗位层级分为：首席/总师（2档）、副首席/副总师（3档）、业务关键岗（3档）、高级岗（3档）、中级岗（3档）、初级岗（4档）及见习期（3档）。

第六条 业务关键岗及以上岗位数占中心业务岗位总量的15%左右，由中心统一设置。

第七条 高级岗和中级岗设置比例分别占中心业务岗位总量的25%和40%，由各业务单位根据中心规定的上岗基本条件，在规定比例范围内结合本室业务工作需要自行设置。

第三章　管理岗位上岗条件

第八条　总工四级职员及以上管理岗位上岗条件按照中国气象局相关规定执行。

第九条　处长上岗条件

1.处长 1 档

在中心处长 2 档岗位聘任满 3 年，近 6 年年度考核结果均为合格等次以上，并有 1 次为良好及以上。

2.处长 2 档

在中心处长 3 档岗位聘任满 3 年，近 3 年年度考核结果均为合格等次以上。

3.处长 3 档

经中心发文任命的处级领导干部，具体条件：

（1）担任副处级领导职务满 2 年以上或任正研技术职务满 2 年以上，或六级职员；

（2）具有大学本科以上文化程度，具有本岗位专业知识；

（3）近 3 年年度考核结果均为合格等次以上；

（4）年龄一般在 45 岁以下，身心健康。

第十条　五级职员上岗条件

1.五级职员 1 档

处长转任，或在中心五级职员 2 档聘任满 3 年，近 3 年年度考核结果均为合格等次以上。

2.五级职员 2 档

（1）在副处级岗位工作满 8 年以上；

（2）具有大专以上文化程度，具有本岗位专业知识；

（3）在副处级岗位任期内考核结果均为合格等次以上。

第十一条　副处上岗条件

1.副处 1 档

主持工作的副处级领导干部，或在中心副处 2 档岗位聘任满 3 年，近 6 年年度考核结果均为合格等次以上，并有 1 次良好及以上。

2.副处 2 档

在中心副处 3 档岗位聘任满 3 年，近 3 年年度考核结果均为合格等次以上。

3.副处 3 档

经中心发文任命的副处级领导干部，具体条件：

（1）在正科级岗位工作 3 年以上或取得高级专业技术职称的满 2 年以上，或取得中级专业技术职称，且满足下列条件之一的：大学本科毕业后工作10年以上，或者硕士研究生毕业后工作7年以上，或者博士研究生毕业后工作4年以上；或六级职员；

（2）具有大学本科以上文化程度，具有本岗位专业知识；

（3）近3年年度考核结果均为合格等次以上；

（4）年龄一般在40岁以下，身心健康。

第十二条 六级职员上岗条件

1.六级职员1档

副处长转任，或在中心六级职员2档岗位聘任满3年，近3年年度考核结果均为合格等次以上。

2.六级职员2档

（1）在正科级岗位工作满5年以上，或在管理关键岗3年以上，或在集团任副经理4年以上；

（2）一般具有大专以上文化程度，具有本岗位专业知识；

（3）在正科级岗位任期内考核结果均为合格等次以上。

第十三条 管理关键岗上岗条件

1.管理关键岗1档

在中心管理关键岗2档满3年，近3年年度考核结果均为合格等次以上。

2.管理关键岗2档

（1）具备副研级职称或正科级岗位5年以上，或在集团任副经理2年以上，从事相关管理工作5年以上；

（2）一般具有大专以上文化程度，具有本岗位专业知识；

（3）近3年年度考核结果均为合格等次以上；

（4）符合岗位其他上岗条件。

第十四条 正科上岗条件

1.正科1档

在中心正科2档岗位聘任满3年，近3年年度考核结果均为合格等次以上。

2.正科2档

经中心发文任命的正科级干部，具体条件：

（1）具有大学本科以上学历，一般副科级岗位聘任满1年以上，或在集团任主管2年以上；

（2）历年年度考核为合格及以上等次；

（3）年龄一般在35岁以下，身心健康。

第十五条 副科上岗条件

1.副科1档

在中心副科2档岗位聘任满2年，近2年年度考核结果均为合格等次以上。

2.副科 2 档

经中心发文任命的副科级干部，具体条件：

（1）具有大学本科以上学历，一般应在中心连续工作满 2 年以上，或在集团任主管；

（2）历年年度考核为合格及以上等次；

（3）年龄一般在 35 岁以下，身心健康。

第十六条　科员 1 档、2 档上岗条件由各单位自行确定，3 档、4 档、5 档分别为见习期博士、见习期硕士、见习期本科。

第四章　业务岗位上岗条件

第十七条　中心业务岗位上岗条件包括基本上岗条件和根据岗位职责任务确定的其他上岗条件。

第十八条　首席岗位上岗条件

1.首席 1 档

在中心首席 2 档岗位聘任满 5 年，聘期内年度考核结果均为合格等次以上。

2.首席 2 档

（1）在气象预报或服务一线工作 15 年以上，具有气象学相关专业的正研级专业技术职称；

（2）具有较强科研及技术总结能力，具有主持完成省部级以上重大业务科研课题（项目）的经验；

（3）具有较强的气象服务意识和技术把关能力，具有较强的文字语言表达能力以及与媒体、用户交流的技巧和沟通能力；

（4）近五年内以第一作者在 SCI/SCIE 收录刊物或国内一级核心期刊上发表相关领域学术论文 3 篇（含）以上，其中至少有 1 篇发表在本专业国际著名 SCI 刊物上；

（5）近 5 年年度考核结果为合格以上等次；

（6）一般从副首席 1 档或副总师 1 档中选拔；

（7）符合岗位所需要的其他条件。

第十九条　总师岗位上岗条件

1.总师 1 档

在中心总师 2 档岗位聘任满 5 年，聘期内年度考核结果均为合格等次以上。

2.总师 2 档

（1）在业务系统开发和运行维护等业务一线工作 10 年以上，具有副研级以上专业技术职称 5 年以上；

（2）具有较强的组织协调和技术指导能力，具有主持完成省部级以上业务系统开发项目的经验；

（3）具有较强的技术把关能力，具备较强的服务业务系统综合设计能力和计算机开发应用能力；

（4）近五年内以第一作者在SCI/SCIE收录刊物或国内一级核心期刊上发表相关领域学术论文2篇（含）以上；

（5）近5年年度考核结果为合格以上等次；

（6）一般从副首席1档或副总师1档中选拔；

（7）符合岗位所需要的其他条件。

第二十条 副首席岗位上岗条件

1.副首席1档

在中心副首席/副总师2档岗位聘任满5年，聘期内年度考核结果均为合格等次以上。

2.副首席2档

在中心副首席/副总师3档岗位聘任满5年，聘期内年度考核结果均为合格等次以上。

3.副首席3档

（1）在气象预报或服务一线工作8年以上，具有气象学相关专业的副研级以上专业技术职称3年以上；

（2）具有较强科研及技术总结能力，具有主持或作为骨干完成省部级以上重大业务科研课题（项目）的经验；

（3）具有较强的气象服务意识和技术把关能力，具有较强的文字语言表达能力以及与媒体、用户交流的技巧和沟通能力；

（4）近五年内以第一作者在SCI/SCIE收录刊物或国内一级核心期刊上发表相关领域学术论文2篇（含）以上；

（5）年龄一般在45岁以下，具有正研级职称的人员可适当放宽；

（6）近5年年度考核结果为合格以上等次；

（7）符合岗位所需要的其他条件。

4.处长、五级职员可以同档转任，也可以经考核提档转任。

第二十一条 副总师岗位上岗条件

1.副总师1档

在中心副首席/副总师2档岗位聘任满5年，聘期内年度考核结果均为合格等次以上。

2.副总师2档

在中心副首席/副总师3档岗位聘任满5年，聘期内年度考核结果均为合格等次以上。

3.副总师3档

（1）在业务系统开发和运行维护等业务一线工作8年以上，具有副研级以上专业技术职称3年以上；

（2）具有较强的组织协调和技术指导能力，具有主持完成司局级以上业务系统开发项目的经验；

（3）具有较强的技术把关能力，具备较强的服务业务系统综合设计能力和计算机开发应用能力；

（4）近五年内以第一作者在 SCI/SCIE 收录刊物或国内一级核心期刊上发表相关领域学术论文 1 篇（含）以上；

（5）年龄一般在 45 岁以下，具有正研级职称的人员可适当放宽；

（6）近 5 年年度考核结果为合格以上等次；

（7）符合岗位所需要的其他条件。

4.处长、五级职员可以同档转任，也可以经考核提档转任。

第二十二条 业务关键岗上岗条件

1.业务关键岗 1 档

在中心业务关键岗 2 档岗位聘任满 5 年，聘期内年度考核结果均为合格等次以上。

2.业务关键岗 2 档

在中心业务关键岗 3 档岗位聘任满 5 年，聘期内年度考核结果均为合格等次以上。

3.业务关键岗 3 档

（1）一般具有本科以上学历和副研级以上专业技术职称，在业务一线工作满 5 年，或任科长 5 年以上；

（2）具有一定的组织协调和技术指导能力，具有较强的发展潜力；

（3）主持过司局级以上重大科研业务项目；

（4）近 3 年年度考核结果均为合格等次以上；

（5）符合岗位其他上岗条件。

4.副处长、六级职员可以同档转任，也可以经考核提档转任。

第二十三条 高级岗上岗条件

1.高级岗 1 档

（1）一般具有副研级及以上专业技术职称满 6 年，或博士后工作站出站人员满 6 年；

（2）近 3 年年度考核结果均为合格等次以上；

（3）符合岗位其他上岗条件。

2.高级岗 2 档

（1）一般具有副研级及以上专业技术职称满 3 年，或博士后工作站出站人员满 3 年，或中级专业技术职称满 8 年；

（2）近 3 年年度考核结果均为合格等次以上；

（3）符合岗位其他上岗条件。

3. 高级岗 3 档

（1）一般具有副研级及以上专业技术职称，或博士后工作站出站人员，或中级专业技术职称满 5 年；

（2）近 3 年年度考核结果均为合格等次以上；

（3）符合岗位其他上岗条件。

4. 科长可以同档转任，也可以经考核提档转任。

5. 副科长经考核提档转任。

第二十四条 中级岗上岗条件

1. 中级岗 1 档

（1）具有中级专业技术职称满 4 年，或博士研究生毕业后工作满 4 年，或硕士研究生毕业后工作满 7 年，或大学本科毕业后工作满 9 年；或工作满 11 年；

（2）近 2 年年度考核结果均为合格等次以上；

（3）符合岗位其他上岗条件。

2. 中级岗 2 档

（1）具有中级专业技术职称满 2 年，或博士研究生毕业后工作满 2 年，或硕士研究生毕业后工作满 5 年，或大学本科毕业后工作满 7 年；或工作满 9 年；

（2）近 2 年年度考核结果均为合格等次以上；

（3）符合岗位其他上岗条件。

3. 中级岗 3 档

（1）具有中级专业技术职称，或博士研究生毕业，或硕士研究生毕业后工作满 3 年，或大学本科毕业后工作满 5 年；或工作满 7 年；

（2）符合岗位其他上岗条件。

第二十五条 初级岗上岗条件由各单位自行确定，见习期岗位分为见习期博士、见习期硕士、见习期本科。

第二十六条 对做出特别贡献的业务技术人员，在下一级岗位的任职年限条件可以破格，须经中心主任常务会研究同意后，方能组织实施。

第五章　岗位聘任及程序

第二十七条 中心关键岗及以上岗位的岗位招聘工作由中心根据实际工作需要不定期开展，具体程序如下：

（1）中心发布招聘公告；

（2）申报人员报名，提交申报材料；

（3）人事处会同业务科技处组织资格审查；

（4）中心组织同行专家组召开公开招聘答辩会，初步确定拟聘人选后，报中心主任常务会研究；

（5）公示一周（至少五个工作日）；

（6）公示无异议，中心发布聘任通知。

行政岗位转任人员，由中心主任常务会研究决定。

第二十八条 高、中、初级岗位的招聘工作由各单位参照以上程序自行组织开展，聘任人员不得超过规定比例，聘任结果在本单位公示无异议后报中心人事处审核，中心统一发布聘任通知。

行政岗位转任人员，由本单位领导班子研究决定，报人事处备案。

第二十九条 新聘任的副首席／副总师、关键岗人员一般聘任为最低档级，特殊情况需经中心主任常务会研究决定。新聘任高、中、初级岗位人员可根据上岗条件聘任相应档级。

第三十条 对同时在管理岗位和业务岗位任职的人员，由中心人事处明确其主要任职岗位，并以此确定相应的岗位津贴和绩效。

第六章 岗位聘期及调整程序

第三十一条 中心关键岗及以上岗位聘期一般为五年，期满后由中心组织聘期考核，确定是否续聘和续聘岗位档级。

第三十二条 关键岗及以上岗位的岗位调整由中心根据实际工作需要不定期开展。

第三十三条 高、中、初级岗位的岗位调整原则上每年一次，一般安排在年度考核之后，由各单位自行组织开展。拟调整人选报人事处审查通过后由中心统一发文聘任。

第三十四条 每个岗位级别设 1 到 5 等岗阶，岗阶的晋升随每年年度考核后由人事处进行统一调整。

第七章 附 则

第三十五条 中心职工自岗位聘任下月起享受相应的岗位津贴和绩效。

第三十六条 本办法自印发之日起执行，由人事处负责解释。

（起草人：李赫然、沙文珍　发布时间：2016 年 7 月）

公共气象服务中心专业技术职务调整管理办法

（2017 年 12 月修订）

第一章 总 则

第一条 为进一步加强和规范中国气象局公共气象服务中心（以下简称"中心"）的专业技术职务调整管理工作，根据中国气象局的有关文件规定，结合中心实际情况，制定本办法。

第二条 本办法适用于中心在职职工的专业技术职务调整和确定。

第三条 符合以下情况的，可进行调整或确定：

（一）职称晋升。

（二）满足上一级专业技术职务聘任资格条件。

（三）新进职工。

（四）不能胜任已聘专业技术职务职责要求，降级聘任。

第二章 专业技术职务调整程序

第四条 开展专业技术职务调整工作，原则上每年一次，一般安排在年度考核之后。按照拟调整人数和空缺情况，采取不同的调整方式。

第五条 当符合调整条件的人数小于或等于该专业技术职务空缺数时，调整程序如下：

（一）人事处进行资格审查，提出聘任建议，报中心主任常务会审定。

（二）经主任常务会审定后，印发聘任文件，签订《专业技术职务聘任合同》，于下个月起兑现新的专业技术职务工资。

第六条 当符合调整条件的人数大于该专业技术职务空缺数时，采取竞争上岗的方式，择优进岗。调整程序如下：

（一）中心发布竞争上岗公告。

（二）符合调整条件的人员提出申报，并填写《专业技术职务聘任申请表》。

（三）所在处室审核并提出意见。

（四）人事处进行资格审查。

（五）中心成立考评小组，考评小组由中心领导及相关领域专家组成。

（六）竞聘人员进行个人述职，考评小组评议并投票表决。采取末位淘汰的方式确定拟聘任人选，报中心主任常务会审定。

（七）中心主任常务会审定后，上网公示一周。

（八）公示无异议，印发聘任文件，签订《专业技术职务聘任合同》，于下个月起兑现新的专业技术职务工资。

第七条 若职务无空缺，根据中国气象局的有关规定，不能开展此职务的调整工作。

第八条 专业技术二级岗、三级岗、四级岗的调整工作，按照中国气象局的有关规定执行。

第九条 应届毕业生见习期满，经考核合格，按照国家有关规定聘任相应专业技术职务。见习期间按照国家有关规定执行见习期工资，不定专业技术职务。毕业生见习期为：博士研究生3个月，硕士研究生6个月，本科及以下1年。

第三章 附 则

第十条 本办法由人事处负责解释。

第十一条 本办法自印发之日起执行。

（起草人：梅艳、范静 发布时间：2017年12月）

公共气象服务中心职工调配工作管理办法

第一章 总 则

第一条 为加强中国气象局公共气象服务中心（以下简称"中心"）职工调配工作的管理，理顺和规范调配工作关系和程序，方便职工办理调动手续，制定本办法。

第二条 职工调配工作必须按照国家、部门有关职工调配工作的政策执行，有利于提高职工队伍的整体素质、改善结构以及各类人才资源的合理配置，有利于公共气象服务事业的长远发展。

第三条 职工调入、调出及中心内部调动，须遵守本办法。

第二章 职工调入审批程序

第四条 职工本人提出个人书面调入申请，附本人简历，拟调入处室领导班子根据实际工作需要研究同意，征求中心分管领导和人事处意见后，在调入申请上签署是否接收意见，并明确提出其岗位安排建议。

第五条 人事处负责与拟调人所在单位人事部门进行沟通，了解其基本情况和工作表现，并结合中心人才资源配置和岗位空缺情况，提出审核意见和建议，报送主任常务会审批。

第六条 主任常务会通过后，人事处通知拟调入处室，做好工作安排。同时，人事处出具商调函，通知拟调人所在单位人事部门办理人事调动手续。

第七条 调入手续办理流程。职工本人携带原单位出具的"干部调动介绍信""工资关系转移介绍信"和"党（团）组织介绍信"到中心人事处领取"职工调入通知单"，分别由相关处室主要负责人在通知单上签字，作为兑现职工福利待遇的依据。此单交回人事处。

第三章 职工调出审批程序

第八条 职工本人向所在处室提交个人书面调出申请，所在处室领导班子研究同意，并征求分管中心领导和人事处意见后，在其调出申请上签署是否同意意见。人事处报中心主任同意后，办理相关人事调动手续。

第九条 调出手续办理流程。人事处收到调入单位的商调函后，通知职工本人到人事处领取"职工调出通知单"，由原所在处室及相关职能处室主要负责人分别在通知单上签字。此通知单交回人事处，领取"干部调动介绍信""工资关系转移介绍信"，到党委办公室领取"党（团）组织介绍信"，便可到调入单位报到。

第四章 职工内部调动审批程序

第十条 职工本人提出书面调动申请，说明调动理由及意向；双方处室主要负责人沟通协商达成一致意见，在调动申请上签署是否同意意见，并由拟调入处室主要负责人征求中心分管领导和人事处意见后，将调动申请交人事处办理。

第十一条 人事处与双方处室进行充分沟通，并结合中心机构及人员的具体情况，提出意见和建议，报送中心领导同意后，人事处印发调动通知，双方处室做好工作交接，并通知职工本人办理相关调动手续。

第十二条 调动手续办理流程。职工本人到人事处领取"职工调动通知单"，由原所在处室及相关职能处室主要负责人分别在通知单上签字，此通知单交回人事处。

第五章 附 则

第十三条 聘用职工的招聘、聘用和解聘等调配事宜，按照维艾思公司的有关规定执行。

第十四条 本办法由人事处负责解释。

第十五条 本办法自发布之日起执行。

（起草人：范静、温玮 发布时间：2013 年 11 月）

公共气象服务中心薪酬管理办法

第一章　总　则

第一条　目的

为全面落实《中国气象局公共气象服务中心气象服务体制改革试点实施方案》（中气函〔2014〕358号）和2016年中国气象局第5次局长办公会议的要求，科学制定中国气象局公共气象服务中心（以下简称"中心"）职工薪酬分配及激励约束机制，进一步激发职工的工作积极性和创造性，根据国家有关法律法规和中国气象局相关政策规定，特制定本办法。

第二条　适用范围

本办法适用于在中心工作的除企业人员以外的所有人员（企业人员薪酬管理办法另定）。

第二章　薪酬结构和水平

第三条　薪酬结构

薪酬结构包括基本工资、生活津补贴以及绩效工资。

第四条　基本工资

基本工资包括岗位工资和薪级工资。

岗位工资体现职工职称职务岗位的职责和要求，按职称职务岗位执行相应的岗位工资标准，执行事业单位现行标准。

薪级工资根据工作表现、资历、任职年限和所聘岗位等因素确定薪级，执行相应的薪级工资标准，执行事业单位现行标准。

第五条　生活津补贴

生活津补贴包括提租补贴、副食补贴、领导电话、书报费、交通费、通信费、车补、职务补贴、卫生费、医疗费、防暑降温费、住房补贴等 12 项，根据职工不同的职称职务岗位，执行事业单位现行标准。

第六条 绩效工资

绩效工资包括岗位津贴（固定绩效）和岗位绩效（考核绩效）两项，体现职工所聘岗位的职责和要求。其中：

（一）根据职工个人所聘岗位，确定岗位津贴标准数。

（二）根据业务职责及工作绩效情况，确定处级单位考核绩效包总额，实行总额控制管理，下达至各处级单位自行研究分配。各处级单位按照"公平公正、奖勤罚懒、奖优罚劣、鼓励创新、奖励突出贡献"等原则研究制定本单位岗位绩效考评分配实施方案，报人事处备案，并根据职工考核结果按月发放。

第三章　工资定级

第七条 基本工资

职工职务岗位国家分为 10 个等级，按职务岗位的等级，执行相应的岗位工资标准。

职工职称岗位国家分为 13 个等级，按职称岗位的等级，执行相应的岗位工资标准。具体是：正高级专业技术职称岗位的人员，执行一至四级岗位工资标准；副高级专业技术职称岗位的人员，执行五至七级岗位工资标准；中级专业技术职称岗位的人员，执行八至十级岗位工资标准；助理级专业技术职称岗位的人员，执行十一至十二级岗位工资标准；无职称人员按十三级岗位工资标准执行。

人员薪级共设置 65 个级别，每一个薪级对应一个标准。

第八条 绩效工资

绩效工资按照中心岗位管理办法分为 1—17 级。

每个级别分别对应相应的岗位津贴、岗位绩效标准。

第九条 试用期人员

新聘用人员按照劳动合同期限确认试用期。试用期期间，基本工资和生活津补贴正常发放，绩效工资按照拟聘岗位对应一阶标准的 80% 发放。

试用期考核合格转正后，执行拟聘岗位对应的一阶绩效工资发放标准。

第四章　工资调整

第十条 按照因事设岗的原则，实行"一岗一薪、岗变薪变"，进行工资调整。

第十一条 正常工资调整

年度考核结果为合格及以上等次的人员，增加一级薪级工资和一阶绩效，并从次年1月起执行。

第十二条 岗位变动人员工资调整

（一）岗位晋升变动的人员，自正式聘任发文公告下月起，执行晋升后的新级别标准。

因改革等历史原因，存在保留绩效的人员，岗位晋升后的薪酬增长部分冲抵保留绩效，剩余部分继续保留。自正式聘任发文公告次月起，调整工资分项目标准。

（二）岗位降级变动的人员，自正式聘任发文公告次月起，执行调整后的级别发放标准。

（三）根据国家政策、年度考核情况、业务支撑经营的考评情况，每年初由中心主任常务会议讨论确定是否进行绩效工资标准的调整工作。

第十三条 根据岗位设置、业务职责的变动情况调整各部门考核绩效包总额。在岗位、职责未变的情况，人员调入调出原则上不增加或减少各单位绩效包总额，鼓励减员提质增效。

第五章 年度考核绩效

第十四条 年度考核绩效总额与年度考核情况、业务支撑经营的考评情况挂钩，年度考核绩效发放方案由中心主任常务会议讨论决定。

第十五条 因职工本人原因解除或终止劳动合同的，不得发放年度考核绩效；非本人原因解除或终止劳动合同的，根据年度考核结果并结合其考勤、业务贡献等情况发放相应的年度考核绩效。

第六章 其他薪酬政策

第十六条 中心引进的急需或紧缺岗位人才的薪酬待遇，由中心主任常务会议确定。

第十七条 职工个人薪酬属于中心内部管理的重要信息，不得对外公开泄露。

第七章 附 则

第十八条 本制度随国家和中国气象局相关政策调整进行修订。

第十九条 本制度由中心人事处负责解释。

（起草人：范静、沙文珍　发布时间：2016年7月）

公共气象服务中心职工考勤管理办法

（2017 年 12 月修订）

第一章 总 则

第一条 为规范工作行为，严肃工作纪律，加强公共气象服务中心（以下简称"中心"）的工作作风建设，根据《劳动合同法》《事业单位人事管理条例》以及《气象部门编制外劳动用工管理办法》等有关规定，结合中心实际，制定本办法。

第二条 本办法适用于在中心工作的事业单位编制人员及与中心签订劳动合同的聘用人员。

第二章 考 勤

第三条 中心考勤管理实行不同岗位按性质执行相应的工作时间。

管理人员、非实时业务科研人员遵照中国气象局统一标准工作时间要求，执行早八点上班，晚五点下班，中午休息；实时业务科研人员遵照岗位要求工作时间上下班。

中心考勤遵照国家休息日及法定节假日规定，除国家规定的法定节假日和带薪假外，正常工作日全勤为岗位职责的基本要求。

第四条 严格考勤管理，各处级单位负责考勤登记，考勤登记必须及时、准确、实事求是。对虚假填报考勤记录的，要追究本处室负责人和具体经办人的责任。

第五条 迟到、早退和脱岗

未在岗位规定的上班时间到岗的，记为迟到。

在岗位规定下班时间前离岗的，记为早退。

在岗位规定的工作时间内应当在岗而未在岗的，记为脱岗。

迟到和早退都要记入当天考勤。一个月内（指连续 31 天）迟到早退脱岗累计 2 次或以上者，部门应给予书面警告处分；一个月内迟到早退脱岗累计 5 次或以上者，部门应给予书面严重警告处分；一个月内迟到早退脱岗累计 10 次或以上者，属严重违纪，中心有权给予辞退处分或直接解除劳动合同。

第六条 *旷工*

职工无正当理由擅自不到岗或擅自离岗超过 1 小时而不足 4 小时的为旷工半天，4 小时以上的为旷工 1 天。出现以下情形属于旷工：

（一）不经请假或请假未获批准而擅自不上班的。

（二）请假期已满，不续假或续假未获批准而逾期不归的。

（三）不服从组织调动和工作分配，不到工作岗位报到的。

（四）未办理完离职手续擅自离职的。

（五）采取不正当手段，伪造、骗取休假证明的。

（六）打架斗殴、违纪致伤造成无法上岗的。

（七）未经批准调整班次，未按照岗位值班、排班表上岗的。

（八）其他违规违纪行为造成缺勤的。

（九）迟到、早退、脱岗 3 次，视为旷工 1 天。

一个月内累计旷工 3 天或一年内累计旷工达 15 天者，视为严重违纪，给予直接辞退处分，且不支付任何经济补偿金。

因旷工致不能完成岗位工作任务或发生岗位工作事故风险的（包括但不限于安全事故、节目播放事故等），不论旷工次数多少，单位均有权解除劳动合同并不支付任何经济补偿金。因其他人员应急完成工作任务或避免事故发生的，不能免除本人责任，单位仍有权依据本条解除劳动合同。

事业单位编制人员按照《事业单位人事管理条例》规定进行管理。

第三章 请 假

第七条 *病假*

（一）职工确实因病不能正常出勤的，可以请病假。

（二）请病假须持正规医疗机构出具加盖公章的诊断证明和病假条（急诊者可后补急诊证明和假条）。

（三）急诊病人须在应到岗工作时间前告知处室负责人，同意后方可休假，并于到岗当日填写《病假申请单》，补办请假手续，否则将视为旷工。

（四）职工身体不适，脱离岗位但不需要到医院就诊，不超过 1 天休息，应当向部门负责人说明情况，按病假处理。

（五）职工应当按照《病假申请单》中批准休息时间休假。超过批准时间休假，或没有病假条休假，计为旷工。

（六）职工患病或非因工负伤，需要停止工作医疗时，医疗期限根据国家相关法律规定执行。

（七）职工因工负伤或者患职业病需要停止工作接受治疗的，实行工伤医疗期制度，按相关国家规定执行。

（八）在法定医疗期届满后，职工仍然不能从事原工作，也不能从事另行安排的工作的，按照有关国家法律规定辞退或解除劳动合同。

（九）因生病导致生活困难的职工，可向中心工会申请生活困难救助。

第八条　事假

（一）职工因办理私事需要在工作时间内离岗的，应当请事假。

（二）请事假须说明理由，并按照规定程序提前办理请假手续，填写《事假申请单》，经部门负责人批准后方可离岗，全年累计不超过 15 个工作日。

（三）事假可以书面申请用带薪年假冲抵，超过带薪年假天数的事假，按照事假规定执行。

（四）如有职工当年事假累计超过 15 天的，将取消其当年年度各类考核获选"优秀"或"先进"级别资格。

第九条　婚假

（一）符合法定结婚年龄的，享受法定 3 天婚假，另可再增加假期 7 天（含节假日）。

（二）增加婚假适用于初婚和再婚，不适用于复婚。

（三）婚假自领取结婚证之日起一个年度内一次休完，不可分次使用。职工放弃休婚假的，不给予其他补偿。

（四）职工应提前一个月向本部门提出申请，填写《婚假申请单》，并上传结婚证复印件备案，同时应当做好工作交接和安排。

第十条　生育假

（一）女职工生育假为 98 天，难产（剖腹产）的增加产假 15 天，多胞胎生育的每多生育 1 个婴儿增加产假 15 天。

除享受国家规定的产假外，按规定生育的女职工可再增加奖励假 30 天。

（二）已婚男职工可在配偶生育前后一次性连续享受陪产假 15 天（含节假日）。

（三）已婚女职工妊娠不满 4 个月流产的，可给予生育假 15 天至 30 天，妊娠满 4 个月（含）以上流产的，给予生育假 42 天。

（四）女职工产后哺乳期为 1 年，每天给予 1 个小时的哺乳时间。多胞胎生育的，每多哺乳 1 个婴儿，哺乳时间增加 1 个小时。

（五）由于生育保险及相应津贴政策不同，经本人申请、部门同意，事业编制女职工可在法定 128 天生育假后延长 1~3 个月。

（六）职工应提前向本部门提出申请，填写《生育假申请单》，同时应当做好工作交接和安排。

第十一条　丧假

（一）职工直系亲属（配偶、子女、夫妻双方父母及祖父母）去世，可请丧假。

（二）丧假一般为 3 天，须到外地办理丧事的可视路程远近给予路程假，路程假最多不超过 2 天。

（三）职工应及时向本部门提出申请，填写《丧假申请单》，同时应当做好工作交接和安排。

第四章　带薪假期

第十二条　年休假

鼓励职工合理安排工作及休假，在中心累计工作年限满一年以上的职工，可享受带薪年休假。职工的工作年限可累计在中心以外实际工作年限。

职工实际工作年限累计满 1 年不满 10 年的，年休假 5 天；已满 10 年不满 20 年的，年休假 10 天；已满 20 年的，年休假 15 天。职工工作年限满 1 年、满 10 年、满 20 年后，从下月起享受相应的年休假天数。

如有下列情形之一的，不享受当年年休假：

1. 职工请事假累计 15 个工作日及以上的。

2. 职工累计旷工 3 天以上的。

3. 累计工作满 1 年不满 10 年的职工，请病假累计 2 个月以上的。

4. 累计工作满 10 年不满 20 年的职工，请病假累计 3 个月以上的。

5. 累计工作满 20 年以上的职工，请病假累计 4 个月以上的。

6. 职工个人申请、经批准脱产接受学历教育学习时间超过 30 天的。

第十三条　献血假

职工参加单位组织的献血后，根据部门工作安排，可奖励休假 7 天，且为带薪假。

第十四条　倒休假

法定节假日经部门安排、批准，方可视为加班，具体审批流程及计发原则由《公共气象服务中心实时业务岗位法定节假日加班管理规定》规范。

除法定节假日外，确因工作需要经部门及分管中心领导安排进行加班的，应首先进行倒休，倒休假为带薪假；如确因工作需要无法倒休的，应由部门统筹在当月绩效中体现。

因个人本职工作未完成的超时工作，不视为加班，且不能作为倒休假依据。

第十五条　探亲假

（一）凡在中心工作满一年的职工，符合以下条件之一，经部门同意，可以申请探亲假（含节假日），填写《探亲假申请单》。

1. 与配偶长期异地生活，又不能在公休假日团聚的。

2. 与父亲、母亲长期异地生活，又不能在公休假日团聚的。

（二）职工探望配偶的，每年给予一方探亲假一次，假期为 30 天。

若配偶因单位委派阶段性外出留学访问或工作长达 1 年以上的，由配偶所在单位出具有关证明材料，可根据工作安排，酌情给予一次性探亲假 15 天。

（三）非北京籍贯已婚职工探望父母的，每四年假期为 20 天，可一次或按每年 5 天方式休假，每年应至少一次利用带薪假期探望或陪伴父母。

（四）归侨、侨眷、台胞、台属职工参照上述规定执行。

第五章　批准权限及程序

第十六条　请假审批权限及程序

（一）职工请假须提出申请，应在中心办公网个人办公区"假期管理"中选填相应申请单。如因病重、急事等特殊原因不能事先请假时，可采用电话或其他通信手段请假，事后补办请假手续。

（二）普通职工请休假，3 天及以下由部门处级领导审批；3 天以上由部门处级领导审阅后报至人事处审批；超过 15 天的，则由部门处级领导、人事处审阅后报至分管中心领导审批。

（三）处级领导干部请休假，3 天及以下由人事处审阅后报送分管中心领导审批；3 天以上则由人事处、分管中心领导审阅后报至中心主任审批。

（四）请假期满因故不能上班的，可以申请续假，续假手续与请假手续相同。病假、工伤假、生育假需继续休养的，需持三甲医院或合同医院的诊断证明申请续假，其中生育假续假若因小孩原因按照事假续假，若因为本人身体原因的按照病假续假。除病假外，其他假期应由部门根据工作情况，统筹安排是否同意续假。

（五）请假和续假期满上班后，应立即销假，可通过电话、口头或其他合适的方式销假。一般应向所在部门销假，处级领导干部还应及时向分管中心领导销假。

（六）处级干部周末离京，应向中心办公室及分管中心领导报备；一般职工在周末离京，须告知所在单位领导。

（七）如遇休假出国等情形，须至少提前 7 个工作日在部门登记备案；按照管理权限还须同时履行因私出国护照借用及备案手续。

第六章　薪酬扣发

第十七条　与考勤管理有关的薪酬具体扣发方式及扣发标准见附件。

第十八条　扣发岗位津贴、岗位绩效的计算公式为：

应扣除岗位津贴＝月岗位津贴／21.75×应扣除天数。

应扣除岗位绩效＝由各部门按部门绩效分配原则扣除。

国家节假日及薪酬政策有变动时，将按照国家有关政策调整执行。

第十九条　各处级单位要严格考勤，建立考勤登记制度，在每月 20 日前，将与中心办公网请休假记录一致的考勤统计表（并附相应证明材料），经部门负责人签字确认后报人事处备案。

第七章　附　则

第二十条　本办法发布之后国家和中国气象局有关政策发生变化时，按照国家和中国气象局的有关规定执行和修订。

第二十一条　本办法由中心人事处负责解释，自发布之日起执行，原《公共气象服务中心职工考勤管理办法》《公共气象服务中心带薪年休假实施办法》作废。

（起草人：范静、马清云　发布时间：2017 年 12 月）

附件

公共气象服务中心职工考勤请休假管理薪酬扣发标准表

序号	假期类别	月基本工资	各类津贴补贴	岗位津贴	岗位绩效
1	迟到	发放	发放	发放	迟到一次扣半日；累计三次按旷工一日；由部门在月度绩效中处理
2	早退	发放	发放	发放	早退一次扣半日；累计三次按旷工一日；由部门在月度绩效中处理
3	脱岗	发放	发放	发放	脱岗一次扣半日；累计三次按旷工一日；由部门在月度绩效中处理
4	旷工	按日扣发	按日扣发	按日扣发	按日扣发，由部门在月度绩效中处理
5	病假1月内（含）	发放	发放	发放	按日扣发，由部门在月度绩效中处理
6	病假1~2月内（含）	发放	发放	按日扣发，扣30%	按日扣发，由部门在月度绩效中处理
7	病假2~3月内（含）	发放	发放	按日扣发，扣50%	按日扣发，由部门在月度绩效中处理
8	病假3~4月内（含）	发放	发放	按日扣发，扣80%	按日扣发，由部门在月度绩效中处理
9	病假4个月以上的	执行北京市最低工资标准			
10	事假	发放	发放	发放	按日扣发，由部门在月度绩效中处理
11	婚假	发放	发放	发放	按日扣发，由部门在月度绩效中处理
12	生育假（事业）	发放	发放	发放	按日扣发，由部门在月度绩效中处理
13	生育假（聘用）	发放	发放	按日扣发	按日扣发，由部门在月度绩效中处理
14	丧假	发放	发放	发放	由部门根据部门绩效原则发放
15	工伤假（6个月内）	发放	发放	发放	由部门根据部门绩效原则发放
16	工伤假（6个月以上）	发放	发放	按日扣发	按日扣发，由部门在月度绩效中处理
17	年休假	发放	发放	发放	由部门根据部门绩效原则发放
18	献血假	发放	发放	发放	由部门根据部门绩效原则发放
19	倒休假	发放	发放	发放	由部门根据部门绩效原则发放
20	探亲假	发放	发放	发放	由部门根据部门绩效原则发放

公共气象服务中心实时业务岗位法定节假日加班

管理规定（试行）

根据《中华人民共和国劳动合同法》以及国家、部门相关政策和规定，结合公共气象服务中心（以下简称"中心"）业务工作实际，制定本规定。

一、适用范围

本规定适用于中心管理的实时业务岗位人员。

二、基本规定

实时业务岗位是指因工作安排需要，应实时在岗并承担具体业务工作的岗位。

法定节假日是指国家法律统一规定的用以进行庆祝及度假的休息时间，现有法定节假日包含元旦1天、春节3天、清明节1天、劳动节1天、端午节1天、中秋节1天、国庆节3天，合计11天。

实时业务岗位法定节假日加班是指根据工作需要，在法定节假日当天由单位安排的业务加班，不包括部门领导行政电话值班、因轮班制进行的岗位值班等情形。

三、审批流程

（一）业务部门安排实时业务岗位人员法定节假日加班时，应填写统计表并严格控制业务岗位人数，在部门内部进行公告后，报人事部门备案。

（二）统计法定节假日岗位加班时段时，按小时数计算；累计工作时间满8小时的，按一天计算；不得虚报加班时长。

四、计发原则

实时业务岗位法定节假日加班报酬按照劳动法有关规定，进行计算发放，其中：

（一）法定节假日当天，加班报酬按业务人员3倍日薪进行计发。

（二）3倍日薪计算基数为发放当月基础工资和津补贴部分，不含各部门按月发放的浮动绩效部分。

五、发放办法

实时业务岗位法定节假日加班费发放，由人事部门根据部门公告无异议后上报的备案统计表为基础，计算应发加班报酬，随月工资发放。

六、本规定自 2017 年 1 月 1 日起施行，由中心人事处负责解释。

（起草人：梅艳、范静、马清云　发布时间：2017 年 2 月）

公共气象服务中心教育培训管理办法

（2017 年 12 月修订）

第一章 总 则

第一条 为进一步加强中国气象局公共气象服务中心（以下简称"中心"）职工教育培训工作的规范化管理，全面提升职工的整体素质和岗位适应能力，使之符合中心的发展需要，结合中心实际情况，制定本办法。

第二条 本办法适用于中国气象局下达的各类培训、中心举办的各类培训、职工参加各类送外培训和在职学历教育、在职技能培训等。

第三条 中心各单位应当保障职工参加教育培训的权利。职工应当适应岗位需求和职业发展的要求，积极参加教育培训，完善知识结构，增强创新能力，提高专业水平。

第二章 培训计划制订与执行

第四条 各处室根据年度工作计划，年初提出培训需求，送交中心人事处审核。人事处在与各处室充分沟通的基础上，拟定《中心年度培训计划》及《中心年度送外培训计划》，报送中心领导审批后，正式印发执行。

第五条 中心主办并且需由中国气象局干部培训学院承办的全国性业务培训班，年初，各处室需提出计划安排，送交人事处。人事处在充分协商的基础上，行文上报中国气象局人事司，经人事司同意后，统一纳入中国气象局年度培训计划，由中国气象局干部培训学院组织实施。

第六条 列入中心年度培训计划的培训班，由各处室主办。若因特殊原因，培训任务不能按计划执行，应在年中告知人事处，必要时人事处将于 7 月份统一调整一次年度培训计划。

第七条 年度培训计划将列入中心年度目标考核项目，年内未完成培训任务的主办单位将被扣分。

第三章 送外培训和在职教育培训

第八条 列入中心年度送外培训计划的培训项目，在培训之前，应有培训通知。处室领导要在培训通知上签署同意意见及明确拟送培人员，提前 1 天送交人事处审核同意，方可报销培训经费。

第九条 职工在中心工作满 2 年以上，工作表现好，业绩较突出，可申请攻读在职博士、硕士学位。

第十条 中心职工申请攻读在职博士、硕士学位和在职技能培训程序。报名前，由本人向所在处室提交个人书面申请，处室负责人及中心分管领导签字同意后，送交人事处审核备案，方可办理相关报名手续。职工本人应在获得学位或结业等证书 1 个月内，将证书复印件送交人事处存档，作为今后职称晋升和岗位调整的重要依据。

第四章 中国气象局培训执行

第十一条 由中国气象局下达的各类培训，由人事处与中心领导、业务处或相关业务处室沟通，确定培训人选，人事处负责统一进行网上报名。

第十二条 凡参加中国气象局下达的业务类培训的学员，培训结束后一周内向人事处提交学习心得 1 篇，由人事处存档并反馈部门负责人。

第五章 教育培训经费管理

第十三条 教育培训经费报销范围：列入中心年度培训计划的办班费（含讲课费）、送外培训费、中国气象局下达的各类培训，其中不含差旅、考试、证件等费用。

第十四条 中心职工攻读在职博士、硕士学位、在职技能培训的，学习期间所有费用自理。在不影响本职工作的前提下，所在处室应给予大力支持。

第六章 附 则

第十五条 本办法由人事处负责解释。

第十六条 本办法自发布之日起施行。

（起草人：梅艳，范静 发布时间：2017 年 12 月）

公共气象服务中心招聘高校应届毕业生管理办法

第一章 总 则

第一条 为进一步规范公共气象服务中心（以下简称"中心"）公开招聘工作，推动中心人才队伍建设，根据《事业单位公开招聘人员暂行规定》等有关规定，制定本办法。

第二条 公开招聘坚持德才兼备的用人标准，贯彻公开、平等、竞争、择优的原则。

第三条 中心人事处负责公开招聘的组织实施，党委办公室（监察审计处）负责监督。

第四条 本办法不包含以聘用方式录用的人员。

第二章 招聘条件和程序

第五条 应聘人员必须具备下列基本条件：

（一）具有中华人民共和国国籍，遵守宪法和法律，具有良好的品行。

（二）具有国家承认的正规院校本科及以上学历（双证齐全）。

（三）具有岗位所需的专业或技能条件。

（四）适应岗位要求的身体条件。

（五）岗位所需要的其他条件。

第六条 公开招聘工作按下列程序进行：

（一）草拟年度公开招聘高校毕业生人员计划，经中心领导班子集体审议后报送中国气象局人事司批准。

（二）对外发布招聘信息。招聘信息包含用人单位情况简介、招聘人员数量、应聘人员条件、报名方法以及报名截止时间等需要说明的事项。

（三）受理并对应聘人员提交的应聘材料进行筛选，初步确定进入笔试面试人员名单。

（四）组建面试考官组，统一组织招聘工作。

（五）根据笔试面试成绩，综合遴选拟聘人选，报中心领导班子审议。

（六）中心领导班子集体研究，确定拟聘人员。

（七）参照公务员入职体检标准，差额确定参加体检人员。

（八）对拟录用人员进行政审。

（九）招聘结果公示一周（至少五个工作日）。

（十）与录用人员签订就业协议（毕业生三方协议）。

（十一）将招聘结果报中国气象局人事司审批备案，人事处负责将相关资料存档。

第三章　　纪律及监督

第七条　公开招聘工作负责人员和工作人员在开展工作时，涉及与本人有夫妻关系、直系血亲关系、三代以内旁系血亲关系以及近姻亲关系或者其他可能影响招聘公正的，应当回避。

第八条　公开招聘工作要做到信息公开、程序公开、结果公开，接受群众及有关部门的监督。

第四章　　附　　则

第九条　本办法由人事处负责解释。

第十条　本办法自正式印发之日起施行。

（起草人：温玮、郑欧　发布时间：2013 年 11 月）

公共气象服务中心聘用职工招聘管理办法

（2017年12月修订）

第一章 总 则

第一条 为进一步规范公共气象服务中心（以下简称"中心"）招聘行为，建设高素质的人才队伍，根据《事业单位公开招聘人员暂行规定》（人事部令第6号）与《气象部门编制外劳动用工管理办法（试行）》（气发〔2009〕104号）规定，结合中心实际情况，制定本办法。

第二条 聘用职工招聘要坚持德才兼备的选人标准，贯彻公开、平等、竞争、择优的原则。

第三条 人事处负责聘用职工招聘的组织和实施工作；各用人部门负责报送招聘需求，制定本部门招聘岗位的岗位职责和任职资格条件等。

第四条 本办法适用于招聘后将与中心签订劳动合同的聘用人员。不含招聘高校应届毕业生和离退休返聘人员。

第二章 招聘条件和程序

第五条 应聘人员必须具备下列基本条件：

（一）具有中华人民共和国国籍，遵守宪法和法律，具有良好的品行。

（二）具有国家承认的正规院校本科及以上学历（双证齐全）。

（三）具有岗位所需的专业或技能条件。

（四）适应岗位要求的身体条件。

（五）岗位所需要的其他条件。

第六条 聘用职工招聘按下列程序进行：

（一）用人部门提出招聘需求，分析部门需求产生原因，上报分管领导，经征求分管领导意见后，报送人事处。

（二）人事处按照精简高效、总量控制的原则，同时根据部门业务职责和人员流动情况反馈招聘需求的修改意见，用人部门确定最终招聘需求。

（三）招聘需求确定后正式报送人事处，人事处上报中心主任常务会审批。

（四）人事处按照最终审批的招聘需求选择招聘渠道发布招聘信息，受理应聘者申请，进行资格审查。

（五）根据具体岗位组成3人以上面试考官组，组织人员笔试或面试工作。

（六）人事处根据面试或笔试成绩形成报告，上报中心主任常务会审议，确定拟录用人员名单。

（七）人事处将最终拟录用人员名单及人员基本信息在中心办公网公示五个工作日，同时组织体检。

（八）公示没有出现影响聘用情形的，且体检结果不影响相应岗位工作的，予以录用。按照《中华人民共和国劳动合同法》的相关规定，与聘用人员签订劳动合同，办理入职手续。

（九）因下列情况导致招聘岗位空缺的，可以从同一岗位拟录用人员名单中，按照考试成绩由高到低依次递补：

1. 拟聘人员体检不符合岗位实际工作的；

2. 拟聘人员公示结果影响录用的；

3. 拟聘人员因个人原因放弃录用或未按规定时间报到的。

第七条 录用人员将按照《中华人民共和国劳动合同法》的相关规定，与聘用人员签订劳动合同，约定试用期，办理入职手续。试用期内如发现员工对于与工作相关内容有虚假陈述及提供虚假材料的，属不符合录用条件，将解除劳动合同。

第三章 纪律与监督

第八条 职工招聘工作实行回避制度。用人部门负责人、面试官和工作人员在开展招聘工作时，涉及与本人有亲属关系或者其他可能影响招聘公正的，应当回避。

第九条 招聘工作要做到信息公开、过程公开、结果公开，接受群众及有关部门的监督。

第四章 附 则

第十条 本办法由中心人事处负责解释。

第十一条 本办法自发布之日起执行。

（起草人：程洪娜、范静 发布时间：2017年12月）

公共气象服务中心退休职工工作管理办法

第一章 总 则

第一条 为了进一步规范公共气象服务中心（以下简称"中心"）退休职工管理工作，提高退休职工管理工作科学化水平，根据中国气象局《关于进一步加强和改进气象部门离退休干部工作的意见》（气发〔2016〕60号）精神，结合中心退休职工工作实际，制定本办法。

第二条 本办法适用于中心全体退休职工。

第二章 组织管理

第三条 中心退休职工管理工作，在中心党委领导下由中心人事处负责日常管理和协调工作。

第四条 按照有关规定，做好退休职工活动经费预算工作，严格经费管理使用，确保退休职工工作正常开展。

第五条 做好退休职工服务管理工作，维护好退休职工信息档案库，及时了解掌握退休职工思想及身体状况、生活情况，引导退休职工理解支持国家和中心全面深化改革的举措，鼓励和支持退休职工做正能量的"播种机"、革命传统的"二传手"和经验智慧的"压舱石"。

第六条 组织退休职工持续开展以"展示阳光心态、体验美好生活、畅谈发展变化"为主要内容的为党的事业和气象事业增添正能量活动。

第七条 做好退休职工的政治、生活待遇的具体落实工作，抓好退休职工的学习教育工作，组织好春游、秋游、参观、学习等活动。

第八条 组织退休职工活动，要充分考虑退休人员的身体状况和承受能力，确保安全，对学习参观或春游、秋游地点要认真调研，制定周密的活动计划和安全防范措施。

第九条　组织退休职工外出活动范围以当天往返为宜。

第三章　政治和生活待遇

第十条　每年组织召开 1～2 次工作情况通报会，由中心领导向退休职工通报党和国家及中国气象局有关老干部工作的方针政策、中心发展改革、重点工作、主要动态以及涉及退休职工切身利益的事宜。

第十一条　退休党支部以多种形式每季度召开不少于 1 次党支部会议，要有针对性地开展思想政治工作，加强新时期党的方针理论的学习，始终紧跟形势，做到离岗不离党，退休不褪色。

第十二条　中心重要会议和重大活动，可视情况邀请退休党支部负责人参加。

第十三条　退休职工党支部书记和委员培训要列入中心人事或党务部门培训计划，确保每三年至少培训一次。

第十四条　给予退休党支部书记和委员适当工作补贴，所需经费可从党费或党组织工作经费中列支，具体标准可根据实际情况确定。

第十五条　职工办理退休手续后，按照相关规定，由中心办公室负责办理退休职工独生子女一次性补助费。

第十六条　每年组织一次退休职工健康体检，并协助退休职工做好因病住院、转院、医药费报销等相关工作。

第十七条　退休职工患重病、住院治疗或生活遇到较大困难时，要看望和慰问退休职工，特别是家中出现实际困难的老同志，并根据情况给予一定的补助。

第十八条　逢重大节日，中心领导及职能部门相关负责人，要看望和慰问退休职工，送去组织上的关怀。

第四章　文体活动

第十九条　为退休职工文体活动搭建平台，丰富退休职工的晚年生活，不断满足退休职工的精神需求。

第二十条　鼓励和支持退休职工参加中心春节文艺活动、职工运动会、趣味比赛等各类健康有益、丰富多彩的文体活动。支持退休职工参加中国气象局及局大院其他单位举办的各项文体活动。

第五章　返聘管理

第二十一条　从实际出发，支持和鼓励有精力、有能力的退休职工，采取多种形式和途径发挥技术专家、管理干部在中心业务服务中的经验和特长。

第二十二条　人事处对返聘人员要进行登记造册，并加强与所在部门联系，实行双重管理。

第六章　附　则

第二十三条　其他事宜按照国家和中国气象局有关规定执行。

第二十四条　本办法由人事处负责解释。

第二十五条　本办法自发布之日起执行。

（起草人：郑毅、马清云　发布时间：2017 年 12 月）

公共气象服务中心退休人员返聘工作管理办法

第一章 总 则

第一条 为规范公共气象服务中心（以下简称"中心"）退休人员返聘工作，发挥技术专家、管理干部在中心业务服务中的经验和特长，结合中心工作实际，制定本办法。

第二章 范 围

第二条 本办法适用于与中心签订返聘合同的退休人员。

第三条 退休人员是指达到法定退休年龄，并且已经在原单位办理了退休手续的人员。

第三章 条 件

第四条 返聘对象：原关键岗或相当岗位以上专家技术人员、处级以上管理干部。

第五条 工作内容：返聘人员根据需要承担相应的工作。

第六条 年龄：不超过 70 岁。

第七条 健康状况：良好。

第八条 返聘期限：采取聘期制，每个聘期不超过 3 年。

第四章 程 序

第九条 各单位根据工作需要提交返聘人员的申请，经中心主任办公会审议通过后，由中心与被聘人员签订劳务合同，一式两份，受聘人员、中心各执一份。

第十条 出现下列情况之一，该合同终止：

（一）返聘人员在聘期间未能按约定完成规定的工作任务的。

（二）返聘人员在返聘期间受到党纪、政纪处理的。

（三）返聘人员在返聘期间严重违反中心规章制度或因个人责任给中心造成严重负面影响或重大经济损失的。

（四）返聘人员因身体原因不能胜任工作或因病休假超过两个月的。

第五章　待　遇

第十一条 返聘人员待遇由中心统一发放。

待遇标准：劳务报酬不高于中心同级别在职人员的岗位绩效标准，具体金额由聘用双方协商确定，并报中心主任办公会审定；特聘专家按相关规定执行。

第十二条 返聘人员与中心建立的是劳务服务合同，适用于《中华人民共和国合同法》以及《中华人民共和国民法通则》，不享受《中华人民共和国劳动合同法》规定的相关待遇。

第六章　管　理

第十三条 返聘人员的考勤等日常管理由其所在单位负责，其劳务报酬按月发放，并根据实际出勤情况计发。

第十四条 所在部门应在返聘人员合同期满前一个月完成考核，考核结果报中心人事处备案。

第七章　附　则

第十五条 各业务部门如因特殊原因，临时性返聘不符合本办法规定的退休人员，应参照本办法与部门签订返聘合同，做好日常管理。

第十六条 本办法自发布之日起执行，由中心人事处负责解释。

（起草人：梅艳、范静、马清云　发布时间：2017 年 12 月）

公共气象服务中心干部人事档案管理办法

（2017 年 12 月修订）

第一章 总 则

第一条 为进一步规范公共气象服务中心（以下简称"中心"）干部人事档案管理工作，确保干部人事档案真实、完整和安全，更好地为干部人事工作服务，根据中共中央组织部（以下简称"中组部"）、国家档案局和中国气象局有关文件精神，结合中心实际情况，制定本办法。

第二条 干部人事档案工作是人事工作的重要组成部分，应由政治可靠、责任心强的在职职工负责管理。

第三条 中心人事处归口管理中心干部人事档案，凡在学习、工作等活动中形成的全部干部人事档案，均由人事处集中管理。中心各部门应按照《公共气象服务中心干部人事档案材料报送单位责任分工一览表》，及时与人事处办理档案材料移交手续。

第二章 档案材料的收集与归档

第四条 干部人事档案材料的收集归档工作，受国家有关法律法规的保护和监督，要本着实事求是的原则，着重收集反映干部政治思想、品德作风、业务能力、学识水平、工作实绩等材料充实档案。

第五条 干部人事档案材料收集归档范围按照中组部的有关规定执行。归入干部人事档案的材料应为原件，必须准确真实，完整齐全，文字清楚，手续完备。因特殊原因使用复印件归档的，须注明复印日期，加盖复印单位公章，由材料形成部门书面说明使用复印件归档的原因。

第三章　档案的整理及保管

第六条　干部人事档案的整理，应按照中组部《干部档案工作条例》《干部档案整理工作细则》的规定，将收集起来的档案材料，以个人为单位进行鉴别、分类、编写目录、装订立卷等整理程序，经认真细致的核查，验收合格后，方可入库保存。

第七条　为了防止档案材料的老化、霉变，根据中组部《干部档案工作条例》的要求，建立坚固的防火、防潮、防盗、防蛀、防光、防高温的档案室，档案室内应配置档案专用柜、空调机、去湿机、灭火器、温（湿）度表、干燥剂和驱虫剂等，保持档案室内的清洁和安全。

第四章　档案的查借阅

第八条　中心组织人事部门、纪检监察部门可以直接查阅、借用干部人事档案。中心各处室因工作需要查阅干部人事档案，须征得中心领导同意，并办理登记手续后，方可查阅。

第九条　干部人事档案一律不外借。外单位人事部门因工作需要查阅干部人事档案，须携带单位介绍信，征得人事处主要负责人同意，办理登记手续后，方可查阅。

第十条　任何人不得查阅本人及与其有夫妻关系、直系血亲关系、三代以内旁系血亲关系以及近姻亲关系的干部人事档案。

第十一条　查阅、借用档案必须严格遵守保密制度和阅档规定，严禁涂改、圈画、抽取、撤换、增添档案材料，不得泄露或向外公布档案有关内容，未经中心领导批准不得复制档案材料。

第五章　档案的转递

第十二条　中心职工调入，由人事处负责接收职工的干部人事档案。转入的干部人事档案材料要严密包封，通过机要或派人事部门工作人员转递，不得交本人及亲属转带，严格防止丢失、失密、泄密事件发生。

第十三条　转入的干部人事档案材料，在转递的过程中，如果发生干部人事档案包封破损，人事处有权拒绝接收，退回原档案转送单位核查，确认无误后，重新转递。

第十四条　中心职工调出，由人事处负责干部人事档案的转递。转出的干部人事档案材料，确保完整齐全，办理严格的转出档案登记手续，填写《干部人事档案转递通知单》，要求干部人事档案接收单位在 1 个月内将此通知单回执，返还中心人事处。

第六章　档案的销毁

第十五条　销毁干部人事档案材料，必须严格按照中组部《干部档案工作条例》及其他有关规定执行。销毁的干部人事档案材料包括内容重复的材料、无保存价值的材料以及根据有关规定需撤出的材料。

第十六条　销毁的干部人事档案材料必须逐件填写《销毁干部人事档案材料登记表》，由人事处主要负责人和档案管理人员签字，报请中心领导审查批准后，安排两人负责监销。《销毁档案材料登记表》应装订成册，注明销毁时间、监销人等，与领导批示一同归入文书档案，永久保存。

第七章　附　则

第十七条　干部人事档案管理人员必须认真贯彻执行《中华人民共和国档案法》以及干部人事档案工作的有关规定，严格遵守安全保密制度，不得私自涂改、抽取、销毁或伪造档案材料，对违反有关规定的，视情节轻重给予批评或纪律处分。

第十八条　本办法由人事处负责解释。

第十九条　本办法自发布之日起执行。

（起草人：郑毅、马清云　发布时间：2017 年 12 月）

财　务　篇

　　财务篇旨在加强中心的财务管理，规范财务行为，不断提高资金使用效益。气象服务事业的发展需要充足的经费作为保障，完备的财务管理制度，可以全面保障中心的经费与资产安全，有利于财务信息的真实可靠，有利于保障中心的平稳、健康运行。基于国家相关法律和政策，根据公共气象服务事业发展的要求，财务制度不仅对事业经费预算、资金分配和使用等过程进行了规范，还对科技服务、基本建设等经济活动进行了有效的控制和监督，为中心业务多元化发展提供了有力保障。

公共气象服务中心财务支出管理办法

为加强公共气象服务中心（以下简称"中心"）财务管理，规范财务工作运行，保障资金安全和提高资金使用效益，根据《中华人民共和国会计法》《事业单位财务制度》《会计基础工作规范》和《气象部门业务经费管理办法（试行）》（气发〔2007〕163号）、《中国气象局机关和直属事业单位财务报销管理暂行办法》（气办发〔2013〕57号）等有关规定，结合中心的实际情况，制定本办法。

第一章 总 则

第一条 中心财务收支均由中国气象局财务核算中心（以下简称"核算中心"）统一核算，由核算中心和中心计划财务处（以下简称"计财处"）共同监督管理，严禁任何单位和个人设立"小金库"和"账外账"。

第二条 财务支出坚持"执行预算、严格审核、先批后办、报销列账"的原则。计财处根据预算设置报账卡，各单位凭报账系统打印单据及支出凭证到核算中心报销。

第三条 公用经费采用"明确职责、切块分配、包干使用"的原则。根据本年度业务需求、实际工作量及预算控制数情况，将公用经费切块给职能部门或业务单位使用。

第四条 项目经费支出严格按照部门预算批复及中心预算分配方案执行。

第五条 财政经费应严格按照国库资金管理办法执行，预算编制、预算执行工作列入中心目标考核管理。

第六条 课题（项目）经费在中心统一管理下由课题（项目）负责人负责项目执行、竣工验收报批等相关工作。

第二章 审批程序与权限

第七条 审批程序、审批权限及发票签字规定

（一）基本支出审批

1.工资支出审批

人事处应于每月 25 日前向核算中心提交当月工资发放表，核算中心原则上在 3 个工作日内完成当月工资发放，并于次月 5 日前完成上月工资结账工作。特殊情况需要单独发放津补贴的由人事处提交原始表，送核算中心发放。涉及个人住房公积金变动的，人事处应将变动情况随工资表一同送交核算中心，由核算中心办理公积金增加、减少及汇缴。

2.公用经费支出审批

5000 元以下支出由处室负责人（指处长或主任，及由处长或主任授权的副处长、副主任，下同）审批；5000 元（含）～1 万元支出由处室负责人审批，计财处负责人审签；1 万元（含）～20万元支出在处室负责人和计财处负责人审签基础上由中心分管领导审批；20 万元（含）以上由中心领导授权中心分管财务领导最终审批。

表 1　公用经费支出审批权限表

金额	审批单		备案	发票签字 （不得少于 3 人）
5000 元以下	处室负责人			经手人、证明人、处室负责人
5000 元（含）～1 万元	处室负责人	计财处负责人		经手人、（证明人）、处室负责人、计财处负责人
1 万元（含）～20 万元	处室负责人	计财处负责人	中心分管财务领导	经手人、（证明人）、处室负责人、计财处负责人、中心分管财务领导
20 万元（含）以上	处室负责人	计财处负责人	中心分管财务领导	20 万元（含）以上须经大额资金审核	经手人、（证明人）、处室负责人、计财处负责人、中心分管财务领导

（二）项目（含课题）支出审批

1 万元以下支出由项目负责人和项目负责人所在处室负责人联批；1 万元（含）～3 万元支出由项目负责人和项目负责人所在处室负责人联批，业务科技处（以下简称"业务处"）和计财处联合审签；3 万元（含）～20 万元支出在项目负责人、项目负责人所在处室负责人、业务处、计财处审签基础上由中心分管业务领导和中心分管财务领导联合审批；20 万元（含）以上由中心领导授权中心分管领导最终审批。

表2　项目经费支出审批权限表

金额	审批单			备案	发票签字 （不得少于3人）
1万元以下	项目负责人、处室负责人				经手人、项目负责人、处室负责人
1万元（含）～3万元	项目负责人、处室负责人	业务处负责人、计财处负责人			经手人、项目负责人、处室负责人、业务处负责人、计财处负责人
3万元（含）～20万元	项目负责人、处室负责人	业务处负责人、计财处负责人	中心分管业务领导	中心分管财务领导	经手人、项目负责人、处室负责人、业务处负责人、计财处负责人、中心分管业务领导、中心分管财务领导
20万元（含）以上	项目负责人、处室负责人	业务处负责人、计财处负责人	中心分管业务领导	中心分管财务领导	20万元及以上须经大额资金审核	经手人、项目负责人、处室负责人、业务处负责人、计财处负责人、中心分管业务领导、中心分管财务领导

（三）其他支出审批

1. 办公室负责会议费、因公出国（境）费、招待费审批；人事处负责培训费的审批；计财处负责对劳务费、咨询费、交通费是否符合预算进行审批；以上费用统一由计财处安排资金渠道。

2. 中心机动经费使用时，须先报业务处、计财处审核，经中心分管领导审批后，方可执行。

3. 20万～100万元之间的大额支出要实行"大额资金审核会集体讨论"制度。100万元以上的支出须按照政府采购管理要求进行支出。大额审核小组由中心分管计财工作的领导、业务处负责人、计财处负责人、监察审计室负责人组成。其中，业务处负责人对支出内容与可研是否相符进行把关，计财处负责人对采购方式是否合理进行把关，监察审计室负责人对合同内容、格式及采购过程是否符合要求进行把关。各处室须按要求提交《大额资金备案材料》及相关附件，经大额资金审核小组审批通过后方可执行。支出时要严格按照审批事项专款专用，不得挤占、挪用。

第三章　财务资金管理

第八条　报账手续

（一）办理报销业务，须由经办人在报账系统中填写相关报销单，提供与支出相关的所有原始单据（包括发票、购物清单、公务卡消费的POS小票、固定资产登记单及相关合同或文件等），并按照本办法中的发票签字规定进行签字审批。手续齐备后由核算中心按规定审核报账。

（二）办理现金借款业务，须由经办人在报账系统中填写"借款单"，按照本办法中的经费使用审批权限进行审批。借款应在十五日内结账。

（三）办理支票、汇款等业务，须由经办人在报账系统中填写"借款单"，按照本办法中的经费使用审批权限进行审批。具体规定如下：

1. 开出支票要由领票人及审核批准人在支票领用单上签字。

2. 作废或过期支票一律由本单位经办人员换取，外单位人员不予办理。

3. 支票遗失应由经办人立即通知核算中心，由核算中心到银行挂失。

4. 已领取的支票未使用的，不得自行销毁，应及时退回财务核算中心统一销毁。

第九条 资金使用方式

（一）实行公务卡制度后，凡应使用公务卡进行结算的，原则上不得使用现金结算，有特殊原因不能使用公务卡结算的，在报销时应写明原因，经计财处审批后方可报销。持卡人应优先在有刷卡条件的商户进行消费。

（二）一次性支出金额超过 1 000 元，除可使用公务卡外，可办理转账支票（同城）或汇款（异地）进行结算。除按规定可在异地支出的差旅费用以外，其他在异地支出的现金不予报销。

第四章 报销管理

第十条 办公用品

凡在当年中央政府采购目录内的品目，须进行政府采购。不在目录内的品目可自行购买，若为购买办公用品和材料、图书的，应附采购明细清单，并加盖供应商的公章（财务专用章或发票专用章）。

第十一条 印刷费

（一）属于政府采购目录（中央政府采购网 www.zycg.gov.cn）内的印刷费用，须按规定执行政府采购程序，同时附政府采购电子验收单。

（二）报销国内版面费的，应同时提供由对方单位出具的版面录用通知；报销国外版面费的，应附国外的发票或收据（经相关部门签字）、发表文章首页、汇率换算表（从中国银行网站下载外汇牌价表）。

第十二条 专家咨询费

气象部门安排的业务经费需要开支专家咨询费的，按《气象部门业务经费管理办法（试行）》第七条规定的标准（见下表）执行。专家咨询费不得支付给参与课题或项目的工作人员。

	会议形式		通讯形式
	1～2 天	3 天及以上	
高级专业技术职称人员	500～800 元/天	300～400 元/天	60～100 元/人次
其他专业技术人员	300～500 元/天	200～300 元/天	40～80 元/人次

第十三条 基础设施维修费

公用基础设施的维修费用，由办公室主要负责人审批执行。

第十四条 邮电费

邮电费报销指信函、包裹、货物等物品的邮寄费及固定电话费、电报费、传真费、网络通信费等。不得报销个人家庭网络费用。

第十五条 交通费

公务车辆维持费用的报销范围为交通工具燃料费、过路过桥费、停车费、交通工具保险费、养路费、交通工具维修费。

切块经费和项目经费可以报销因公出行的市内交通费用，交通费用的总金额不得超过当年交通费用控制数。不得报销交通工具燃料费、过路过桥费、停车费、养路费、交通工具维修费等。

第十六条 差旅费

差旅费报销按照《气象部门差旅费管理办法》(气发〔2014〕31 号)和《关于调整中央和国家机关差旅住宿费标准等有关问题的通知》(财行〔2015〕497 号)执行。

第十七条 因公出国（境）费用

因公出国（境）费用，按照《气象部门因公临时出国经费管理办法》(气发〔2014〕15 号)执行。因公出国（境）事项必须经办公室审核、由中心分管领导审批。因公出国（境）费用报销应附《出国（境）代表团（组）费用预算表》《出国（境）代表团（组）费用结算表》及相关票据和出国文件，经计财处审核后方可报销。

第十八条 会议费

会议费按照财政部及中国气象局相关管理办法及标准执行，会议费报销应附会议通知、会议签到表、会议费结算单、发票原件、定点饭店等会议服务单位提供的费用原始明细单据、电子结算单等凭证。

第十九条 培训费

年度培训计划，须报人事处审批。培训费报销应附培训费结算单及培训通知、实际参训人员签到表、讲课费签收单、培训机构出具的原始明细单据、电子结算单等凭证。

第二十条 招待费

招待费由办公室统一审批，须严格控制在规定的限额内报销。

第二十一条 劳务费

项目支出劳务费，须按照国家和中国气象局有关规定的标准执行，必须由项目负责人和所在单位主要负责人审核批准。劳务费须由核算中心会计核定代扣代缴个人所得税金额，最终按照税后金额发放。严禁先发放实发金额、后倒挤应发金额的做法。不得向本单位人员发放劳务费用。报销时须附劳务费发放说明，并加盖处室公章。

第二十二条 临时工工资

项目聘用的临时工工资费用，必须由项目（课题）负责人和单位负责人审核。临时工工资须由核算中心会计核定代扣代缴个人所得税金额，最终按照税后金额发放实发金额，严禁先发放、后倒挤应发金额的做法。

第二十三条 项目评估费、评审费

需要进行评审、评估的项目，参加评审的专家，其咨询费用开支标准，按照专家咨询费标准执行。在各类专项工作中，需要开支专家咨询费的，参照项目评审专家咨询费标准执行。

第二十四条 设备购置

采购政府集中采购目录中的设备须通过政府采购程序，取得中央政府采购合同后，由中心计财处备案，严禁在政府采购供货点以外的地点采购相关设备。

第二十五条 福利费

福利费按照在职人数定额管理，福利费的支出须由党委办公室负责人审核。

第二十六条 在核算中心办理报销业务时，必须同时携带报销单、原始凭证，并经领导审批后方可报销。

第二十七条 核算中心应按年度下发科目设账，单位所有资金均应在 A++ 财务平台上核算，并保证账表一致。当月业务应当月结账，月底办理的事项，原则上应在一周之内办理完毕。经费必须当年结账，不得结转至第二年办理。

第二十八条 职工医药费及住院经费的支出按照《中国气象局直属事业单位公费医疗报销管理办法（试行）摘要》执行。

第五章　附　则

第二十九条 本办法由中心计划财务处负责解释。

第三十条 本办法自发布之日起执行。

（起草人：韩萌、刘欣　发布时间：2017 年 9 月）

公共气象服务中心公务卡管理暂行办法

第一章 总 则

第一条 为进一步深化国库集中支付制度改革，规范公共气象服务中心（以下简称"中心"）支付业务，减少现金支付结算，提高资金支付透明度，根据财政部、中国人民银行关于《中央预算单位公务卡管理暂行办法》（财库〔2007〕63号）、《关于气象部门实施中央预算单位公务卡强制结算目录有关事宜的通知》（气办发〔2011〕63号）等规定，制定本办法。办法中提及的公务卡分为两类，一类是中心工作人员个人持有的个人公务卡，另一类是中心持有的单位公务卡。

第二条 个人持有的公务卡，是指中心工作人员持有的，由中心计财处在中国建设银行统一办理的，主要用于日常公务支出和财务报销业务的银联标准信用卡（银行贷记卡）。公务卡实行实名制管理，凭持卡人个人签名消费，仅限办理人民币消费业务。

第三条 单位卡是指中心持有的，专门用于公务卡支出中须从单位基本账户列支款项的财务报销和转账业务的银行卡。

单位卡只能办理一张单位卡主卡，不得办理附属卡。须由单位法人书面指定单位卡持卡人，并须指定单位卡持卡人以外的专人妥善保管单位卡密码，并严格保密。上述人员发生变动时，须办理相关交接手续，并及时变更密码或重新办理单位卡。

单位卡的资金一律从预算单位基本账户转账存入，不得交存现金或将其他存款账户资金存入。单位卡仅限用于公务卡支出中须从单位基本账户列支的款项的报销转账业务，不得直接进行购物消费或其他转账业务。单位卡向公务卡划转资金须通过双向转账财务POS设备进行。单位卡单日转出金额上限为20万元，转到单张公务卡的上限为5万元。

第二章　公务卡的日常管理

第四条　中心计财处为公务卡及单位卡的管理部门，中国气象局财务核算中心负责公务卡的报销和财务监督工作。

第五条　预算单位所有在编在职职工必须办理公务卡。借调、挂职和聘用等非在编人员，根据实际情况，经单位人事部门审核并报单位领导批准后，可予办理公务卡。

第六条　新增工作人员时，须由所在单位秘书经中心人事处审核后，向中心计财处及时申请办理公务卡。

第七条　现有工作人员因调出或退休等原因离职时，须在及时清理与本人公务卡有关的债权债务，并办理公务卡的停止使用手续。

第八条　公务卡的信用额度，由预算单位与发卡行协商确定。原则上每张公务卡信用额度不少于2万元，不高于5万元。发卡行可根据持卡人的资信情况对公务卡信用额度进行调整。持卡人在规定的信用额度和免息还款期内先支付，后还款。

第九条　公务卡主要用于公务支出的支付结算，也可用于个人支付结算业务。

公务支出发生后，由持卡人及时向所在单位财务部门申请办理报销手续；个人支出发生后，由持卡人自行办理还款，不得办理财务报销手续，中心不承担个人消费行为导致的一切责任。

第十条　持卡人的主要职责是：

（一）按规定申请办理公务卡，妥善保管卡片和密码，并承担因个人保管不善等原因引起的相关费用；公务卡遗失或损毁后的补办等事项由持卡人及时到发卡行办理，并通过中心计财处及时通知发卡银行维护公务卡支持系统。

（二）执行公务所需支出，应使用公务卡结算和报销，并接受财政部门和中心财务部门监控管理。

（三）及时归还个人公务卡下银行欠款。

（四）因离职、退休等原因离开所在单位，须按要求清理个人公务卡下债权债务，停止公务卡的使用。

（五）遵守国家关于银行卡使用管理的法律法规。

（六）公务卡只能由持卡人本人使用，因出租、转让或转借公务卡而导致的经济责任及产生的风险损失由持卡人承担。

（七）持卡人应在发卡行认可的安全网络环境下使用公务卡在互联网（internet）上进行交易。

第十一条　监察、审计部门依据本办法对公务卡使用管理及账务处理进行监督、检查。

第三章 公务卡支付管理

第十二条 公务卡的使用必须严格执行《气象部门公务卡强制结算目录》（见附件1）。

第十三条 实行公务卡制度后，财务核算中心原则上不再办理现金报账业务，但下列情况可不使用公务卡结算：

（一）在县级以下（不包括县级）地区发生的公务支出。

（二）在县级及县级以上地区不具备刷卡条件的场所发生的单笔消费在200元以下的公务支出。

（三）按规定支付给个人的支出（如咨询费、劳务费）。

（四）签证费、快递费、过桥过路费、出租车费用等目前必须使用现金结算的支出。

第十四条 持卡人使用公务卡进行公务消费时，在信用额度范围内，原则上不再设定单笔消费的上限，但单笔金额在5000元（含）以上大额消费前，须事前填写公务卡大额支出审批单（见附件2），经单位财务部门审核。

第十五条 确因特殊情况不能使用公务卡而使用现金结算的，报销人须提供收款方不能使用公务卡结算的证明材料（加盖收款方印章）或在发票背面注明不能使用公务卡结算的原因（加盖收款方印章），经单位财务部门签字批准后方可报销。

无法取得上述证明材料的，报销人须在发票背面注明不能使用公务卡结算的原因，并经单位负责人签字批准后方可报销。

第十六条 持卡人在报销公务卡消费时，除提供原规定的相关发票、明细单、协议、合同等有效单据以外，还须提供公务卡POS消费凭条（持卡人存根联）。

持卡人因网上消费无法取得POS消费凭条或消费凭条丢失时，对于已出账单的支出，可依据持卡人提供的对账单交易明细进行报账；对于未出账单的支出，可依据持卡人提供载有公务卡卡号（或持卡人姓名）、消费日期和消费金额等要素的纸质交易明细进行报账。

第十七条 特殊情况下公务卡信用额度不能满足公务消费需要时，持卡人可通过中心计财处提前向发卡行申请临时增加信用额度，增加的额度和使用期限等具体事项，按照发卡行有关规定执行。

第十八条 持卡人原则上不允许通过公务卡提取现金。确有特殊需要，须事前经过中心计财处批准；未经批准的提现业务，手续费由持卡人自行承担。

第四章 公务卡报销管理

第十九条 实行公务卡制度后，原有报销审批程序不变。报销人凭发票、POS消费凭条（持卡人存根联）等单据，填报报销审批凭证按《公共气象服务中心财务支出管理办法》中规定的报销程序审批。

第二十条 持卡人使用公务卡进行公务消费后，必须在规定的免息还款日五个工作日之前，到中国气象局财务核算中心办理报销手续。

公务卡免息还款期最短为 20 日，最长为 50 日。凡当月 7 日（含）前公务卡发生的支出，免息还款期截止日为当月 27 日；凡当月 8 日（含）后公务卡发生的支出，免息还款期截止日为下月 27 日。

第二十一条 持卡人因特殊情况（如长期在外地出差），不能在第二十条规定时间内办理报销手续的，可由持卡人或其所在单位相关人员向中国气象局财务核算中心提供持卡人姓名、交易日期和每笔交易金额的明细信息，办理相关借款手续，经计划财务处审核批准后，于免息还款期之前，先将资金存入公务卡，持卡人返回单位后按财务部门规定时间补办报销手续；持卡人也可以按照还款期限，在出差当地的建行自行还款，返回单位后按规定时间补办报销手续。

第二十二条 因向供应商退货等原因导致已报销资金退回公务卡的，持卡人须首先将相应款项退回中国气象局财务核算中心，持卡人与供货商发生的退货、退款事宜，由持卡人与供货商办理。持卡人退货时，尚未办理报销手续的，由持卡人直接与供货商协商退款。

第二十三条 如果一笔公务卡支出，需要在公用经费、项目经费及科研课题中分别支出的，须分别刷卡，取得多个刷卡凭证。如果一笔公务卡支出，需要在多个零余额项目经费中分别支出的，须按每个项目刷卡一次，取得多个刷卡凭证。

第五章 附 则

第二十四条 本办法未尽事宜，按照财政部、中国人民银行相关规定执行。

第二十五条 本办法由中心计财处负责解释。

第二十六条 本办法自颁布之日起执行。

（起草人：杨琢、刘欣 发布时间：2012 年 5 月）

附件 1

气象部门公务卡强制结算目录

序号	公务卡结算项目	备 注
1	办公费	指单位购买按财务会计制度规定不符合固定资产确认标准的日常办公用品、书报杂志等支出
2	印刷费	指单位的印刷费、版面费支出
3	咨询费	指实际付款对象是非个人的专家咨询、评审方面的支出
4	手续费	指单位支付的手续费支出
5	水电费	指单位支付的水电费、污水处理费等支出
6	邮电费	指单位开支的电话费、电报费、传真费、网络通信费等支出
7	物业管理费	指单位开支的办公用房、职工及离退休人员宿舍的物业管理费，包括综合治理、绿化、卫生等方面的支出
8	差旅费	指单位工作人员因出差支付的住宿费、购买机票等支出
9	维修（护）费	指单位日常开支的固定资产（不包括车船等交通工具）修理和维护费用，网络信息系统运行与维护费用
10	租赁费	指租赁办公用房、宿舍、专用通讯网以及其他设备方面的费用
11	会议费	指与会议有关的按规定开支的房租费、伙食补助费以及文件资料的印刷费、会议场地租用等
12	培训费	指各类培训支出，包括培训场地租用费、培训教材购置费等
13	公务接待费	指单位按规定开支的各类公务接待（含外宾接待）费用
14	专用材料费	指单位购买日常专用材料的支出。具体包括气象专用材料费，实验室用品，专用工具和仪器，材料等方面的支出。气象专用材料费包括：天气雷达业务材料购置费（天气雷达的专用消耗性材料支出，如磁控管等）、高空探测业务材料购置费（高空气象探测业务含小球测风的专用消耗性材料支出，如探空雷达零配件、探空仪、回答器、氢气、气球等）、地面业务材料购置费（地面观测气象业务的专用消耗性材料支出，如温度计、湿度计等）、其他材料购置费（除上述气象专用材料以外的专用消耗性材料支出，如天气图等）
15	公务用车运行维护费	指公务用车的燃料费、维修维护费、保险费、租用费等支出
16	其他交通费用	指单位除公务用车运行维护费以外的其他交通费用，如飞机、船舶等的燃料费、维修维护费、保险费、租用费等

附件 2

公务卡大额支出审批单

年　　月　　日

单　　位		经手人	
付款事由		批准人	
刷卡金额		经费出处	
付款单位计财处审核意见			
批准人：			年　月　日

公共气象服务中心气象科技服务财务管理办法

第一章　总　则

第一条　为加强中国气象局公共气象服务中心（以下简称"中心"）科技服务财务管理，根据中国气象局《关于印发〈气象科技服务财务管理暂行办法〉的通知》（气发〔2007〕302号）的有关精神，结合中心财务管理工作实际情况，制定本办法。

第二条　中心各处室及中心所属企业以下简称（"企业"）开展气象科技服务（以下简称"科技服务"）的财务管理活动，应当遵守此办法。

第三条　中心计划财务处负责对气象科技服务进行财务管理和监督。科技服务资金必须纳入单位或企业财务部门统一管理。中心各处室及企业开展科技服务，其收入和支出都应纳入财务核算中心及企业财务部门统一核算。

第四条　中心各处室和企业开展科技服务取得的各项收入，必须按照国家有关税收法规，依法纳税。

第二章　预算管理

第五条　中心各处室直接从事科技服务取得的各项收入和企业上缴给中心的收入，以及发生的相关支出，按照部门预算管理规定、政府非税收入管理及"收支两条线"管理等规定全部纳入中心部门预算。未纳入部门预算的一律不得支出。

第六条　按本办法第五条规定纳入中心部门预算管理的科技服务收入和支出，应根据年度部门预算编制的要求编制预算。

（一）收入预算。中心各处室从事科技服务取得的各项收入应根据收入性质分别在事业收入、经营收入和其他收入中编列；企业上缴的收入在附属单位缴款中编列。收入预算应由各处室在每年预算"一上"前合理预计本单位下年科技服务收入总额后上报计财处，由计财处汇总编列至中心部门预算中。

（二）支出预算。中心各处室从事科技服务发生的各项支出，收支相抵后的净收入部分，以及企业上缴的收入，凡属于单位自身使用的部分，应在基本支出、项目支出、经营支出中编列，经营支出应与经营收入配比；不属于单位自身使用的部分，应在上缴上级支出中编列。支出预算应由各处室合理预计下年科技服务支出总额及明细后上报计财处审批，审批后计财处汇总编列至中心部门预算中。

第七条 企业自身的收入和支出不纳入中心部门预算管理，但必须实行企业财务收支计划（预算）审批制管理。企业应于每年11月底前编制下一年度的收入、支出、成本、费用、税金、利润等计划（预算），报中心计财处和中心主管领导审批。企业应根据计财处要求，定期（年、季、月）提供企业资产负债表、利润表、主要业务收支明细表及财务分析报告。

第八条 中心各处室及企业利用科技服务进行对外投资（包括设立公司或者子公司、对子公司追加投资、债券、基金或者股票投资、购置房地产）等重大财务事项必须报中心领导审批。

第三章　收入管理

第九条 中心各处室应当按照物价部门核定的收费项目和标准组织科技服务收入。对属于市场行为，物价部门没有核定收费标准的科技服务收入项目，其收费标准由单位或企业与服务对象自行协商确定，并在签订的科技服务合同中明确列示收费金额。科技服务合同一式三份，除中心各处室自行保管外，其中一份由计财处统一保管。

第十条 中心各处室和企业向服务对象按标准收取费用时，需要减免的，应填写减免费审批单。减免费用在5%之内的且金额在3万元以下部分由各室主任审批，减免费用超过5%或者金额大于3万元部分应由中心主任审批。

第十一条 中心各处室和企业在向服务对象收取费用时，应按照有关规定使用税务部门统一印制的发票，由财务核算中心财务人员统一出具。

第十二条 中心各处室和企业取得的科技服务收入必须及时、足额缴纳到财务核算中心或者企业财务部门，严禁私设"小金库"或"账外账"。核算中心及企业财务部门在入账时，应核对以下资料：

（一）所缴的现金或转账支票金额与所开具的票据或发票金额是否一致。

（二）所缴的现金或转账支票金额与物价部门核定的收费项目和标准所计算的应收金额是否

一致，如涉及收费减免的，应提供收费减免批准文件或减免审批单。

（三）所缴的现金或转账支票金额与科技服务合同中明确列示的收费金额是否一致。

（四）服务对象以实物或服务抵扣费用的，小于合同5%或者金额在3万元以下必须经中心各处室领导批准，大于合同5%或者金额大于3万元必须经中心领导批准。财务核算中心以所开具的票据或发票金额确认收入，同时核对相关实物或服务内容。如服务对象暂未提供相关服务的，应在"应收账款"中反映，并在提供相关服务时相应冲抵"应收账款"。

第十三条 中心各处室不得以任何名义将本处室的资金（包括财政资金和科技服务资金）转移到企业作为企业的科技服务收入。

第十四条 中心和企业应遵守银行账户管理的有关规定，由计财处统一办理中心银行账户开立、变更等手续，并由计财处统一负责所有银行账户的使用和管理。

第四章 成本管理

第十五条 科技服务成本是指中心或企业为开展科技服务而发生的直接物化成本、工资、劳务成本及其他成本费用支出。具体包括：直接用于开展科技服务的材料消耗、固定资产折旧；支付给从事科技服务人员的工资及劳务支出；企业支付给中心的信息资源费；发生的营业税等各项税费；开展科技服务所发生的办公费、取暖费、水电费、带宽费、设备费、通讯费、差旅费、车辆维持费、交通费、会议费、招待费、租赁费、物业费、维修维护费、广告费等各项费用。以上科技服务成本发生的支出除营业税等各项税费以外，其他支出均应由各处室坚持"执行预算、严格审批、先批后办、报销列账"的原则支出。由各处室于每年部门预算"一上"前申报本处室下年经营支出预算，计财处审批后下年方可支出。各项支出建立"预算、支出"登记本，各室凭登记本到核算中心报销。

第十六条 中心各处室科技服务成本核算，应按照收入与费用配比原则进行。

第十七条 加强企业科技服务成本核算。企业固定资产折旧按照确定的折旧方法足额计提；应收账款按照规定计提坏账准备；企业占用中心房屋的，应当向中心缴纳房屋租赁费；企业发生的取暖费、水电费、带宽费、设备费、通信费、差旅费、车辆维持费、交通费、会议费、物业费等按照实际发生数如实计入成本，如与中心发生的相关费用无法分清的，按照分摊的原则计算分摊金额计入成本。

第十八条 严格控制科技服务活动中的现金使用。科技服务人员的工资和劳务一律以银行卡形式发放；超过支票结算起点的支出一律使用转账支票；严格控制零星现金支出，对一定时期内零星现金支出较大或增加过快的，应分析原因，重点监督。

第五章　固定资产和材料管理

第十九条　中心各处室和企业开展科技服务所使用的固定资产要纳入中心和企业财务部门统一管理。中心各处室对资产的报废、处置、出租、转让、调拨等应按照《中国气象局公共气象服务中心固定资产管理办法》执行。企业对资产的报废、处置、出租、转让、调拨等应按照企业财务制度规定执行。

第六章　科技服务净收入的使用

第二十条　科技服务净收入是指科技服务收入扣除开展科技服务所发生成本后的部分。其中：中心科技服务净收入包括中心自身从事科技服务扣除相关成本后的净收入、企业上缴给中心的收入；企业科技服务净收入即企业所得税后利润。

第二十一条　科技服务净收入的分配，应当兼顾国家、集体和个人三方面利益。应当从气象事业发展、科技服务自身发展、职工激励机制等各方面统筹考虑科技服务净收入的使用。中心科技服务净收入的分配由计财处统筹考虑中心各方面需求后提出分配方案，报中心领导审批后实施。

第二十二条　中心科技服务净收入具体用途包括：弥补以前年度科技服务亏损；科技服务自身发展；人才引进和培训、职工补贴津贴及有关福利等基本支出；气象业务现代化建设、气象科研和技术开发等项目支出。其中用于职工政策外补贴津贴的部分必须严格执行国家有关政策外补贴津贴有关规定。用于科技服务自身发展的部分不得低于中心科技服务净收入的10%。

第二十三条　企业科技服务净收入具体用途包括：弥补以前年度亏损，企业自身发展，上缴中心，企业职工奖励。其中企业自身发展和企业职工奖励部分，由企业综合考虑职工收入水平和企业自身发展需要自行确定，其中用于企业自身发展部分不得低于企业科技服务净收入的10%，对企业职工奖励部分应在不高于企业利润增长的前提下，并在企业财务收支计划中列示。上缴中心的部分由中心根据企业任务完成情况、企业自身发展情况、中心资金需求情况等各方面因素统筹考虑后核定。企业科技服务净收入的分配由企业提出分配方案后报计财处，计财处报中心领导审批后实施。

第二十四条　中心和企业科技服务净收入除用于科技服务自身发展，以及企业科技服务净收入用于企业自身发展外，应重点用于科技服务的科技创新和技术研发，提高科技服务的科技内涵和服务水平。

第七章　监督检查

第二十五条　中心和企业应当完善科技服务的各项内部财务控制制度和民主决策制度。重大支出事项必须集体研究决定。

第二十六条　科技服务财务必须定期公开，接受上级主管部门和群众监督。中心计财处定期将中心和所属企业科技服务创收和支出的明细项目定期在一定范围公开，并将此作为中心政务公开的重要内容之一。

第二十七条　加强对科技服务财务的监督。加强对中心和企业科技服务财务收支情况的动态管理，建立科技服务财务报告制度。中心计财处（或委托外审）可定期或不定期对中心各处室和企业的科技服务财务进行检查和审计。对审计中发现的问题，中心各处室和企业应及时整改。对涉嫌违纪或犯罪的，应移送纪检监察部门或司法机关处理，并视问题性质和情节轻重，按照有关规定追究中心各处室领导和企业领导的责任。

（起草人：刘欣　发布时间：2011 年 8 月）

公共气象服务中心基本建设项目管理办法

第一章 总 则

第一条 为加强公共气象服务中心（以下简称"中心"）基本建设项目管理，规范基本建设程序和行为，确保工程质量，提高投资效益。根据国家和中国气象局有关规定，制定本办法。

第二条 本办法所称基本建设项目是指全部或部分使用中央预算内基本建设投资或中心自筹经费投资，以扩大业务能力或新增工程效益为主要目的而实施的新建、改扩建、续建项目。

第三条 气象基本建设投资主要用于公益性、基础性和示范引导性气象项目，须形成新的固定资产或业务能力，一般包括以下几类项目：

（一）中国气象局重点工程项目。

（二）小型基础设施建设项目。

（三）小型业务类建设项目。

（四）中心安排的重点建设项目。

第四条 中心基本建设项目管理遵循科学管理、分级负责、严格程序、讲求效益的原则。要充分应用现代化管理手段，提高基本建设管理水平和科学决策水平。

第二章 管理职责划分

第五条 中心计划财务处是基本建设项目的管理部门，主要职责有：

（一）制定和修订本单位基本建设项目管理规章制度。

（二）负责组织项目可行性研究报告、初步设计的申报或审批，重点对项目申报中的预算内容进行审定和把关。

（三）组织基本建设项目的竣工验收和预决算审查，以及相关资料的管理。

（四）负责中心"中国气象行业建设项目管理信息系统"管理。

（五）负责组织各处室基本建设项目管理人员的培训。

（六）负责对中心基本建设项目进行检查、指导。

（七）负责组织项目绩效评价工作。

第六条 中心办公室是基础设施类基本建设项目的协管部门，中心业务科技处是业务类基本建设项目的协管部门，协管部门的主要职责有：

（一）负责组织编制业务类项目建议书、可行性研究报告、初步设计等，重点对项目申报中的业务内容进行审定和把关。

（二）负责对基本建设项目业务工作进行指导、跟踪检查与评估。

（三）负责基本建设项目的业务验收与业务化等工作。

（四）负责协助基本建设项目的绩效评价工作。

第七条 中心党委办公室（监察审计处）是基本建设项目的审计及监督部门，主要职责有：

（一）负责基本建设项目的审计工作。

（二）负责对基本建设项目的招投标等问题易发环节进行廉政监督及项目责任制管理。

第八条 项目建设承担处室负责项目建设的全过程管理，主要职责有：

（一）负责编报项目建议书、项目申报书、可行性研究报告、初步设计、实施方案等。

（二）负责项目实施、建设进度、质量、安全及运行管理。

（三）负责实施工程竣工验收的所有内容。

（四）负责相关资料的档案管理。

（五）负责完成项目绩效考评工作。

第三章　基本建设项目管理程序

第九条 中心基本建设项目从立项到建成交付使用应执行下列程序，一般情况下，完成上一道程序后方可转入下一道程序：

（一）编报项目建议书；

（二）编报可行性研究报告；

（三）纳入项目库管理；

（四）下达项目计划、预算；

（五）编报实施方案或初步设计；

（六）勘察、设计、监理、预算编制等委托或招标并签订相应合同；

（七）办理建设用地规划许可证、开工许可证等手续；

（八）工程施工招投标、签订施工合同；

（九）工程施工与管理；

（十）工程竣工验收；

（十一）工程结算审计与付款；

（十二）项目竣工财务决算审计、固定资产移交；

（十三）项目竣工验收；

（十四）资料整理归档；

（十五）绩效考评或后评价。

第四章　中国气象行业建设项目管理信息系统的管理

第十条　"中国气象行业建设项目管理信息系统"的基础信息是了解单位基本建设情况的重要途径，也是投资决策的重要依据。

第十一条　中心计划财务处负责每年结合中心实际需求，依据《气象部门项目库管理办法》（气发〔2009〕93号）将项目基本信息及可行性研究报告录入系统进行项目申报，并按照中国气象局的要求进行项目库执行分析。

第十二条　中心业务科技处负责将审定后的基本建设项目可行性研究报告按时按要求提交计划财务处，并根据建设项目的重要性进行排序。

第十三条　基本建设承担处室负责按要求进行项目可行性研究报告等的编制。

第五章　建设项目前期准备工作

第十四条　基本建设前期工作是从建设项目酝酿到开工建设以前进行的各项工作，是基本建设程序中重要的阶段。

基本建设前期工作主要包括：编写项目建议书、编制可行性研究报告、编报实施方案或初步设计、编制工程预算、招投标，以及按照管理权限提请建设主管部门审批等。

第十五条　估算总投资在1000万元及以上的建设项目应当按要求编写项目建议书。

项目建议书应根据国家需要和气象发展规划，在经过调查研究、收集资料、踏勘场址、初步分析经济效益和社会效益的基础上提出。

第十六条　基本建设项目均应编报可行性研究报告。

项目承担处室向计划财务处报送可行性研究报告时，应附上以下材料：

（一）城建规划部门的规划选址意见书。

（二）国土部门的用地预审文件。

（三）环境保护部门的环评审批文件。

（四）需要气象业务主管部门审批的，应附上业务审批意见。

（五）可行性研究报告的专家论证意见。

（六）其他必要的材料。

根据建设项目的性质、规模、投资及复杂程度，可行性研究报告的内容和所附材料，可以有所侧重或者合理简化。

技术复杂和有特殊要求的建设项目，还应提出两个以上设计方案，便于比较和审查。

可行性研究报告经计划财务处、业务科技处组织专家审定后，由计划财务处负责相关报批工作。

第十七条 估算总投资在 1000 万元及以上的建设项目，建设承担处室须委托具有相应资质的工程咨询机构编制可行性研究报告，并附上专家论证意见。

可行性研究报告批准前，计划财务处将视项目的重要程度组织评审；可行性研究报告批准后，如因情况变化，需要改变内容时，须报中心审定后，报原批准单位同意。

第十八条 估算总投资在 1000 万元及以上的建筑安装工程都应进行初步设计，对技术复杂和有特殊要求的建设项目，还应进行技术设计。抗震设防、消防、人防等应严格按照国家有关规定执行。初步设计的总概算应控制在已批准的可行性研究报告规定的范围以内，建设内容超过可行性研究报告投资范围 10% 以上，或总概算超过可行性研究报告批复估算 10% 以上的，项目可行性研究报告须重新报批。

初步设计批准后，不得随意修改。建设承担处室根据批准的初步设计进行施工图设计。

第十九条 施工图设计应遵循国家强制性建设规范和限额设计的原则，经审查的施工图预算原则上不得突破批准的初步设计概算。

第二十条 气象部门基本建设项目执行招投标制度，基础设施建设项目的招投标实行属地化管理原则。必须进行招投标的建设项目，其招标文件、施工合同应接受计划财务处、党委办公室（监察审计处）审查。

任何单位和个人不得将依法必须招标的项目化整为零或者以其他任何方式规避招标。

第二十一条 凡列入集中采购目录以内的或者采购限额标准以上的货物、工程、服务，必须进行政府采购，具体要求按《中华人民共和国政府采购法》《气象部门政府采购管理实施办法》（气发〔2005〕73 号）等相关规定执行。

第六章　工程施工管理

第二十二条　建设项目实行项目责任人终身负责制。建设项目实施前，建设承担处室须确定项目责任人。

第二十三条　工程建设要坚持先勘察、后设计、再施工的原则。必须委托有相应资质的单位进行勘察、设计，严禁使用没有加盖设计单位和图纸审核单位图章的施工图。在基本建设中要积极推广使用新技术、新材料和新工艺，执行《公共建筑节能设计标准》（GB 50189-2005），依靠科学技术，确保工程效益和质量。

第二十四条　实行工程施工变更签证审批制度。工程建设必须严格按图纸施工，经项目责任人确认需要变更的，视变更内容的重要性，上报项目领导小组，经中心审定批准后方可实施。

第二十五条　建设项目应当委托具有相应资质的工程监理单位进行监理，并与监理单位依法订立合同，明确双方的权利、义务及索赔条件、范围等。

第二十六条　建设项目的勘察、设计、施工、设备材料的采购要依法订立合同。合同应明确工程价款及价款调整的范围，应明确质量要求、履约担保和违约处罚条款。

第二十七条　建设项目实行质量监督制度。按属地化管理，新建、改建、扩建等工程，需到地方建设主管部门办理建设用地规划许可证、工程施工许可证的，应到当地建筑工程质量监督机构办理工程质量监督手续。

第二十八条　建设项目实行质量保修制度。建设单位在与施工单位签订施工承包合同时，在国家建筑建设部门有关质量保修标准要求下，明确建设工程的保修范围、保修期限和保修责任。

第七章　计划、财务、审计管理

第二十九条　中心基本建设项目投资计划要贯彻执行国家有关法律、法规，做好基本建设项目资金的筹集、分配和使用，依法监督和考核基本建设项目计划、支出预算执行情况，严格控制建设成本，提高投资效益。

第三十条　项目预算一经批复，任何单位和个人不得擅自调整项目预算。确须调整的，必须经中心审定后报中国气象局审批。

第三十一条　建设项目要加强设计概算、施工图预算、项目竣工财务决算管理。建设承担处室依据施工合同、施工图预算，按工程进度拨款。建设项目竣工后必须编制工程竣工决算，依批准的竣工决算调整固定资产账。

第三十二条　申请调整概算的项目，凡概算调增幅度超过原批复概算10%及以上的，原则上先商请审计单位进行审计，待审计结束后，区分不可抗因素和人为因素对概算调整的内容和原因进行审查，视具体情况进行概算调整，必要时组织专家评审后方予核定批准。

申请调整概算时，应提交以下材料：

（一）原初步设计文件及初步设计批复文件。

（二）由具备相应资质单位编制的调整概算书，调整概算与原批复概算对比表，并分类定量说明调整概算的原因、依据和计算方法。

（三）与调整概算有关的招标及合同文件，包括变更洽商部分。

（四）调整概算所需的其他材料。

第三十三条 对由于价格上涨、政策调整等不可抗因素造成调整概算超过原批复概算的，经核定后予以调整，调整的价差不作为计取其他费用的基数；对由于勘察、设计、施工、设备材料供应、监理单位过失造成调整概算超过原批复概算的，根据违约责任扣减有关责任单位的费用，超出的投资不作为计取其他费用的基数。

第三十四条 中心基本建设项目工程价款结算应按照财政部《建设工程价款结算暂行办法》（财建〔2004〕369号）中的相关规定在合同条款中进行约定。其中，工程款支付额度如下：

（一）工程预付款可根据所在地区基本建设项目实际情况确定，但最高不超过合同价款的30%。为确保资金安全，应有相应的抵押办法（如对等的履约保证金、银行履约保函或其他等）。

（二）工程进度款累积支付额度（工程预付款已分期抵扣）应控制在合同价款的60%～90%。

（三）结算审计后应预留5%的工程尾款作为工程维修质保金。

第三十五条 中心基本建设项目财务管理要求按财政部《基本建设财务管理规定》（财建〔2002〕394号）和中国气象局基本建设财务管理有关规定执行。

第三十六条 中心基本建设项目审计按照《公共气象服务中心内部审计工作办法》中相关规定执行。中心党委办公室（监察审计处）负责组织开展对中心基本建设项目的审计工作。

第八章 竣工验收及绩效考评与后评价

第三十七条 中心建设项目实行竣工验收制度。竣工验收分为工程竣工验收和项目竣工验收。

（一）工程竣工验收，指组成项目每一个单项工程的验收工作。由建设承担处室负责组织实施，工程质量监督机构会同勘察、设计、工程监理、施工等部门组成验收小组，按照批准的初步设计或实施方案及国家规定的工程竣工验收规范组织验收。

（二）项目竣工验收，指依据《气象建设项目竣工验收规范》（QX/T 31-2005）规定，由计划财务处牵头组织，会同业务科技处、党委办公室（监察审计处）对建设项目实施全过程进行验收。

第三十八条 中心建设项目实行项目绩效考评制度。项目申报时应确定明确的绩效目标，作为绩效考评的依据。项目完成后，项目建设承担处室及时填报《项目绩效报告》，计划财务处按中国气象局统一要求组织开展绩效考评，完成《项目绩效评价报告》。

第三十九条 气象部门建设项目推行后评价制度。后评价制度主要包括项目预期目标实现、建设方案和工程设计、建设周期、合同执行和项目投资效益（社会效益和经济效益）等评价内容。中国气象局根据实际工作情况，委托有资质的社会中介机构，有选择性地对部分项目开展后评价工作。

第九章 资料档案管理

第四十条 建设项目档案资料包括基本建设项目的提出、调研、可行性研究、评估、批复、勘测、设计、招投标、施工、设备调试、竣工、使用等活动中形成的文字材料、图纸、图表、计算材料、声像材料等。

第四十一条 建设承担处室应按照《中华人民共和国档案法》、基本建设项目档案资料管理规定和中国气象局档案管理的有关规定，从项目申请立项时，即开始进行档案资料的积累、整理、审查工作。项目竣工验收时，同步完成资料的验收和归档工作。

第四十二条 档案资料的汇总整理。

（一）建设项目实行总承包的，各分包单位负责收集、整理分包范围内的档案资料，交总包单位汇总、整理。竣工时由总包单位向建设承担处室提交完整、准确的项目档案资料。

（二）建设项目由建设承担处室分别向若干单位发包的，各承包单位负责收集、整理所承包工程的档案资料，交建设承担处室汇总、整理，或由建设承担处室委托一个承包单位汇总、整理。

第四十三条 施工单位要按规定编制好竣工图。工程竣工验收前，建设承担处室组织检查竣工图的质量。

第十章 奖励与惩罚

第四十四条 对工程质量优良的项目，中心对建设承担处室将给予表扬。

第四十五条 建设项目未按规定的程序和审批权限进行立项而擅自开工建设的，中心将责令停工并进行通报批评，视情况对已建设项目进行处置，并视造成损失情况，追究项目责任人的责任。

第四十六条 由于建设承担处室管理不善、失职渎职，擅自扩大规模、提高标准、增加建设内容，故意漏项和报小建大等造成调整概算超过原批复概算的，中心将给予通报批评。对于超概算严重、性质恶劣的，将追究项目承担处室的相关责任。

第四十七条 违反本办法规定不进行项目竣工财务决算审计，不进行竣工决算工作，造成国有资产流失的，未及时办理竣工验收手续、未经竣工验收或验收不合格即交付使用的，以及违反国家有关规定的，中心将追究建设承担处室及其责任人的责任。

第十一章 附 则

第四十八条 小型业务类建设项目和中心安排的建设项目根据建设内容特点，其项目管理程序可适度、合理简化。

第四十九条 本办法由计划财务处负责解释，自发布之日起施行。

（起草人：韩萌、刘欣 发布时间：2015 年 12 月）

公共气象服务中心政府采购管理办法

第一章 总 则

第一条 为了加强中国气象局公共气象服务中心（以下简称"中心"）政府采购管理，建立和规范中心政府采购运行机制，根据《中华人民共和国政府采购法》、《中华人民共和国政府采购法实施条例》（国务院令第 658 号）、《政府采购非招标采购方式管理办法》（财政部令第 74号）、《中央国家机关政府采购工作规程（试行）》（国机采字〔2006〕9 号）、《气象部门政府采购管理实施办法（征求意见稿）》，结合中心实际情况，制定本办法。

第二条 中心各部门（采购单位）使用纳入预算管理的资金采购国务院公布的政府集中采购目录以内或者采购限额标准以上的货物、工程和服务的行为。

第三条 各类项目应当采购本国货物、工程和服务，并优先采购节能、环保、安全和自主创新产品。

需要采购非本国货物、工程和服务的项目，依据《政府采购进口产品管理办法》（财库〔2007〕119 号）的要求执行，由计划财务处进行审核后报中国气象局计划财务司，经财政部审批后方可实施。

购买的产品属于政府强制采购节能产品范围的，应当按照《国务院办公厅关于建立政府强制采购节能产品制度的通知》（国办发〔2007〕51 号）和财政部、发展改革委公布的《节能产品政府采购清单》，在强制采购节能产品范围内购买。对于其中同时列入《环境标志产品政府采购清单》和《节能产品政府采购清单》的产品，应当优先于只获得其中一项认证的产品。其中《节能产品政府采购清单》中以"★"标注的为强制采购节能产品的品目。政府采购工程项目应当严格执行环境标志产品优先采购制度。

第二章　政府采购的管理职责

第四条　计划财务处是中心政府采购归口管理机构，负责中心政府采购活动的组织协调、监督管理、计划上报、信息统计、资料的收集。

业务科技处是中心政府采购辅助管理机构，负责部门集中采购、分散采购项目需求的审核。

监察审计室负责政府采购行为合法合规情况的监督。

中心各部门（采购单位）负责采购事项的具体实施。

第五条　计划财务处的主要职责：

（一）根据国家政府采购法律、法规及气象部门规章制度制定和完善中心政府采购管理实施办法。

（二）组织编制、汇审上报中心政府采购预算，转发政府集中采购目录和部门集中采购目录。

（三）负责政府采购计划的制定、执行及年度统计报表的上报。

（四）对中心政府采购活动实施管理，监督检查政府采购执行情况。

（五）负责组织委托中央国家机关政府采购中心对特定品目进行采购，签订相关的采购合同并监督、验收合同履约情况。

（六）负责批量集中采购项目的政府采购。

（七）负责采购项目资金来源及采购计划合理性的审核。

（八）审核汇总和报送中心政府采购备案和审批事项。

第六条　业务科技处的主要职责：

（一）负责部门集中采购和分散采购项目需求的审核。

（二）负责采购项目谈判文件内容的审核。

（三）负责合同签订的审核和验收。

第七条　监察审计室主要职责：

（一）负责政府采购的审计监管工作。

（二）负责采购项目谈判文件合法性的审核。

（三）负责开标评标环节的监督。

（四）负责合同履行的监督。

第八条　中心各部门（采购单位）的主要职责：

（一）严格执行政府采购法律、法规和规章制度。

（二）编制政府采购计划及预算报计划财务处。

（三）起草采购项目的招标及谈判文件。

（四）起草变更采购方式的理由备案和审批事项。

（五）完成政府采购合同签订的审批手续，履行政府采购合同并完成相关材料的收集整理工作。

第三章 政府采购的组织形式

第九条 政府采购组织形式分为政府集中采购机构采购、部门集中采购和单位自行采购。

政府集中采购机构采购，是指将属于政府集中采购目录中的政府采购项目，委托政府设立的集中采购机构代理的采购活动。

部门集中采购，是指中国气象局统一组织实施的采购活动。

单位自行采购也称分散采购，是指各级预算单位采购限额标准以上的未列入集中采购目录的项目自行采购或者委托采购代理机构代理采购的行为。

第十条 属于政府集中采购目录内的项目，由中心各部门（采购单位）提出采购需求报计划财务处，由计划财务处审核汇总后报中国气象局计划财务司，按月委托政府集中采购机构代理采购。属于国家统一招标的协议供货项目，采购单位从财政部公布的中标范围内在中央政府采购网（http://www.zycg.gov.cn/）申请采购；协议供货的货物型号不能满足需求时，采购单位可以进行网上竞价采购。

第十一条 部门集中采购项目，由中心各部门（采购单位）向计划财务处提出采购需求，由计划财务处牵头组织业务科技处、监察审计室审核，审核同意后委托中国气象局资产管理事务中心政府采购中心承办，由计划财务处、监察审计室进行监督审查。

第十二条 单位自行采购（即分散采购）由采购单位向计划财务处提出采购需求，通过公开招标、邀请招标、竞争性谈判、单一来源、竞争性磋商等方式进行采购（非公开招标方式遵照中国气象局《关于〈气象部门非公开招标方式采购管理暂行办法〉的通知》（气发〔2009〕79号）执行）。其中土建工程类项目，由办公室牵头组织实施，货物或服务类项目由业务科技处组织实施。

（一）采购单项或批量金额在20万元以下的货物、服务类项目，由中心各部门（采购单位）自行采购。

（二）采购单项或批量金额在20万（含）～100万元之间的货物及服务类项目，中心各部门（采购单位）向计财处提出采购需求，由计划财务处牵头组织业务科技处、监察审计处对项目进行审查并签署审批意见后，由中心各部门自行组织采购。

（三）采购单项或批量金额在100万（含）元以上项目、120万（含）元以上的工程项目，由中心各部门（采购单位）向计划财务处提出采购需求，由计划财务处牵头组织业务科技处、监察审计处参与审查并签署《会商意见》后，委托中国气象局政府采购中心或委托社会中介代理机构组织采购。

第十三条 单位自行采购的方式。

（一）公开招标

公开招标应作为政府采购的主要采购方式。中心各部门（采购单位）采购货物或者服务应当采用公开招标方式的，其具体数额标准由国务院规定。中心各部门（采购单位）不得将应当以公开招标方式采购的货物或者服务化整为零或者以其他任何方式规避公开招标采购。

（二）邀请招标

符合下列情形之一的货物或者服务，可以采用邀请招标方式采购：

1.具有特殊性，只能从有限范围的供应商处采购的。

2.采用公开招标方式的费用占政府采购项目总价值的比例过大的。

（三）竞争性谈判

符合下列情形之一的货物或者服务，可以采用竞争性谈判方式采购：

1.招标后没有供应商投标或者没有合格标的或者重新招标未能成立的。

2.技术复杂或者性质特殊，不能确定详细规格或者具体要求的。

3.采用招标所需时间不能满足用户紧急需要的。

4.不能事先计算出价格总额的。

（四）单一来源采购

符合下列情形之一的货物或者服务，可以采用单一来源方式采购：

1.只能从唯一供应商处采购的。

2.发生了不可预见的紧急情况不能从其他供应商处采购的。

3.必须保证原有采购项目一致性或者服务配套的要求，需要继续从原供应商处添购，且添购资金总额不超过原合同采购金额10%的。

（五）询价

采购的货物规格、标准统一，现货货源充足且价格变化幅度小的政府采购项目，可以采用询价方式采购。

（六）网上竞价

如协议供货的货物型号不能满足中心各部门（采购单位）需求，可以采用网上竞价方式采购。

（七）竞争性磋商

符合下列情形之一的货物或者服务，可以采用竞争性磋商方式采购：

1.政府购买服务项目。

2.技术复杂或者性质特殊，不能确定详细规格或者具体要求的。

3.因艺术品采购、专利、专有技术或者服务的时间、数量事先不能确定等原因不能事先计算出价格总额的。

4. 市场竞争不充分的科研项目，以及需要扶持的科技成果转化项目。

5. 按照招标投标法及其实施条例必须进行招标的工程建设项目以外的工程建设项目。

第十四条 达到公开招标数额标准的采购项目，应当采用公开招标采购方式。因特殊情况需要采取公开招标以外的邀请招标、竞争性谈判、竞争性磋商、询价和单一来源等采购方式的，应当在采购活动开始前报送计划财务处，由计划财务处报送中国气象局计划财务司并经财政部批准后实施。

第十五条 中心采取公开招标方式的政府采购项目的采购信息，应当在政府主管部门指定的政府采购信息发布媒体上公告。其中，委托政府集中采购机构代理采购的信息，由该机构承办公告事宜；部门集中采购的信息，由中国气象局资产管理事务中心政府采购中心办理公告事宜；中心自行采购达到公开招标数额标准的采购项目信息，在政府采购信息发布媒体上公告。必须公告的政府采购信息包括招标公告、中标或成交结果。中心各处室自行招标采购的项目，须在中心内网上进行公示。

第四章　政府采购的预算和计划

第十六条 中心政府采购工作基本流程：

（一）编制年度政府采购预算。

（二）按季度编报政府采购实施计划。

（三）实施政府采购（政府集中采购机构采购、部门集中采购、分散采购）。

（四）计划财务处留存一份政府采购相关资料，按季度编报政府采购执行情况表。

第十七条 中心各部门（采购单位）应根据经费预算和采购需求的预测情况，将该财政年度政府采购项目及资金预算报送计划财务处，由计划财务处审核汇总后报中国气象局计划财务司。

第十八条 根据财政部批复的部门预算，中国气象局计划财务司将政府采购预算随部门预算批复至中心，由计划财务处根据批复组织执行。

第十九条 采购单位根据政府采购预算编制政府采购计划，按照计划财务处每次规定的时间和下发的计划表的要求报送，由计划财务处上报中国气象局计划财务司报财政部备案。

第二十条 中心各部门（采购单位）对政府采购计划进行补充调整的，需编报政府采购计划追加（减）表，报送计划财务处备案。

第二十一条 无政府采购预算的政府采购项目，不得实施采购。

第五章　政府采购备案和审批

第二十二条 政府采购备案和审批，是指中心各部门（采购单位）按照规定以文件形式报送备案或审批的有关政府采购文件及采购活动事项，报送计划财务处审核汇总后报中国气象局计划财务司，经财政部依法予以备案或审批的管理行为。

第二十三条 除财政部另有规定外，备案事项不需要回复意见。下列事项应报计划财务处，由计划财务处报中国气象局计划财务司送财政部备案：

（一）中央单位政府采购评审专家库以外的部门集中采购评审专家人选。

（二）政府集中采购和部门集中采购实施计划。

（三）调整后的政府集中采购和部门集中采购实施计划。

（四）经财政部批准，采用公开招标以外采购方式的执行情况。

（五）部门集中采购项目的合同副本。

（六）国家法律、行政法规规定的其他需要备案的事项。

第二十四条 审批事项应当经财政部依法批准后方可组织实施。下列事项应报计划财务处，由计划财务处报中国气象局计划财务司送财政部审批：

（一）达到公开招标数额标准的采购项目，因特殊情况需要采用公开招标以外的采购方式的。

（二）因特殊情况需要采购非本国货物、工程或服务的。

（三）财政直接支付项目因采购合同变更而涉及支付金额的。

（四）国家法律、行政法规规定的其他需要审批的事项。

第六章 采购合同的签订、履行与归档

第二十五条 政府集中采购和部门集中采购项目的采购文件及相关资料，由计划财务处负责归档。

第二十六条 分散采购的采购文件及相关资料（如招标公告、招标文件、投标文件、评标结果、中标公告、合同等），由牵头采购部门负责整理交计财处归档。

第二十七条 政府采购应当签订书面合同，采购合同应当由中心各部门（采购单位）与中标、成交供应商签订。合同管理遵照《公共气象服务中心合同管理办法》执行。

第二十八条 中标、成交通知书发出时间超过30日，中心各部门（采购单位）或中标、成交供应商任何一方拒绝签订合同的，违约一方应当向对方支付采购文件中规定的违约金。

第二十九条 中心各部门（采购单位）及牵头组织中心各部门（采购单位）应当按照合同约定，对履约情况进行验收。国家重点工程项目应当委托国家专业检测机构办理验收事务。

履约验收应当依据事先规定的标准和要求，不得增加新的验收内容或标准。凡符合事先确定标准的，即为验收合格。当事人对验收结论有异议的，应当请国家有关专业检测机构进行检测。

第三十条 政府采购合同订立后，不得擅自变更、中止或者终止。经合同双方当事人协商一

致的，可以依法变更合同。

第三十一条　中心各部门（采购单位）应当按合同约定及时支付采购资金。须直接支付的项目，按直接支付规定程序向计划财务处提交资料，办理直接支付手续。

第七章　监督检查

第三十二条　中心计划财务处、业务科技处、监察审计室及采购单位负责人，按照管理权限履行政府采购监督管理职责，对中心各部门（采购单位）执行政府采购法律、法规和规章制度情况进行监督检查。

第三十三条　各政府采购管理部门对政府采购活动进行监督检查的主要内容：

（一）政府采购法律、法规、制度和政策的执行情况。

（二）政府采购预算和政府采购实施计划的编制、执行情况。

（三）政府集中采购和部门集中采购项目的执行情况。

（四）政府采购备案或审批事项的落实情况。

（五）政府采购信息在政府指定媒体上的发布情况。

（六）政府采购合同的订立、履行、验收和资金支付情况。

（七）其他有关事项。

第三十四条　本规定自印发之日起实施，由计划财务处负责解释。

（起草人：杨琢、刘欣　发布时间：2017 年 9 月）

公共气象服务中心国有资产管理办法

第一章 总 则

第一条 为规范和加强公共气象服务中心（以下简称"中心"）国有资产使用和处置管理，提高国有资产使用效益，规范国有资产处置行为，防止国有资产流失，根据财政部《中央级事业单位国有资产使用管理暂行办法》（财教〔2009〕192号）、《中央级事业单位国有资产处置管理暂行办法》（财教〔2008〕495号）、《中央行政事业单位固定资产管理办法》（国管财字〔2000〕13号）、《事业单位国有资产管理暂行办法》（财政部令第36号）、《关于印发气象部门国有资产使用和处置管理两个暂行办法的通知》（气发〔2010〕6号）的有关规定，结合中心实际情况，制定本办法。

第二条 本办法所指的国有资产是指事业单位占有、使用的，依法确认为国家所有，能以货币计量的各种经济资源的总称，即事业单位的国有（公共）财产，包括国家拨给的资产，按照国家规定运用国有资产组织收入形成的资产，以及接受捐赠和其他经法律确认为国家所有的资产，其表现形式为流动资产、固定资产和无形资产等。

第三条 国有资产的管理应当遵循权属清晰、安全完整、风险控制、注重绩效的原则。

第四条 中心国有资产的管理和使用坚持国家统一所有、统一领导、分级管理、责任到人、物尽其用的原则，确保国有资产不流失。

第二章 管理体制及职责

第五条 中心计划财务处为国有资产管理部门，通过资产管理信息系统对中心国有资产进行统一管理，其主要职责是：

（一）贯彻执行国家有关国有资产管理的法律、行政法规和政策。

（二）根据财政部、气象部门有关国有资产管理的规定，制定本单位国有资产管理的具体办法并组织实施。

（三）负责国有资产合理配置，负责闲置资产的调剂，会同资产使用部门定期进行资产清查，并对各单位的资产管理工作进行监督检查，确保其安全、完整。

（四）负责国有资产的登记，按照国有资产管理信息化的要求，及时将资产信息录入管理信息系统，统一印发资产卡片及条码，负责保管国有资产管理档案。

（五）负责办理国有资产调拨、转让、报损、报废、捐赠等申报手续及规定范围内的审批工作。

（六）定期与中国气象局财务核算中心（以下简称"核算中心"）核对国有资产明细，做到账实相符。

（七）接受主管部门和财政部的监督、指导，并报告有关国有资产管理工作。

第六条 中心各单位应设国有资产管理员（可由行政或业务秘书兼任），管理员负责本部门占有、使用的国有资产的日常管理，对资产的使用情况进行监督和检查，确保国有资产的安全完整。严格按照有关审批程序配备及使用、处置国有资产，负责保管国有资产卡片，保证资产条码及时正确地粘贴在设备上。工作调动时必须办清交接手续。

第七条 国有资产直接使用人负责国有资产的使用与维护，未经批准不得擅自调换和处置国有资产，对所用资产的安全完整负责。资产如有丢失、损坏或报废，使用人应立即告知本部门资产管理员进行相应处理。工作调动时，应在办理资产交还或转移手续后，方可办理调动手续。

第八条 国有资产的统一建账、统一核算，由中心委托核算中心负责，设置国有资产总账及明细分类账，对国有资产的增减变动进行账务处理。

第三章　国有资产的范围、分类与计价

第九条 符合下列标准的列为固定资产：

（一）使用年限在一年以上，一般设备单位价值在 1000 元以上、专用设备单位价值在 1500 元以上，并在使用过程中基本保持原有实物形态的资产。

（二）单位价值虽未达到规定标准，但耐用时间在一年以上的大批同类物资也作为固定资产管理。

第十条 固定资产分为六类：房屋及建筑物，专用设备，一般设备，文物和陈列品，图书，其他固定资产。

（一）房屋及建筑物，是指房屋、建筑物及其附属设施。房屋包括办公用房、业务用房、经营用房、职工宿舍、食堂用房、仓库、锅炉房等；建筑物包括道路、围墙、水塔、车库、地下设

施等；附属设施包括房屋、建筑物内的电梯、通信线路、输电线路、水气管道等。

（二）专用设备，是指各种用于天气观测和气象预报业务及信息资料传输具有专门性能和专门用途的设备，包括各种地面观测设备、高空探测设备、专用计算机、天气雷达、气象卫星及接收设备等。

（三）一般设备，指办公和业务用的通用性设备，包括办公用家具、用具、电气机械设备、通信设备、视频设备、电子计算机及外围设备、专用软件、钟表及定时仪器、体育设备、娱乐设备、交通工具等。

（四）文物和陈列品，是指历史文物、纪念品、装饰品、展品、藏品等。

（五）图书，是指图书馆（室）、阅览室、资料室的图书、资料等。

（六）其他固定资产，是指未能包括在上述各项内的固定资产。

第十一条 固定资产的计价。

（一）购入、调入的固定资产，按照实际支付的买价、调拨价以及运杂费、安装费、车辆购置附加费等的合计金额记账。

（二）基本建设项目形成的固定资产，按照项目竣工决算完成额入账；自行建造的固定资产，按照建造过程中实际发生的全部支出记账；对于建设周期比较长，在建设期间分期、分批投入使用的固定资产，按照暂估价值入账，待项目竣工决算完成后，再按照实际价值进行调整。

（三）在原有固定资产基础上改建、扩建的固定资产，按照改建扩建发生的支出，减去改建、扩建过程中发生的变价收入后的余额，增记固定资产账。

（四）接受捐赠的固定资产，需向中心计财处提供捐赠单位或个人出具的固定资产价值证明（转让合同或原始发票复印件等），无价值证明的，按照同类固定资产的市场价格或者有关凭证记账，接受捐赠固定资产时发生的相关费用，应当记入固定资产价值。

（五）无偿调入的固定资产，按照原值入账，不能查明原值的，按照估价入账。

（六）盘盈的固定资产，按照重置完全价值或者估价入账。

（七）已投入使用，但尚未办理移交手续的固定资产，可以按照暂估价值入账，待其实际价值确定后，再按照确定后的价值进行调整。

（八）用外币进口的设备，按照当时的汇率折合成人民币金额，加上由我方支付的国外部分的运费及其他费用（外币应当折合成人民币金额），加上支付的关税、海关手续费等计价入账。

（九）融资租入的固定资产，按照租赁协议或者合同确定的价款加上运杂费、保险费、安装费等记账。

（十）购置固定资产过程中发生的差旅费，不记入固定资产价值。

（十一）调出、报废等处置固定资产，按照账面原值注销。

第十二条 凡属大型专用设备，若在使用过程中增加、更换了新配件，应将新配件的价值加入该设备的原值中，再减除被更换旧配件的价值，以形成该设备新的价值。待该设备需要报废时，以最终价值作核销处理。

第十三条 不符合固定资产标准的各种办公用品、用具、生活用品、器具、材料等资产，统一作为办公耗材管理，也要分类登记，参照本办法管理。

第十四条 办公耗材分为五类：办公设备耗材，电脑周边耗材，输出介质耗材，影视设备耗材，其他耗材。

（一）办公设备耗材，是指打印机与复印机耗材，如硒鼓、墨粉盒、碳粉、墨盒喷头、墨水、碳带及配件等。

（二）电脑周边耗材，是指鼠标、键盘、音箱、耳麦、插座、电源、U盘、移动硬盘、刻录光盘、内存条、录音笔等。

（三）输出介质耗材，是指彩喷纸、相片纸、背胶纸、卡纸、打印纸、复印纸、特殊用途纸等。

（四）影视设备耗材，是指磁鼓、带仓、组件、电机、搜索轮、压带轮、清洁轮、电位器、面板、禁录开关、F5板、磁带及其他配件等。

（五）其他耗材，是指未能包括在上述各项内的且未达到固定资产标准的资产。

第四章　资产配置及使用

第十五条 国有资产的配置应当充分考虑现有资产的配备情况及财力的可能，根据业务工作的需要，本着合理、节约、高效的原则，在认真研究和科学论证的基础上，编制预算和购置计划，按照审批权批准后执行。

第十六条 国有资产配置应当分清资金渠道，属于基本建设范围的，由基本建设投资解决；不属于基本建设投资范围的，由事业经费或者其他经费解决。

第十七条 各单位应当严格按照计划配置国有资产，做做到专款专用。对属于纳入政府采购的商品，按照政府采购到专款专用。对属于纳入政府采购的商品，按照政府采购的有关规定执行。

第十八条 各单位对购置、接受捐赠、无偿划拨等方式获得的资产应及时办理验收入库、国有资产登记及财务入账手续；自建资产应及时办理竣工验收、竣工财务决算，并按要求办理资产移交、产权登记。

第十九条 国有资产的使用包括单位自用、对外投资和出租、出借等方式。

第二十条 各单位国有资产自用管理应本着实物量和价值量并重的原则，定期清查实物资产，对资产丢失、毁损等情况实行责任追究制度。

第二十一条 对由不同资金渠道形成的国有资产实行统一管理。购置的国有资产在报销前，无论是何种经费开支和通过何种渠道取得，都必须办理验收、登记手续，验收合格后，才能办理有关账务处理和领用手续。具体按以下程序办理：

（一）经办人在购入资产时应取得正规有效的发票，发票中应详细填写商品名称、品牌、规格、型号、数量、单价、金额并加盖销售单位发票专用章。经办人持发票到中心计财处验收，验收合格后，由经办人、资产管理员及具有审批权限的领导在发票上签字，并对固定资产指定使用人，如有多人共同使用同一固定资产，要指定其中一人为资产责任人。

（二）经办人持验收、签字后的发票到计财处进行资产登记，按照发票上的资产信息对固定资产录入资产管理信息系统并发放国有资产增加单及条码，对单位价值 500 元以上的办公耗材录入耗材台账并发放耗材增加单，增加单一式三联，由核算中心、中心计财处和资产使用部门分别留存。

（三）经办人持发票及增加单到核算中心办理报销手续。资产使用部门留存的增加单由本单位资产管理员统一保管，资产条码由资产使用人负责粘贴在实物资产明显位置，以便进行资产清查。

第二十二条 需要利用国有资产对外投资、出租、出借等应当在科学论证、公开决策的基础上提出申请，附相关材料，按审批权限进行审批。具体要求和程序按《气象部门国有资产使用管理暂行办法》执行。

第五章 国有资产的日常管理

第二十三条 要建立资产的领用交还制度，将国有资产管理落实到人。

第二十四条 工作人员调动、离职、退休或其他原因离开中心的，应及时交回配备和领用的资产，由所在单位资产管理员对交回的资产进行核对、签收，方可在人事处办理调动、离职、退休等手续。

第二十五条 资产随人员在中心内部单位之间调动的，须事先征得调出、调入单位领导同意，由双方单位签署《气象部门固定资产调拨单（中心内部）》意见并盖章，再到中心计财处办理资产变更手续。

第二十六条 因公出国人员可携带在国外工作期间需要使用的资产，但须经所在单位领导同意，并在单位资产管理员处进行登记。因私出国人员不得携带中心资产离境。

第二十七条 单位国有资产一般不得对外出租出借，确须出租出借的，应由所在单位提出申请，由中心计财处审核后，报公共气象服务中心分管领导审批。

第二十八条 中心计财处会同资产使用部门定期对中心各单位国有资产进行全面清查，至少每两年一次。中心各单位须对本部门资产进行自查，至少每年一次。

第六章　国有资产的处置

第二十九条　国有资产的处置是指对占有、使用的国有资产进行产权转移或注销的行为。处置方式包括无偿调拨（划转）、对外捐赠、出售、转让、置换、报废、报损等。

第三十条　国有资产按照以下原则进行处置：

（一）对确因技术性能落后或者本部门不适用等原因，但使用功能尚好的资产，且已达到资产最低使用年限标准的（见附件）经资产使用部门人员鉴定后可申请调拨或者变卖。

（二）对确因长期使用磨损、技术落后等原因不宜继续使用，或者维护修理费用过高（修理费用在产品价值 50% 以上），无修复价值的资产，经专业人员鉴定后可提出报废申请。

电子类产品由系统室指定专人鉴定，办公家具类资产、交通运输类资产由办公室指定专人鉴定，影视类资产由制播部指定专人鉴定，其他类资产由计财处资产管理人员鉴定。

（三）对由于自然灾害、责任事故等非正常原因造成的国有资产毁损，应当由资产使用部门写出书面报告并提出处理意见，按照规定进行报损处理。

（四）变卖资产的价格和报废资产的残值确定，必须经有关人员讨论评估，采取集体定价或者拍卖的办法。

（五）国有资产转为投资的，必须按照有关规定进行资产评估。

（六）长期闲置不用、低效运转、超标准配置的资产，用于部门内部非经营性的，原则上实行无偿调拨；用于部门内部经营性的和对部门外的调剂，原则上实行有偿转让；事业单位隶属关系改变，资产应当无偿移交。

（七）资产处置收入，包括出售、出让、转让、转换、报废、报损等资产过程中获得的收入，均属国家所有，在扣除相关费用后，一律上缴核算中心，列入修购基金，实行"收支两条线"管理。

第三十一条　资产处置应当严格审核，逐级申报，分级审批：

（一）一次性处置资产单位价值或批量价值 5 万元（不含）以下，经各单位领导审核后，由中心计财处审批；5 万元以上至 200 万元（不含）以下的，经中心计财处审核后，由中心分管领导、中心分管计财领导共同审批；200 万元以上的，在鉴定可以报废后，经中心主任审核后，报中国气象局审批并备案，方可进行处理。

	各单位	计财处	中心分管领导及分管计财领导	中心主任	中国气象局备案
5 万元（不含）以下	√	√			
5 万～200 万元（不含）	√	√	√		
200 万元以上	√	√	√	√	√

（二）重大自然灾害导致的资产报废、报损，重点工程建设项目中一次性无偿调拨以及气象部门内部各单位之间无偿捐赠固定资产按以下程序审批，一次处置资产单位价值或批量价值在800万元（不含）以下的，经资产管理部门审核后，由中心分管领导审批；800万元以上的，经中心主管领导审核后，报中国气象局审批。

	各单位	计财处	中心分管领导及分管计财领导	中心主任	中国气象局审批
5万元（不含）以下	√	√			
5万～800万元（不含）	√	√	√		
800万元以上	√	√	√	√	√

第三十二条 单位价值在50万元（含）以上的资产处置，根据审批单位的批复，委托具有资产评估资质的评估机构对拟处置的资产进行评估（气象专用设备应当经过中国气象局业务职能司审核或授权审核），评估结果报中国气象局备案。评估结果按照国家有关规定须经核准的，报财政部核准。

第三十三条 各单位处置资产，应当按以下程序办理：

（一）资产使用部门提出申请报告，填写《气象部门国有资产处置申请表》，并附相关材料，经本部门领导审核后，形成正式文件交中心计财处。

（二）中心计财处对申报处置材料进行合规性、真实性等审核，也可对拟处置的资产有关情况进行实地核查。审核后，按照本办法第三十一条规定的审批权限审批或上报。

（三）中心计财处根据批准意见实施资产处置，办理相关手续。

（四）各单位将批准处置（对外捐赠、报废、报损、无偿调拨等）的资产按照批复自行处置。

第三十四条 处置资产时，应当根据不同情况提交以下有关文件及材料：

（一）资产处置申请文件。

（二）《气象部门国有资产处置申请表》。

（三）资产价值凭证及产权证明，如购货发票或收据、工程项目竣工决算副本复印件等。

（四）气象部门内部资产无偿调拨（划转），填写《气象部门固定资产调拨单》以及《气象部门国有资产处置申请表》。若资产无偿调拨（划转）到气象部门外其他单位的，应提供双方意向性协议及接收方同意接收的有关文件。

（五）资产对外捐赠，应提交捐赠报告（包括捐赠事由、途径、方式、责任人、资产构成及交接程序等），还应提交受赠方出具的同级财政部门统一印（监）制的捐赠收据或捐赠资产交接清单，也可是城镇街道、乡镇等基层政府组织出具的证明；使用货币资金对外捐赠的，应提供货币资金的来源说明等。

（六）资产出售、出让、转让，须提交出售、转让方案及其他相关材料。

（七）申请资产置换，应提交对方单位拟用于置换资产的基本情况说明、是否已被设置为担保物等；双方草签的置换协议，对方单位的法人证书或营业执照的复印件及单位近期的财务报告等相关材料。

（八）资产报废、报损，应提交对非正常损失责任事故的鉴定文件及对责任者的处理文件。

（九）资产对外投资发生损失，应提交被投资单位的清算审计报告及注销文件，债权或股权凭证、形成呆坏账的情况说明和具有法定依据的证明材料，申请仲裁或提起诉讼的相关法律文书等。

（十）其他相关材料。

第七章 国有资产的监督管理

第三十五条 中心计财处及各单位资产管理员有权对所辖范围内的资产使用和管理情况进行监督检查，发现问题及时处理。

第三十六条 对资产监督检查的主要内容包括：

（一）各项资产管理制度执行情况。

（二）对所占用、使用的资产是否做到合理、节约、有效使用。

（三）资产是否安全、完整，有无遭到侵犯、损害。

（四）资产处置是否按照有关规定履行申请审批程序，手续是否完备。

（五）对单笔采购 500 元以上的办公耗材，各单位资产管理员须于一周以内在中心办公网进行公示，计划财务处不定期抽查。

（六）其他需要监督检查的内容。

第三十七条 对未经单位批准，将占用、使用的资产擅自处理的，按照相关规定追究有关负责人责任。

第三十八条 对接受捐赠、调拨的资产，不及时办理资产审批登记手续的，追究有关负责人及经办人的责任。

第八章 附 则

第三十九条 本办法由中心计财处负责解释。

第四十条 实际管理工作中，出现本办法未明确的事项，按国家有关规定执行。

第四十一条 本办法自下发之日起执行。

（起草人：乔亚南、黄祎、刘欣 发布时间：2017 年 9 月）

附件

北京市市级行政事业单位固定资产最低
使用年限标准（试行）

京财绩效〔2009〕1125号

一、固定资产最低使用年限标准的使用范围和要求

本标准是指北京市市级行政事业单位日常办公设备使用的最低年限，不是报废年限。

对已达到规定使用年限但尚可继续使用的资产，各单位要继续使用，充分发挥资产的使用效益，对未达到规定使用年限标准的，且没有损毁的资产，行政事业单位不得自行处置，财政部门一律不安排更新资金。各单位要加强对行政事业单位固定资产使用、处置和更新过程的监督检查，确保国有资产安全完整。

专业性设备按照行业标准执行，没有行业标准的可参照本标准执行。

二、固定资产最低使用年限标准

1. 台式计算机，6年。

2. 笔记本电脑，6年。

3. 显示器（大屏幕显示屏），6年。

4. 复印机，6年（或复印速度小于等于20页/分钟的，总页数达到50万页；复印速度大于20分钟的，总页数达到80万页）。

5. 扫描仪，8年。

6. 激光（喷墨）打印机，7年。

7. 针式打印机，8年。

8. 一体机，6年（或打印、复印、传真总页数达到120万张）。

9. 传真机，10年。

10. 碎纸机，10年。

11. 投影仪，8年。

12. 数码摄影、摄像设备，8年。

13. 其他摄影、摄像设备，10年。

14. 服务器，6年。

15. 小型机，8年。

16. 路由（交换）设备，6年。

17. 网络安全设备，4年。

18. 电冰箱，10年。

19. 电视机，10年。

20. 空调，10年。

21. 洗衣机，8年。

22. 电开水器，5年。

23. 办公家具长期使用（损坏无法修复可报废）。

24. 公务用车使用年限超过10年或车辆行驶超过40万公里；车辆无法达到交通管理部门年度检查标准及无法通过环保部门审验；其他经财政部门批准进行处置的车辆。

党　务　篇

以习近平为总书记的党中央高度重视党的建设工作，十九大以来，根据党的政治建设、思想建设、组织建设、作风建设、纪律建设、制度建设"六位一体"从严设计、从严推进、从严考核，使得全面从严治党成效卓著。习近平总书记在十九大报告中明确指出："从严管党治党，是我们党最鲜明的品格。"在党的建设中，制度建设是更带有根本性、全局性、稳定性、长期性的建设，不断提高制度建设的科学化水平，是保持和发展党的先进性、巩固党的执政地位的重要保证。党务篇正是为保障公共气象服务中心党建和党风廉政建设"有法可依"、有序进行、健康发展，根据党中央精神，结合中心工作实际制定的系列规章制度。

公共气象服务中心党支部、党小组工作职责

为推动全面从严治党向基层延伸，保持发展党的先进性和纯洁性，强化公共气象服务中心（以下简称"中心"）各党支部及党小组的政治思想引导作用、组织协调作用、服务指导作用，有效激发基层党组织的先锋模范作用和战斗堡垒作用，根据中心实际，制定党支部、党小组工作职责。

一、党支部工作职责

（一）认真组织落实中心党委各项工作和要求，执行"三会一课"制度。对党员进行教育、管理、监督和专题轮训，提高党员素质，增强党性，引导党员自觉、按时、按标准交纳党费，履行党员义务。

（二）要将党建和党风廉政建设的要求融入日常管理工作之中，认真传达落实中心党建和党风廉政建设以及反腐败工作的相关部署安排，通过组织"三会一课"等，虚心听取本支部党员意见建议，确保本支部的党建和党风廉政建设工作落到实处。

（三）自觉接受中心党委委员、纪委委员的指导和监督，及时向联系本单位的党委委员、纪委委员通报开展党建和党风廉政建设以及反腐败工作的情况。

（四）对要求入党的积极分子进行教育和培养，做好经常性的发展党员工作，重视吸收一线业务人员中的优秀分子入党。

（五）开展丰富多彩的党支部活动，践行"改革创新，艰苦创业；严谨求实，科学立业；进取奉献，爱岗敬业；开放共享，协同兴业"的公服精神，加强社会主义核心价值观教育，推进党支部文化建设。

二、党小组工作职责

（一）认真履行"三会一课"制度，定期或不定期召开党小组学习和活动，组织、督促党员

按时参加党组织的有关活动。

（二）协助党支部做好对党员的经常性教育，接受党员的汇报，关心和了解党员的思想、工作、学习、生活等情况，并及时向党支部汇报。做好群众的思想政治工作，及时向党支部反映群众的呼声和要求。

（三）组织、指导和监督党员认真贯彻上级党组织的决议，按照实际情况和需要，给每个党员分配一定的工作，组织党员实现党支部的决议，努力完成党支部布置的各项工作任务。

（四）协助党支部做好入党积极分子的培养、教育、考察工作，以及接收新党员、对预备党员进行教育考察和收缴党费等工作。

（五）开展丰富多彩的党小组活动，践行"改革创新，艰苦创业；严谨求实，科学立业；进取奉献，爱岗敬业；开放共享，协同兴业"的公服精神，加强社会主义核心价值观教育，推进党小组文化建设。

（起草人：刘彦卿　发布时间：2016 年 6 月）

中共公共气象服务中心委员会"三会一课"制度

"三会一课"制度是党的组织生活的基本制度，是党的基层党支部应该长期坚持的重要制度，也是健全党的组织生活，严格党员管理，加强党员教育的重要制度。为深入学习贯彻党的十八届六中全会精神，进一步加强和规范党内政治生活，严格党的组织生活，推动全面从严治党向基层延伸，特制定本制度。

一、"三会一课"基本制度

"三会"是指定期召开支部党员大会、支部委员会、党小组会。"一课"是指按时上好党课。

"三会一课"要突出政治学习和教育，突出党性锻炼。把组织党员开展经常性政治学习和教育摆在突出位置，精心研究和准备"三会一课"主题、内容和学习教育载体。要结合工作实际，加强党员思想交流和沟通，加强党性分析体检，开展批评与自我批评，统一思想，增进团结，改进工作，共同提高。

（一）支部党员大会制度

1.会议时间：每季度召开一次，会议由党支部书记主持，书记不在时由副书记主持。

2.与会人员：会议由支部全体党员参加，根据内容的需要，有时可吸收非党干部或入党积极分子列席参加。

3.会议内容：

（1）学习党章党规、政治理论和党的基本知识，传达和学习党的路线、方针、政策和上级党组织的决议、指示，讨论制定党支部贯彻落实的计划、措施。

（2）审查和通过支部委员会的工作报告，对支部委员会的工作进行审查和监督。

（3）讨论发展新党员和接受预备党员转正。

（4）民主评议党员，评选优秀党员，处分犯有错误的党员，处置不合格党员。

（5）选举支部委会和出席上级党代会的代表。罢免、撤换不称职的支部委员和出席上级党代会代表。

（6）讨论执行上级党组织布置的任务和支部委员会提交的其他问题。

（7）讨论需由支部大会决定的其他事项。

4.会议形成的决议由支部委员会负责检查落实。

5.会议记录：支部组织委员负责会议记录，记录内容包括时间、地点、主持人、缺席人员名单、请假人员名单、会议议题、会议决议等。会议记录要认真保管，年终归档备查。

（二）支部委员会制度

1.会议时间：支部委员会每月召开一次。必要时，支部书记可随时召集。

2.与会人员：会议由全体支委会成员参加。会议由党支部书记主持，书记不在时由副书记主持。

3.会议内容：

（1）讨论和研究思想政治工作和党员教育工作。

（2）研究贯彻上级党组织的指示、决定和工作部署。

（2）研究支部工作计划、工作总结、重要活动的安排部署等。

（3）听取支部委员会和党小组织的工作汇报。

（4）研究党支部建设包括支部班子自身建设和党员的发展、教育、管理、纪律检查等工作。

（5）开展批评与自我批评。

（6）讨论对党员的奖惩和处分。

（7）分析党员和群众的思想状况。

4.会议要求：支部委员会决定重要事项时，到会支部委员必须超过半数以上；如遇重大问题要作出决定，到会的委员不超过半数时，必须提交党员大会讨论。

5.会议形成的决议，应确定有关支委会成员负责检查落实，并向书记报告执行情况。

6.会议记录：指定专人做好会议记录，记录内容包括时间、地点、主持人、缺席人员名单、会议议题、会议决议等。会议记录由专人保管，存档备查。

（三）党小组会制度

1.会议时间：党小组会一般每月召开一至两次，如支部有特殊任务，次数可增加，也可推迟召开。

2.与会人员：会议由小组全体党员参加，由党小组长主持。

3.会议内容：

（1）传达贯彻上级党组织的指示、决议，研究落实措施。

（2）组织党员学习党章党规、政治理论、党的基本知识以及党的路线、方针、政策，不断提高党员素质。

（3）根据支部布置，向党员分配工作。

（4）讨论入党积极分子的培养和教育以及预备党员转正问题。

（5）评选优秀党员；民主评议党员。

（6）经常性听取党员关于思想、工作、学习以及生活等方面的情况汇报交流。开展批评与自我批评，帮助党员发扬成绩，纠正错误，更好地发挥先锋模范作用。

4.注重效果：会前要有准备，会议内容要集中，每次会议有针对性、有重点地解决问题。

5.会议记录：指定专人做好会议记录，会议记录要认真保管，存档备查。

（四）党课制度

1.上课时间：每个季度上一次党课。

2.党课内容：

（1）学习中国共产党章程。

（2）学习党的方针政策。

（3）学习党建相关理论和知识。

（4）结合当前形势，对党员进行先进性教育和形势、任务教育。

3.党课要求：

（1）要认真制定党课计划，由组织委员负责。

（2）建立考勤制度，无特殊情况，不能无故缺席。对因故未能参加党课的党员要及时补课。

（3）党课教员由支部书记担任，也可以邀请上级领导及党员先进典型人物和由具备授课能力的其他支委担任。每次授课必须要充分准备，讲课时要联系实际，讲求实效。

（4）每次党课要认真做好记录，以备上级检查考核。

二、制度的执行与检查

（一）党支部要根据党章和党内的有关规定，严格执行"三会一课"制度，对无故不参加组织生活的党员，要进行严肃的批评教育，情况严重的，要依据党章和党内有关规定进行严肃处理，坚决维护党的组织生活制度的严肃性。

（二）党员领导干部要带头。党员领导干部应以普通党员身份，按照要求积极参加学习讨论，如实汇报思想情况，认真开展批评与自我批评，自觉接受党组织和党员的教育、管理和监督，为其他党员做出表率。

（三）加强对"三会一课"制度落实情况的督促检查。

1.中心党委要对党支部"三会一课"落实情况进行经常的指导和督促检查。检查重点内容包括：是否按时召开，记录是否完备，人员参加请假情况；是否突出政治学习和教育、突出党性锻炼；是否准备充分，内容集中，重点突出；是否密切结合思想、学习、工作、生活实际，增强针对性、有效性等。

（2）党支部要结合年度支部工作计划，做好支部"三会一课"计划，认真做好"三会一课"的记录，注意"三会一课"资料的保存和积累。党支部要定期对"三会一课"落实情况进行自查，总结提高。

（3）党委办公室负责对党支部"三会一课"落实情况的检查，定期安排各支部自查和集中检查（每年4次），不定期安排现场督查，列席支部"三会一课"，通过亲身参与的方式了解实际开展情况并进行现场点评，并对检查情况进行通报。

（4）党委办公室将定期对"三会一课"活动集中检查情况进行公示和通报，检查结果纳入党支部、支部书记党建工作考核。对于连续两次集中检查情况较差的支部，党委办公室将对支部书记进行约谈。每年年底对"三会一课"活动开展情况进行总结，对表现优秀的支部予以通报表扬和奖励。

（起草人：王佳禾　发布时间：2017年5月）

公共气象服务中心党建"周·年"工作法

为了促进公共气象服务中心（以下简称"中心"）党建工作常态化，提高领导干部的"一岗双责"的意识和能力，增强干部职工的政治意识、组织意识、法治意识，确保中心党建工作主体责任真正落到实处，为全面推进中心气象服务现代化建设和深化气象服务体制改革提供坚强保障，制定本工作法。

一、基本内容

"周·年"工作法立足于中心工作实际，把中心在气象服务现代化建设和体制改革中突显出来的党员思想观念问题、工作作风问题和执行能力问题作为党建工作的切入点，通过实行每周一要点、每月一活动、半年一检查、全年一考核的工作办法，使得党建工作和业务工作深度结合，促进中心的文化建设与融合，助推改革发展。

二、主要做法

（一）每周一要点

由中心专职党委副书记在每周各单位主要负责人参加的例会上，针对一个要点进行解释和提醒，并进行讨论。要点问题包括近期的党建工作要求、相关制度解释、廉政提醒、文件传达、工作布置要求等。目的是提醒各位党员领导干部时刻警醒，落实好党建工作的主体责任，做好表率。

每周召开一次由中心分管领导和党委办公室参加的党建工作例会，讨论一周工作重点，确定下周提醒要点。

（二）每月一活动

每个月由中心党办牵头举办一次活动，活动形式包括主题讨论、理论学习、专题讲座，以及结合文化建设针对职工特长和兴趣爱好的摄影、棋牌、户外、文艺、亲子、体育等文化活动，增进团结，强化集体荣誉感和归属感。活动规模与参与职工范围可随实际情况灵活变化。

（三）半年一检查

结合中心半年工作总结，对各支部党建工作进行一次检查，通过专题检查、半年总结汇报等形式，对半年来落实主体责任情况、执行政治纪律和规矩、遵守组织纪律等情况、"四风"方面的情况、遵守八项规定情况等进行检查。

（四）全年一考核

每年年底，结合年终目标考核和中心处级领导述职工作，对各支部党建工作进行一次考核。在各处室目标考核及主要负责人年终考核综合评定中，对于出现问题的单位采取一票否决制。

三、组织落实

工作法由中心党委办公室牵头，中心各单位积极配合共同落实，并在工作实践中不断总结经验，创新方式，推动中心党建工作不断取得实效。

（起草人：毛恒青 发布时间：2015 年 4 月）

公共气象服务中心党委委员、纪委委员联系工作制度

为贯彻落实党中央关于全面从严治党的战略部署，切实全面加强和改进公共气象服务中心（以下简称"中心"）党建和党风廉政建设工作，进一步强化中心领导干部的责任意识，落实党建和党风廉政建设工作的主体责任和监督责任，结合中心实际，制定本制度。

一、工作目的

中心党委委员、纪委委员通过联系基层单位，及时了解各单位在贯彻全面从严治党要求、开展党建和党风廉政建设以及反腐败斗争工作中存在的问题，抓住落实"两个责任"的关键环节，紧盯各单位领导班子及成员履行党建和廉洁自律情况，进一步加强中心基层党建和党风廉政建设工作。

二、工作职责

（一）中心党委委员职责

1. 自觉学习和贯彻落实党中央和中国气象局党组的方针政策，严格执行党章和其他党内法规，加强对联系单位领导干部党建和党风廉政建设工作的指导和监督。

2. 带头严格落实全面从严治党主体责任，督促联系单位全面贯彻落实中央八项规定精神，认真学习贯彻党章和党内两部法规，坚决执行党的政治纪律和政治规矩。

3. 参与及指导联系单位的"三会一课"、民主生活会、党建和党风廉政建设以及文化建设等相关活动，督促联系单位贯彻落实好上级党组织和中心党委相关工作要求。

4. 与联系单位保持密切联系，及时了解和掌握其落实党建和党风廉政建设及相关工作情况，对出现的苗头性问题，及时纠正、及时提醒、及时进行批评教育。

（二）中心纪委委员职责

1. 带头落实全面从严治党监督责任，强化执纪问责，推动中心党风廉政建设和反腐败工作取

得实效。

2.主动与联系单位沟通，积极参与并指导联系单位组织开展反腐倡廉建设宣传和教育活动以及民主生活会，推进作风建设。

3.监督检查联系单位遵守党章和其他党内法规，遵守党的政治纪律和政治规矩以及贯彻执行民主集中制、选拔任用干部、作风建设、依法行使职权和廉洁自律、贯彻落实中国气象局党组和中心党委重大决策部署等情况。

4.参加中心党风廉政建设和反腐败工作的专项检查以及违规违纪事件的调查核实工作，对违规违纪行为、履行党风廉政建设主体责任不力造成严重后果的，提出问责建议，按照管理权限交有关部门实施责任追究。

（三）各单位职责

1.中心各单位主要负责人要切实履行本单位党建和党风廉政建设以及反腐败工作第一责任人的职责，坚持"一岗双责"，将党建和党风廉政建设的要求融入日常管理工作之中。

2.认真传达落实中心党建和党风廉政建设以及反腐败工作的相关部署安排，通过组织"三会一课"和民主生活会等，虚心听取本单位党员职工意见建议，确保本单位的党建和党风廉政建设工作落到实处。

3.自觉接受中心党委委员、纪委委员的指导和监督，及时向联系本单位的党委委员、纪委委员通报开展党建和党风廉政建设以及反腐败工作的情况。

三、工作要求

1.中心党委委员、纪委委员每年至少参加2次联系单位的有关工作会议或活动。

2.中心党委委员、纪委委员应认真记录开展联系工作的情况，尤其是在专项巡查整治中发现的问题，并及时向中心党委领导报告，以便中心党委抓住重点、针对短板讨论制定出切实、有效的改进措施。

3.中心党委委员、纪委委员在工作中应带头执行党风廉政建设和反腐败斗争的各项规定，依纪依法履行职责，同时，要严格遵守保密规定。

（起草人：赵红艳　发布时间：2016年3月）

公共气象服务中心领导干部联系群众工作制度

第一条 为树立全心全意为人民服务的宗旨，坚持群众路线，自觉树立群众观点，密切联系群众，改进工作作风，使公共气象服务中心（以下简称"中心"）领导干部联系基层、联系群众工作经常化、制度化、规范化，特制定本制度。

第二条 联系群众的主要任务。

（一）做好群众的思想工作，宣传和解读中心发展、改革的思路和相关政策，广泛凝聚群众力量。

（二）了解群众思想、工作、学习和生活情况，听取群众的意见和建议，帮助群众解决实际困难。

第三条 联系群众的主要内容和方式。

（一）坚持调查研究制度。中心领导要定期或不定期深入基层一线，调研了解基层对中心改革发展、业务服务的意见建议。

每年定期或不定期召开离退休干部、青年和新进职工座谈会，了解他们的思想、生活、工作等情况，听取他们对中心发展的建议，帮助他们解决实际困难。

（二）坚持送温暖制度。通过走访了解，对中心存在困难的家庭（包括患有重大疾病的职工、伤残职工家庭），中心领导要亲自带队走访慰问，帮助解决实际困难。在重大节日或重大气象保障服务期间，中心领导要到业务一线走访慰问。

（三）坚持信访接待制度。要认真贯彻落实群众来访接待制度，切实解决好群众反映的信访问题。建立中心领导接待日制度，由中心办公室负责制定中心领导接待值班表。

（四）坚持征求意见制度。要充分发扬民主，坚持走群众路线，根据具体情况，采取公开设置意见箱、电子信箱、召开座谈会等方式，方便群众反映情况。在每次中心领导班子民主生活会召开之前，广泛征求干部群众的意见和建议。

第四条 联系群众工作要求。

（一）中心领导在深入基层和群众了解情况时，要认真听取群众的意见建议。

（二）对基层工作中存在的问题，在职权范围内能解决的要及时解决。对于涉及面较大或一些重要问题，要及时汇总，报中心讨论解决。

第五条 中心领导联系群众工作，要以口头形式在民主生活会上做汇报，在年终班子和个人述职报告上要有此项内容。

第六条 本制度由中心办公室负责解释。

第七条 本制度自发布之日起实施。

（起草人：魏玮、马清云　发布时间：2014 年 7 月）

公共气象服务中心党委直接联系专家工作办法

（2017 年 12 月修订）

第一章　总　则

第一条　为加强高层次领军人才的管理和服务，进一步发挥高层次领军人才的作用，根据《中国气象局直接联系专家工作办法》（气发〔2010〕148 号）和《关于增强气象人才科技创新活力的若干意见》（中气党发〔2017〕25 号）的要求，结合公共气象服务中心（以下简称"中心"）实际，制定本办法。

第二条　中心党委直接联系专家（以下简称"直联专家"）工作，以党管人才和建立联系、发挥作用、搞好服务为原则，为气象服务发展聚才为目标，发挥直联专家决策咨询的作用、解决重大业务技术难题的作用、培养业务科技骨干人才的作用。

第三条　中心人事处负责直联专家的统筹协调，加强对直联专家的跟踪服务和管理。专家所在部门负责协助人事处做好日常联系和服务工作。

第二章　直联专家的范围

第四条　本办法所称的直联专家，是指中国气象局直接联系专家和中心管理的，在气象服务及相关领域取得重大成果、做出突出贡献的优秀专家，包括以下人员：

（一）国家"千人计划"入选者，"新世纪百千万人才工程"国家级人选，中国青年科技奖获得者，中国气象局特聘专家。

（二）国家科技进步一、二等奖主要贡献者，国家自然科学一、二等奖的主要贡献者，国家"863""973"计划、国家自然科学基金重大项目首席科学家，国家杰出青年基金获得者。

（三）国家重点科研、业务领域首席科学家，国家重点工程建设项目的总设计师、总工程师，国家和中国气象局重点实验室的主要负责人。

（四）正研级专家，"双百计划"人选，国家级首席预报员，国家级首席服务专家，国家级创新团队带头人，邹竞蒙气象科技人才奖获得者。

（五）中心气象服务首席和技术总师。

第三章　直联专家的管理

第五条　建立中心党委常委直接联系制度。采用中心党委常委与直联专家"结对"的形式，每位党委常委直接联系2～4名专家，党委常委应经常与分管直联专家沟通，听取意见，了解工作情况，解决实际问题。每年与分管直联专家面谈次数不得少于4次。

第六条　发挥直联专家决策咨询作用。中心党委常委和有关职能处室应组织直联专家围绕中国气象局党组的重大战略决策部署、中心气象服务体系建设的重点领域、重大业务技术难题等，开展战略性、前瞻性和全局性研究，为党委常委对重大事项的决策提供科学依据。

第七条　加强直联专家的动态管理。中心人事处负责建立直联专家信息库，动态更新直联专家的岗位变动、职务调整、出国培训、取得重大成果、获得奖励处分以及健康状况等信息。所在部门应帮助人事处及时掌握直联专家的相关信息。直联专家根据工作变动和工作需要随时调整补充。

第八条　改善直联专家工作生活条件。中心支持直联专家领衔组建创新团队，承担重大科研课题（项目），指导省级高级访问进修学者，对外业务工作交流，培养科技骨干人才，推动本专业领域的发展。根据中国气象局每年的专家疗养安排，优先考虑直联专家疗养休假。帮助解决直联专家生活方面遇到的困难。

第四章　附　则

第九条　本办法由中心人事处负责解释。

第十条　本办法自印发之日起施行。

（起草人：程洪娜、马清云　发布时间：2017年12月）

公共气象服务中心关于落实党风廉政建设
主体责任的实施意见

为贯彻落实党的十八届三中全会关于"落实党风廉政建设责任制，党委负主体责任"的要求，根据《中共中国气象局党组落实党风廉政建设主体责任实施意见》（中气党发〔2014〕34号），进一步加强公共气象服务中心（以下简称"中心"）党风廉政建设和反腐败工作，结合中心实际，制定本意见。

一、中心党委和各党支部主体责任的主要内容

（一）中心党委主体责任的主要内容

1. 加强组织领导。坚决贯彻落实中国气象局党组关于党风廉政建设的部署和要求，把党风廉政建设和反腐败纳入中心整体工作和考核目标。每年制定中心党风廉政建设和反腐败年度工作任务，并对此进行责任分解，强化过程监督检查，推动落实。加强对中心规律特点研究，完善惩治和预防腐败体系，不断提高党风廉政建设科学化水平。

2. 加强干部管理。认真贯彻落实《党政领导干部选拔任用工作条例》，防止出现选人用人上的不正之风和腐败问题。在研究干部提拔使用和进行岗位交流时，必须首先考察干部的廉政情况。对发现在党风廉政方面有问题的干部不得列入选用范围。发现干部身上有苗头性、倾向性问题要及时谈话提醒和教育。坚持在年度述职述廉考核中对处级干部履行"一岗双责"和廉洁自律情况进行严格监督检查。

3. 加强作风建设。深入持续贯彻落实中央八项规定精神，严格执行《公共气象服务中心关于贯彻落实中央八项规定的七项措施》和《公共气象服务中心关于厉行节约反对浪费的实施办法》，巩固党的群众路线教育实践活动成果，严控"三公"经费和会议费，抓常抓细抓长作风建设，严防"四风"问题反弹。

4.加强宣传教育。结合中心党员干部队伍实际，开展有针对性的党风党纪教育和廉洁从政教育。积极参与中国气象局党风廉政宣传教育月活动，坚持开展中心一年一度的党风廉政宣传教育月活动，组织党员、干部学习党风廉政建设理论和法规制度，开展案例警示教育，组织开展形式多样、有影响力的气象廉政文化建设。坚持严格执行干部"三项谈话"制度。

5.强化监督防控。进一步落实中心《建立健全惩治和预防腐败体系2013—2017年工作规划》，加强廉政风险防控，健全内部控制机制，推进权力运行程序化、规范化和公开透明。充分发挥中心党风廉政监督员作用。严格执行审批、项目经费监管、选人用人等方面的规章制度，从源头上堵塞腐败漏洞。

6.严肃执纪查处问题。领导和支持中心纪委依纪依规履行职责，及时听取工作汇报，协调解决重大问题。坚持抓早抓小、防微杜渐，对党员干部身上的问题，早发现、早教育、早查处。全力支持和保障纪委对重大违纪违法问题，坚决依法依纪依规依程序处理，并认真总结教训，查补漏洞。

7.勇于担当做好表率。党委书记和党委成员要带头加强党性修养，带头遵守党的纪律，带头坚持廉洁自律，带头履行主体责任，始终在思想上、政治上、行动上同党中央保持高度一致，承担起党风廉政建设和反腐败工作的领导责任，坚持民主集中制，管好职责范围内的人和事，自觉接受上级组织以及广大职工的监督。

8.发挥纪检监督作用。自觉接受驻局纪检组和局直属机关纪委的指导和监督。加强与中心纪委的情况沟通与交流，指导中心纪委依纪依法履行职责，监督检查中心各单位党风廉政建设情况和处级领导干部廉洁自律情况。

（二）中心各党支部主体责任的主要内容

基层党组织和广大党员肩负着重要政治责任，一言一行均关乎党的形象，各党支部要深化对党风廉政建设和反腐败斗争严峻复杂形势的认识，强化责任意识。

各党支部主体责任的主要内容：一是将党风廉政建设有机融入各自工作领域中，加强廉政教育，从易滋生腐败的关键工作环节入手做好源头预防腐败工作；二是严明党的纪律，严格党内生活，避免组织涣散、纪律松弛，对本党支部范围内党员干部出现的苗头性问题早提醒、不庇护；三是落实中央八项规定精神，坚决纠正"四风"，治理庸、懒、散，以"为民、务实、清廉"为目标持续加强作风建设。

二、中心纪委的责任范围

中心纪委在中国气象局直属机关纪委和中心党委领导下对中心党风廉政建设负监督责任，承担党委落实主体责任的日常协调工作。

（一）协助党委加强党风廉政建设。根据上级部署，结合中心实际，向党委提出党风廉政建设、廉洁文化建设、反腐败工作的建议。在党委统一领导下，发挥反腐败组织协调作用，整体推进惩治和预防腐败各项工作。全面开展党风廉政建设责任制检查考核，强化责任追究，确保党委关于党风廉政建设和反腐败工作的各项部署落实到位。

（二）严明纪律加强督查。严明政治纪律、组织纪律、财经纪律、工作纪律和生活纪律，强化党员干部的组织意识和纪律观念。加强对上级党组织、中心党委重大决策部署贯彻落实情况的监督检查，坚决杜绝违法违纪现象的发生。

（三）强化党内监督。认真落实党内监督条例，加强对中心党委、领导班子及其成员的监督。加强对人、财、物等管理权力较集中部门的监督。加强对各处级单位领导班子及其成员的监督，特别要加强对处级单位主要负责人履行职责和权力行使情况的监督。

三、健全完善层层落实的责任体系

为确保中心党委党风廉政建设主体责任落到实处，促进主体责任具体化、规范化、程序化，使各责任主体主动作为、各司其职，明确责任分工如下。

（一）党委责任范围。中心党委对中心党风廉政建设负全面领导责任、执行责任和推动责任。要进一步加强对中心党风廉政建设总体情况和存在问题的研讨，分析党风廉政建设形势，研究部署中心党风廉政建设和反腐败目标任务和工作计划，并推动工作落实。

（二）党委书记责任范围。中心党委书记是中心党风廉政建设第一责任人。必须坚持党风廉政建设和反腐败重要工作亲自部署、重大问题亲自过问、重点环节亲自协调、重要案件亲自督办。切实管好班子带好队伍，坚持原则，敢抓敢管，督促领导班子成员、下级领导班子廉洁自律，履行好党风廉政建设责任。

（三）党委成员责任范围。党委成员根据工作分工，对职责范围内的党风廉政建设工作负主要领导责任。须认真履行"一岗双责"责任，加强对分管单位领导干部的教育、管理和监督，检查督促分管单位及分管单位负责人廉洁自律、改进作风、履行党风廉政建设职责情况，做到业务、服务、管理工作管到哪里，党风廉政建设就深入到哪里。

（四）党支部书记责任范围。各党支部书记是中心各处级单位党风廉政建设第一责任人。须具体抓好本单位的党风廉政建设，强化意识，主动履行第一责任人的职责，带头严明纪律，带头执行八项规定，要看好自己的人、管好自己的事。要结合各自业务工作领域，分别将党风廉政建设责任融合落实到各自业务工作范畴中，肩负起对相关工作的监管责任。

四、加强制度建设和机制保障

（一）实行党风廉政建设责任分解和督查制度。每年度党委书记与中心各单位主要负责人签订落实党风廉政建设主体责任的责任书，形成责任明确、分级负责、层层落实、相互监督的责任体系。中心党委（纪委）加强对中心各党支部党风廉政建设主体责任落实情况的监督检查，并以此作为问责依据。

（二）建立健全党风廉政责任制考核制度。结合中心年度目标考核和述职述廉考核，进一步建立健全党风廉政责任制考核制度和考核办法，加大党风廉政责任落实情况在干部年度述职述廉以及选拔任用考核中的比重。

（三）建立健全问责追究制度。制定切实可行的问责追责实施办法，强化惩防并举、预防为主。对已经发生重大腐败案件和严重违纪行为的单位，实行"一案双查"，既追究当事人的责任，又追究相关领导的责任。对履行主体责任方面有失职渎职情节的，对有案不查、瞒案不报、袒护违纪问题的，严肃追究查处相关领导责任。

（四）建立健全约谈制度。中心党委书记每年至少约谈 1 次班子成员和各处级单位主要负责人。其他班子成员每年至少约谈 2 次分管单位主要负责人。各处级单位的主要负责人和班子成员也要结合实际建立定期约谈机制，密切党群干群关系，了解广大干部职工思想动态、意见诉求，及时发现问题、解决问题。

（五）建立党风廉政建设情况定期报告制度。中心党委每年向局党组和中央纪委驻局纪检组专题报告本年度履行主体责任情况和党风廉政建设工作，主要负责人和班子成员还要书面报告履行党风廉政建设责任情况和个人廉洁自律情况。要及时向局党组和局纪委报告中心党风廉政建设工作中的重大事项。中心纪委每年要向上级纪检机构和中心党委专题报告党风廉政建设的监督执纪情况。

（六）不断完善廉政风险防控体系。在现有基础上，加快推进中心廉政风险防控信息系统（含在中心综合信息管理系统中）的建设与运行。针对重点对象、重点领域和关键环节，不断完善权责清晰、流程规范、措施有力、预警及时的中心廉政风险防控体系。

（七）增强监督执纪工作能力。注重能力提升，加强纪检监察干部对法律、财务、金融等相关知识专题培训学习，拓宽纪检监察干部的思路和视野。加强对党风廉政监督员的领导和指导，定期进行工作汇报交流。

（起草人：赵红艳　发布时间：2014 年 12 月）

中共公共气象服务中心纪委落实党风廉政

建设监督责任实施办法

为深入贯彻习近平总书记系列重要讲话精神，认真落实党风廉政建设中纪委的监督责任，根据《中国共产党章程》《中国共产党党内监督条例（试行）》等党内法规规定以及《中共中国气象局党组落实党风廉政建设监督责任的实施意见》的要求，结合公共气象服务中心（以下简称"中心"）实际，经研究制定本实施办法。

一、明确监督对象与职责，强化纪委监督责任

（一）监督对象

中心纪委的监督重点对象是中心领导班子、各处级单位领导班子和各级党员干部。

（二）主要职责

1.维护党章和其他党内法规，经常对党员进行遵纪守法教育；向中心党委以及中央纪委驻局纪检组、局直属机关纪委报告党内监督工作情况，提出建议；依照权限组织起草、制定有关规定和制度，作出维护党纪的决定。

2.监督检查中心各级领导班子和成员遵守党章和其他党内法规，遵守党的政治纪律和政治规矩，以及贯彻执行民主集中制、选拔任用干部、加强作风建设、依法行使职权和廉洁从政、贯彻落实中国气象局党组重大决策部署等情况。

3.协助中心党委加强党风廉政建设和组织协调反腐败工作；督促党委落实党风廉政建设主体责任。

4.在直属机关纪委指导下，核查、处理党组织和党员违反党章和其他党内法规的案件，按照有关规定，决定或者取消对这些案件中的党员的处分。

5.受理对党员违反党纪行为的检举、控告，受理所在单位党组织和党员不服处分的申诉。

6.对中心各级领导班子及班子成员履行党风廉政建设主体责任不力、造成严重后果的，提出问责建议，按照管理权限交有关部门实施责任追究。

7.完成中国气象局党组、中央纪委驻局纪检组及中国气象局直属机关纪委交办的其他任务。

二、聚焦主业，明确纪检监察机构监督责任的主要内容

中心纪委承担党风廉政建设监督责任的主要内容如下。

（一）对中心各级领导班子和成员落实党风廉政建设主体责任情况进行监督检查。督促中心各级领导班子主要负责人自觉履行党风廉政建设和反腐败工作第一责任人职责，督促各级领导班子成员切实履行"一岗双责"，根据分工抓好职责范围内的党风廉政建设和反腐败工作。协助中心党委加强党风建设和组织协调反腐败工作。

（二）严格维护党的纪律。维护党章和党内其他法规，加强对党员领导干部执行党的政治纪律、廉洁纪律、组织纪律、群众纪律、工作纪律以及生活纪律等情况的监督检查。对党员进行党风廉政教育，积极推进廉政文化建设。检查党的路线、方针、政策、决议和中央重大决策部署的贯彻落实情况，依纪依法审查和处置违反党纪政纪的行为，受理涉及党员的检举、控告和申述，维护党纪的严肃性、权威性，保障党员的权利。

（三）对各级领导班子和领导干部监督。对中心各级领导班子及其成员落实党风廉政建设责任制、民主集中制和"三重一大"决策执行情况进行监督。对各级领导干部履行职责和行使权力进行监督。强化对各级领导班子主要负责人、重要岗位干部和可能提拔使用干部的监督。坚持抓早抓小，治病救人，对干部身上的问题做到早发现、早教育、早查处，防止小问题变成大问题。

（四）对作风建设执行情况进行监督。加强对中央八项规定落实情况的监督，持之以恒纠正"四风"，督促解决群众反映强烈的问题。督促加强对工程项目、科研经费、三公经费等监督管理。坚决查处公款吃喝、公车私用、公款旅游和送礼等问题，对违反中央八项规定、顶风违纪搞"四风"的问题发现一起处理一起，形成强大震慑。

（五）严肃查办案件，严格责任追究。坚持有案必查、有腐必惩，重点查办侵吞国有资产、以权谋私、腐化堕落、失职渎职案件；严肃查处违反中央八项规定案件；认真查处政府采购、基本建设、科研项目、选人用人进人等重点领域的案件。对发生重大腐败案件和不正之风的，实施"一案双查"，既要追究当事人责任，又要追究相关领导责任。

三、完善机制，建立健全监督责任相关制度

（一）严格执行有关请示报告制度。坚持每年向中国气象局党组、中央纪委驻局纪检组、中国气象局直属机关纪委专题报告履行监督责任的情况，遇有重大事项及时报告。按照中央纪委驻局纪检组的规定向其报告信访举报、案件查办情况。

（二）完善查信办案机制。健全问题线索主动发现和及时查处机制，通过信访举报、财务检查、内部审计、专项治理、不定时抽查等多种方式发现案件线索，坚持线索处置和案件查办向中心党委、中国气象局直属机关纪委、中央纪委驻局纪检组报告。

（三）坚持干部述廉与任前廉政谈话制度。严格执行领导干部年终考核述廉制度，在年度述职中要求包含述廉内容。严格执行对新提任的科级、处级干部任前廉政谈话制度，处级干部由专职纪委书记谈话，科级干部由各党支部书记谈话。做到及时提醒，及时预防，及时制止，及时纠正。

（四）建立纪检干部与群众监督相结合的监督机制。充分发挥各党支部纪检委员、中心纪委委员、党风廉政监督员和各民主党派人士的监督作用。形成上下结合、党群结合的整体监督机制。

公服中心党风廉政监督员、各党支部纪检委员随时监督所在党支部党员领导干部和党员遵守党内法规制度、履行党员义务、遵守党的政治纪律和政治规矩、落实中央八项规定、廉洁从政等情况，及时向所在党支部委员会提出加强党风廉政建设的意见和建议，定期向中心纪委汇报监督情况。

中心纪委委员、民主党派人士对中心各级领导班子及其成员和各级党员领导干部实施监督，及时向中心纪委反映存在问题并提出建议。

四、采取措施，推进监督责任落实

建立党委办公室与人事、计财、业务管理、综合管理部门联席会议制度，形成监督工作整体协调机制，及时沟通信息，交流情况，提出意见和建议，推进监督责任落实。

（一）加强对选拔任用干部工作的监督检查。

重点监督检查人事管理部门是否按照《党政领导干部选拔任用工作条例》的要求和规定的程序开展干部选拔任用工作。监督检查是否存在泄露动议、民主推荐、民主测评、考察、酝酿、讨论决定干部等有关信息；是否有在民主推荐、民主测评、组织考察工作中搞拉票等非组织活动；及时受理党员、干部、群众对选拔任用干部工作中违纪违规行为的举报、申诉，并按照有关规定核查处理。

（二）加强对财务管理、各项资金使用及财经纪律执行情况的监督检查。

监督检查是否按照"先批后办、预算控制、严格审批、科学管理"的原则办理财务支出事项。对财务支出审批权限及审批质量进行检查，对外拨经费合同进行审核。

监督检查政府采购，招投标工作是否符合《中华人民共和国政府采购法实施条例》《中华人民共和国招标投标法实施条例》的规定。

（三）监督检查科研课题、业务项目管理工作情况。监督检查科研课题、业务项目执行、验收结题是否按照相关规定办理。

（四）监督检查办事公开、公平、公正执行情况。监督检查在办公用房、集体宿舍、公寓等职工生活用房分配等方面是否坚持办事公开、公平、公正原则。

五、按照"三转"要求，加强纪检干部队伍建设

按照中央纪委"转职能、转方式、转作风"的要求，突出纪委工作主业，强化监督执纪问责。

各党支部纪检委员、中心纪委委员要带头遵守廉洁自律各项规定和中央八项规定，在维护党章和遵纪守法上做表率，做到对党忠诚、勇于担当，自觉接受组织监督和群众监督。

加强业务学习和实践锻炼，结合实际加大对各党支部纪检委员、党风廉政监督员、中心纪委委员培训，不断提高纪检干部队伍的政治素质和业务能力。

（起草人：赵红艳　发布时间：2015 年 10 月）

公共气象服务中心党委对领导干部进行提醒、
函询和诫勉的实施细则

为认真贯彻《关于新形势下党内政治生活的若干准则》、《中国共产党党内监督条例》、《关于对党员领导干部进行诫勉谈话和函询的暂行办法》（中办发〔2005〕30号）、《关于组织人事部门对领导干部进行提醒、函询和诫勉的实施细则》（中组发〔2015〕12号）、《中共中国气象局党组关于印发〈气象部门对领导干部进行提醒、函询和诫勉的实施规程〉的通知》（中气党发〔2017〕14号），全面落实中央和中国气象局党组全面从严治党、加强干部管理监督有关要求，进一步规范和落实好对领导干部的提醒、函询和诫勉工作，制定本实施细则。

一、总则

（一）本细则所指领导干部为公共气象服务中心（以下简称"中心"）党委管理的正科级及以上干部。

（二）对领导干部进行提醒、函询和诫勉工作，应当坚持从严要求，把纪律挺在前面，抓早、抓小、抓苗头，防止小毛病演变成大问题；坚持关心爱护干部，注重平时教育培养，促进干部健康成长。

（三）制定本细则的主要目的是规范中心对领导干部实施提醒、函询和诫勉的操作流程。

（四）提醒是对苗头性倾向性问题以及其他需要引起注意的情况的处置方式，包括对干部进行批评教育和责令检查。提醒一般采用谈话方式进行，也可以采用书面方式。

函询是处置问题线索的重要方式，对反映问题笼统、难以查证核实的线索，反映轻微违纪问题的线索，可以采取函询的方式进行处置。

诫勉是对轻微违纪，或虽不构成违纪，但造成不良影响的问题的处理方式。诫勉可以采用谈话方式，也可以采用书面方式。

（五）中心党委、纪委和人事部门（中心人事处、华风集团人力资源部）（以下统称"实施机构"）按照干部管理权限开展提醒、函询和诫勉工作。根据工作需要，中心党委全面领导提醒、函询和诫勉工作并负主体责任，实施机构负责具体实施。

（六）出现需要提醒、函询或诫勉情形的，根据问题线索的性质和职责分工，由实施机构启动提醒、函询或诫勉工作并按程序和要求实施；涉及职能交叉的，由中心党委负责人指定人事部门或中心纪委启动并按程序和要求实施。

二、提醒

（一）领导干部有下列情形之一的，应及时进行提醒：一是在干部日常管理监督或党内集中教育活动、领导班子民主生活会、年度考核、巡视巡察、审计等工作中，发现干部存在苗头性倾向性问题，或收到相关信访反映的；二是上级转来需要进行提醒的；三是其他需要引起注意的情况。

（二）对领导干部进行提醒，由实施机构研究提出提醒工作建议方案，拟提醒对象是正处（正经理）领导干部的报中心党委主要负责人和分管负责人批准，其他领导干部报中心党委分管负责人批准。建议方案包括拟提醒对象姓名、单位（部门）及职务、提醒事由和方式、谈话人或书面提醒的提醒函等内容。

（三）对领导干部实施提醒前，要与提醒对象所在单位（部门）主要负责人沟通，其中涉及正处（正经理）领导干部的，要向中心分管负责人报告。

（四）采取谈话方式实施提醒的：对正处（正经理）领导干部，由中心党委主要负责人或分管负责人谈话，也可委托实施部门主要负责人谈话；对其他领导干部，由中心党委分管负责人谈话，也可由实施部门主要负责人谈话，或委托提醒对象所在单位（部门）主要负责人谈话。

（五）谈话时，谈话人应向提醒对象说明提醒原因，指出有关问题，听取提醒对象所做的说明、解释或检讨。问题已讲清楚的，谈话人视情况向提醒对象提出相关要求、意见或建议；问题没有讲清楚的，谈话人责成谈话对象进一步作出详细书面说明。

（六）提醒谈话必要时可做谈话记录。委托提醒对象所在单位（部门）负责人谈话的，要做好谈话记录，由单位（部门）主要负责人签字后及时报送委托部门。

（七）采取书面方式实施提醒的：由实施机构向提醒对象发送提醒函，除正处（正经理）领导干部外，其他干部的书面提醒函同时抄送其所在单位（部门）主要负责人。

三、函询

（一）领导干部有下列情形之一，除进行调查核实的外，应对其进行函询了解：一是信访举报及其他途径反映干部存在政治思想、履行职责、工作作风、道德品质、廉政勤政、组织纪律等方面问题，须由本人说明的；二是在干部考察、干部考核、巡视巡察、经济责任审计和其他专项检查中发现的有关问题，须由本人说明的；三是上级组织转来要求干部就有关问题作出说明的；

四是其他需要进行函询的。

（二）对领导干部进行函询，由实施机构研究提出函询工作建议方案，拟函询对象是正处（正经理）领导干部的报中心党委分管负责人批准，其他领导干部报实施机构负责人批准。建议方案包括拟函询对象姓名、单位（部门）及职务、函询理由、函询问题摘要等内容及函询通知。

（三）函询对象应在接到函询通知后15个工作日内，实事求是地作出书面回复，其中除正处（正经理）领导干部以外的其他干部的书面回复材料应由其所在单位（部门）主要负责人签字。如有特殊情况不能如期回复的，应当在规定期限内说明理由。对函询问题没有说明清楚的，可以再次对其进行函询或采取其他方式进行了解。函询对象无故不按期书面回复的，两次函询后仍未说明清楚的，或从回复材料中发现存在其他问题的，可委托函询对象所在单位（部门）主要负责人对其进行督促，也可以直接进行调查了解。

（四）收到函询对象回复后，实施机构要对函询了解情况进行认真梳理审核，并区别不同情况提出处理意见，报告中心党委负责人。反映不实或者没有证据证明存在问题的，予以了结澄清。问题轻微不需要追究纪律责任的，采取谈话提醒、批评教育、责令检查、诫勉谈话等方式处理。反映问题比较具体，但被反映人予以否认，或者函询说明存在明显问题的，应当再次函询或者进行初步核实。

四、诫勉

（一）领导干部存在下列问题，虽不构成违纪但造成不良影响的，或者虽构成违纪但根据有关规定免予党纪政纪处分的，应当对其进行诫勉：一是遵守党的政治纪律、组织纪律不够严格的；二是执行民主集中制不够严格，个人决定应由集体决策事项或者在领导班子中闹无原则纠纷的；三是执行《党政领导干部选拔任用工作条例》不够严格，用人失察失误的；四是法治观念淡薄，不依法履行职责或者妨碍他人依法履行职责的；五是违反规定干预市场经济活动的；六是不认真落实中央八项规定精神和厉行节约反对浪费规定的；七是脱离实际、弄虚作假，损害群众利益和党群干群关系的；八是无正当理由不按时报告、不如实报告个人有关事项的；九是执行廉洁自律规定不严格的；十是纪律松弛、监管不力，对身边工作人员发生严重违纪违法行为负有责任的；十一是在巡视巡察、经济责任审计中发现存在违规行为的；十二是从事有悖社会公德、职业道德、家庭美德活动的；十三是其他需要进行诫勉的情形；十四是上级组织转来要求予以诫勉的。

（二）对领导干部进行诫勉，由实施机构研究提出诫勉工作建议方案，拟诫勉对象是正处（正经理）领导干部的报中心党委集体研究，其他领导干部报中心党委主要负责人和分管负责人批准。建议方案包括拟诫勉对象姓名、单位（部门）及职务、诫勉理由和方式等内容。对领导干部实施诫勉前，实施机构要与诫勉对象所在单位（部门）主要负责人沟通。

（三）采用谈话方式实施诫勉的，由实施机构向诫勉对象下达诫勉谈话通知。除正处（正经理）领导干部外，其他干部的诫勉谈话通知同时抄送其所在单位（部门）主要负责人。

（四）对领导干部进行诚勉谈话，除诚勉对象外至少还应有两人在场。诚勉对象是正处（正经理）领导干部的，一般由中心党委主要负责人或分管负责人谈话，或委托实施机构主要负责人谈话；其他领导干部由分管负责人谈话，或由实施机构负责人谈话，或委托诚勉对象所在单位（部门）主要负责人谈话。诚勉谈话时，应向诚勉对象说明诚勉的原因，指出有关问题，提出有针对性的要求，听取诚勉对象所作的说明、解释或检讨，并明确其提交书面检查的时间。诚勉谈话应当做好记录，诚勉对象阅后签字。委托诚勉对象所在单位（部门）负责人谈话的，诚勉谈话记录由单位（部门）主要负责人签字后及时报送委托机构。

（五）采用书面方式实施诚勉的，由实施机构向诚勉对象发送书面诚勉通知。除正处（正经理）领导干部外，其他干部的书面诚勉通知同时抄送其所在单位（部门）主要负责人。

（六）对干部的诚勉时间为6个月，从实施诚勉之日开始计算。受到诚勉的干部，取消当年年度考核评优和评选各类先进的资格，取消本任期考核评优资格，6个月内不得提拔或者进一步使用。

（七）诚勉期满后，实施机构应当通过适当方式，对诚勉对象的改正情况进行了解。对于没有改正或者改正不明显的，根据情节轻重，提出调离岗位、引咎辞职、责令辞职、免职、降职等组织处理建议，报中心党委集体讨论决定。

（八）经了解诚勉对象改正情况较好的，按期解除诚勉，并由实施机构通知干部所在单位（部门）及其本人。

五、工作要求

（一）认真履职，敢于担当。中心党委和实施机构要敢于担当，切实履行干部管理监督职责，积极发挥提醒、函询、诚勉的警示教育作用。工作中要做到既坚持原则、严肃纪律、落实从严要求，又体现对干部的关心爱护，注重平时教育管理，促进干部健康成长。

（二）严格遵守工作纪律。在提醒、函询和诚勉工作中，相关工作人员和工作对象要严格遵守信访纪律、保密纪律及其他纪律。违反规定的，视情节轻重，给予相应的组织处理或纪律处分。发现工作对象隐瞒、编造、歪曲事实或回避问题，甚至对反映问题人员进行打击报复的，要根据情节轻重，给予组织处理；构成违纪违法的，移送有关部门依纪依法处理。

（三）建立提醒、函询和诚勉工作档案管理制度。人事部门和纪委按照有关规定分别对提醒、函询、诚勉有关材料进行管理，及时归档并留存。对受到诚勉的正处（正经理）领导干部，实施机构要将诚勉通知、诚勉谈话记录表及干部本人作出的书面检查材料，经中心（华风集团）主要负责人签字，于诚勉谈话后15个工作日内报中国气象局人事司备案。

本细则由中心党建工作领导小组办公室解释。

（起草人：王佳禾、马清云　发布时间：2017年6月）

公共气象服务中心党费收缴、使用和管理办法

第一章　总　　则

第一条　按照党章规定按时向党组织交纳党费，是共产党员必须具备的起码条件，是党员对党组织应尽的义务。党费收缴、管理和使用，是党的基层组织建设和党员队伍建设中的一项重要工作。为进一步加强公共气象服务中心（以下简称"中心"）党费收缴、使用和管理工作，根据《关于中国共产党党费收缴、使用和管理的规定》（中组发〔2008〕3号）及《中共中央组织部办公厅关于进一步规范党费工作的通知》，结合中心实际情况，制定本办法。

第二章　党费收缴

第二条　党费计算基数。根据《中共中央组织部办公厅关于进一步规范党费工作的通知》精神，党费计算基数不包括6类18项具体项目。事业单位党员的绩效工资中的基础性绩效工资列入党费计算基数，奖励性绩效工资不列入党费计算基数。企业人员党员不定期、非普遍发放的奖金和绩效工资，不列入党费计算基数。

（一）事业人员党费计算基数

中心事业人员绩效包含基础性绩效（岗位津贴）和奖励性绩效（岗位绩效）。根据相关制度，事业人员的岗位绩效为奖励性绩效，不列入党费计算基数。事业人员纳入党费计算基数的部分为岗位工资、薪级工资和岗位津贴。

（二）企业人员党费计算基数

企业人员不好确定的"活的部分"为绩效工资，绩效按照比例列入党费计算基数。具体做法为将绩效工资按照合理的比例划分，经过测算比例为4∶6（参照事业人员岗位津贴和岗位绩效

的比例），即绩效工资的 40% 列入党费计算基数。企业人员纳入党费计算基数的部分为岗位工资、企龄工资、40% 绩效工资。

党费计算基数参照以下公式：

在中心领薪人员：党费基数＝岗位工资＋薪级工资＋岗位津贴－五险一金－职业年金－个人所得税

在企业领薪人员：党费基数＝岗位工资＋企龄工资＋40% 绩效工资－五险一金－个人所得税

第三条 党员交纳党费比例。党费计算基数在 3 000 元以下（含 3 000 元）者，交纳 0.5%；3 000 元以上至 5 000 元（含 5 000 元）者，交纳 1%；5 000 元以上至 10 000 元（含 10 000 元）者，交纳 1.5%；10 000 元以上者，交纳 2%。

第四条 党费核定方法。《中共中央组织部办公厅关于进一步规范党费工作的通知》中明确基层党组织年初核定党员月交纳党费数额，年内一般不变动。从 2018 年起以计算每年一月份党费的当月工资为基数进行党费核定，年内党费数额不再变动，具体做法为党员根据一月份工资条按照党费基数计算方法得出全年党费缴纳额后按月交纳党费。因计算当月发放大额奖金或者其他费用导致当月税费大幅提高而使党费标准降低的，应规避奖金对税费的影响，按上一个月或者临近月标准计算，确保党费不低于正常标准。党费计算基数直接乘以交纳比例得出，不能分段累进计算。

第五条 离退休党员党费计算方法。离退休职工中的党员交纳党费以每月实际领取的基本离退休费或基本养老金为计算基数，不包括津补贴，5 000 元以下（含 5 000 元）的按 0.5% 交纳党费，5 000 元以上的按 1% 交纳党费。

第六条 交纳党费确有困难的党员，经党支部研究，报中心党委批准后，可以少交或免交党费。

第七条 预备党员从支部大会通过其为预备党员之日起交纳党费。

第八条 党员工资收入（离退休费）发生变化后，从按新工资标准领取工资的当月起，以新的工资收入为基数，按照规定比例交纳党费。

第九条 党员自愿多交党费不限。自愿一次多交纳 1 000 元以上的党费，各党支部要单独报告党委。

第十条 党员应当增强党员意识，主动按月交纳党费，遇到特殊情况，经党支部同意，可以每季度交纳一次党费，也可以委托其亲属或者其他党员代为交纳或者补交党费。补交党费的时间一般不得超过 6 个月。

第十一条 各党支部应该教育引导党员自觉、主动、足额交纳党费。对不按照规定交纳党费的党员，其所在党支部及时对其进行批评教育，限期改正。对无正当理由，连续 6 个月不交纳党费的党员，按自行脱党处理。

第十二条　各党支部应当按照规定收缴党员党费，不得垫交或扣缴党员党费，不得要求党员交纳规定以外的各种名目的"特殊党费"。

第十三条　党员每月 10 日向组织关系所在党支部交纳党费。各党支部每月 15 日将本支部党费以现金形式交中心党委办公室，由专职人员存入中心党费账户。

第十四条　按照中国气象局直属机关党委要求，中心党委每年年初将上年度党费按照 30% 的比例上缴机关党委。

第三章　党费使用

第十五条　使用党费应当坚持统筹安排、量入为出、收支平衡、略有结余的原则。党费必须用于党的活动，主要作为党员教育经费的补充，具体使用范围包括：

（一）培训党员。教育培训党员和入党积极分子、基层党务工作者所产生的住宿费、伙食费、交通费、师资费、场地费、资料费、门票费、讲解费等。

（二）订阅或者购买用于开展党员教育的报刊、资料、音像制品和设备。

（三）表彰先进基层党组织、优秀共产党员和优秀党务工作者。

（四）补助生活困难的党员。

（五）修缮、新建基层党组织活动场所、为活动场所配置必要设施等所产生的相关费用。

（六）开展"三会一课"、创先争优、党组织换届以及党内集中学习教育所产生的会议费等。

（七）编印党员教育培训教材和印制入党志愿书、党员组织关系介绍信、党员证明信、流动党员活动证、党费证、党员档案等所产生的工本费，以及购买党徽、党旗等费用。

（八）党务财务管理中发生的购买支票、转账手续费等相关费用。

第十六条　党费的使用必须建立审批制度，严格使用手续。坚持勤俭节约原则，精细合理使用党费。使用流程如下：

（一）各党支部使用党费前，要拟定活动方案。活动方案要有时间、地点、参加人数、主题、形式、详细预算等主要信息。

（二）各党支部须到中心办公网"相关下载"目录中下载《公共气象服务中心党费使用申请表》，连同活动方案一起报送中心党委办公室审批，如超过 1 万元须专职党委副书记审批。审批通过后方可组织活动或使用党费。

（三）活动结束后到党委办公室开具报销单据，再到核算中心进行财务报销。发票背面须有经办人和党支部书记签字。

（四）活动结束一周内将活动成果报告提交党委办公室，报告中要体现活动效果、活动意义并附参加活动的具体人员名单。

第四章　党费管理

第十七条　党费由党委办公室代党委统一管理。党费工作的业务管理和财务管理应当分开，业务管理由党委办公室专职人员负责，财务管理工作由中国气象局财务核算中心代办。

第十八条　各党支部要指定专人负责党费的收缴工作，遇人员变动要做好交接。各党支部的党费收缴和使用应认真做好登记，定期开展党费工作情况自查，发现问题，及时纠正，党委办公室将不定期地进行抽查和检查。

第十九条　党费收缴、使用和管理情况作为党务公开的一项重要内容，要认真做好党费收支情况公示工作。中心党委择机在全体党员大会向大会报告党费收缴、使用和管理情况，接受党员审议和监督。

第二十条　对违反党费收缴、使用和管理规定的，依据《中国共产党纪律处分条例》及有关规定严肃查处，触犯刑律的依法处理。

第五章　附　则

第二十一条　本办法由中心党委办公室负责解释。

第二十二条　本办法自印发之日起实施。

（起草人：王海丽　发布时间：2017 年 11 月）

公共气象服务中心内部审计工作办法

为加强公共气象服务中心（以下简称"中心"）内部审计工作，建立健全内部审计制度，根据《中华人民共和国审计法》《审计署关于内部审计工作的规定》和中国气象局《关于进一步加强气象部门内部审计工作的通知》精神，制定本办法。

第一章 总 则

第一条 内部审计工作是指在中心的要求与领导下，对中心各单位实施内部监督，独立对中心各单位的财务相关制度执行情况、经费使用情况及相关资产进行检查，监督财务收支行为发生的真实性、合法性，加强管理，促进廉政建设，保障中心业务的正常健康发展。

第二条 党委办公室（监察审计处）具体负责中心的内部审计工作，向中心领导负责并报告工作，计划财务处予以协助。

第二章 职责与权限

第三条 中心内部审计工作对下列事项进行审计监督：

（一）国家财经法规、中心财务制度和相关管理制度的执行情况。

（二）财政资金、科技服务资金的收支、使用情况。

（三）基本建设项目的概预算、决算及完工效益情况。

（四）各项固定资产、采购物资的管理、使用情况。

（五）以中心名义签订合同的审签情况。

（六）中心领导交办和上级审计部门委托的其他审计事项。

第四条 内部审计工作履行职责所必需的权限：

（一）根据内审工作需要，检查有关项目预决算、资金财产等有关文件和资料。

（二）参加招投标有关会议，参与重大项目决策的可行性论证。

（三）对审计发现的问题进行调查，向项目有关单位和个人索取证明材料。

（四）提出纠正处理违法违规行为的意见，并监督有关单位在限定期限内整改；对严重违反财经纪律和造成严重损失的单位、人员，提出追究责任的建议。

（五）对可能转移、隐匿、篡改、毁弃与经济活动有关的资料，报经中心领导批准，可予以暂时封存。

（六）对审计中发现的重大违纪事项，及时向中心领导报告并向上级审计部门反映。

第三章 工作程序

第五条 年初，根据上级审计部门部署和本单位的实际情况拟定年度内部审计工作计划，依年度审计项目情况确定审计事项。

（一）对于年度内需要进行竣工的项目进行财务决算审计，项目总金额在50万元以下的由党委办公室（监察审计处）负责出具审计报告；项目总金额在50万（含）元以上的，按规定由党委办公室（监察审计处）委托外部会计师事务所进行审计并负责收集、各项目单位配合提供审计所需资料，协调审计工作的开展。

（二）对于年度内竣工项目的工程造价结算审核，由党委办公室（监察审计处）负责委托有相关资质的工程造价咨询公司进行审核，协调审核工作的开展，工程项目负责单位提供审核所需资料。

（三）对于年度内已完成技术验收的其他项目，根据上级审计部门的要求进行相关部分审计。

第六条 根据年度内部审计工作计划，确定审计内容，编制审计方案并提前一周通知被审计单位。

被审计单位在接到有关审计通知后，要主动配合，提供所需文件资料，为审计工作提供必要的工作条件。

第七条 审计人员按照任务要求，根据实际情况具体实施审计：

（一）听取被审计单位情况介绍。

（二）查阅有关规章制度。

（三）与核算中心合作，查阅有关会计资料。

（四）取得必要的审计证据。

（五）填制内部审计工作底稿。

（六）对审计中发现的问题，向被审计单位和相关人员提出改进的建议。

第八条 审计终结时，审计人员应及时提交内部审计报告，征求被审计单位意见。审计报告包括审计项目基本情况、时段、涉及金额、主要问题、建议和审计评价等。被审计单位应于10日内向中心党委办公室（监察审计处）提出对审计报告的书面修改意见。超过10日未提交意见的，视同同意本报告。

根据被审计单位意见，对审计报告进行研究修改报送中心分管领导审批。

第九条 审计工作结束后，审计人员应对所办理的审计事项资料进行整理，立卷归档。

第十条 对审计终结的事项可进行追踪和后续审计。对审计报告提出异议并可提供明确证据材料的，应当进行后续审计。对不采纳、不执行审计意见和决定的，视情况给予有关单位通报批评。

第四章 审计人员

第十一条 内部审计人员应当具备与其从事的审计工作相适应的专业知识和业务能力，要做到客观公正，实事求是，廉洁奉公，保守秘密。

第五章 附 则

第十二条 本规定由中心党委办公室（监察审计处）负责解释，自发布之日起执行。

（起草人：沙文珍 发布时间：2013 年 12 月）

公共气象服务中心党风廉政监督员工作制度

为建立健全党内外监督制约机制，加大从源头上治理腐败的力度，保障国家法律法规及党的有关廉政建设规章制度在公共气象服务中心（以下简称"中心"）的落实，进一步明确党风廉政建设监督员的任务和监督职责，加强党风廉政监督员的队伍建设，充分发挥其在新形势下的监督作用，根据中心实际，制定本制度。

一、党风廉政监督员的主要职责

（一）列席中心有关工作会议，了解中心党风廉政建设和反腐败工作的部署和主要任务；向职工宣传党风廉政建设的有关政策和规章制度。

（二）参与中心重大项目、工程的招投标工作并进行监督。

（三）对中心干部选拔任用工作进行监督。

（四）对中心年度财务预算、决算和审计工作进行监督。

（五）在中心党委统一安排下，根据工作需要参与党风廉政建设的检查考核、调查研究等工作。

（六）深入群众，了解和反映职工对中心党风廉政建设和行风建设的意见和建议。

（七）了解、反映中心和各处室领导班子、领导干部执行党的路线方针政策情况以及落实中央和局党组有关八项规定的要求、执行国家法律法规和政策情况。

（八）了解、反映中心各级领导干部工作作风和遵守《中国共产党党员领导干部廉洁从政若干准则》的情况，反映领导干部违纪违法行为。

（九）对中心领导班子和各处室执行党风廉政建设责任制情况实行监督，提出工作建议。

（十）反映与职工利益密切相关、职工关心的热点难点问题。

（十一）办理中心党委委托的有关事项。

二、党风廉政监督员的权利

（一）参加或列席有关会议。

（二）了解转递的检举、控告材料的办理情况；及时得到所提供监督信息的反馈。

（三）根据工作需要查阅、获取有关文件、书刊、资料等。

（四）参加纪检监察理论和业务知识的学习。

三、党风廉政监督员学习制度

（一）为提高党风廉政监督员的自身素质和工作水平，每年至少要组织一次党风廉政监督员集中学习活动，学习党的路线方针政策和国家的法律法规，不断提高监督员的理论知识和业务水平，明确任务要求，增强监督意识。

（二）每半年召开一次党风廉政监督员工作讨论会，沟通信息，改进工作。

四、党风廉政监督员应具备的条件

（一）有一定的政治理论水平，坚持四项基本原则，拥护党的路线、方针、政策，遵守国家法律法规，有开拓创新意识，热心监督工作。

（二）有较强的事业心和责任感，坚持原则，公道正派，作风扎实，清正廉洁。

（三）有较强的工作能力，具备开展监督工作所必需的专业知识。

（四）能密切联系群众，得到群众认可，在职工中有一定的威信。

五、党风廉政监督员的聘任与管理

（一）中心党风廉政监督员的组成人数由中心党委确定，中心党风廉政监督员采取中心各单位推荐的方式，由中心党委聘任。

（二）中心党风廉政监督员的任期与中心党委任期相同。

（三）党委办公室负责党风廉政监督员的日常管理工作及活动组织。

（起草人：沙文珍　发布时间：2013 年 12 月）

预警管理篇

国家预警信息发布中心于2015年5月18日挂牌启动，挂靠中国气象局公共气象服务中心。国务院办公厅秘书局印发的《国家突发事件预警信息发布系统运行管理办法（试行）》，是预警信息发布业务提纲挈领的规范性文件，明确了预警发布和传播相关部门的责任和义务，规范了预警信息制作、发布、传播的工作流程和机制，保障系统稳定运行和指导地方预警业务运行管理相关工作。以此为基础，一系列涉及各级系统安全稳定运行、预警发布业务组织和考核、突发应急事件处理、电视电话会商规范等制度先后出台，确保全国预警发布的业务质量和服务效益不断提升。

国家突发事件预警信息发布系统
运行管理办法(试行)

国办秘函〔2015〕32号

第一章 总 则

第一条 为规范国家突发事件预警信息发布系统(以下简称"国家预警发布系统")运行管理,提高预警信息发布时效,最大程度预防和减少突发事件及其危害,根据《中华人民共和国突发事件应对法》有关规定和国家突发事件应急体系建设规划有关要求,制定本办法。

第二条 国家预警发布系统是指根据国家突发事件应急体系建设规划,由中国气象局会同有关部门和地方建设的国家、省、市、县四级相互衔接的突发事件预警信息发布平台。利用国家预警发布系统制作、发布(含调整和解除)、传播突发事件预警信息,适用本办法。

第三条 国务院有关部门或应急指挥机构、县级以上地方人民政府及其有关部门或应急指挥机构(以下统称"预警发布责任单位")按照有关规定负责相应预警信息的制作和发布,国家预警发布系统为预警发布责任单位发布预警信息提供平台,不改变现有预警信息发布责任权限,不替代相关部门已有发布渠道。

第四条 国家预警发布系统由各级政府授权的预警信息发布工作机构(以下简称"预警发布工作机构")负责运行、维护和管理。国家预警信息发布中心加强对国家预警发布系统运行、维护和管理的指导。

第五条 各级预警发布工作机构为预警发布责任单位无偿提供预警信息发布服务。

第二章 信息制作和发布

第六条 预警发布责任单位利用国家预警发布系统发布预警信息,要与相应的预警发布工作机构建立工作机制,明确具体的预警类别、发布格式、发布流程和责任权限等。

第七条　预警信息制作采用统一格式（见附件），主要内容包括预警类型、预警级别、起始时间、可能影响范围、警示事项、应采取的措施和发布单位、发布时间等。各级预警发布工作机构为预警发布责任单位提供预警信息录入客户端。

第八条　预警发布责任单位指定专人办理预警信息送发手续，并将指定人员名单报相应的预警发布工作机构备案。由多部门联合发布的预警信息经部门会签同意后，由牵头单位指定人员办理送发手续。

第九条　预警发布工作机构在接收预警发布责任单位送发的预警信息后，应按照指定范围和时间，通过手机、传真、邮件、网站、高音喇叭、显示屏、广播、电视、微博、微信等渠道及时向社会公众、社会媒体、应急责任人、重点企事业单位和其他社会团体发布预警信息。要减少审批环节，建立上下贯通的预警信息发布机制，确保预警信息快速发送到指定范围。

第十条　预警信息发布后，预警发布工作机构要密切跟踪、及时了解预警信息接收情况，视情调整发布方式，提高预警信息发布时效。

第三章　信息传播

第十一条　各级预警发布工作机构在充分利用好气象系统信息传播渠道基础上，加强与广播、电视、报纸、互联网等社会媒体和基础电信、户外媒体、楼宇电视、高音喇叭、人防警报、车载信息终端等运营管理部门合作，不断拓宽信息快速传输通道，构建广泛覆盖的预警信息传播网络。

第十二条　新闻出版广电、通信等主管部门加强对预警信息传播工作的指导，推动各类信息传播渠道切实履行社会责任，建立预警信息快速发布"绿色通道"，及时、准确、无偿播发或刊载突发事件预警信息，紧急情况下采用滚动字幕、加开视频窗口甚至中断正常播出等方式迅速播报预警信息及有关防范知识。

第十三条　预警发布工作机构重点依托气象信息员，并充分发挥灾害信息员、群测群防员、食品安全协管员、应急救护员等部门、行业信息员和社会工作者等基层人员的预警信息传播作用，建立基层预警信息员队伍体系。要明确预警信息员责任区域，加强业务培训，不断提高预警信息传播时效。

第十四条　县、乡人民政府及其有关部门要组织学校、社区、医院、车站、广场、公园、旅游景点、工矿企业、建筑工地等人员密集区和公共场所，指定专人负责预警信息接收和传播工作。

第十五条　预警发布工作机构要加强面向偏远农村、牧区、山区、渔区等区域的预警信息发布能力和机制建设，整合利用各类传播渠道，因地制宜地利用有线广播、高音喇叭、鸣锣吹哨等多种方式，及时将预警信息传递给受威胁群众。

第四章　保障措施

第十六条　县级以上人民政府应急主管机构加强对国家预警发布系统运行管理工作的指导和协调。

第十七条　气象部门充分发挥气象灾害预警部际联席会议制度作用，与外交、工业和信息化、公安、民政、国土资源、环境保护、交通运输、铁路、水利、农业、卫生计生、安全监管、林业、旅游、地震、电力监管、海洋等部门，以及军队有关单位和武警部队加强工作联动，定期沟通会商预警信息发布工作，协调解决预警信息发布工作中的重要事项。

第十八条　各级预警发布工作机构加强国家预警发布系统的建设、运行、维护和管理，不断提高预警信息发布能力。要建立完善系统运行管理制度和应急预案，强化安全保障；对预警信息制作人员、系统维护人员、运行保障人员开展技能和岗位培训；建立值班值守制度，实行24小时专人值守。

第十九条　建立预警信息发布工作通报机制。预警发布工作机构定期编发简报，介绍有关法律法规和政策文件相关规定，交流各有关方面工作动态和专家学者及研究机构意见建议，通报预警信息发布情况及发布效果等。

第二十条　建立预警传播效果评估制度。预警发布工作机构组织有关方面及时总结预警信息发布工作中的经验做法，分析存在的问题，研究解决措施，持续改进完善预警信息发布工作。

第五章　附　则

第二十一条　本办法由中国气象局负责解释。

第二十二条　本办法自发布之日起施行。

（起草人：曹之玉　发布时间：2015年6月）

附件

国家预警发布系统预警信息格式

××（部门）×× 突发事件预警

×× 预警　第 × 期

×× 部（委、局）×× 中心　　制作：×××　　　201× 年 × 月 × 日 × 时

签发：×××

××（部门）× 月 × 日 × 时发布 ××（类型）××（级别）预警：

发布内容：

发布范围：

发布对象：

发布时间：

（如有预警可能影响区域图，附后）

国家预警信息发布中心运行方案

第一条 为规范突发事件预警信息发布业务，增强突发事件预警信息发布的时效性和科学性，提高国家预警信息发布中心运行效率，依照《国家突发事件预警信息发布系统运行管理办法（试行）》（国办秘函〔2015〕32号）和中央编办批复中国气象局公共气象服务中心加挂国家预警信息发布中心牌子有关精神，制定本方案。

第二条 主要职责

国家预警信息发布中心是面向社会公众和政府应急责任人提供综合预警信息服务的工作机构，在国务院应急办的指导下，主要承担国家突发事件预警信息发布系统（以下简称"国家预警发布系统"）建设及运行维护管理，为相关部门发布预警信息提供综合发布渠道，研究拟定相关政策和标准等工作，指导全国开展预警信息发布业务。

第三条 机构和岗位设置

（一）机构设置和主要职责任务

国家预警信息发布中心下设预警发布运控室、预警工程与标准化办公室。

1.预警发布运控室主要职责任务：

（1）负责全国预警信息发布业务的运行管理和指导培训；

（2）负责为国务院、各部委发布预警信息提供综合发布渠道与对接实施工作；

（3）负责国家预警信息发布系统的24小时业务运行、维护与管理；

（4）负责预警信息在社会媒体、行业发布手段上的推广及应用；

（5）负责预警信息发布、传播情况的监控与发布效果的分析评估；

（6）负责12379预警发布品牌建设，负责组织实施全国预警发布（气象服务）业务咨询工作；

（7）负责预警信息发布相关技术的研究与应用推广，负责预警发布技术的中试平台搭建和成果转化等相关工作；

（8）完成上级交办的其他工作。

2. 预警工程与标准化办公室主要职责任务：

（1）负责与国务院有关部门或应急指挥机构等预警发布责任单位的联络、对接等工作；

（2）负责拟定全国突发事件预警信息发布体系发展规划及组织实施；

（3）负责国家突发事件预警信息发布相关政策的拟定、实施和监督；

（4）负责国家突发事件预警信息发布相关标准体系和标准的研究拟定及组织实施；

（5）负责组织预警发布相关重点工程、重大项目的建设和实施；

（6）负责全国突发事件预警信息发布相关工程和项目的指导和监督；

（7）负责全国突发事件预警信息发布的社会管理；

（8）承担突发事件现场报道、素材收集和资料归档等工作，承担综合防灾减灾科普产品制作工作；

（9）承办上级交办的其他工作。

（二）岗位设置

国家预警信息发布中心主任由中国气象局公共气象服务中心主任兼任，负责国家预警信息发布中心全面工作；常务副主任由中国气象局公共气象服务中心一名副主任兼任，负责国家预警信息发布中心日常工作组织和业务运行管理，负责中心重大工程建设和重点项目管理，组织相关政策和标准的研究拟定。可根据具体情况设置业务首席专家和技术首席专家，以及相关业务、管理关键岗位。

第四条 有关单位承担的任务和职责

（一）中国气象局应急管理办公室

中国气象局应急管理办公室是国家预警信息发布中心的应急组织协调部门。负责与国务院应急办和相关部委应急管理部门的组织协调和沟通，协调解决预警信息发布中的重要事项。

（二）中国气象局应急减灾与公共服务司

中国气象局应急减灾与公共服务司（以下简称"减灾司"）是国家预警信息发布中心的业务职能管理部门。负责全国预警信息发布业务组织、协调和管理；负责国家预警信息发布工作的业务管理和考核、项目组织和申报、经费保障和监督；负责组织气象灾害预警在国家预警信息发布系统的发布；协调解决预警信息发布中的重要事项。

（三）国家气象信息中心

国家气象信息中心是国家预警信息发布中心运行维护环节的重要技术支撑部门。负责国家级预警信息发布管理系统运行环境的安全性、稳定性保障及省级系统安全的技术指导；负责国家级预警信息发布管理平台的运行维护和省级系统运行的技术支持和指导培训；负责国家预警信息发布管理平台的功能优化和版本升级管理；负责部委对接的相关技术支持及密钥管理；协助国家预警信息发布系统的项目工程建设和规划。

（四）各省（区、市）气象局预警信息发布机构

各省（区、市）气象局预警信息发布机构是国家预警信息发布业务的分支机构。负责省级国家预警信息发布系统的业务运行和技术保障；负责与地方政府应急管理部门沟通，建立预警信息接入机制，完成与相关预警制作单位预警信息的接入；负责各种预警信息多种发布手段和发布渠道的接入，加强面向偏远地区的预警信息发布能力，提高预警信息覆盖面；负责充分利用基层信息员队伍，加强业务管理和培训，不断提高预警信息传播时效；负责向国家预警信息发布中心提供预警信息发布、效果反馈和效益评估等情况；负责地方预警发布相关政策标准的研究拟定和实施。

第五条 运行管理机制

（一）管理体制

国家预警信息发布中心作为国家综合预警信息服务的承担单位，应在国务院应急办的指导下，每年定期向国务院应急办汇报有关工作进展和计划安排。遇有重大事项或需要国务院应急办协调的任务，须及时向国务院应急办报告。承担国务院应急办交办的研究和调研等任务。

国家预警信息发布中心与中国气象局公共气象服务中心实行一个机构、两块牌子，业务能力建设和运行由减灾司归口管理。

（二）协调沟通机制

建立部际定期协调沟通机制。国家预警信息发布中心建立与预警发布责任单位的常态化联系机制，定期组织召开会议，协调沟通各部门预警信息接入、发布和信息共享工作，反馈各部门预警信息发布工作情况和传播效果。

（三）业务管理机制

1.业务考核通报制度。国家预警信息发布中心负责每月汇总和通报全国预警信息发布有关情况，每季度将业务运行分析报告上报减灾司。减灾司每季度末对预警信息发布情况进行质量通报，将考核结果作为年终目标考核参考依据。国家预警信息发布中心按照减灾司的要求不定期完成专项考核报告，及时总结预警信息发布工作经验和教训。

2.督查督办制度。国家预警信息发布中心负责开展预警信息发布情况的督办检查与取证调查工作，定期向全国业务部门进行通报，督促改进预警信息发布工作中的问题与不足。减灾司负责重点工作部署和落实的督查督办，协调解决和处理全国预警信息发布存在的问题。

3.电视电话会商通报制度。每月通过气象会商系统召开全国预警信息发布业务通报电视电话会商，由国家级、省级预警发布机构相关业务人员参会。主要总结全国业务运行、外部门接入、

多手段对接及应用、新闻媒体合作、重大突发事件应急服务等方面的工作亮点，梳理问题并提出解决方案。国家气象信息中心予以配合。

（四）业务运行机制

1.备案制度。国家预警信息发布中心建立重大项目建设和核心业务系统接入对接的备案制度，确保信息系统建设和运行的业务规范和标准的统一。预警信息发布责任单位指派专门人员负责内容采集、审核及签发，同时将指定人员名单及相关信息在国家预警信息发布中心备案。

2.值班值守制度。国家预警信息发布中心设置预警业务受理专人专岗，实行 24 小时值（守）班制度，值班人员及时复核、发布国家级预警信息，并监控国家级预警信息发布系统运行情况，保证业务安全稳定运行。建立重大灾害事件领导应急带班和关键岗位应急值守制度。

3.故障报告制度。国家预警信息发布中心、国家气象信息中心联合建立系统故障与重大事故报告制度，建立快速处理与响应恢复制度，及时发现、及时定位、及时解决系统出现的故障，及时将故障的产生原因、影响范围、处理过程和结果等情况上报上级主管单位。

4.应急预案制度。国家预警信息发布中心、国家气象信息中心联合制定系统安全、信息安全、业务安全等重大故障和突发事件的应急预案制度，按照《国家预警信息发布中心应急预案》要求不定期开展应急演练，遇有业务故障和突发事件时紧急启动各类应急响应工作。

5.业务指导制度。国家预警信息发布中心负责制定全国预警信息发布业务培训计划，制作培训课程与设计培训教材，定期组织开展系统运维技术与业务培训。针对全国及相关部委预警发布、系统运维、产品制作等工作进行实地或远程指导。

（五）社会监管机制

1.预警信息社会传播渠道的监督管理。国家预警信息发布中心加强与广播、电视、报纸、互联网等社会媒体和基础电信、户外媒体、楼宇电视等运营管理部门的合作，拓宽信息快速传播通道。建立对上述社会传播渠道的监督管理机制，促进其及时、准确、无偿播发或刊载突发事件预警信息，不断提高预警信息发布的及时性和准确性。

2.预警信息接收与传播设备设施企业的监督管理。国家预警信息发布中心负责建立预警信息发布相关标准实施的监督管理机制，统一规范预警信息接收与传播设备设施有关企业或厂商在设备生产、产品研发过程中的标准实施，不断提高标准化水平。

3.基层预警信息员管理机制。气象信息员、灾害信息员、群测群防员、食品安全协管员、应急救护员等基层人员是预警信息传播的重要组成部分。国家预警信息发布中心与预警发布责任单位共同建立完善基层预警信息员的管理机制，明确预警信息员的责任区域，搭建预警信息员基本信息库。积极组织对基层预警信息员的培训工作。

4.社会管理培训机制。国家预警信息发布中心定期组织开展针对预警信息社会传播渠道、社会媒体、预警信息接收与传播设备设施企业或厂商的培训。加强培训资质管理，组织开展预警信息接收与传播设施有关机构、企业、产品的资质认证和评定。

（六）政策标准研究机制

1.预警信息发布相关政策研究机制。根据国家经济、社会发展的需要，围绕突发事件应急管理工作需求，国家预警信息发布中心负责研究预警信息发布国家战略部署、实施规划及其相关政策，并研究拟定国家预警信息发布相关政策。联合预警发布责任单位以及新闻出版广电、通信等主管部门，共同研究拟定预警信息发布与传播策略。

2.预警信息发布标准研究和管理机制。筹备成立预警信息发布与应急服务标准化技术委员会，挂靠在国家预警信息发布中心，受中国气象局法规司和减灾司的双重管理。负责提出国家预警信息发布领域标准化发展战略和工作重点，组织研究、拟定国家预警信息发布相关标准，建立预警信息发布相关标准的实施与监督体系。法规司负责预警信息发布与应急服务标准化技术委员会的综合协调管理，负责组织相关标准立项、报批发布及标准制修订程序的监督。减灾司负责预警信息发布与应急服务标准化技术委员会的业务管理和指导，负责组织提出标准项目建议、指导标准制修订以及组织标准实施、监督和适用性评估。

第六条 工作流程

按照《国家突发事件预警信息发布系统运行管理办法（试行）》（国办秘函〔2015〕32号）的相关规定，预警信息发布工作主要包括预警信息的制作、发布和传播。具体工作流程如下图所示。

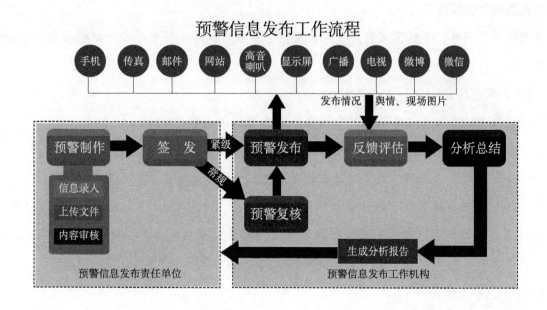

预警信息发布工作流程

（起草人：白静玉　发布时间：2015年4月）

国家突发事件预警信息发布系统安全管理规范

第一章　系统安全管理规范

1.1　概述

1.1.1　文档范围

参考信息安全等级保护安全管理标准，结合项目实际情况，对系统建设中网络、系统、数据、运行、人员等五方面进行规定，适用于指导国家突发事件预警信息发布系统国家、省、地市各级信息系统的安全管理建设。

明确适用于国家、省级国家突发事件预警信息发布系统安全管理建设的特别指出，否则适用于国家、省、市和县四级。

1.1.2　规范性引用

下列文件中的条款通过本规范的引用而成为本规范的条款：

（1）GB/T 22239-2008《信息安全技术信息安全等级保护基本要求》；

（2）GB/T 20269-2006《信息安全技术信息系统安全管理要求》。

凡是注日期的引用文件，其随后所有的修改单（不包括勘误的内容）或修订版均不适用于本规范，但是鼓励根据本规范达成协议的各方研究是否可使用这些文件的最新版本。凡是不注日期的引用文件，其最新版本适用于本规范。

1.1.3　术语和定义

访问控制（access control）：按确定的规则，对实体之间的访问活动进行控制的安全机制，能防止对资源的未授权使用。

安全审计（security audit）：按确定规则的要求，对与安全相关的事件进行审计，以日志方式记录必要信息，并作出相应处理的安全机制。

安全策略（security policy）：主要指为信息系统安全管理制定的行动方针、路线、工作方式、指导原则或程序。

1.2 安全管理设计

国家突发事件预警信息发布系统必须建立完善的安全管理保障体系。安全管理保障体系包括安全管理组织、安全标准体系、安全规章制度建设。

具体的内容包括：确定安全管理目标和安全策略，针对信息系统的各类管理活动，制定人员安全管理制度，明确人员录用、离岗、考核、教育培训等管理内容；制定系统建设管理制度，明确系统定级备案、方案设计、产品采购使用、软件开发、工程实施、验收交付、等级测评、安全管理等管理内容；制定系统运维管理制度，明确机房环境安全、存储介质安全、设备设施安全、安全监控、网络安全、系统安全、恶意代码防范、密码保护、备份与恢复、事件处置、应急预案等管理内容；制定定期检查制度，明确检查的内容、方式、要求等，检查各项制度、措施的落实情况，并不断完善；规范安全管理人员或操作人员的操作规程等，形成安全管理制度体系。

1.2.1 安全策略

安全策略用于帮助建立信息系统的安全规则，即根据国家突发事件预警信息发布系统的安全需求、安全威胁来源和组织机构定义安全对象、安全状态及应对方法。国家突发事件预警信息发布系统的安全策略基本内容包括：物理安全策略、网络安全策略和备份与恢复策略，如下图所示。

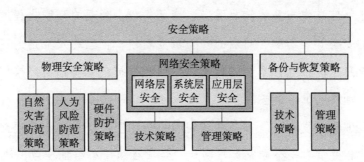

物理安全策略：物理安全是安全管理策略中不可忽视的重要基础，影响国家突发事件预警信息发布系统安全的物理风险主要有自然灾害、人为破坏和硬件防护，因此安全策略也相应展开。

网络安全策略：主要包括网络层安全、系统层安全、应用层安全，是国家突发事件预警信息发布系统安全策略的核心，需要从技术和管理两个方面入手。

备份与恢复策略：保证国家突发事件预警信息发布系统的数据在遭受破坏或意外后迅速恢复，最大程度地保持数据资源的完整性。

1.2.2 安全管理组织

为确保国家突发事件预警信息发布系统安全保障体系的顺利实施和运营，必须要有一个完整的安全管理组织体系。具体措施如下：

（1）建立国家突发事件预警信息发布系统安全管理小组，负责组织安全保障体系建设和运营管理，并在安全实施过程中取得相关部门的配合。安全管理机构内设网络管理员、安全管理员等。

（2）设立安全专家技术小组，负责安全咨询、重大问题的决策等。

（3）逐步建立和完善应急响应支援体系，确保突发重大安全事件时，能得到及时的响应和支援。

（4）建立一支由国家突发事件预警信息发布系统技术人员参加的应急支援技术队伍，对应急情况进行支援，包括病毒防护、网络防护、关键数据修复、重大任务、突发情况下的支援等。

1.2.3 安全标准体系

信息系统面临的安全威胁是全方位的，威胁不仅来自于外部，也来自于内部，包括各式各样的攻击行为，还有系统自身的安全缺陷，以及自然灾害。

国家突发事件预警信息发布系统主要涉及宽带网络、本地业务局域网络、办公网络和互联网，而且包括了公共信息、核心业务信息。为了避免国家突发事件预警信息发布系统的网络系统、应用系统和数据资源遭受来自于系统内外部的形形色色的主动或被动式攻击，保障各级系统稳定、顺利、有效地运行，国家突发事件预警信息发布系统必须在初期建设阶段建立完善的安全保障体系。

安全标准体系除依托气象部门已有安全标准体系外，还须制定国家突发事件预警信息发布系统安全管理规范。

1.2.4 安全规章制度

国家突发事件预警信息发布系统涉及面广、情况复杂，管理的制度化程度极大地影响着整个系统的安全，严格的安全管理制度、明确的安全职责划分、合理的人员角色定义都可以在很大程度上降低系统的安全隐患。因此，系统的建设、运行、维护、管理都要严格按制度执行，明确责任权力，规范操作，加强人员、设备的管理。

国家突发事件预警信息发布系统安全管理制度的制定应由信息安全管理部门组织，信息安全工程承担单位配合，相关信息安全专家参与制定，经项目领导小组批准后，严格按制度执行。

在本期项目实施过程中除依托气象部门现有安全管理制度外，还需要逐步建立和完善的安全管理制度主要有：

（1）制定国家突发事件预警信息发布系统安全管理办法。明确安全防护的范围、各类数据的安全保护等级、管理要求。

（2）制定系统安全状况的定期评估制度。根据评估情况，制订安全策略并及时更新。

（3）制定各类操作规程和运行维护办法。操作规程要根据职责分离和多人负责的原则，各负其责，不能超越自己的管辖范围。对系统进行维护时，应采取数据保护措施，如数据备份等。维护时要首先经主管部门批准，并有安全管理人员在场，故障的原因、维护内容和维护前后的情况要详细记录。

（4）制定备份和恢复管理制度。明确备份策略和恢复机制等。

（5）制定异常、应急管理制度。系统在异常和紧急情况下，如何尽快采取恢复措施，使损失减到最低程度。

（6）建立证件管理办法。明确数字证书、身份卡等各类证件的发放、使用、回收等的管理办法。

1.3 安全管理机构

1.3.1 岗位和人员设置

国家突发事件预警信息发布系统中设有信息安全管理部门，在国家、省级设立安全主管、安全管理各个方面的负责人岗位，各级管理按规定履行其职责；在国家、省级设有系统管理员、网络管理员、安全管理员等岗位，各管理员按规定各司其职；专门成立委员会或领导小组来指导和管理信息安全工作，其最高领导由单位主管领导委任或授权；明确规定安全管理机构各个部门和岗位的职责、分工和技能要求。

国家、省级系统按需配备的系统管理员、网络管理员、安全管理员等专门技术岗；建议国家、省级系统有条件的应配备专职安全管理员；系统配置管理等重要操作应至少2人以上，例如从采集到签发应至少2人。

国家、省级系统加强各类管理人员之间、组织内部机构之间以及信息安全职能部门内部的合作与沟通，定期或不定期召开协调会议，共同协作处理信息安全问题；国家、省级系统加强与兄弟单位、公安机关、电信公司的合作与沟通；加强与供应商、业界专家、专业的安全公司、安全组织的合作与沟通；聘请信息安全专家作为常年的安全顾问，指导信息安全建设，参与安全规划和安全评审等。

1.4 网络安全管理

1.4.1 网络安全管理

国家突发事件预警信息发布国家、省级系统指定专人对网络进行管理，负责运行日志、网络监控记录的日常维护和报警信息分析和处理工作；国家、省级系统建立网络安全管理制度，对网络安全配置、日志保存时间、安全策略、升级与打补丁、口令更新周期等方面作出规定；国家、省级系统根据厂家提供的软件升级版本对网络设备进行更新，并在更新前对现有的重要文件进行备份；国家、省级系统定期对网络系统进行漏洞扫描，对发现的网络系统安全漏洞进行及时的修补；实现设备的最小服务配置，并对配置文件进行定期离线备份；国家、省级系统保证所有与外部系统的连接均得到授权和批准；依据安全策略允许或者拒绝便携式和移动式设备的网络接入；应定期检查违反规定拨号上网或其他违反网络安全策略的行为。

1.4.2 恶意代码防范管理

国家突发事件预警信息发布国家、省级系统中所有用户和终端应正确安装、使用和定期升级指定的防病毒软件，在读取移动存储设备上的数据以及网络上接收文件或邮件之前，先进行病毒检查，对外来计算机或存储设备接入网络系统之前也应进行病毒检查，并由专人对网络和主机进行恶意代码检测并保存检测记录；

对国家、省级系统防恶意代码软件的授权使用、恶意代码库升级等情况定期汇报；定期检查信息系统内各种产品的恶意代码库的升级情况并进行记录，对主机防病毒产品、防病毒网关和邮件防病毒网关上截获的危险病毒或恶意代码进行及时分析处理，并形成书面的报表和总结汇报。

1.5　系统安全管理

1.5.1　环境管理

国家突发事件预警信息发布国家、省级系统指定专门的部门或人员定期对机房供配电、空调、温湿度控制等设施进行维护管理，具体包括：管理人员应经常巡视检查，尽早发现和解决故障和问题以确保正常运行，管理维护操作应当按照规定进行并禁止未经授权的操作和访问，机房内一切设备和物品未经授权不得挪动和外借；有专门机构负责机房安全，国家、省级系统须配备机房安全管理人员，对机房的出入门禁、服务器和各设备的操作和维护等工作进行管理；加强对国家、省级系统办公环境的保密性管理，规范办公环境人员行为，包括工作人员调离办公室应立即交还该办公室钥匙、不在办公区接待来访人员、工作人员离开座位应确保终端计算机退出登录状态和桌面上没有包含敏感信息的纸档文件等。

1.5.2　设备管理

国家突发事件预警信息发布国家、省级系统对信息系统相关的各种设备（包括备份和冗余设备）、线路等指定专门的部门或人员定期进行维护管理；国家、省级系统建立基于申报、审批和专人负责的设备安全管理制度，对信息系统的各种软硬件设备的选型、采购、发放和领用等过程进行规范化管理；建立配套设施、软硬件维护方面的管理制度，对其维护进行有效的管理，包括明确维护人员的责任、涉外维修和服务的审批、维修过程的监督控制等；对国家、省级系统终端计算机、工作站、便携机、系统和网络等设备的操作和使用进行规范化管理，按操作规程实现主要设备（包括备份和冗余设备）的启动／停止、加电／断电等操作；确保国家、省级系统信息处理设备必须经过审批才能带离机房或办公地点。

1.5.3　系统安全管理

国家突发事件预警信息发布国家、省级系统根据业务需求和系统安全分析确定系统的访问控制策略；定期对国家、省级系统进行漏洞扫描，对发现的系统安全漏洞及时进行修补；国家、省级系统安装系统的最新补丁程序，在安装系统补丁前，首先在测试环境中测试通过，并对重要文件进行备份后，方可实施系统补丁程序的安装；国家、省级系统建立系统安全管理制度，对系统安全策略、安全配置、日志管理和日常操作流程等方面做出具体规定；指定专人对系统进行管理，划分系统管理员角色，明确各个角色的权限、责任和风险，权限设定应当遵循最小授权原则；国家、省级系统依据操作手册对系统进行维护，详细记录操作日志，包括重要的日常操作、运行维护记录、参数的设置和修改等内容，严禁进行未经授权的操作；定期对国家、省级系统运行日志和审计数据进行分析，以便及时发现异常行为。

1.6 数据安全管理

1.6.1 介质管理

国家突发事件预警信息发布系统实行介质安全管理制度，对介质的存放环境、使用、维护和销毁等方面做出严格规定；确保国家、省级系统介质存放在安全的环境中，对各类介质进行控制和保护，并实行存储环境专人管理；对介质在物理传输过程中的人员选择、打包、交付等情况进行控制，对国家、省级系统介质归档和查询等进行登记记录，并根据存档介质的目录清单定期盘点；对存储介质的使用过程、送出维修以及销毁等进行严格的管理，对带出工作环境的存储介质进行内容加密和监控管理，对送出维修或销毁的国家、省级系统介质应首先清除介质中的敏感数据，对保密性较高的存储介质未经批准不得自行销毁；根据数据备份的需要对某些介质实行异地存储，存储地的环境要求和管理方法应与本地相同；对重要介质中的数据和软件采取加密存储，国家、省级系统根据所承载数据和软件的重要程度对介质进行分类和标识管理。

1.6.2 备份恢复管理

国家突发事件预警信息发布国家、省级系统识别需要定期备份的重要业务信息、系统数据及软件系统等；国家、省级系统建立备份与恢复管理相关的安全管理制度，对备份信息的备份方式、备份频度、存储介质和保存期等进行规范；根据国家、省级系统数据的重要性和数据对系统运行的影响，制定数据的备份策略和恢复策略，备份策略须指明备份数据的放置场所、文件命名规则、介质替换频率和将数据离站运输的方法；建立控制数据备份和恢复过程的程序，对备份过程进行记录，所有文件和记录应妥善保存；定期执行恢复程序，检查和测试备份介质的有效性，确保可以在恢复程序规定的时间内完成备份的恢复。

1.7 运行安全管理

1.7.1 监控管理和安全管理中心

国家突发事件预警信息发布系统对通信线路、主机、网络设备和应用软件的运行状况、网络流量、用户行为等进行监测和报警，形成记录并妥善保存；组织相关人员定期对监测和报警记录进行分析、评审，发现可疑行为，形成分析报告，并采取必要的应对措施；建立安全管理中心，对设备状态、恶意代码、补丁升级、安全审计等安全相关事项进行集中管理。

1.7.2 密码管理

国家突发事件预警信息发布国家、省级系统建立密码使用管理制度并使用符合国家密码管理规定的密码技术和产品管理密码。

1.7.3 变更管理

国家突发事件预警信息发布国家、省级系统确认系统中要发生的变更，并制定变更方案；建立变更管理制度，国家、省级系统发生变更前，向主管领导申请，变更和变更方案经过评审、审批后方可实施变更，并在实施后将变更情况向相关人员通告；建立变更控制的申报和审批文件化程序，对变更影响进行分析并文档化，记录变更实施过程，并妥善保存所有文档和记录；建立中止变更并从失败变更中恢复的文件化程序，明确过程控制方法和人员职责，必要时对恢复过程进行演练。

1.7.4 安全事件处置

国家突发事件预警信息发布国家、省级系统报告所发现的安全弱点和可疑事件，但任何情况下用户均不应尝试验证弱点；国家、省级系统制定安全事件报告和处置管理制度，明确安全事件的类型，规定安全事件的现场处理、事件报告和后期恢复的管理职责；国家、省级系统根据国家相关管理部门对计算机安全事件等级划分方法和安全事件对本系统产生的影响，对本系统计算机安全事件进行等级划分；制定安全事件报告和响应处理程序，确定事件的报告流程，响应和处置的范围、程度，以及处理方法等；在安全事件报告和响应处理过程中，分析和鉴定事件产生的原因，收集证据，记录处理过程，总结经验教训，制定防止再次发生的补救措施，过程形成的所有文件和记录均应妥善保存；对造成系统中断和造成信息泄密的安全事件应采用不同的处理程序和报告程序。

1.7.5 应急预案管理

国家突发事件预警信息发布国家、省级系统在统一的应急预案框架下制定不同事件的应急预案，应急预案框架应包括启动应急预案的条件、应急处理流程、系统恢复流程、事后教育和培训等内容；从人力、设备、技术和财务等方面确保应急预案的执行有足够的资源保障；对国家、省级系统相关的人员进行应急预案培训，应急预案的培训应至少每年举办一次；定期对应急预案进行演练，根据不同的应急恢复内容，确定演练的周期；规定应急预案需要定期审查和根据实际情况更新的内容，并按照执行。

1.8 人员安全管理

1.8.1 人员录用

国家突发事件预警信息发布国家、省级系统指定或授权专门的部门或人员负责人员录用；国家、省级系统严格规范人员录用过程，对被录用人的身份、背景、专业资格和资质等进行审查，对其所具有的技术技能进行考核；国家、省级系统录用人员须签署保密协议；从事关键岗位的人员须从内部人员中选拔，并签署岗位安全协议。

1.8.2 人员离岗

国家突发事件预警信息发布国家、省级系统严格规范人员离岗过程，及时终止离岗员工的所有访问权限；国家、省级系统人员离岗前应取回各种身份证件、钥匙、徽章等以及机构提供的软硬件设备；国家、省级系统人员离岗前应办理严格的调离手续，关键岗位人员离岗须承诺调离后的保密义务后方可离开。

1.8.3 人员考核

国家突发事件预警信息发布国家、省级系统定期对各个岗位的人员进行安全技能及安全认知的考核；对关键岗位的人员进行全面、严格的安全审查和技能考核；对考核结果进行记录并保存。

1.8.4 教育和培训

国家突发事件预警信息发布国家、省级系统面向全员开展各种层级和方向的安全意识教育、岗位技能培训和相关安全技术培训；国家、省级系统对安全责任和惩戒措施进行书面规定并告知相关人员，对违反违背安全策略和规定的人员进行惩戒、强化教育；国家、省级系统定期安排安全教育和培训，针对不同岗位制定不同的培训计划，对信息安全基础知识、岗位操作规程等进行培训；培训教育情况和结果进行记录并归档保存。

1.8.5 人员访问管理

外部人员访问国家突发事件预警信息发布国家、省级系统的受控区域前需提出书面申请，经批准后由专人全程陪同或监督，并登记备案；事先严格规定外部人员允许访问的区域、系统、设备、信息、操作方式和内容等，并按照规定执行。

第二章　系统安全技术规范

2.1　范围

本标准遵照信息安全等级保护技术标准，结合项目实际情况，对系统建设中物理、网络、主机、应用、数据五个方面的安全进行规定。

本标准适用于国家突发事件预警信息发布系统项目各应用系统以及需要集成的外部项目技术人员进行应用系统的建设、开发、集成和实施。

2.2　规范性引用文件

下列文件对于本文件的应用是必不可少的：

（1）GB/T 2239-2008《信息安全技术信息系统安全保护等级基本要求》。

（2）GB/T 2240-2008《信息安全技术信息系统安全保护等级定级指南》。

（3）GB/T 18336-2001《信息技术和安全性评估准则》。

（4）GB/T 20270-2006《信息安全技术网络基础安全技术要求》。

（5）GB/T 20273-2006《信息安全技术数据库管理系统安全管理要求》。

（6）GB/T 20984-2007《信息安全技术信息安全风险评估规范》。

凡是注日期的引用文件，仅所注日期的版本适用于本文件。凡是不注日期的引用文件，其最新版本（包括所有的修改单）适用于本文件。

2.3 术语和定义

GB/T 2239-2008 确立的术语和定义适用于本标准。

2.4 总体安全要求

2.4.1 稳定可靠性

（1）系统要求 7×24 小时连续、稳定、可靠运转。

（2）能够全面监控平台所有构成环节和业务活动单元并建立预警机制。

（3）业务处理过程能够闭环调控并提供异常处理流程的自我恢复。

（4）采用标准化的软件设计、编程实现及运行维护机制。

（5）采用成熟、稳定和可靠的商业或开源平台软件，避免自行开发底层支撑功能或使用未经同等规模案例验证的软件产品，确保平台层的高可靠运行。

（6）利用高可用软件和负载均衡软件构建应用集群或利用服务器集群，避免单点故障，提高系统的高可用和容错能力。

（7）利用服务器和存储的冗余设计保证系统的连续运行能力。

（8）基于冗余、端口预留和安全传输等手段提高网络的可靠性。

2.4.2 数据安全性

（1）将数据库用户分为若干等级，制定不同的策略，对不同的用户提供相应级别的访问权限，实现对数据和数据库用户的安全控制和管理。

（2）根据各类数据不同的特性和安全策略，对不同的用户提供相应级别的访问权限控制和分配，以保证数据库中数据的安全性。

（3）当外部系统访问数据存储管理系统时，该系统需要对数据访问用户进行身份验证与授权。

（4）通过制定系统多重备份和归档策略，定期自动或人工对各级发布管理平台的预警信息相关数据进行备份，在系统发生故障、数据异常丢失后，通过恢复策略实现备份数据的快速数据恢复。

（5）在跨网络域进行数据信息交换时，系统需要具备安全认证，传输加密等功能。

（6）对于数据访问的各个环节，系统须具有足够的全网安全认证和授权机制。

2.4.3 服务安全性

（1）建立有效安全防范策略，预防误操作、内外攻击和非授权访问等危险行为。

（2）选用成熟的软硬件安全产品，预防误操作、内外攻击和非授权访问等危险行为。

2.4.4 可维护和扩展性

（1）预警信息相关数据未来的变化维护能够动态扩展。

（2）业务需求发生变化时，能方便进行维护与变更。

（3）业务流程的多版本动态发布和灵活的业务流程配置。

（4）应用展现界面的灵活配置。

（5）软硬件运行环境的动态可移植，并提供冗余配置，提高系统的扩展性。

（6）数据存储模型的动态可配置。

（7）功能单元模块化并可热插拔。

2.4.5　可恢复性

（1）故障发生时，能实时发现与报警。

（2）故障发生时，有对应的应急处理流程与对策，能快速进行故障恢复。

（3）重大故障发生时，有保证预警信息发布系统恢复正常运行的综合对策。

2.5　物理

2.5.1　物理位置的选择

（1）机房和办公场地应选择在具有防震、防风和防雨等能力的建筑内。

（2）机房场地应避免设在建筑物的高层或地下室，以及用水设备的下层或隔壁。

（3）机房场地应当避开强电场、强磁场、强震动源、强噪声源、重度环境污染、易发生火灾和水灾、易遭受雷击的地区。

2.5.2　物理访问的控制

（1）机房出入口应有专人值守，鉴别进入的人员身份并登记在案。

（2）应批准进入机房的来访人员，限制和监控其活动范围。

（3）应对机房划分区域进行管理，区域和区域之间设置物理隔离装置，在重要区域前设置交付或安装等过度区域。

（4）应对重要区域配置电子门禁系统，鉴别和记录进入的人员身份并监控其活动。

2.5.3　防盗窃和防破坏

（1）将主要设备放置在物理受限的范围内。

（2）对设备或主要部件进行固定，并设置明显的不易除去的标记。

（3）将通信线缆铺设在隐蔽处，如铺设在地下或管道中等。

（4）对介质分类标识，存储在介质库或档案室中。

（5）设备或存储介质携带出工作环境时，对内容进行加密，并且要对设备或存储介质进行登记。

（6）利用机房的防盗报警系统，以防进入机房的盗窃和破坏行为。

（7）应对机房设置监控报警系统。

2.5.4　防雷击

（1）机房建筑应设置避雷装置。

（2）应安装防雷保安器，防止感应雷。

（3）机房应设置交流电源地线。

2.5.5 防火

（1）机房内设置火灾自动消防系统，自动检测火情、自动报警，并自动灭火。

（2）机房及相关的工作房间和辅助房应采用具有耐火等级的建筑材料，具备一定的耐火等级。

（3）机房应采取区域隔离防火措施，将重要设备与其他设备隔离开。

2.5.6 防水、防潮

（1）水管安装，不得穿过机房屋顶和活动地板下。

（2）应采取措施防止雨水通过机房窗户、屋顶和墙壁渗透。

（3）应采取措施防止机房内水蒸气结露和地下积水的转移与渗透。

（4）应安装对水敏感的检测仪表或元件，对机房进行防水检测和报警。

2.5.7 防静电

（1）主要设备应采用必要的接地防静电措施。

（2）机房应采用防静电地板。

2.5.8 温湿度控制

机房应设置恒温恒湿系统，使机房温、湿度的变化在设备运行所允许的范围之内。

2.5.9 电力供应

（1）应在机房供电线路上配置稳压器和过电压防护设备。

（2）应提供短期的备用电力供应，至少满足主要设备在断电情况下的正常运行要求。

（3）应设置冗余或并行的电力电缆线路为计算机系统供电。

（4）应建立备用供电系统。

2.5.10 电磁防护

（1）应采用接地方式防止外界电磁干扰和设备寄生耦合干扰。

（2）电源线和通信线缆应隔离铺设，避免互相干扰。

（3）应对关键设备和磁介质实施电磁屏蔽。

2.6 网络

2.6.1 网络结构安全

（1）应保证主要网络设备的业务处理能力具备冗余空间，满足业务高峰期需要。

（2）应保证网络各个部分的带宽满足业务高峰期需要。

（3）应在业务终端与业务服务器之间进行路由控制建立安全的访问路径。

（4）应绘制与当前运行情况相符的网络拓扑结构图。

（5）应根据各部门的工作职能、重要性和所涉及信息的重要程度等因素，划分不同的子网或网段，并按照方便管理和控制的原则为各子网、网段分配地址段。

（6）应避免将重要网段部署在网络边界处且直接连接外部信息系统，重要网段与其他网段之间采取可靠的技术隔离手段。

（7）应按照对业务服务的重要次序来指定带宽分配优先级别，保证在网络发生拥堵的时候优先保护重要主机。

2.6.2　安全区域划分

国家突发事件预警发布系统数据收集来自于电子政务外网，通过各级气象网络系统进行处理和传输，并通过互联网和电子政务外网向多种发布手段进行发布。国家突发事件预警发布系统按照气象信息网络安全区域规划进行分区分域部署，并对不同安全区域间的通信进行严格的网络访问控制。本系统主要安全区域划分如下：

（1）电子政务外网安全区：各级气象部门局域网与电子政务外网接入边界建立的安全区，需要通过电子政务外网进行预警信息采集、共享等的系统服务器应部署于该区域。

（2）互联网安全区：各级气象部门局域网与互联网接入边界建立的安全区，需要通过互联网进行预警信息发布等的系统服务器应部署于该区域。

（3）宽带网安全区：国家级、省级局域网与气象地面宽带网接入边界建立的安全区，需要通过气象地面宽带网及各级气象部门局域网进行数据处理、存储、传输的系统服务器应部署于该区域。

2.6.3　访问控制

（1）应在网络边界部署访问控制设备，启用访问控制功能。

（2）应能根据会话状态信息为数据流提供明确的允许/拒绝访问的能力，控制粒度为端口级。

（3）应对进出网络的信息内容进行过滤，实现对应用层 HTTP、FTP、TELNET、SMTP、POP3 等协议命令级的控制。

（4）应在会话处于非活跃一定时间或会话结束后终止网络连接。

（5）应限制网络最大流量数及网络连接数。

（6）重要网段应采取技术手段防止地址欺骗。

（7）应按用户和系统之间的允许访问规则，决定允许或拒绝用户对受控系统进行资源访问，控制粒度为单个用户。

（8）应限制具有拨号访问权限的用户数量。

2.6.4　安全审计

（1）应对网络系统中的网络设备运行状况、网络流量、用户行为等进行日志记录。

（2）审计记录应包括：事件的日期和时间、用户、事件类型、事件是否成功及其他与审计相关的信息。

（3）应能够根据记录数据进行分析，并生成审计报表。

（4）应对审计记录进行保护，避免受到未预期的删除、修改或覆盖等。

2.6.5 边界完整性检查

（1）应能够对非授权设备私自联到内部网络的行为进行检查，准确定出位置，并对其进行有效阻断。

（2）应能够对内部网络用户私自联到外部网络的行为进行检查，准确定出位置，并对其进行有效阻断。

2.6.6 入侵防范

（1）应在网络边界处监视以下攻击行为：端口扫描、强力攻击、木马后门攻击、拒绝服务攻击、缓冲区溢出攻击、IP 碎片攻击和网络蠕虫攻击等。

（2）当检测到攻击行为时，记录攻击源 IP、攻击类型、攻击目的、攻击时间，在发生严重入侵事件时应提供报警。

2.6.7 恶意代码防范

（1）应在网络边界处对恶意代码进行检测和清除。

（2）应维护恶意代码库的升级和检测系统的更新。

2.6.8 网络设备防护

（1）应对登录网络设备的用户进行身份鉴别。

（2）应对网络设备的管理员登录地址进行限制。

（3）网络设备用户的标识应唯一。

（4）主要网络设备应对同一用户选择两种或两种以上组合的鉴别技术来进行身份鉴别。

（5）身份鉴别信息应具有不易被冒用的特点，口令应有复杂度要求并定期更换。

（6）应具有登录失败处理功能，可采取结束会话、限制非法登录次数和当网络登录连接超时自动退出等措施。

（7）当对网络设备进行远程管理时，应采取必要措施防止鉴别信息在网络传输过程中被窃听。

（8）应实现设备特权用户的权限分离。

2.7 主机

2.7.1 身份鉴别

（1）应对登录操作系统和数据库系统的用户通过中国气象局基于数字证书的身份认证系统进行数字证书与口令组合的身份标识和鉴别。

（2）操作系统和数据库系统管理用户身份标识应具有不易被冒用的特点，口令应有复杂度要求并定期更换。

（3）应启用登录失败处理功能，可采取结束会话、限制非法登录次数和自动退出等措施。

（4）当对服务器进行远程管理时，应采取必要措施，防止鉴别信息在网络传输过程中被窃听。

（5）应为操作系统和数据库系统的不同用户分配不同的用户名，确保用户名具有唯一性。

2.7.2 访问控制

（1）应启用访问控制功能，依据安全策略控制用户对资源的访问。

（2）应根据管理用户的角色分配权限，实现管理用户的权限分离，仅授予管理用户所需的最小权限。

（3）应实现操作系统和数据库系统特权用户的权限分离。

（4）应严格限制默认账户的访问权限，重命名系统默认账户，修改这些账户的默认口令。

（5）应及时删除多余、过期的账户，避免共享账户的存在。

（6）应对重要信息资源设置敏感标记。

（7）应依据安全策略严格控制用户对有敏感标记重要信息资源的操作。

2.7.3 安全审计

（1）审计范围应覆盖到服务器和重要客户端上的每个操作系统用户和数据库用户。

（2）审计内容应包括重要用户行为、系统资源的异常使用和重要系统命令的使用等系统内重要的安全相关事件。

（3）审计记录应包括事件的日期、时间、类型、主体标识、客体标识和结果等。

（4）应能够根据记录数据进行分析，并生成审计报表。

（5）应保护审计进程，避免受到未预期的中断。

（6）应保护审计记录，避免受到未预期的删除、修改或覆盖等。

2.7.4 剩余信息保护

（1）应保证操作系统和数据库系统用户的鉴别信息所在的存储空间，被释放或再分配给其他用户前得到完全清除，无论这些信息是存放在硬盘上还是在内存中。

（2）应确保系统内的文件、目录和数据库记录等资源所在的存储空间，被释放或重新分配给其他用户前得到完全清除。

2.7.5 入侵防范

（1）应能够检测到对重要服务器进行入侵的行为，能够记录入侵的源 IP、攻击的类型、攻击的目的、攻击的时间，并在发生严重入侵事件时提供报警。

（2）应能够对重要程序的完整性进行检测，并在检测到完整性受到破坏后具有恢复的措施。

（3）操作系统应遵循最小安装的原则，仅安装需要的组件和应用程序，并通过设置升级服务器等方式保持系统补丁及时得到更新。

2.7.6 恶意代码防范

（1）应安装防恶意代码软件，并及时更新防恶意代码软件版本和恶意代码库。

（2）主机防恶意代码产品应具有与网络防恶意代码产品不同的恶意代码库。

（3）应支持防恶意代码的统一管理。

2.7.7 资源控制

（1）应通过设定终端接入方式、网络地址范围等条件限制终端登录。

（2）应根据安全策略设置登录终端的操作超时锁定。

（3）应对重要服务器进行监视，包括监视服务器的 CPU、硬盘、内存、网络等资源的使用情况。

（4）应限制单个用户对系统资源的最大或最小使用限度。

（5）应能够对系统的服务水平降低到预先规定的最小值进行检测和报警。

2.8 应用

2.8.1 身份鉴别

（1）应提供专用的登录控制模块对登录用户进行身份标识和鉴别。

（2）应对同一用户通过中国气象局基于数字证书的身份认证系统进行数字证书与口令组合的身份标识和鉴别。

（3）应提供用户身份标识唯一和鉴别信息复杂度检查功能，保证应用系统中不存在重复用户身份标识，身份鉴别信息不易被冒用。

（4）应提供登录失败处理功能，可采取结束会话、限制非法登录次数和自动退出等措施。

（5）应启用身份鉴别、用户身份标识唯一性检查、用户身份鉴别信息复杂度检查以及登录失败处理功能，并根据安全策略配置相关参数。

2.8.2 访问控制

（1）应提供访问控制功能，依据安全策略控制用户对文件、数据库表等客体的访问。

（2）访问控制的覆盖范围应包括与资源访问相关的主体、客体及它们之间的操作。

（3）应由授权主体配置访问控制策略，并严格限制默认账户的访问权限。

（4）应授予不同账户为完成各自承担任务所需的最小权限，并在它们之间形成相互制约的关系。

（5）应具有对重要信息资源设置敏感标记的功能。

（6）应依据安全策略严格控制用户对有敏感标记重要信息资源的操作。

2.8.3 安全审计

（1）应提供覆盖到每个用户的安全审计功能，对应用系统重要安全事件进行审计。

（2）应保证无法单独中断审计进程，无法删除、修改或覆盖审计记录。

（3）审计记录的内容至少应包括事件的日期、时间、发起者信息、类型、描述和结果等。

（4）应提供对审计记录数据进行统计、查询、分析及生成审计报表的功能。

2.8.4 剩余信息保护

（1）应保证用户鉴别信息所在的存储空间被释放或再分配给其他用户前得到完全清除，无论这些信息是存放在硬盘上还是在内存中。

（2）应保证系统内的文件、目录和数据库记录等资源所在的存储空间被释放或重新分配给其他用户前得到完全清除。

2.8.5 通信完整性

应采用密码技术保证通信过程中数据的完整性。

2.8.6 通信保密性

（1）在通信双方建立连接之前，应用系统应利用密码技术进行会话初始化验证。

（2）应对通信过程中的整个报文或会话过程进行加密。

2.8.7 抗抵赖

（1）应具有在请求的情况下为数据原发者或接收者提供数据原发证据的功能。

（2）应具有在请求的情况下为数据原发者或接收者提供数据接收证据的功能。

2.8.8 软件容错

（1）应提供数据有效性检验功能，保证通过人机接口输入或通过通信接口输入的数据格式或长度符合系统设定要求。

（2）应提供自动保护功能，当故障发生时自动保护当前所有状态，保证系统能够进行恢复。

2.8.9 资源控制

（1）当应用系统的通信双方中的一方在一段时间内未作任何响应，另一方应能够自动结束会话。

（2）应能够对系统的最大并发会话连接数进行限制。

（3）应能够对单个账户的多重并发会话进行限制。

（4）应能够对一个时间段内可能的并发会话连接数进行限制。

（5）应能够对一个访问账户或一个请求进程占用的资源分配最大限额和最小限额。

（6）应能够对系统服务水平降低到预先规定的最小值进行检测和报警。

（7）应提供服务优先级设定功能，并在安装后根据安全策略设定访问账户或请求进程的优先级，根据优先级分配系统资源。

2.8.10 运营维护

（1）要求明确用户管理要求，对重要业务用户列出清单，说明权限，开启审计；在关键部分，对系统用户任何操作必须两人在场，并产生审计记录；在关键部分，一般不运行设置外部用户和临时用户。

（2）对系统配置和服务设定应根据安全管理机构的统一安全策略结合应用需求进行并定期检查；重要部位终端计算机和便携机要求启用两个以上技术组合来进行身份鉴别；网络及安全设备应通过安全机制集中管理统一控制。

（3）对正式运行的信息系统的任何变更必须考虑全面安全事务一致性问题；对不同安全区域之间信息传输应有明确的要求。

（4）应使用规范的方法对信息系统的各个方面进行风险控制；对运行状况监控要求安全机

制集中管理控制；重要区域的软件硬件维护要求对数据和软件系统进行必要的保护，并对维修备案；针对外部服务方访问进行风险分析和评估。

（5）网络安全管理应基于审计和标记，以及网络安全审计人员的配置；应用系统安全管理应基于标记信息访问控制，以及不同备份策略的制定；要求病毒防护采取集中实施和管理；应对信息系统中以密码为基础的安全机制按国家密码主管部门的规定管理。

（6）能够对网络系统、安全设备、主机系统、重要应用实施集中控管；建立一体化和开放性平台，将多家不同类型的安全产品整合到一起，进行统一的管理配置和监控；能够对网络系统、网络安全设备以及主要应用实施统一的安全策略、集中管理、集中审计；要求对安全机制整合，实现网络异常流量监控、安全事件监控管理、脆弱性管理、安全策略管理、安全预警管理；主要工作方式包括自动处理、人工干预处理、远程处理、辅助决策分析处理、记录和事后处理等。

2.9 数据

2.9.1 身份鉴别

（1）应对进入数据库管理系统的用户进行身份标识，用户标识一般使用用户名和用户标识符，并在数据库管理系统的整个生命周期实现用户的唯一性标识。

（2）应对登录到数据库管理系统的用户身份的真实性进行鉴别。采用强化管理的口令鉴别 / 基于令牌的动态口令鉴别 / 生物特征鉴别 / 数字证书鉴别等机制进行身份鉴别，并在每次用户登录系统时进行鉴别；鉴别信息不可见，并在存储和传输时用加密方式进行安全保护。

（3）对注册到数据库管理系统的用户，将用户进程与所有者用户相关联，使用户进程的行为可以追溯到进程的所有者用户；将系统进程动态地与当前服务要求者用户相关联，使系统进程的行为可以追溯到当前服务的要求者用户。

2.9.2 访问控制

（1）允许命名用户的身份规定及控制对客体的访问，并阻止非授权用户对客体的访问。

（2）用目录表访问控制、存取控制表访问控制、能力表访问控制等访问控制表确定主体对客体的访问权限。

（3）自主访问控制应与身份鉴别和审计相结合，通过确认用户身份的真实性和记录用户的各种成功或不成功的访问，使用户对自己的行为承担明确的责任。

（4）将强制访问控制的范围应限定在所定义的主体与客体，并且强制访问控制主体的粒度应是用户级，客体的粒度应是表级和 / 或记录、字段级。

（5）限制授权传播，要求对不传播的授权进行明确定义提供支持，由系统自动检查并限制这些授权的传播。

（6）按照最小授权原则，将系统的常规管理、安全管理以及审计管理分别由数据库系统管理员、系统安全员和系统审计员来承担，并形成相互制约的关系。

2.9.3　安全审计

（1）安全审计功能的设计应与身份鉴别、访问控制等安全功能的设计紧密结合。

（2）提供审计日志、实时报警生成、潜在侵害分析、基于异常检测、基本审计查阅、有限审计查阅和可选审计查阅，安全审计事件选择，以及受保护的审计踪迹存储和审计数据的可用性确保等功能。

（3）能够生成、维护及保护审计过程，使其免遭修改、非法访问及破坏，特别要保护审计数据，要严格限制未经授权的用户访问。

（4）能够创建并维护一个对受保护客体访问的审计跟踪，保护审计记录不被授权的访问、修改和破坏。

（5）对网络环境下运行的数据库管理系统，应建立统一管理和控制的审计机制。

2.9.4　数据完整性

（1）应能够检测到系统管理数据、鉴别信息和重要业务数据在传输过程中完整性受到破坏，并在检测到完整性错误时采取必要的恢复措施。

（2）应能够检测到系统管理数据、鉴别信息和重要业务数据在存储过程中完整性受到破坏，并在检测到完整性错误时采取必要的恢复措施。

2.9.5　数据保密性

（1）应采用加密或其他有效措施实现系统管理数据、鉴别信息和重要业务数据传输保密性。

（2）应采用加密或其他保护措施实现系统管理数据、鉴别信息和重要业务数据存储保密性。

2.9.6　数据备份与恢复

（1）应提供本地数据备份与恢复功能，定期完全数据备份，备份介质场外存放。

（2）应提供异地数据备份功能，利用通信网络将关键数据定时批量传送至备用场地。

（3）通过制定系统多重备份和归档策略，定期自动或人工对各级发布管理平台的预警信息相关数据进行备份，在系统发生故障、数据异常丢失后，通过恢复策略实现备份数据的快速数据恢复。

（4）应采用冗余技术设计网络拓扑结构，避免关键节点存在单点故障。

（5）应提供主要网络设备、通信线路和数据处理系统的硬件冗余，保证系统的高可用性。

第三章　机房管理规范

科学、有效地管理发布中心机房，保证网络系统安全、高效运行和使用。

3.1　机房日常管理

（1）管理目标是保证发布中心机房设备与信息的安全，保障机房具有良好的运行环境和工作环境。

（2）机房日常管理指定专人负责。

（3）机房钥匙要严格保管，不得随意转借，一旦丢失要及时报告并积极寻找，并采取有效措施予以补救。

（4）无关人员未经批准不得进入机房，更不得动用机房设备、物品和资料，确因工作需要，相关人员需要进入机房操作必须经过批准方可在管理人员的指导或协同下进行。

（5）机房应保持清洁、卫生，温度、湿度适可，机房内严禁吸烟，严禁携带无关物品尤其是易燃、易爆物品及其他危险品进入机房。

（6）消防物品要放在指定位置，任何人不得随意挪动。机房工作人员要掌握防火技能，定期检查消防设施是否正常。出现异常情况应立即采取切断电源、报警、使用灭火设备等正确方式予以处理。

（7）硬件设备要注意维护和保养，做到设备物卡相符、设备使用状态记录完整。

（8）建立机房登记制度，对本地局域网、广域网的运行情况建立档案。未发生故障或故障隐患时，机房管理人员不可对中继、光纤、网线及各种设备进行任何调试，对所发生的故障、处理过程和结果等要做好详细记录。

（9）机房管理人员应做好网络安全工作，严格保密服务器的各种账号，监控网络上的数据流，从中检测出攻击的行为并给予响应和处理。

（10）机房管理人员要对数据实施严格的安全与保密管理，防止系统数据的非法生成、变更、泄露、丢失及破坏。机房管理人员应在数据库的系统认证、系统授权、系统完整性、补丁和修正程序方面实时修改。

3.2 设备管理

（1）机房管理人员对各种网络设备的使用须按操作程序或使用说明书进行。

（2）经常对硬件设备进行检查、测试和修理，确保其运行完好。

（3）所有贵重设备均由专人保管，专人使用，不得外借或由非专业人员单独操作。

（4）发布中心机房的所有设备未经许可一律不得挪用和外借，特殊情况经批准后办理借用手续，借用期间如有损坏由借用单位或使用人员负责赔偿。

（5）硬件设备发生损坏、丢失等事故，应及时上报，填写报告单并按有关规定处理。

（6）发布中心机房及其附属设备的管理（登记）与维修由机房管理人员负责。机房管理人员每半年要核准一次设备登记情况。

（7）发布中心机房主机（系统服务器）、网络服务器及其外围设备由机房管理人员每周进行一次例行检查和维护，尤其是设备供电、运行状态是否正常等要时常检查和维护。

3.3 系统软件、应用软件管理

（1）软件要定期进行系统维护与备份，备份至少保持一式两套，并存放在温度湿度适宜的磁介质库存中。

（2）应用软件、应用数据应根据运行频率进行定期或不定期的备份工作，备份软件和数据亦应存放于磁介质库存中。

（3）应用软件的源程序除了在磁介质上备份以外，网管员应自己进行备份，以防应用程序发生意外，难以恢复。

（4）为了便于对系统软件进行应用与管理，机房中须备有与系统软件有关的使用手册和各种指南等资料，以便维护人员查阅。其资料未经许可，任何人不得拿出机房。

（5）应用软件人员应将项目的调研资料、各阶段的设计说明书、图表、源程序、应用系统运行流程图等进行分类归档，以便查阅。

（6）当应用软件修改时，具体的功能修改、逻辑修改、程序变动等，都应有相应的文档记录，以备查阅。

（7）为确保软件系统的安全，磁介质除了应有专人管理外，还应配备防火器具，确立防磁、防静电、防灰尘等有效措施（建筑上保证），磁介质保管要明确责任，遵守出入库制度。

3.4 计算机病毒防范管理

（1）机房管理人员应有较强的病毒防范意识，定期进行病毒检测（特别是服务器），发现病毒应立即处理。

（2）采用国家许可的正版防病毒软件并及时更新软件版本。

（3）未经领导许可，机房管理人员不得在服务器上安装新软件，若确实需要安装，安装前应进行病毒例行检测。

（4）经远程通信传送的程序或数据，必须经过检测确认无病毒后方可使用。

3.5 数据保密及数据备份

（1）根据数据的保密规定和用途，确定使用人员的存取权限、存取方式和审批手续。

（2）禁止泄露、外借和转移预警专业数据信息。

（3）未经批准不得随意更改业务数据。

（4）机房管理人员制作数据的备份要异地存放，确保系统一旦发生故障时能够快速恢复，备份数据不得更改。

（5）预警相关业务数据必须定期、完整、真实、准确地转储到不可更改的介质上，并要求集中和异地保存，保存期限至少3年。

（6）备份的数据由机房管理人员负责保管，备份的数据应在指定的数据保管室或指定的场所保管。

（7）备份数据资料保管地点应有防火、防热、防潮、防尘、防磁、防盗设施。

3.6 安全检查管理

（1）发布中心机房安全是关系到行业安全的一件大事，是保证各个业务系统正常工作的前提条件，因此必须坚持定期安全检查。

（2）发布中心机房自检每年进行一次，且须认真做好检查记录。

（3）对检查中发现的问题将进行限期整改。

（4）机房管理人员及机房内其他工作人员离开工作区域前，应保证工作区域内保存的重要文件、资料、设备、数据处于安全保护状态。如检查并锁上自己工作柜、锁定工作电脑、并将桌面重要资料和数据妥善保存等等。严禁易燃易爆和强磁物品及其他与机房工作无关的物品进入机房。工作人员、到访人员出入应登记。

（5）禁止带领与机房工作无关的人员进出机房。外来人员进入必须有机房管理人员全面负责其行为安全。绝不允许与机房工作无关的人员直接或间接操纵机房任何设备。

（六）未经主管领导批准，禁止将机房相关的钥匙、保安密码等物品和信息外借或透露给其他人员，同时有责任对保密信息保密。对于遗失钥匙、泄露保密信息的情况要及时上报，并积极主动采取措施保证机房安全。

（7）机房管理人员对机房保密制度上的漏洞和不完善的地方有责任及时提出改善建议。

（8）出现机房盗窃、破门、火警、水浸、110报警等严重事件时，机房管理员及其他工作人员有义务以最快的速度和最短的时间到达现场，协助处理相关的事件。

3.7 机房管理员职责

（1）主要负责发布中心网络的系统安全性及正常运行。

（2）负责日常操作系统、网管系统、邮件系统的安全补丁、漏洞检测及修补、病毒防治等工作。

（3）应经常保持对最新技术的掌握，实时了解互联网的动向，做到病毒预防为主。

（4）良好周密的日志记录以及细致的分析是预测攻击、定位攻击以及遭受攻击后追查攻击者的有力武器。察觉到网络处于被攻击状态后，网管员应确定其身份，并对其发出警告，提前制止可能的网络犯罪，若对方不听劝告，在保护系统安全的情况下可做善意阻击并向主管领导汇报。

（5）对机房进行管理，严格按照机房制度执行日常维护。

（6）每月管理人员应向主管领导提交当月值班及事件记录，并对系统记录文件保存收档，以备查阅。具体文件及方法见附件。

（7）严格控制进入机房人员，不允许私自带他人入内。

（8）要定期检查机房及各种安全设备，做好记录，确保安全。

（9）对机房各种设备均应建立技术档案，认真填写、妥善保管登记备案。

（10）定期对机器进行维护，保证机器正常运行。

（11）负责对门、窗、灯、电源、机器的安全情况进行全面检查、管理，全面保证机房的安全无误。

（12）搞好机房卫生，保持一个良好的环境。

（13）不允许私自将机房内的设备、工具、部件等带出机房，借物须办理借物手续。

（14）对因责任心不强而造成事故和严重后果的，要追究责任。

第四章　值班场地管理规范

为保证国家突发事件预警信息发布业务安全稳定运行，日常值班工作正常运转，同时也为加强工作现场纪律及并进行有效监督，特制定值班场地管理规范，请相关从业人员遵照执行。

（1）国家突发事件预警信息发布中心值班场地禁止和预警发布无关人员进入，如有参观访问人员需经上级主管部门批示后才能进入，禁止非预警工作人员操作系统平台。

（2）严格门禁系统管理，未经允许不得为非业务人员开放门禁权限，值班场地门禁应处于常闭状态。

（3）值班场地保持安静，禁止大声喧哗，禁止讨论非工作内容。

（4）随时注意保持值班场地环境卫生清洁，不乱涂乱画。

（5）值班工作台桌面保持整洁，不放置与工作无关的物品，在指定位置统一放置电话、值班记录本（表）、资料夹及相关办公用品，禁止放置水杯、饭盒、衣物等个人用品和其他杂物。

（6）禁止将易燃易爆等危险品带入值班场地，不得将与工作无关的物品带入值班场地，如报纸、杂志、游戏机等。

（7）值班场地工作人员须调小手机铃声，或将手机调成静音、振动状态，不得关闭值班电话铃声，不得关闭预警提示音响设备。

（8）不得在机房中就餐，需要就餐的同事可以在值班休息区就餐。

（9）工作区域内悬挂、张贴的业务规定制度和标语要整齐、简明。

（起草人：郭杰　发布时间：2013 年 7 月）

国家突发事件预警信息发布系统
业务运行值班管理办法

第一条　为做好国家突发事件预警信息发布系统的业务运行工作，各级预警信息发布工作机构，要设立专人专岗，实行7×24小时值班（守），保障预警信息发布业务稳定运行，对网络和软硬件系统进行实时监控，保障预警信息发布系统安全运行。

第二条　岗位设置应包括但不限于业务运行、系统维护岗位。业务运行岗负责国家预警发布业务受理，系统维护岗负责国家预警发布系统的维护和故障处理。

第三条　业务运行岗应熟悉预警信息采集、审核、签发、复核、发布、监控、反馈评估等各环节工作流程，在3分钟之内完成预警信息复核；及时进行发布结果检查、业务系统监视及业务咨询、故障申报的受理工作，并做好记录。

第四条　系统维护岗应熟悉系统软硬件安装、配置和故障处理流程，密切监视系统运行状态，实行故障即时应答和处理机制，确保第一时间进行故障处理；建立软件系统和硬件设备巡检制度，做到软件系统巡检每日两次，硬件设备巡检每日一次，并做好记录。

第五条　各级预警信息发布工作机构要做好备案工作，明确管理、业务和技术责任人及应急值班联系方式，并报上级预警信息发布工作机构备案；要与预警信息发布责任单位建立联系人备案机制，发布手段、发送群组、发布流程等各类备案信息应及时更新。

第六条　各级预警信息发布工作机构要做好运行值班的安全管理和应急管理，值班人员要遵守保密规定和值班规范，要根据部门应急预案做好业务应急处置工作。

第七条　各级预警信息发布工作机构要建立重大灾害事件领导应急带班和关键岗位应急值守制度，做好应急指挥与调度，保障预警信息及时发布。

第八条 各级预警信息发布机构要建立业务运行报告制度，包括运行报告、通报、服务专报等，定期和不定期利用多渠道面向行业内部、预警发布责任单位、社会公众等进行发布。

（起草人：朴明戚、李翔　发布时间：2016 年 6 月）

国家突发事件预警信息发布系统
国家级业务运行管理暂行办法

第一章 总 则

第一条 为规范国家突发事件预警信息发布系统（以下简称"国家预警发布系统"）业务运行管理，依据《国家突发事件预警信息发布系统运行管理办法（试行）》（国办秘函〔2015〕32号）要求，制定本办法。

第二条 本办法所称国家预警发布系统是指根据国家突发事件应急体系规划，依托中国气象局气象预报信息发布系统建设的国家、省、市、县四级相互衔接、规范统一的国家突发事件预警信息发布专用信息平台。

第三条 本办法对国家预警发布系统国家级业务运行单位的职责分工、业务流程、运行维护、安全管理、宣传推广、应急管理、业务考核、保障措施等工作提出基本任务与要求，国家级预警发布相关部门应统一遵照执行。

第二章 职责分工

第四条 中国气象局应急减灾与公共服务司负责国家预警发布系统业务运行的组织协调，对运行情况进行督导和考评。

第五条 国家预警信息发布中心（以下简称"国家预警中心"）负责建立和完善国家预警发布系统业务流程和工作制度，承担国家预警发布系统的建设和业务运行，负责国家级各部门预警信息的接入，开展与国家级广播、电视、报刊、信息网络等社会媒体机构，以及具有信息传播渠道的部门的对接工作。

第六条 国家气象信息中心负责国家级预警发布管理平台、网络传输和接口维护工作，并将此项业务按照监视强度要求相应纳入国家气象信息中心现有实时监控业务管理制度，建立故障响应处理机制、系统运行保障和监控机制。负责全国预警信息发布管理平台预警信息的接入和手段对接的技术支持。

第七条 国家级各部委预警信息发布责任单位负责对接国家预警信息发布系统，建立预警信息制作、审核、签发工作流程，制定预警信息发布策略（具体策略制定方法参考《国家突发事件预警信息发布系统预警信息发布策略制定办法》），及时制作和发布预警信息，并密切关注突发事件发展态势，及时调整、解除预警信息。

第三章 业务流程

第八条 国家级预警信息发布责任单位预警信息发布业务流程根据预警发布责任单位在国家预警信息发布中心的《预警信息发布业务备案单》确定，预警发布责任单位可通过国家预警发布系统制定本单位预警信息具体发布流程。

（一）采集。通过采集员角色登录系统，按要求录入预警信息，选择预警类型、级别、影响范围和预警正文，上传扫描件。

（二）审核。通过审核员角色登录系统，审核员在接到审核提示后，对预警信息的合法性、正确性和完整性进行审核。

（三）签发。通过签发员角色登录系统，签发员在接到签发提示后对预警信息内容做最后把关并进行签发，签发后的预警信息通过国家预警发布系统正式发送至国家预警中心。

（四）跟踪。预警信息发布后，预警信息采集员需登录国家预警发布系统对已发布预警状态进行全流程监控，通过网站、手机短信等渠道跟踪预警发布情况。

第九条 国家预警中心完成预警信息复核发布、发布监控和反馈评估工作。

（一）复核发布。通过复核员角色登录，复核员在接收预警发布责任单位发送的预警信息后，对预警信息内容与扫描件的一致性进行复核，并及时发布预警信息。

（二）发布监控。预警复核后，值班人员应按照《国家突发事件预警信息发布系统预警信息多手段式发布业务规范》的规定及时监控预警信息在网站、手机短信、邮件、传真等多手段和渠道的发布情况。

（三）反馈评估。对预警信息的发布情况、政府应对、社会舆情等进行评估和分析总结，及时反馈相关部门和单位，促进国家预警发布系统各项功能的逐步完善。

第四章　运行维护

第十条　业务运行人员实行 7×24 小时值（守）班制度，严格按照《国家突发事件预警信息发布系统用户操作手册》要求，保证业务稳定运行。

第十一条　系统维护人员对于网络和软硬件系统进行实时监控和报警，制定定期巡检制度，排除故障隐患，严格参照《国家突发事件预警信息发布系统维护手册》要求，保证系统安全稳定运行。

第十二条　国家预警发布系统运行保障实行故障逐级报送与快速响应机制，按照《国家突发事件预警信息发布系统全国故障报送和处理流程》《国家突发事件预警信息发布系统国家级故障通报与响应规范》的规定，报送系统故障并进行处理。

第十三条　备案信息维护，国家预警信息发布中心根据《预警信息发布业务备案单》对预警发布责任单位的发布手段、发送群组、发布流程等发布策略信息进行备案，并及时受理《预警信息发布业务变更单》对其发布策略进行更新，具体策略制定方法另行制定。

第五章　安全管理

第十四条　为保障国家预警发布系统业务运行安全，业务运行中须严守《中华人民共和国保守国家秘密法》《中华人民共和国计算机信息系统安全保护条例》等有关法律法规，以及各预警发布责任单位相关保密规定。

第十五条　国家预警信息发布中心业务运行人员需严格遵照《国家突发事件预警信息发布系统安全管理规范》的要求，对系统、机房、值班场地进行管理。

第十六条　按照信息安全等级保护管理标准，结合实际情况，对系统建设中网络、系统、数据、运行、人员等五方面进行规范化管理，确保国家预警发布系统安全保障体系的顺利实施和运营。

第十七条　按照信息安全等级保护技术标准，结合实际情况，对系统建设中物理、网络、主机、应用、数据五方面的安全技术进行规范和管理，保障系统稳定性、数据安全性、服务安全性、系统可恢复性，以及系统可维护和扩展性。

第十八条　按照机房管理规范要求，科学、有效地管理发布国家预警信息发布中心机房，保证网络系统安全、高效运行和使用。

第十九条　按照值班场地管理规范要求，加强对值班场地纪律监督，保证国家突发事件预警信息发布业务安全稳定运行，日常值班工作正常运转。

第六章　宣传推广

第二十条　开展国家级 12379 预警信息发布品牌顶层策划与宣传推广，提升品牌社会知晓度。

第二十一条　加强应急体系科普宣传和警示教育宣传，及时抓住重大应急过程，组织开展突发事件应急案例纪实，建立应急案例纪实数据库。

第二十二条　开展面向社会公众和预警信息发布责任人的应急知识普及，建立预警科普知识库，组织开展相关科普知识讲座，组织开展应急科普进学校、进农村、进社区、进工厂等宣传活动，提升公众防灾减灾和应急自救的能力。

第二十三条　加强预警信息全媒体多渠道的推广，实现高级别预警信息的主动推送与快速传播，扩大预警信息发布覆盖人群。

第七章　应急管理

第二十四条　制定《国家预警信息发布中心应急工作预案》，成立应急响应领导小组和工作小组，确定应急响应的分类和定级，按规范进行应急响应启动、变更和终止，并根据预案组织开展相应的应急处置工作。

第二十五条　提高应急响应水平，相关部门应定期组织系统巡检、业务测试、应急演练、总结评估等工作，要加强相关业务人员培训，加强应急物资保障，加强业务规范和制度保障，进一步明确应急响应各岗位责任，并对应急预案及时完善。

第八章　业务考核

第二十六条　建立全国预警信息发布工作评估考核机制，制定《国家突发事件预警信息发布系统业务运行考核管理暂行办法》，配合上级管理部门，定期开展全国业务检查和评估考核。

第二十七条　考核评估指标主要构成：组织管理情况，包括机构建设、岗位设置、队伍建设、制度建立、业务培训、宣传推广、督查督导等；预警信息发布情况，包括迟发率、误发率、漏发数等；多部门预警信息接入情况；发布手段对接应用情况，包括手段种类数量、业务化应用情况等；系统运行保障情况，包括系统故障率、应急响应、系统安全等。

第九章　保障措施

第二十八条　加强组织领导，成立预警信息发布业务领导督查组，负责落实预警发布相关工作的规划、组织、协调、推进和检查，对具体业务和事故进行督查督办。

第二十九条　加强制度建设，建立和完善故障报告、联系人、培训考核、业务评价及业务运行所需各项规章制度，明确安全责任人，并报上级主管部门备案。

第三十条　加强人才队伍建设，制定人才队伍发展规划，建立配套人才培养、引进、使用和评价机制，打造国家级预警发布业务人才队伍。

第三十一条　加大投入力度，积极争取财政投入，积极开拓和统筹好各类资源，提高管理水平，逐步完善业务经费保障机制，保障业务稳定运行和可持续发展。

第十章　附　则

第三十二条　国家预警信息发布中心应根据本办法，组织制定运行管理实施细则和相关各项规章制度。

第三十三条　本办法由中国气象局应急减灾与公共服务司负责解释。

第三十四条　本办法自发布之日起施行。

（起草人：杨继国、赵晶晶　发布时间：2015 年 4 月）

国家突发事件预警信息发布系统业务运行报告制度

第一条 为进一步完善国家突发事件预警信息发布系统（以下简称"国家预警发布系统"）业务的运行管理机制，畅通业务通报渠道，不断提升预警发布管理工作的科学性、时效性和规范性，制定本制度。

第二条 运行报告种类

根据国家预警发布系统业务运行报告的发送时间、范围和内容，运行报告内容涉及全国预警信息发布情况、预警信息发布业务组织管理和系统运行情况、预警信息接入和传播情况、特殊情况紧急报告和专案分析等，报告分为如下几种：

（一）《国家突发事件预警信息发布业务质量通报》（气象部门，双月）。

（二）《国家突发事件预警信息发布业务运行简报》（气象部门，双月）（质量通报附件）。

（三）《国家突发事件预警信息发布情况月报》（公众版，月报）。

（四）《国家突发事件预警信息发布情况季报》（部委版，季报）。

（五）《国家突发事件预警信息发布专报》（气象部门，不定期）。

（六）《全国突发事件及预警发布情况分析》（日报）。

第三条 运行报告具体要求

（一）《国家突发事件预警信息发布业务质量通报》

发送时间：每单月15日前（如遇法定节假日则顺延至假日结束后的第一个工作日）下午16：00前发送上两月通报情况。

报告内容：上两月全国预警发布业务质量情况，包括预警信息质量通报及分析、系统故障情况通报、业务事故情况通报、存在问题和建议等。

发送对象:

1. 中国气象局办公室、减灾司领导。

2. 国家气象中心、国家气象信息中心、公共气象服务中心领导及业务管理部门的有关负责人。

3. 各省气象局局领导、办公室、减灾处、预警发布业务责任单位。

发送方式: NOTES 发送。

(二)《国家突发事件预警信息发布业务运行简报》

发送时间: 每单月 15 日前 (如遇法定节假日则顺延至假日结束后的第一个工作日) 下午 16:00 前发送上两月简报。

报告内容: 上两月全国预警发布业务运行情况,包括组织管理情况、系统运行情况、预警发布情况、部门接入和多手段对接情况、各省业务动态等。

发送对象:

1. 中国气象局办公室、减灾司领导。

2. 国家气象中心、国家气象信息中心、公共气象服务中心领导及业务管理部门的有关负责人。

3. 各省气象局局领导、办公室、减灾处、预警发布业务责任单位。

发送方式: 作为质量通报附件,用 NOTES 发送。

(三)《国家突发事件预警信息发布情况月报》(公众版)

发送时间: 每月 15 日前 (如遇法定节假日则顺延至假日结束后的第一个工作日) 下午 16:00 前发送上一月报告。

报告内容: 上一月全国预警信息发布概况、各省预警信息发布情况等。

发送对象: 中国气象局网站、国家预警信息发布中心网站。

发送方式: 网站后台录入。

(四)《国家突发事件预警信息发布情况季报》(部委版)

发送时间: 每季度第一个月 15 日前 (如遇法定节假日则顺延至假日结束后的第一个工作日) 下午 16:00 前发送上一季度报告。

报告内容: 上一季度全国预警信息发布概况、各部委预警发布动态、各部委预警信息发布统计分析等。

发送对象: 相关部委办公厅。

发送方式: 公文交换。

(五)《国家突发事件预警信息发布专报》

发送时间: 不定期。

报告内容: 针对近期发生的重大突发事件预警发布工作的预警发布情况的统计分析、媒体报道情况、舆情分析、预警发布效果、预警工作总结等报告。

发送对象：

1.中国气象局办公室、减灾司领导。

2.国家气象中心、国家气象信息中心、公共气象服务中心领导及业务管理部门的有关负责人。

3.各省气象局局领导、办公室、减灾处、预警发布业务责任单位。

发送方式：NOTES 发送。

（六）《全国突发事件及预警发布情况分析》

发送时间：每天中午 12：00 前发布前一日（包含节假日）的预警发布情况分析日报告。

报告内容：每日国内突发事件监测情况、每日预警发布监测情况、典型突发事件及预警分析、全国预警发布情况详情等。

发布方式：国家预警信息发布中心网站、微博、微信等。

第四条 组织实施

本制度由国家预警信息发布中心负责解释。

本制度自发文之日起施行。

（起草人：刘丽媛 发布时间：2017 年 3 月）

国家突发事件预警信息发布系统业务运行

考核管理暂行办法

第一章 总 则

第一条 为全面、客观评估国家突发事件预警信息发布系统（以下简称"国家预警发布系统"）的业务运行工作，确保系统安全稳定运行，提高预警信息发布能力，根据《国家突发事件预警信息发布系统运行管理办法（试行）》（国办秘函〔2015〕32号），制定本办法。

第二条 本办法适用于国家级、省级国家预警发布系统组织管理和业务运行工作的考核。

第三条 国家预警发布系统业务运行考核每年开展一次，考核时段为上年12月1日至当年11月30日。

第四条 中国气象局应急减灾与公共服务司负责具体考核指标的审定及下发，组织实施全国业务考核工作；国家预警信息发布中心负责收集、整理国家预警发布系统相关考核数据；各省（区、市）气象局负责本单位考核材料的自评组织与报送。

第五条 考核结果经中国气象局应急减灾与公共服务司审定后发布。

第二章 考核内容及指标

第六条 国家预警发布系统业务运行考核内容包括组织管理情况、预警信息发布情况、多部门预警信息接入情况、发布手段对接应用情况、系统运行保障情况五部分。

第七条 考核总分值为100分，其中组织管理占21分，预警信息发布为40分，多部门预警信息接入为12分，发布手段对接应用为18分，系统运行保障为9分。

第八条 组织管理。组织管理考核指标包括机构建设、岗位设置、队伍建设、制度建立、业务培训、宣传推广、督查督导七个二级指标。本项满分为 21 分。

（一）机构建设。本项满分为 5 分。明确各级国家预警发布系统的预警信息发布、业务运行管理和技术保障责任主体单位，并积极推动政府成立专门预警发布机构，得 5 分；否则不得分。

（二）岗位设置。本项满分为 2 分。设立省级预警发布业务、技术和管理等岗位，明确岗位职责，得 2 分；否则不得分。

（三）队伍建设。本项满分为 3 分。组建省级预警发布专门业务、技术和管理团队，且专职人员 10 人及以上，得 3 分；5 人及以上，得 2 分；不足 5 人，得 1 分；无专职工作人员，不得分。

（四）制度建立。本项满分为 5 分。制定系统业务运行管理办法，建立 24 小时值班制度、故障报告制度、应急响应制度、考核评价制度、安全管理制度等，得 5 分；否则不得分。

（五）业务培训。本项满分为 2 分。每年度至少组织召开 1 次业务运行相关培训，得 2 分；否则不得分。

（六）宣传推广。本项满分为 2 分。开展 12379 品牌与预警发布效益事例宣传推广工作，公共媒体报道至少 2 次，得 2 分；否则不得分。

（七）督查督导。本项满分为 2 分。针对业务运行中的重大事件，积极开展督查督导，并按照业务运行要求及时按月报送业务运行情况报告，得 2 分；否则不得分。

第九条 预警信息发布。预警信息发布考核指标包括国家级、省级（包括地市、县）预警信息发布迟发率、误发率、漏发数三个二级指标。本项满分为 40 分。

（一）迟发率。本项满分为 10 分。预警信息迟发率是衡量预警信息发布及时性的指标。预警信息迟发数是指在发布时效内未及时通过国家预警发布系统发布并传送至终端的预警信息数量。

$$迟发率 = 预警信息迟发数 / 预警信息发布总数 \times 100\%$$

$$迟发率得分 = 10 \times（100\% - 迟发率）$$

（二）误发率。本项满分为 15 分。预警信息误发率是衡量预警信息发布正确性的指标。错误预警信息是指标题级别与正文不一致、发布时间填写有误、发布内容错误且包含与预警内容无关信息、测试预警内容中不包含"测试"的中文字样的预警信息。

$$误发率 = 错误预警信息数 / 预警信息发布总数 \times 100\%$$

$$误发率得分 = 15 \times（100\% - 误发率）$$

（三）漏发。本项满分为 15 分。经核实，预警发布责任单位发了，系统没有发出去。应发布预警信息未在国家预警发布系统中发布，每出现一次减 5 分，直至不得分。

第十条 多部门预警信息接入。本项满分为 12 分。与十个以上部委建立多灾种预警信息发布工作机制，正式接入并业务化发布预警信息，得 12 分；少一个减 2 分，直至不得分。

第十一条 发布手段对接应用。为提高预警发布时效和覆盖率，应积极开展发布手段对接应用工作。发布手段对接应用考核指标包括短信、大喇叭和显示屏、广播和电视、微博和微信、邮件和传真的对接及应用情况五个二级指标。本项满分为 18 分。

（一）12379 短信。本项满分为 5 分。12379 短信业务化应用，得 5 分；否则不得分。

（二）大喇叭和显示屏。本项满分为 5 分。与气象部门自建大喇叭、显示屏对接比例达到 75% 及以上，得 5 分；达到 50% 以上的，得 3 分；否则不得分。

（三）微博和微信。本项满分为 3 分。按照《中国气象局公共气象服务中心关于规范国家突发事件预警信息发布系统新增预警事件类型和微博微信命名的通知》的要求，组织完成微博或微信专门账号矩阵建立，并发布预警信息，得 3 分；仅完成微博或微信账号矩阵的建立，未开展预警信息发布工作，得 1 分；未完成微博或微信任一账号矩阵的建立，不得分。

（四）广播和电视。本项满分为 3 分。完成国家预警发布系统与广播或电视发布渠道的对接和测试，得 3 分；否则不得分。

（五）邮件和传真。本项满分为 2 分。完成国家预警发布系统与邮件或传真手段的对接并发布预警信息，得 2 分；未完成，不得分。

第十二条 系统运行保障。系统运行保障考核指标主要包括国家级、省级（包括地市级）系统的故障处理、应急响应、系统安全三个二级指标。本项满分 9 分。

（一）故障处理。本项满分为 3 分。国家级、省级（包括地市级）系统出现故障时，故障响应和处理时间超过 24 小时，每出现一次减 1 分，直至不得分。

（二）应急响应。本项满分为 3 分。出现重大事件时，按照应急预案要求在规定的时间内及时做出响应，得 3 分；否则不得分。

（三）系统安全。本项满分为 3 分。国家级、省级发布管理平台完成三级等保建设并通过测评，未发生对社会造成不良影响的安全事故，得 5 分；否则不得分。

第三章 考评方式

第十三条 国家预警发布系统业务运行考核以各单位自评为主，并上传相关证明材料，国家预警信息发布中心协助提供相关考评依据。中国气象局应急减灾与公共服务司负责组织对自评结果进行审核把关和抽查。

第十四条 省级预警发布工作机构应在每年 12 月 10 日前将本单位《国家预警发布系统业务运行考核数据汇总表》（见附件）及相关证明材料等报送国家预警信息发布中心。

第十五条 国家预警信息发布中心负责对省级国家预警发布系统业务运行考核材料进行补充、整理、评价打分，并于每年 12 月 15 日前将省级国家预警发布系统业务运行考评得分及相关材料报送中国气象局应急减灾与公共服务司。

第十六条 中国气象局应急减灾与公共服务司负责对国家级业务考核评价打分，并对省级业务考核评价结果进行审核把关和抽查。

第四章　考评结果

第十七条　由中国气象局应急减灾与公共服务司每年组织评选优秀省（区、市）级预警信息发布工作机构、优秀省（区、市）级预警信息发布业务运行工作人员（包括系统维护人员），并给予通报表扬。具体评选细则在每年年底公布。

第十八条　国家预警发布系统业务运行考核工作应在当年 12 月底前完成。中国气象局应急减灾与公共服务司负责对考核结果进行公示。

第十九条　国家级和省级相关业务管理部门对考评材料的真实性负责，一旦发现有弄虚作假情况，则该年度考评总分为零，并向全国气象部门通报批评。

第五章　附　则

第二十条　本办法由中国气象局应急减灾与公共服务司负责解释。

第二十一条　本办法自发布之日起施行。

（起草人：韩笑　发布时间：2015 年 4 月）

附件

国家突发事件预警信息发布系统年度业务运行考核自评数据汇总表

一级指标	二级指标	自评项目	数据	自评得分	满分	合计	附件
组织管理	机构建设	是否明确各级国家预警发布系统预警信息发布、业务运行管理和技术保障责任主体单位，并积极推动政府成立专门预警发布机构			5		附机构建设方案
	岗位设置	是否设立省级预警发布业务、技术和管理岗位，明确岗位职责			2		附岗位设置方案
	队伍建设	是否组建省级预警发布专门业务、技术和管理团队，专职工作人员的数量			3		附人员名单
	制度建立	是否制定系统业务运行管理办法，建立24小时值班制度、故障报告制度、应急响应制度、考核评价制度、安全管理制度等			5		附相关制度
	业务培训	组织召开业务运行相关培训的次数			2		附培训通知及照片
	宣传推广	是否开展12379品牌与预警发布效益事例宣传推广工作，公共媒体报道的次数			2		附宣传报道截图
	督查督导	是否积极开展督查督导，并按照业务运行要求及时报送月、季业务运行情况报告			2		附督查督导工作方案与运行报告材料
预警信息发布	迟发率	预警信息迟发率			10		附调查统计数据
	误发率	预警信息误发率			15		同上
	漏发数	应发布预警信息未在国家预警发布系统中发布的次数			15		同上
多部门预警信息接入	机制建立	通过签订框架协议、备忘录、授权书等形式，联合建立预警信息发布工作机制的部门（不包括气象部门）的数量			6		附合作协议、工作方案等证明材料
	接入发布	通过国家预警发布系统，正式接入并业务化发布其他部门预警信息的数量			6		附多部门预警信息发布数统计
发布手段对接应用	短信	12379短信是否业务化应用			5		附发布统计数据
	大喇叭和显示屏	与气象部门自建大喇叭、显示屏对接比例			5		附对接统计数据
	微博和微信	是否建立完成微博或微信专门账号矩阵，并发布预警信息			3		附账号矩阵材料
	广播和电视	是否完成国家预警发布系统与广播或电视发布渠道的对接和测试			3		附对接证明材料
	传真和邮件	是否完成国家预警发布系统与邮件或传真手段的对接并发布预警信息			2		附对接发布证明材料

续表

一级指标	二级指标	自评项目	数据	自评得分	满分	合计	附件
系统运行保障	故障处理	系统出现故障时，故障响应和处理时间超过 24 小时的次数			3		附调查统计材料
	应急响应	出现重大故障、重大事件、安全攻击等事故时，是否按照应急预案要求在规定的时间内及时作出响应			3		附调查统计材料
	系统安全	发布管理平台是否完成三级等保建设并通过测评，是否发生对社会造成不良影响的安全事故			3		附调查统计材料

注：本表格应于当年 12 月 10 日前正式报送国家预警信息发布中心。

国家突发事件预警信息发布系统故障处理流程

国家突发事件预警信息发布系统（以下简称"国家预警发布系统"），包括发布管理平台、12379短信平台、国家级网站、反馈评估系统。各级预警发布工作机构负责系统的安全稳定运行，对于系统故障的处理和报告，依照以下流程。

第一条 各级预警信息发布工作机构负责本级国家预警发布系统的业务运行和系统维护，对出现的故障，凡属业务培训范围内的故障类型，原则上由本级解决。

第二条 系统维护人员应实时监控系统运行情况，发现故障及时处理，做好故障处理记录。对网络、设备和系统运行情况进行每日巡检。具体巡检内容应包括网络、系统运行情况、进程情况、CPU和内存使用情况、硬盘容量等，填写巡检日志并建立备案备查制度。

第三条 系统维护负责人是本级系统维护的第一责任人，故障发生后30分钟内，系统维护负责人须到现场进行处理。遇有本级无法处理的系统故障且影响预警发布业务时，应按逐级上报原则向上一级预警信息发布工作机构报告故障，同时向本级业务主管部门进行报告，若遇重大故障或特殊情况可同时越级报告。国家级遇有或接报重大故障时应向中国气象局应急减灾与公共服务司报告。

第四条 故障报送单位应填写《国家预警发布系统故障单》（见附件），填写故障现象和故障处理过程，对故障发生的原因进行事后分析和备案。

第五条 各级系统维护人员在收到《国家预警发布系统故障单》后应立即响应，根据故障实际情况进行问题排查，反馈解决故障所需时间，并及时处理。系统维护负责人应随时追踪反馈故障处理进度，直至故障解决。

第六条 故障处理完成后，系统维护人员做好故障处理过程记录、故障分析和总结，由故障处理人员和系统维护负责人签字后，反馈给故障报送单位，同时抄送给业务主管部门。

第七条 各级预警发布工作机构在故障解决后，应及时整理分析《国家预警发布系统故障单》，了解故障产生原因，学习故障处理方法，总结经验教训，避免相同故障再次发生。

第八条 国家预警信息发布中心、国家气象信息中心需对各级国家预警发布系统出现的同类问题进行汇总和总结，并对系统进行优化与完善。

（起草人：崔磊 发布时间：2016 年 6 月）

附件

国家预警发布系统故障单

编号：

故障报送单位			
联系人		联系方式	
业务类型	□预警发布管理平台　□短信平台　□12379网站　□其他		
故障发生时间			
故障等级	□一般　□严重　□重大　□特大		
故障描述			
故障受理			
故障受理单位		受理时间	
受理人		联系方式	
故障处理			
故障处理单位		处理完成时间	
处理人		联系方式	
故障处理进展及原因	故障原因： 进展、结果及建议：		

备案人员：

全国预警发布业务通报电视电话会商规范（试行）

第一章 总 则

第一条 全国预警发布业务通报电视电话会商能全面掌握全国预警发布业务进展及需求情况，也是全国预警发布部门业务通报与沟通、经验交流、上下联动的重要手段。为组织做好会商工作，特制定本规定。

第二条 本规定适用于定期开展的全国预警发布业务通报会商（以下简称"常规会商"）、不定期的特大或重大突发事件会商以及其他全国性或跨区域的预警发布业务通报会商（以下简称"专题会商"）。

第二章 会商种类

第三条 常规会商是指每月一次，每月最后一个工作日下午 15：00 召开视频会商会议，通报过去一个月全国预警发布业务进展情况、预警信息质量情况，系统运行、安全情况，以及故障处理情况；会商发言省份报告过去一个月本省预警发布体制机制进展情况、系统运行情况、预警信息发布质量情况、预警信息发布效益情况等。

第四条 专题会商是指针对特大或重大突发事件过程，以及其他全国性或跨区域的预警发布业务通报开展的会商，通报针对重点过程的预警发布效果、交流预警发布服务亮点及存在问题，解读当前国家重大方针政策，以及相关成果展示等。

第三章 会商组织

第五条 国家预警信息发布中心负责组织全国性的预警发布业务通报会商。

第六条 除常规会商外，遇有特大或重大突发事件时，国家预警信息发布中心可视情况组织专题会商；在此情况下中国气象局应急办、应急减灾与公共服务司也可要求国家预警信息发布中心组织专题会商。

第七条 各相关职能司要求临时安排专题会商时，一般应提前 1 天通知国家预警信息发布中心和国家气象信息中心（应对突发事件和紧急任务的应急会商除外）。国家预警信息发布中心接到通知后，应及时与国家气象信息中心和相关省预警发布中心联系确定专题会商时间及主要内容，并视情况将会商信息告知有关职能司。国家气象信息中心应将新增的专题会商补充填写到一周会商安排中。

第八条 当专题会商与常规会商在时间上有冲突时，可在常规会商中增加专题会商内容，如两个会商不能合并组织的，一般应优先安排专题会商。

第四章 会商准备

第九条 国家预警信息发布中心应于会商前 48 小时确定并通知需要发言的省份，各省接到通知后应做好相应准备。每次常规会商结束前通知下次常规会商时间，常规会商遇法定节假日，会商时间顺延。

第十条 专题会商的通知，由应急减灾与公共服务司印发，如通知发出时间距会商开始时间不足 48 小时的，应同时电话通知各发言单位。会商通知要明确会商时间、主要内容、发言单位及其发言时间，提出需重点分析和讨论的关键问题。

第十一条 在常规会商前，国家预警信息发布中心准备全国预警业务管理情况、业务运行总体情况、部门发布预警情况、预警发布质量统计情况和发布效果等相关会商材料；国家气象信息中心准备国家级发布管理平台系统运行情况、安全情况，以及各级平台系统故障处理情况等；各省预警发布单位准备机制进展情况、业务进展情况、系统运行情况、预警发布效果等。

第五章 会商过程及内容

第十二条 常规会商由国家预警信息发布中心业务负责人主持，专题会商视情况确定主持人。常规会商时，主持人应根据会商日程，安排相关省份发言，严格把握会商时间。

第十三条 各省由预警中心（公服中心）负责人参会，介绍内容包括本省机制进展情况、业务进展情况、系统运行情况、预警发布情况和发布效果。

第十四条 国家气象信息中心由系统运行负责人参会，通报内容包括国家级发布管理平台系统运行情况和各级平台系统故障处理情况，发言时间一般不超过3分钟。

第十五条 国家预警信息发布中心做总结，对全国预警业务管理情况、系统运行情况、全国预警发布情况、部门发布预警情况、预警发布质量统计情况、预警发布效果评估结果等进行简要通报，介绍工作经验，解读方针政策，提出未来一个月工作计划和安排，发言时间一般不超过5分钟。

第六章 会商保障

第十六条 各会商参加单位应及时开启和调试会商系统。国家气象信息中心负责电视会商系统的调试、技术支持以及会商中现场视频信号的切换。

第十七条 国家预警信息发布中心和省级预警发布单位须在会商前30分钟开启电视会商系统，并配合会商主控室进行信号调试；没有发言任务的单位，应于会商前10分钟开启电视会商系统等待会商主控室连通调试。上述各单位应认真做好会商过程中的视频系统技术保障工作。

第七章 附 则

第十八条 本规定由中国气象局应急减灾与公共服务司负责解释。

第十九条 本规定自发布之日起施行。

（起草人：李婷婷、刘丽媛 发布时间：2017年9月）

国家突发事件预警信息发布系统错误

预警处理预案（试行）

第一章 总 则

第一条 为保证预警信息及时、准确发布，加强全国预警发布业务统一、规范化管理，避免和尽量减少错误预警造成的影响，特制定本预案。

第二条 本预案适用于预警业务运行中各级已对外发布的错误预警信息。

第二章 错误预警处置条件

第三条 国家预警信息发布中心业务值班人员（以下简称"值班人员"）遇到下列情况时，值班人员应在3分钟之内上报业务主管，由主管安排启动错误预警下线工作：

（一）在业务自检时发现由于业务事故等原因导致已知错误预警信息通过国家突发事件预警信息发布系统各发布渠道发出时。

（二）通过可靠人员反映有错误预警已经通过国家预警发布系统发布时。

第四条 值班人员收到社会人员反映有错误预警发布时，通过电话联系发出错误预警的相关预警发布机构或预警发布责任单位进行核实，确认后上报业务主管，由主管安排启动错误预警下线工作。

第五条 值班人员发现经国家级成功拦截的错误预警，尚未通过国家级各渠道进行发布，应通知相关地方预警发布工作机构，请其尽快撤回已发布的错误预警，避免造成不良社会影响。

第三章 错误预警处置流程

第六条 国家预警信息发布中心业务主管在启动错误预警下线工作同时应上报预警业务部科长，预警业务部全体在岗人员协同完成错误预警下线工作，具体流程如下。

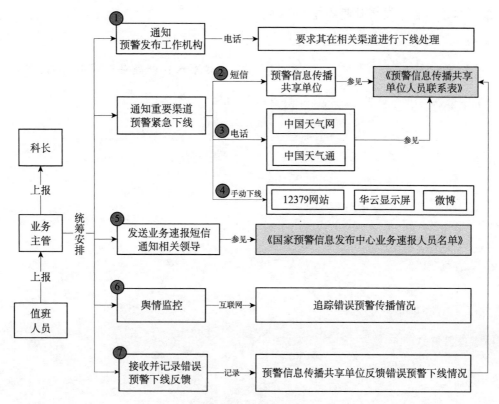

错误预警下线处置流程

①通过电话通知相关预警发布工作机构，要求其在已发布错误预警的相关渠道进行错误预警下线处理；

②10分钟之内向对外服务媒体联系人发送预警下线短信，通知对错误预警进行下线处理；

③电话通知中国天气网、中国天气通等重要预警信息传播共享单位联系人；

④完成12379网站、微博、华云显示屏等自有手段的错误预警下线工作；

⑤30分钟内向相关领导发送业务速报短信；

⑥对互联网进行舆情监控，利用舆情反馈系统及百度搜索引擎对要求下线的错误预警进行追踪；

⑦接收并记录预警信息传播共享单位反馈的错误预警下线处理情况。

第七条 值班人员在进行错误预警处置过程中要将流程中的重要时间、事项和处理结果记录到值班日志中。

第四章 附 则

第八条 国家预警信息发布中心业务人员应当依据本预案开展错误预警处置工作。

第九条 本预案由国家预警信息发布中心负责解释。

第十条 本预案自印发之日起实施。

（起草人：赵晶晶 发布时间：2017 年 6 月）

突发网络故障预警应急发布工作规范

第一条 当国家突发事件预警信息发布系统（以下简称"国家预警发布系统"）在运行过程中遇到突发网络故障时，国家级预警信息无法通过各类渠道向应急责任人和社会公众正常发布，须立即启动预警应急发布工作，为此制定本规范。

第二条 应急准备

（一）备份国家级受众用户组

为避免出现发布管理平台无法登录及获取受众用户的情况，须将受众用户组提前导出并备份，分别命名为《国家级气象专业组受众用户名单导出（年月日）》和《国家级气象公共组受众用户名单导出（年月日）》，且在受众用户更新时，及时更新备份，备份文件须存储在值班电脑或移动硬盘中。受众用户组导出操作具体如下。

使用气象发布单位业务管理员账号（qx_maintain）登陆国家预警发布系统，在"业务配置"菜单下选择"受众用户配置"，下拉菜单中选择"用户组维护"，在右侧树形菜单上选择"专业组"中气象局下对应预警类型预警等级的子节点，如"测试"组，右侧列表中将显示该用户组下已经分配好的受众用户，此时点击"导出"按钮，将弹出下载框，保存即可。

保存的文件名称为：

红色标记为导出用户组的名称；蓝色标记为导出用户组的 ID；绿色部分为导出时间。

字段包括：组织机构、人员姓名、职务、类型、所属部门、行政区划编号和名称、手机号码、电话号码、传真号码、邮箱以及经纬度，其中组织机构、人员姓名、职务、类型、所属部门、行政区划编号和名称为必填项；手机号码、电话号码、传真号码、邮箱这四项至少填写一项。

说明：

组织机构：分为一级组织机构和二级组织机构，两栏为动态级联下拉菜单，先选择一级组织机构，再选择二级组织机构。其中部分一级组织机构没有二级组织机构，此时二级组织机构也要选择"无"。

类型：领导【001】，应急联系人【002】，应急责任人【003】。

行政区划编号：为国家统一的12位行政区划代码。

补充：在用户组未分配受众用户的情况下导出文件可作为模板使用。

（二）配备移动上网设备

在预警工作平台配备4G上网卡及笔记本电脑，当网络故障范围较大导致各预警相关系统均无法访问时，可通过笔记本电脑使用移动互联网通过邮箱向应急责任人发布预警信息。

（三）确定应急短信发布设备正常且余额充足

应急短信发布设备指15001237991（短信猫号码）、15901291571（值班手机）。每周一早上由值班人员检查设备余额，保证每台设备余额在100元以上，当12379短信平台故障时，使用应急短信发布设备（139邮箱）向应急责任人发送预警短信。

（四）购置传真设备

购置传真设备，遇大范围网络故障时，启用国家级预警值班电话（68406041）临时向指定应急责任人发送传真。

仅国家级多手段服务器网络传输故障时，在技术人员的指导下可通过传真客户端登录向指定应急责任人手动发送传真，具体发送规则见《EastFax客户端培训教程》。

第三条　基本原则

应急处置应遵循优先向应急责任人发布预警的原则，本规范要与《国家突发事件预警信息发布系统国家级故障处理流程》《国家级预警信息紧急发布流程规范》配合使用。

第四条　网络故障及应急措施

根据网络故障范围不同，国家预警发布系统受影响程度及处置方式也有所不同，主要分为以下几种情况。

（一）国家级预警发布管理平台故障

通过访问中央气象台网站（http://www.nmc.gov.cn）可了解当日国家级气象预警发布情况，当发现国家预警发布系统中有国家级预警信息未按时到达时，通过联系国家气象信息中心排查确定已发生网络故障。应按照以下流程处理。

1.联系预警发布责任单位

根据预警类型不同分别联系中央气象台获取预警信息。

2.向应急责任人发送预警信息

依次利用 12379 短信平台、12379 邮箱、传真（58993978）向相应受众用户群组中的应急责任人发送预警信息。

（1）12379 短信平台

第一步：登陆短信平台，点击"信息发布"按钮，进入编辑页面，选择"其他信息"按钮。

第二步：编辑预警信息，标题为预警标题，信息类型选择"重要通知"，发布单位选择"国家预警信息发布中心"或对应发布单位，"信息内容"为所发短信全部内容，不包含"标题"中的文字。

第三步：在短信信息录入界面，勾选"直接输入手机号码发送"，扩展录入框，点击"发布平台用户组"框内，从弹出界面选择受众用户组，"手机号码"框内可输入额外手机号码，用英文逗号分隔。

点击"保存并发送"发送预警。

注：发送前，请确认所编辑内容无误后再进行发送，所发信息均标注为【国家预警发布中心】发布，务必谨慎！

第四步：进入"系统监控"查看所发短信的发送状态，结束后显示"发送完成"。

（2）12379 邮箱

访问 http://mail.12379.cn/，使用 12379@12379.gov.cn 账号登陆邮箱，根据预警类型选取预警相关受众用户组（请参照"共享/预警业务/《国家级气象专业组受众用户名单导出（年月日)》"），编辑提取其中的邮件信息（逗号间隔），填写好后预览无误即可发布。

（3）传真（58993978）

联系技术部门，在技术人员指导下启动 EastFax 客户端，根据预警类型选取预警相关受众用户组（请参照"共享/预警业务/《国家级气象专业组受众用户名单导出（年月日)》"），编辑提取其中的传真信息，录入到 EastFax 客户端收件人信息（气象局内部只需录入后四位，外部需要在传真号码前 +2），填写传真标题、内容，添加附件。

3.向社会公众发布预警信息

利用微博、微信、今日头条等渠道向社会公众发送预警信息。

通过 QQ 群、电话、短信联系告知 12379 网站、APP、中国天气网、中国天气通故障情况。

（二）各发布手段系统故障

发布管理平台正常的情况下，部分发布手段发生故障，应采取如下措施。

1. 12379 短信平台故障

12379 短信平台故障，且需紧急发布短信时，直接从发布管理平台获取待发预警信息，根据预警类型选取预警相关受众用户组（请参照"共享/预警业务/《国家级气象专业组受众用户名单导出（年月日）》"），编辑提取其中的手机号码信息，利用短信猫（15001237991）向应急责任人发布预警短信，其余发布手段均无须人工操作。

2. 12379 网站故障

联系技术部门处理。

3. 多手段发布系统故障（包括邮件、传真、微博、微信、大喇叭、显示屏）

联系技术部门处理。

（三）预警发布系统和发布手段系统故障

联系中央气象台获取待发预警信息后，通过短信猫向应急责任人发布预警短信；通过12379@12379.cn 预警邮箱向应急责任人发送预警邮件；启用国家级预警值班电话（68406041）临时向指定应急责任人发送传真；利用微博、微信、今日头条等渠道向社会公众发送预警信息。

（四）短信猫故障

当短信猫故障时，利用 4G 上网卡登录 139 邮箱，使用 15001237991（短信猫号码）、15901291571（值班手机）2 个手机号码的 139 邮箱分别对外对应急责任人发布预警短信，每个手机号码 200 人／次，分批次向应急责任人发布预警短信，短信内容格式参照 12379 短信。

（起草人：朴明威、范天罡　发布时间：2017 年 11 月）

国家预警信息发布中心应急工作预案

第一条 目的依据

根据《国家突发事件预警信息发布系统运行管理办法（试行）》（国办秘函〔2015〕32号）和《中国气象局气象灾害应急预案》（气发〔2011〕55号）的要求，建立国家预警信息发布中心内部统一指挥、科学高效、规范有序的应急业务和管理体系，保证应急工作科学、有力、有序进行，提高应急服务响应能力和防灾减灾能力，制定本预案。

第二条 适用范围

本预案适用于国家预警信息发布中心组织的突发事件、重大活动等应急服务保障工作。

第三条 组织机构及职责

国家预警信息发布中心应急响应工作机构分为应急响应领导小组（以下简称"领导小组"）和应急响应工作小组（以下简称"工作小组"）。领导小组负责统一领导和指挥国家预警信息发布中心的各项应急响应工作。工作小组根据职责分工，负责应急响应的具体实施、处置、上报等工作。

（一）领导小组

组长：国家预警信息发布中心主任。

副组长：国家预警信息发布中心副主任、国家气象信息中心副主任。

成员：国家预警信息发布中心业务单位主要负责人、国家气象信息中心相关业务单位主要负责人。

主要职责：

1. 组织制定应急预案，并开展应急管理工作。

2. 提供应急工作的人力、物力、财力等资源保障和政策保障，协调解决应急工作中出现的问题。

3. 决定和宣布应急响应的启动、变更和终止。

4. 向上级主管部门上报应急响应报告。

（二）工作小组

成员：国家预警信息发布中心业务单位相关人员、国家气象信息中心业务单位相关人员。

主要职责：

1. 根据领导小组的统一部署开展应急工作。

2. 组织落实并督察中心应急响应处置和总结工作。

3. 负责与上级应急响应部门的沟通和联系。

4. 负责保障国家预警信息发布中心业务系统的稳定运行。

5. 负责组织应急工作的宣传报道。

6. 完成领导小组交办的其他事项。

第四条 应急响应分类和定级

国家预警信息发布中心的应急响应启动分为三类：

（一）根据对接的预警信息发布责任单位启动或变更应急响应的级别，中心启动或变更相应等级的应急响应。

（二）根据对接的预警信息发布责任单位启动或变更特别工作状态，中心启动或变更相应等级的特别工作状态。

（三）根据特殊性、突发性、临时性服务保障任务，中心决定启动进入特别工作状态。

按照事件性质、严重程度、可控性和影响范围，将其分为一般（Ⅳ级）、严重（Ⅲ级）、重大（Ⅱ级）、特大（Ⅰ级）四级。

第五条 应急响应启动

根据国家预警信息发布中心应急响应的分类和定级，当对接的预警信息发布责任单位启动或变更应急响应（或特别工作状态）的级别，随即启动相应级别的应急响应（或特别工作状态）。

根据特殊性、突发性、临时性服务保障任务，中心应急领导小组决定启动进入特别工作状态。原则上，Ⅳ级和Ⅲ级应急响应命令由第一副组长签发，Ⅱ级和Ⅰ级应急响应命令由组长签发。

第六条 应急响应行动

（一）Ⅳ级应急响应

1. 各相关单位应在响应启动3小时内向业务职能部门上报未来3天应急值班表。

2. 业务管理部门负责宣传工作，后勤保障部门负责应急响应、业务协调和信息报送。

3. 业务运行部门加强值守，及时关注应急动态，了解各业务系统的运行状态。

4.技术保障部门加强系统维护力度，加大系统设备巡检和监控力度，及时排除设备和安全隐患。

（二）Ⅲ级应急响应

1.领导小组成员全体在岗待命，手机 24 小时保持联络畅通。

2.相关单位应在响应启动 3 小时内向业务职能部门上报未来 3 天应急值班表。

3.业务管理部门负责宣传工作，后勤保障部门负责应急响应、业务协调和信息报送。

4.业务运行部门加强值守，及时关注应急动态，每日 15 时向业务管理部门上报应急工作动态。

5.技术保障部门加强系统维护力度，加大系统设备巡检和监控力度，及时排除设备隐患，做好系统安全防护工作。

6.各业务部门在应急响应结束后 24 小时内向业务管理部门提交应急工作总结。

（三）Ⅱ级应急响应

1.领导小组成员在岗待命，手机 24 小时保持联络畅通，实行领导带班制度，应急值班人员全体到岗，随时关注事态进展。

2.相关单位应在响应启动 2 小时内向业务职能部门上报未来 3 天应急值班表。

3.业务管理部门负责宣传工作，后勤保障部门负责应急响应、业务协调和信息报送。

4.业务运行部门加强值守，及时关注应急动态，每日 15 时向业务管理部门上报应急工作动态。

5.技术保障部门加强系统维护力度，加大系统设备巡检和监控力度，及时排除设备隐患，做好系统安全防护工作。

6.各业务部门在应急响应结束后 24 小时内向业务管理部门提交应急工作总结。

（四）Ⅰ级应急响应

1.领导小组成员全体进入应急状态，带班领导 30 分钟内到达工作岗位，应急队伍全体在岗待命，手机 24 小时畅通，随时关注事态进展。

2.相关单位应在响应启动 1 小时内向业务职能部门上报未来 3 天应急值班表。

3.业务管理部门负责宣传工作，后勤保障部门负责应急响应、业务协调和信息报送。

4.业务运行部门加强值守，及时关注应急动态，每日 9 时、15 时向业务管理部门上报应急工作动态。

5.技术保障部门加强系统维护力度，加大系统设备巡检和监控力度，及时排除设备隐患，做好系统安全防护工作。

6.各业务部门在应急响应结束后 24 小时内向业务管理部门提交应急工作总结。

注：已建立应急响应工作流程的，可按照本单位的应急响应流程开展应急响应工作。

第七条 应急响应变更和终止

根据应急响应的分类和定级，当出现应急响应所要求的条件发生改变时，及时变更应急响应级别或解除应急响应。应急响应领导小组可根据实际情况研判变更应急响应级别。

第八条 后期处置

应急响应结束后，国家预警信息发布中心在24小时内组织相关人员进行此次突发事件应急响应工作总结，并根据实际需要进行预警发布和应急响应的效果分析与评估、案例编制等工作。

第九条 保障措施

为提高应急响应水平，相关部门应定期组织系统巡检、业务测试、应急演练、总结评估等工作，要加强相关业务人员培训，加强应急物资保障，加强业务规范和制度保障，进一步明确应急响应各岗位责任，并对应急预案及时完善。

第十条 附则

1.本预案由国家预警信息发布中心负责解释。

2.本预案自发布之日起实施。

（起草人：杨继国、崔磊　发布时间：2016年2月）

协会管理篇

　　中国气象服务协会是经国务院同意，民政部批准，2015年5月13日正式成立的全国性行业协会，是中国第一个面向气象服务行业发展的非营利性社会组织，其成立旨在引导、组织和规范社会各方力量积极参与中国特色现代气象服务体系的建设，实现我国气象服务行业规模化、集约化和可持续发展。作为气象服务社会管理的抓手，中国气象服务协会一方面完善人事、财务、宣传、会员服务等各项内部工作流程，做到有章可循，照章办事；另一方面规范并推动专业委员会建设、信用评价、团体标准建设等各项业务工作有序开展，做到有法可依，制度先行。

中国气象服务协会章程

第一章 总 则

第一条 本会的名称为中国气象服务协会，英文名称为 China Meteorological Service Association, CMSA。

第二条 本会是由从事气象服务的企业、事业单位、社团组织和个人为会员自愿结成的全国性、行业性、非营利性社会组织。

第三条 本会的宗旨：高举中国特色社会主义伟大旗帜，以邓小平理论和"三个代表"重要思想、科学发展观为指导，服务行业，服务会员，促进形成我国统一开放、竞争有序、诚信守法、监管有力的气象服务市场体系，致力于我国气象服务行业的繁荣发展。

本会遵守宪法、法律、法规和国家政策，遵守社会道德风尚。

第四条 本会接受业务主管单位中国气象局、社团登记管理机关民政部的业务指导和监督管理。

第五条 本会的住所设在北京市。

第二章 业务范围

第六条 本会的业务范围：

（一）根据国家有关政策法规，制定气象服务行业的行规行约，建立行业自律机制和诚信体系，规范行业行为。

（二）依照有关规定，承担气象服务从业机构能力认定和服务质量等级评定以及气象服务从业人员执业资格认证工作。

（三）承担公众气象服务满意度调查，经政府有关部门批准，承担行业气象服务效益评估等气象服务质量、效益、效果的等级评价工作。

（四）依照有关规定，受政府部门委托，开展科技项目论证、气象服务科技成果鉴定、转化、推广等工作。

（五）参与气象服务标准化的制定，协助贯彻实施气象服务相关标准并依授权进行监督。

（六）开展气象服务领域方针政策、法律法规的研究和社会调查，反映行业诉求，向政府建言献策。

（七）开展行业经济运行态势专题研究，提出建议、出版刊物，为会员和政府提供咨询服务。

（八）受政府委托承办或根据行业发展需要，开展气象服务专业技术培训、举办展览、组织会议，开展气象服务职业技能竞赛等活动。

（九）开展国际交流与合作，促进行业对外经济技术的开放与合作。

（十）开展学术和技术交流，推进会员技术合作与协同创新，展示和推广气象服务高科技技术及产品。

（十一）开展气象服务行业相关科普宣传与推广活动。

（十二）承担主管部门委托的其他工作。

第三章　会　员

第七条　本会的会员分为单位会员和个人会员。

第八条　申请加入本会的会员，必须具备下列条件：

（一）拥护本会的章程。

（二）有加入本会的意愿。

（三）在气象服务业务、科研或应用领域内具有一定的影响。

第九条　会员入会的程序是：

（一）提交入会申请书。

（二）经理事会或常务理事会讨论通过。

（三）由理事会或理事会授权的机构发给会员证。

第十条　会员享有下列权利：

（一）本会的选举权、被选举权和表决权。

（二）参加本会的活动。

（三）获得本会服务的优先权。

（四）对本会工作的批评建议权和监督权。

（五）入会自愿、退会自由。

第十一条 会员履行下列义务：

（一）遵守本会的章程，执行本会的决议。

（二）维护本会合法权益。

（三）完成本会交办的工作。

（四）按规定交纳会费。

（五）向本会反映情况，提供相关资料。

第十二条 会员退会应书面通知本会，并交回会员证。会员如果1年不交纳会费或无故不参加本会活动的，视为自动退会。

第十三条 会员如有严重违反本章程的行为，经理事会或常务理事会表决通过，予以除名。

第四章 组织机构和负责人产生、罢免

第十四条 本会的最高权力机构是会员代表大会。会员代表大会的职权是：

（一）制定和修改章程。

（二）选举和罢免理事。

（三）审议理事会的工作报告和财务报告。

（四）制定和修改会费标准。

（五）决定终止事宜。

（六）决定其他重大事宜。

第十五条 会员代表大会须有2/3以上的代表出席方能召开，其决议须经到会代表半数以上表决通过方能生效。

第十六条 会员代表大会每届5年。因特殊情况须提前或延期换届的，须由理事会表决通过，报业务主管单位审查并经社团登记管理机关批准。延期换届最长不超过1年。

第十七条 理事会是会员代表大会的执行机构，在会员代表大会闭会期间领导本会工作，对会员代表大会负责。

第十八条 理事会的职权是：

（一）执行会员代表大会的决议。

（二）选举和罢免会长、副会长、秘书长和常务理事。

（三）筹备召开会员代表大会。

（四）向会员代表大会报告工作和财务状况。

（五）决定会员的吸收和除名。

（六）决定办事机构、分支机构、代表机构和实体机构的设立、变更和注销。

（七）决定副秘书长、各机构主要负责人的聘任。

（八）领导本团体各机构开展工作。

（九）制定内部管理制度。

（十）决定其他重大事项。

第十九条 理事会须有 2/3 以上理事出席方能召开，其决议须经到会理事 2/3 以上表决通过方能生效。

第二十条 理事会每年至少召开一次会议。情况特殊的可采用通信形式。

第二十一条 本会设立常务理事会。常务理事会由理事会选举产生，在理事会闭会期间行使第十八条第一、三、五、六、七、八、九项职权，对理事会负责。常务理事人数不超过理事人数的 1/3。

第二十二条 常务理事会须有 2/3 以上常务理事出席方能召开，其决议须经到会常务理事 2/3 以上表决通过方能生效。

第二十三条 常务理事会至少半年召开一次会议。情况特殊的可采用通信形式。

第二十四条 本会的会长、副会长、秘书长必须具备下列条件：

（一）坚持党的路线、方针、政策，政治素质好。

（二）在本会业务领域内有较大影响。

（三）最高任职年龄不超过 70 周岁，秘书长为专职。

（四）身体健康，能坚持正常工作。

（五）未受过剥夺政治权利的刑事处罚。

（六）具有完全民事行为能力。

第二十五条 本会会长、副会长、秘书长如超过最高任职年龄的，须经理事会表决通过，报业务主管单位审查并社团登记管理机关批准后，方可任职。

第二十六条 本会会长、副会长、秘书长每届任期 5 年，可以连选连任。因特殊情况须延长任期的，须经会员代表大会 2/3 以上会员代表表决通过，报业务主管单位审查并经社团登记管理机关批准后，方可任职。

第二十七条 会长为本会法定代表人。因特殊情况，经会长委托、理事会同意，报业务主管单位审查并经社团登记管理机关批准后，可以由副会长或秘书长担任法定代表人。

法定代表人代表本会签署有关重要文件。

本会法定代表人不兼任其他社会团体的法定代表人。

第二十八条 会长行使下列职权：

（一）领导本会开展工作。

（二）召集和主持理事会、常务理事会。

（三）检查会员代表大会、理事会、常务理事会决议的落实情况。

第二十九条 本会秘书长行使下列职权：

（一）主持办事机构日常工作，组织实施年度工作计划。

（二）协调各分支机构、代表机构、实体机构开展工作。

（三）提名副秘书长以及各机构主要负责人，交会长办公会决定。

（四）提名办事机构、代表机构、实体机构专职工作人员的聘用。

（五）处理其他日常事务。

第五章　资产管理、使用原则

第三十条 本会经费来源：

（一）会费。

（二）捐赠。

（三）政府资助。

（四）在核准的业务范围内开展活动和服务的收入。

（五）利息。

（六）其他合法收入。

第三十一条 本会按照国家有关规定收取会员会费。

第三十二条 本会经费必须用于本章程规定的业务范围和事业的发展，不得在会员中分配。

第三十三条 本会建立严格的财务管理制度，保证会计资料合法、真实、准确、完整。

第三十四条 本会聘请具有专业资格的会计人员。会计不得兼任出纳。会计人员必须进行会计核算，实行会计监督。会计人员调动工作或离职时，必须与接管人员办清交接手续。

第三十五条 本会的资产管理必须执行国家规定的财务管理制度，接受会员代表大会和财政部门的监督。资产来源属于国家拨款或者社会捐赠、资助的，必须接受审计机关的监督，并将有关情况以适当方式向社会公布。

第三十六条 本会换届或更换法定代表人之前须接受财务审计。

第三十七条 本会的资产，任何单位、个人不得侵占、私分和挪用。

第三十八条 本会专职工作人员的工资和保险、福利待遇，按照国家的有关政策执行。

第六章 章程的修改程序

第三十九条 对本会章程的修改，须经理事会表决通过后报会员代表大会审议。

第四十条 本会修改的章程，须在会员代表大会通过后 15 日内，报业务主管单位审查，经同意，报社团登记管理机关核准后生效。

第七章 终止程序及终止后的财产处理

第四十一条 本会完成宗旨或自行解散或由于分立、合并等原因需要注销的，由理事会提出终止动议。

第四十二条 本会终止动议须经会员代表大会表决通过，并报业务主管单位审查同意。

第四十三条 本会终止前，须在业务主管单位及有关机关指导下成立清算组织，清理债权债务，处理善后事宜。清算期间，不开展清算以外的活动。

第四十四条 本会经社团登记管理机关办理注销登记手续后即为终止。

第四十五条 本会终止后的剩余财产，在业务主管单位和社团登记管理机关的监督下，按照国家有关规定，用于发展与本会宗旨相关的事业。

第八章 附 则

第四十六条 本章程经 2015 年 4 月 8 日第一届会员代表大会表决通过。

第四十七条 本章程的解释权属本会的理事会。

第四十八条 本章程自社团登记管理机关核准之日起生效。

（起草人：李闯 发布时间：2015 年 9 月）

中国气象服务协会会员管理办法（暂行）

第一章　总　则

第一条　为广泛吸纳热心参与气象服务事业的企、事业单位，社会团体和个人加入中国气象服务协会（以下简称"协会"），充分调动和发挥会员的积极性、主动性和创造性，增强协会凝聚力，促进协会工作健康有序发展，依据国家相关法律、法规以及《中国气象服务协会章程》的有关规定，制定本办法。

第二条　协会会员须拥护协会章程，愿意为气象服务事业做出贡献，积极维护协会权益，认真履行会员义务，同时享有相应的会员权利。

第三条　本办法适用于中国气象服务协会会员。

第二章　会　员

第四条　协会会员分为单位会员和个人会员；按照会员级别分为：会长、副会长、常务理事、理事和普通会员。

第五条　本办法所称单位会员，是指以独立法人单位为主体申请加入协会的会员，包括一般企事业单位及社会团体；个人会员，是指自愿加入协会、在行业领域内具有一定影响力的知名企业家或学科领域内的学术权威、专家学者。

第三章　会员入会

第六条　申请加入协会的会员，应具备下列条件：

（一）拥护协会章程。

（二）有加入协会的意愿。

（三）在气象服务业务、科研、市场或相关应用领域内具有一定的影响力。

第七条 会员入会程序为：

（一）提交入会申请

按要求填写单位会员、个人会员入会申请表，申请单位应确定入会代表、联系人各一名，负责与协会的日常联络工作，并以纸质文件或电子邮件形式提交至协会秘书处。

（二）会员级别审定

会员资格经会员服务部初审符合要求后，普通会员报秘书长审核批准；理事以上级别会员需经协会常务理事会审核批准，常务理事会闭会期间，由会长办公会审定后报秘书处备案，在常务理事会上进行通报。

（三）审批结果反馈

会员资格经审批同意后，秘书处于10个工作日内向申请单位（个人）反馈审批结果。

（四）会员资料备案

会员资格经审定后，应提交相关资料报秘书处备案。会员如有单位名称、通信地址、入会代表、联系人等信息变更的，应在30日之内以纸质文件或电子邮件形式告知协会，并根据变更事项提供相关的变更材料。

（五）交纳会费

会员收到批准入会通知后即应交纳当年会费，完成入会手续。

第四章 会员证章管理

第八条 会员按时足额交纳会费后，协会向会员单位颁发相应的单位会员资格证书及牌匾，向会员个人颁发相应的个人会员资格证书。

第九条 会员证书发放与审核由秘书处会员服务部管理执行；证书过期作废，超过有效期会员应及时更换；证书丢失，会员应及时函告协会并申请补办，协会在备案后为其补办会员证。

第十条 会员主动退会或被取消会员资格的，协会将收回其会员证书及牌匾，注销其会员资格，中止其享受会员待遇。

第五章 会员权利和义务

第十一条 协会会员享有以下权利：

（一）协会的表决、选举和被选举权。

（二）按类分级享有协会提供的各项服务的权利。

（三）参加协会举办的各种活动的权利。

（四）对协会工作提出建议和批评、监督的权利。

（五）入会自愿、退会自由的权利。

第十二条 协会会员履行以下义务：

（一）自觉遵守执行国家有关法规。

（二）遵守协会章程，执行协会决议，维护协会的共同利益和信誉。

（三）按时交纳会费。

（四）及时向协会反映情况和工作建议，提供有关资料和信息。

第十三条 协会为会员提供以下服务：

（一）根据实际情况，协会可出面向有关部门、领导反映会员的合理要求，争取优惠政策和政府支持，或为会员牵线搭桥，建立会员与政府有关部门之间的联系，使会员得到有关政府必要的支持与帮助。

（二）为会员提供相关资源和信息，使会员在投资开发决策方面得到有益的帮助。

（三）组织专家、学者为会员的项目提供咨询服务，帮助会员引进国内外资金、技术和项目。

（四）在事业发展上获得卓越成就和突出贡献的会员，对他们的经验进行总结、推广和宣传。

（五）组织会员参加国内外考察活动和学术交流、合作及评选表彰活动。

（六）会员可免费获得协会提供的会刊，在会刊上发表企业或个人文章。

（七）参加协会组织的行业培训。

（八）享有"中国气象服务协会会员"的荣誉和社会交往身份。

第十四条 理事会员还享有以下服务：

（一）接受委托，协助协调政府有关方面的关系，并帮助落实和解决专项事宜。

（二）优先参加协会主办的学术论坛活动。

（三）优先在协会会刊上发表企业或个人文章。

（四）免费参加协会组织的培训。

（五）享有"中国气象服务协会理事会员"的荣誉和社会交往身份。

第十五条 常务理事会员还享有以下服务：

（一）根据需要，接受委托，协助论证有关项目并向国家相关部委申报，争取获得国家政策的最大化支持。

（二）获得展示单位与个人的机会，如在协会举办的论坛上作主题发言，在专题培训班上演讲。

（三）优先获得协会组织的重要活动的承办权。

（四）免费参加协会举办的专题讲座活动。

（五）享有"中国气象服务协会常务理事会员"的荣誉和社会交往身份。

第十六条 副会长会员还享有以下服务：

（一）参与协会重大事项的研究与决定。

（二）代表协会参与社会活动，并在主席台就座，担任主持人或主讲人；获得展示单位与个人形象的机会。

（三）优先获得协会组织的重要活动的冠名权。

（四）享有"中国气象服务协会副会长会员"的荣誉和社会交往身份。

第六章　奖励和惩处

第十七条 协会以年度为单位，对会员进行评分。新入会会员，不参加当年度评分。

第十八条 年度评分达到 60 分及以上的会员，视为达标；否则，视为未达标。年度评分达到 90 分及以上的会员，视为优秀。

第十九条 对年度评分达到优秀或为协会做出突出贡献的会员，协会视情况给予以下奖励：

（一）通报表扬。

（二）授予"优秀会员"荣誉称号。

（三）通过各类媒体进行宣传推广。

（四）予以项目、活动等方面的支持。

（五）协会认为合适的其他形式奖励。

第二十条 对于出现下列情形之一的会员，视情节轻重给予警告、通报批评、暂停会员部分权利、取消会员资格的惩处：

（一）违反协会章程的。

（二）伤害其他会员或存在不正当竞争行为的。

（三）有造成不良社会影响和危害的违法乱纪行为的。

（四）对于连续两年评分未达标的会员，协会将予以警告；连续三年评分未达标的会员，协会予以退会处理，将发函告知并在协会网站会员目录中予以删除，两年内不再受理其入会申请。

（五）对于连续两年不交纳会费或不参加协会活动的会员，经协会提示后一年内仍不交纳会费或不参加协会活动的视为主动退会。

第七章 附 则

第二十一条 本管理办法由协会秘书处负责解释。

第二十二条 本管理办法由协会常务理事会通过之日起实施。

（起草人：刘茜 发布时间：2017 年 4 月）

中国气象服务协会会费管理办法

第一章　总　则

第一条　为规范中国气象服务协会（以下简称"协会"）会费收取、使用与管理，保障协会职能的正常履行，根据《关于取消社会团体会费标准备案规范会费管理的通知》（民发〔2014〕166号）和《中国气象服务协会章程》等有关规定，制定本办法。

第二条　本办法适用于协会全体会员。协会会员分为单位会员和个人会员，会员应从取得会员资格当年起，按照本办法向协会交纳会费。

第三条　交纳会费是全体会员应尽的义务。会员应按照本办法按时、足额交纳会费。

第四条　会员连续一年不交纳会费的，经协会通知后仍不交纳会费，视为自动退会，其会员资格自动予以注销。

第二章　会费制定及交纳标准

第五条　会员交纳会费标准。

（一）会长单位20万元/年。

（二）副会长单位10万元/年。

（三）常务理事单位4万元/年。

（四）理事单位2万元/年。

（五）会员单位1万元/年。

（六）个人会员100元/年。

第六条 会费按年交纳。

（一）会员应当于每年 3 月 30 日前，将当年会费一次性交清。

（二）新加入协会的会员，自批准入会时交纳当年会费和入会手续费 500 元；7 月 1 日以后批准入会的，按会费标准的 50％交纳当年会费和入会手续费；个人会员免交入会手续费。

第三章 会费使用及管理

第七条 协会会费限用于协会章程规定的业务范围和事业发展，本着取之有度、用之得当的原则，会费主要用于以下方面：

（一）全体会员大会、理事会以及各种专业会议和有关活动的经费补贴。

（二）协会业务活动经费。

（三）协会秘书处办公经费。

（四）协会秘书处工作人员工资、补贴和有关福利待遇。

（五）协会会刊、网站、编印资料及通讯经费。

（六）协会秘书处办公用房租赁费。

（七）依据协会业务范围合法开展活动的其他经费支出。

第八条 严格会费收缴、使用与管理制度，建立会费收支账户及收支明细账目，在会计年度结束后的四个月内，将年度会费收支报告决算报告聘请专业审计机构依照有关法律进行审计后，呈交理事会或常务理事会，并定期向会员公布。

第九条 协会配备会计人员。会计人员执行国家规定的会计准则，对协会的经费使用进行会计核算，实行会计监督。

第十条 会费收支情况接受社会团体管理机关认可的审计机构审计。

第十一条 会费收支情况接受会员代表大会的审查。

第十二条 会费标准根据需要可进行调整，但执行年度不少于 2 年。协会制定或者修改会费标准，应当召开会员大会或者会员代表大会，应当有 2/3 以上会员或者会员代表出席，并经出席会员或者会员代表 1/2 以上表决通过，表决采取无记名投票方式进行。

第四章 会费减免

第十三条 协会发起单位享受 2 年会费减半优待；创始会员享受 1 年会费减半优待。

第十四条 协会特邀的个人会员，经会长办公会审定，可免交会费。

第十五条 协会秘书处工作人员为协会会员，免交会费。

第五章 附 则

第十六条 本办法经 2015 年 4 月 8 日第一届会员代表大会表决通过。

第十七条 本办法由中国气象服务协会常务理事会负责解释。

（起草人：李闯、朱邵梦 发布时间：2015 年 9 月）

中国气象服务协会专业委员会管理办法（试行）

为有序开展中国气象服务协会（以下简称"协会"）专业委员会工作，规范专业委员会活动，充分发挥专业委员会作用，根据《中国气象服务协会章程》和《中国气象服务协会人事管理办法》，制定本办法。

协会专业委员会是依据协会章程设立，从事协会气象服务专业领域会员服务与管理的分支机构。

第一章 设 立

第一条 专业委员会的设立条件

（一）符合协会章程规定的业务范围。

（二）已发展成为相对独立的气象服务分支领域，具有良好的发展前景。

（三）在本领域有一定数量规模的企事业单位；有一定数量规模、具有一定社会知名度和影响力的管理者、企业家和专家群体。

（四）具有组织本领域产业发展研究及规划能力；具有独立开展国内外行业交流活动的组织能力。

第二条 专业委员会设立的程序

（一）新设专业委员会须由本协会五个以上常务理事单位联名向协会秘书处提出设立方案。设立方案应包括机构名称、发展现状、趋势分析，专业委员会的定位、任务和工作内容，拟定的委员会主任人选、挂靠单位等内容。

（二）协会秘书处负责组织设立方案的初审，汇总后提交常务理事会审议。常务理事会闭会期间，由协会会长办公会代行审批。

第三条 专业委员会构成

（一）专业委员会由主任委员（1名）、副主任委员（不多于10名）、会员单位（不少于30个）以及专（兼）职秘书组成。

（二）专业委员会主任委员由该委员会的发起单位提名推荐。

（三）专业委员会副主任委员由主任委员提名推荐，经秘书处审核后报会长审批。

第四条 专业委员会须在设置方案批准后3个月内完成本委员会的组建工作。并于组建工作完成后10个工作日内报协会秘书处备案。

第五条 专业委员会名称变更由协会会长办公会审议决定。

第六条 主任委员的变更由本专业委员会挂靠单位提出书面申请，报会长办公会批准。副主任委员及秘书的调整，须报协会秘书处备案。

第七条 专业委员会证书、印章管理参照协会相关管理办法执行。

第八条 专业委员会发生法律法规禁止的情节，由协会常务理事会决定是否启动注销程序。

第二章 职 责

第九条 受协会委托，专业委员会的职责包括：

（一）根据各专业委员会的特点和需要，发展会员，制订任期内和年度活动计划，指导会员开展活动。

（二）执行协会理事会的决议，参与协会年会和其他重要活动的组织。

（三）向理事会提交任期内的专业委员会发展报告及年度工作报告。

（四）承担本专业领域气象服务从业机构和人员的资质标准制定、水平评价工作。

（五）承担本专业领域气象服务政策、规划、标准、项目的论证和评估，协助贯彻实施气象服务相关法规标准并依授权进行监督。

（六）开展本专业领域气象服务专业技术培训和职业竞赛；开展气象服务创新成果的鉴定、评比、转化、推广以及科普宣传等活动。

（七）开展国内外技术交流，推进政府资助、协会会员技术合作与协同创新。

（八）协助协会接受社会捐赠、政府资助、会员会费征缴。

（九）协助协会编辑、出版会刊及气象服务专业书刊。

（十）承担协会委托的其他工作。

第三章 管理与运行

第十条 协会专业委员会主任委员负责专业委员会的组建，并管理专业委员会日常事务，负责发展会员，组织专业活动，也可与协会共同组织活动。

第十一条 专业委员会可依据协会章程制定本专业委员会的制度，并报协会秘书处备案。

第十二条 建立专业委员会主任联席会议制度。专业委员会主任联席会议原则上每半年召开一次，由各专业委员会主要负责人参加，汇报、交流各专业委员会工作进展，讨论协会相关重要事务。遇重大紧急情况，经会长同意，可临时组织召开专业委员会主任联席会议。

第十三条 专业委员会每年应向协会秘书处上报本年度工作计划、工作总结等有关材料；举办的重要活动应在活动策划阶段及时与协会秘书处沟通，并上报活动计划方案，在活动结束后20天内向协会秘书处上报活动有关总结材料。

第十四条 专业委员会经费按《中国气象服务协会经费管理办法》执行，接受协会组织的财务审计。

第十五条 专业委员会主任委员离任前须进行离任审计。

第四章　考核与奖惩

第十六条 专业委员会实施目标任务管理。年初由协会秘书处与专业委员会共同商定专业委员会年度重点工作目标任务；年终由专业委员会主任委员进行述职，常务理事会负责民主评议、考核。

第十七条 各专业委员会负责人每年述职一次。述职报告以书面形式提交常务理事会评定。评定等级分为优秀、良好、合格、不合格四级。

第十八条 述职报告应包含以下内容：

（一）个人履行职责和廉洁自律情况。

（二）本委员会完成工作目标任务，执行协会章程及各项管理制度的情况。

（三）存在的问题和经验教训，下一个年度的工作打算。

第十九条 依据考评结果对评定为"优秀"的专业委员会负责人进行表扬和奖励。

第五章　附　则

第二十条 本办法由协会秘书处负责解释。

第二十一条 本办法自下发之日起施行。

（起草人：范永玲、柯晓　发布时间：2015年9月）

中国气象服务协会信用评价管理办法（试行）

第一章　总　则

第一条　为建立气象服务领域信用制度，增强气象服务领域从业单位信用意识和风险防范意识，规范中国气象服务协会（以下简称"协会"）信用评价工作，根据《社会信用体系建设规划纲要（2014—2020年）》（国发〔2014〕21号）、《关于推进行业协会商会诚信自律建设工作的意见》（民发〔2014〕225号）等有关文件精神和要求，制定本办法。

第二条　本办法适用于协会信用评价工作及评价对象。

第二章　评价对象和组织方式

第三条　凡在我国境内登记注册，具有独立法人资格并经营三年及以上的气象服务领域的企、事业单位均可自主申请信用评价。

第四条　协会委托第三方评价机构（以下简称"评价机构"）依法、依规采集申请单位相关信息和其他外部综合信息，对申请单位的信用状况进行评估，协会信用评价专家委员会负责审议，协会会长办公会负责审定。

第五条　信用评价工作按年度开展，有效期为三个自然年。在有效期内，由协会信用咨询中心负责对被评价单位进行年度复核评价工作。

第三章　评价内容和等级

第六条　协会信用评价的主要内容为：申请单位基本情况、经营管理状况、业务状况、竞争力和发展潜力状况、财务状况、社会责任和信用记录等。

第七条 信用等级

信用等级分为 AAA、AA、A、B、C 五级。

AAA 级（优秀信用单位）：表示被评价单位的业务能力很强、人员素质很高、市场竞争力很强、经营状况很好、履约能力很强、发展潜力很大、社会信誉很好、诚信度很高。

AA 级（良好信用单位）：表示被评价单位的业务能力强、人员素质高、市场竞争力强、经营状况好、履约能力强、发展潜力大、社会信誉好、诚信度高。

A 级（较好信用单位）：表示被评价单位的业务能力较强、人员素质较高、市场竞争力较强、经营状况较好、履约能力较强、发展潜力较大、社会信誉较好、诚信度较高。

B 级（一般信用单位）：表示被评价单位的业务能力一般、人员素质一般、市场竞争力一般、经营状况一般、履约能力一般、发展潜力一般、社会信誉一般、诚信度一般。

C 级（较差信用单位）：表示被评价单位的业务能力差、人员素质低、市场竞争力差、经营状况不良、履约能力弱、社会信誉差、诚信度差。

第四章 评价数据采集

第八条 信用评价所需信息应当来源于申请单位的申报资料及气象主管机构在履行职责过程中获取的反映申请单位信用状况的信息。

政府公共信用信息服务平台，其他行政机关、司法机关、中国气象服务协会提供的，或社会公众举报投诉的反映申请单位信用状况的信息也应纳入信用信息采集来源。

第九条 申请单位应对提交资料的真实性、完整性和系统性负责；评价机构对申请单位提交的资料，必须认真审核确认。

第五章 评价程序

第十条 评价流程

（一）申请单位向协会信用咨询中心报送相关资料。

（二）评价机构对申请单位报送的资料进行审核，并搜集研究与申请单位信用有关的信息资料。

（三）评价机构对申请单位进行调查了解，核实报送资料的真实性、准确性，并要求申请单位补充完善有关资料。

（四）评价机构按照信用标准进行评价，形成初评报告。

（五）协会信用咨询中心向申请单位反馈初评结果并征询申请单位意见。

（六）协会组织召开信用评价专家委员会评审会，对初评结果进行评审。

（七）评价结果在协会网站进行公示，公开征求社会意见、接受监督，公示期为15天。

（八）对公示有异议的，由协会信用咨询中心核实相关信息，必要时组织专家重新评议。

（九）协会会长办公会审定评价结果。

（十）协会向社会公布评价结果，并对申请单位颁发信用等级证书和铜牌。

第十一条 协会信用咨询中心对评价资料和评价结果进行备案。

第六章 信息共享及管理

第十二条 根据社会信用体系建设的需要，协会有权与有关政府部门、其他协会及有关信息平台共享信用评价结果。

第十三条 在一个评价周期内，协会应当对被评价单位的不良记录和行为进行采集、整理和记录。对发现有重大信用隐患的单位，应及时通过协会网站及有关平台发出信用风险提示，并在年度复核中对存在信用隐患的单位信用等级进行调整。

第十四条 协会工作人员、信用评价专家委员会成员、评价机构工作人员应自觉遵守法律、法规和有关制度，不得擅自向其他机构或者个人提供被评价单位信息。

第七章 附 则

第十五条 本办法由中国气象服务协会负责解释。

第十六条 本办法在协会网站发布，自发布之日起实施。

第十七条 协会信用咨询中心联系方式为010-58995034；社会公众反映信用评价申请单位信用状况的举报投诉电话为4006000121。

（起草人：王昕、夏祎萌 发布时间：2017年9月）

中国气象服务协会团体标准管理办法

第一章 总 则

第一条 为加强中国气象服务协会团体标准（以下简称"团体标准"）制定工作的管理，规范团体标准的制定程序，保证团体标准的质量，根据《中华人民共和国标准化法》《中华人民共和国气象法》等有关法律法规，特制定本办法。

第二条 本办法所称的团体标准是由中国气象服务协会（以下简称"协会"）根据市场需求，组织相关市场主体提出并制定，并由中国气象服务协会组织审查并发布的自愿性标准。

第三条 团体标准是以协会为平台，通过快速、灵活、高效的市场化工作机制，由会员单位自主创新，协会统一管理并组织制定的自愿性标准，是国家标准、行业标准的有效补充。协会标准的制定和实施，接受国家标准化主管部门的指导和监督。

第四条 中国气象服务协会标准化委员会（以下简称"标委会"）代表全体会员单位负责团体标准的管理，统一管理团体标准的制修订和宣贯实施等工作。

第二章 标准制修订

第五条 根据协会章程业务范围，可在气象服务技术创新、管理创新、产业发展、行业自律等领域，快速响应创新和市场对标准的需求，建设团体标准，填补现有国家标准、行业标准和地方标准空白，引领产业和企业的发展，提升产品和服务的市场竞争力。

第六条 团体标准的制修订工作包括：立项、起草、征求意见、审查、批准、发布、实施、宣贯和复审等。

第七条 任何市场主体、企业及个人均可提出团体标准的立项申请，填写中国气象服务协会团体标准申报表，提交标委会。

第八条 标委会负责团体标准项目的立项评审。标准立项必须有不少于出席评审会专家人数的二分之一同意为通过。

第九条 立项评审通过后，经公示无异议，报中国气象服务协会批准后正式立项。如未被批准，则通知该标准提出者不予立项。

第十条 协会标准格式按照《标准化工作导则》（GB/T 1）等国家标准的要求编写。

第十一条 标准起草工作组应在团体标准制修订项目下达之日起 3 个月内完成标准征求意见稿、编制说明。

第十二条 标准起草工作组应当向使用标准的利益相关方征求意见。征求意见材料应当包括标准征求意见稿和编制说明。征求意见的形式为信函征求意见或网上公开征求意见，公开征求意见的期限至少为 1 个月。

第十三条 标准起草工作组应当对征集的意见进行归纳整理，逐条给出处理意见，并提交标准送审稿、编制说明、征求意见汇总处理表等标准送审材料以备审查。

第十四条 标委会负责组织团体标准的审查工作，专业委员会负责组建评审专家组。专家组的人数应不小于 10 人，其成员应是该标准领域的专家，以能充分代表全行业意见为原则。标准审查必须有不少于出席审查会专家人数的四分之三同意为通过。标准起草人不能作为评审专家。

第十五条 对于通过审查的标准，标委会报送协会批准发布。

第十六条 团体标准制定周期一般为 10 个月，采用快速程序的除外。

特殊情况下经申请批准项目变更的最多可延长 5 个月，超过 15 个月未能发布的团体标准项目自动撤销。

第十七条 协会团体标准编号依次由团体标准代号（T/）、社会团体代号、团体标准顺序号和年代号组成。社会团体代号由中国气象服务协会英文名称缩写 CMSA 大写英文字母构成，形式为：T/CMSA ××××-××××。

第十八条 团体标准制修订经费由承担单位（或个人）和参与单位共同承担。

第十九条 协会对按时、保质发布的团体标准给予一定奖励。

第三章 团体标准实施和复审

第二十条 团体标准为自愿性标准，协会会员单位及其他有关单位可自愿采用。

第二十一条 协会根据实际需求，统一组织对团体标准的宣贯和推广工作。

第二十二条 任何单位和个人均可对团体标准实施中发现的问题，向协会进行反馈。

第二十三条 团体标准实施后，协会根据需要可组织对其进行复审，或实施效果评价，以确认标准继续有效或者予以修改、废止。复审周期一般不超过 5 年。

第四章 附 则

第二十四条 本办法由协会负责解释。
第二十五条 本规定自发布之日起实施。

（起草人：夏祎萌 发颁布时间：2016 年 7 月）

中国气象服务协会气象科技成果评价办法（暂行）

第一章　总　则

第一条　为推动中国气象服务协会（以下简称"协会"）气象及其相关专业领域科技成果评价工作的开展，促进气象及其相关专业领域科技成果评价工作的专业化和规范化，依据《中华人民共和国科学技术进步法》、《中华人民共和国促进科技成果转化法》、科技部《科学技术评价办法（试行）》、《科技评估管理暂行办法》、《科技成果评价试点工作方案》及《科技成果评价试点暂行办法》的有关规定和要求，制定本办法。

第二条　本办法中科技成果是指由组织或个人完成的，属于气象及其相关专业领域范畴具有一定学术价值或应用价值，具备科学性、创造性、先进性等属性的新发现、新理论、新方法、新技术、新产品、新品种和新工艺等。

第三条　本办法中科技成果评价是指按照委托方要求，由协会聘请同行专家，坚持实事求是、科学民主、客观公正、注重质量、讲求实效的原则，依照规定的程序和标准，对被评价科技成果进行审查和辨别，对其科学性、创造性、先进性、可行性和应用前景等进行评价，并作相应结论。

第四条　协会秘书处负责气象及其相关领域科技成果评价管理工作。协会开展科技成果评价工作以政府和行业服务为宗旨，发挥专家优势，接受科技成果的评价委托，有偿提供科技成果评价服务。科技成果评价结论不具有行政效能，仅属咨询性意见。

第二章　评价的范围和内容

第五条　凡我国气象及其相关专业领域单位或个人研究开发的科技成果，或其他行业单位或个人研究开发属气象及其相关专业领域的科技成果，均可按本办法开展评价工作。

第六条 本办法所指的科技成果评价主要针对气象及其相关专业领域应用技术成果和软科学研究成果两种类型。

应用技术成果是指为提高生产力水平和促进社会公益事业而进行的科学研究、技术开发、后续试验和应用推广所产生的具有实用价值的新技术、新工艺、新材料、新设计、新产品及技术标准等，包括可以独立应用的阶段性研究成果和引进技术、设备的消化、吸收再创新的成果。应用技术成果又分为技术开发类应用技术成果和社会公益类应用技术成果。

软科学研究成果是指为决策科学化和管理现代化而进行的有关发展战略、政策、规划、评价、预测、科技立法以及管理科学与政策科学的研究成果，主要包括软科学研究报告和著作等。软科学研究成果应具有创造性，对国民经济发展及国家、部门、地区和行业的决策和实际工作具有指导意义。

第七条 气象科技成果评价的主要内容包括：

（一）技术创新程度和技术指标先进程度。

（二）技术难度和复杂程度。

（三）成果的重现性和成熟程度。

（四）成果应用价值与效果。

（五）取得的经济效益与社会效益。

（六）进一步推广的条件和前景。

（七）存在的问题及改进意见。

第八条 下列科技成果不受理评价：

（一）基础理论研究成果。

（二）涉及国家秘密的成果。

（三）非中国公民或者组织单独或为主取得的科技成果。

（四）评价委托者、科技成果完成者提供虚假情况或不能提供评价所需材料。

（五）存在科技成果知识产权主体界定争议。

（六）要求被评价的客体内容为非技术内容。

（七）国家法律、法规规定必须经过法定的专门机构审查确认的科技成果。

（八）违反国家法律、法规，对社会公共利益或者环境、资源造成危害的项目。

第三章　评价原则

第九条 依法评价原则

科技成果评价主要涉及科技成果评价委托方、评价机构（协会）及评价咨询专家三方面。有关各方应当遵循科技部《科学技术评价办法（试行）》《科技评估管理暂行办法》《科技成果评价试点暂行办法》和本办法相关规定，按照评价委托协议约定，履行义务，承担责任。发生争议时，可通过相关方面协商解决，或依据有关法律程序解决。

第十条 独立、客观、公正原则

独立原则。科技成果评价活动依法独立进行，不受其他组织和个人的干预；评价机构独立地从事评价工作，评价咨询专家独立地向评价机构提供咨询意见，不受评价机构和评价委托方的干预。

客观原则。评价咨询专家按照评价成果的客观事实情况进行评审和评议。评价报告和评价意见中的任何分析、技术特点描述和结论，应以客观事实为依据。

公正原则。评价机构必须站在公正的立场上完成评价工作。评价机构不得因收取评价费用而偏袒或者迁就评价委托方；评价咨询专家也不得因收取咨询费而迁就评价机构。

第十一条 分类评价、定性定量相结合原则

为保证评价结论的科学性、准确性，针对应用技术成果和软科学研究成果各自特点，采用不同的评价指标加权量化进行定量评分，然后在定量评分结果基础上进行综合评价。

第四章 评价形式

第十二条 科技成果评价可以采取会议评价和通信评价两种形式。

（一）会议评价。需要对科技成果进行现场考察、测试，或需要经过答辩和讨论才能作出评价的，应采用会议评价形式。由评价机构组织评价咨询专家采用会议形式对科技成果做出评价。

（二）通讯评价。不需要进行现场考察、答辩和讨论即可做出评价的，可以采用通信评价形式。由评价机构聘请专家，通过书面审查有关技术资料，对科技成果作出评价。

会议评价和通信评价必须出具评价专家签字的书面评价意见。

第五章 评价应当提交的资料

第十三条 评价委托方根据评价成果的所属类别向评价机构提交如下评价资料。

（一）应用技术成果

1. 研制报告，主要包括技术方案论证、技术特征、总体技术性能指标与国内外同类先进技术的比较、技术成熟程度、已推广应用及取得的效益情况，对社会经济发展和气象及其相关专业领域科技进步的意义、进一步推广应用的条件和前景、存在的问题等内容。

2. 测试分析报告及主要实验、测试记录报告。

3. 专业检测机构出具的产品检测报告。

4．国内外相关技术发展的背景材料，引用他人成果或者结论的参考文献。

5．国家法律法规要求的行业审批文件。

6．缴纳国税、地税的税务证明或推广应用所产生的经济效益或社会效益、环境生态效益证明。

7．用户应用证明。

8．国家、省、自治区、直辖市级和国家主管部门认可的科技信息机构出具的查新结论报告；

9．评价机构认为评价所必需的其他技术资料。

（二）软科学研究成果

1．研究报告。

2．发表的论文或出版的著作。

3．论文（论著）被收录或被他人论文（论著）引用证明。

4．成果实际应用或采纳单位出具的证明。

5．国家、省、自治区、直辖市级和国家主管部门认可的科技信息机构出具的查新结论报告。

6．评价机构认为评价所必需的其他技术资料。

第十四条　科技成果评价委托方应当提供真实的技术资料，因提供虚假数据和资料而产生的相关法律责任和后果由委托方承担。

第六章　评价程序

第十五条　气象及其相关专业领域科技成果评价可由成果使用方、完成者或项目管理部门（单位）作为委托方提出。对符合评价范围的，评价机构与委托方签订委托评价协议，按照评价程序开展评价工作；对不符合评价范围的，不得接受委托。

第十六条　气象及其相关专业领域科技成果评价按下列程序进行：

（一）委托方向评价机构提出成果评价申请。

（二）评价机构收到评价申请及成果材料后，初步审查评价委托方提交的技术资料，判断评价委托方提出的评价要求能否实现。

（三）接受评价委托。根据成果评价的内容和要求与委托方协商，签订《科技成果评价委托协议》，约定有关评价的要求、完成时间和评价费用等事项。

（四）确定成果评价专家。由评价机构选聘熟悉被评价科技成果行业领域的专家担任评价咨询专家，确定成果评价专家组组长。同一单位的专家原则上不得超过两人。

（五）专家评价。由每位咨询专家独立评价，提出评价意见。评价机构工作人员负责汇总每位咨询专家的评分结果，并计算出综合评分。

（六）评价专家组组长在综合所有咨询专家评价意见的基础上，完成综合评价结论。

（七）评价专家组组长签字确认。

（八）按约定的时间、方式和份数向评价委托方交付评价报告。

（九）科技成果登记将参照科技部《科技成果登记办法》进行办理。

第十七条 采用会议评价时，由评价机构根据项目的复杂程度，聘请5至9名专家组成评价咨询专家组，确定评价专家组组长，并其中同行专家应占三分之二以上，其余可以根据需要选聘相关领域专家。每位咨询专家独立提出评价意见。评价专家组组长综合归纳每位咨询专家的评价意见，依据评价指标量化评分结果，做出评价结论，提请评价咨询专家组通过，并确认签字。

第十八条 采用通信评价时，由评价机构根据项目的复杂程度，聘请专家5至9人组成函审组，并确定评价专家组组长，其中同行专家应占三分之二以上，其余可以根据需要选聘相关领域专家。专家独立提出评价意见。由评价专家组组长综合归纳每位专家的评价意见并依据评价指标量化评分结果，形成评价结论，并签字确认。每位专家的评价咨询意见作为评价结论附件。

第十九条 科技成果评价的完整技术资料（包括专家评价意见）由评价机构和委托方按档案管理部门规定归档。

第七章　评价机构责任义务

第二十条 评价机构具有以下权利：

（一）要求评价委托方补充评价材料。

（二）依法合理收取评价费用。

第二十一条 评价机构具有以下义务：

（一）不得受托和承担涉及国家秘密的成果评价。

（二）根据需要评价的技术内容和要求与评价委托方协商，依法订立科技成果评价委托协议，并按照评价委托协议约定的时间和方式向评价委托方交付科技成果评价报告。

（三）自主完成评价工作，对本机构不能承担的评价工作，可向委托方推荐其他专业评价机构。

（四）开展评价工作的程序应当符合本办法的要求。

（五）保证所聘请的评价咨询专家的独立性，不得向评价咨询专家施加倾向性影响。

（六）在形成评价结论的过程中不能使用、依赖没有充分依据支持的结论和判断。

（七）对依据委托方提供的技术资料所做出的评价结论负责。

（八）按合同约定收取评价费用，评价费用的多少不应随最终评价结论而变动。

（九）严格遵守科学道德和职业道德规范，保证科技成果评价的严肃性和科学性。未经委托方和成果完成者同意，不得擅自披露、使用或者向他人提供和转让被评价科技成果的关键技术。

第八章 评价咨询专家

第二十二条 评价咨询专家应具备的条件：

（一）具有高级技术职务（特殊情况下可聘请不多于五分之一在科研生产一线工作的科技骨干）。

（二）遵守国家法律法规和社会公德，具有严谨的科学态度和良好的职业道德。

（三）熟悉国家科技成果评价相关法律、法规和本办法所列科技成果评价基本原则、内容、方法和流程。

（四）对被评价成果所属专业领域有较丰富的理论知识和实践经验，熟悉国内外该领域技术发展的状况，在该领域具有较高的影响力。

第二十三条 评价咨询专家应当坚持实事求是、科学严谨的态度，遵守如下行为规范：

（一）维护评价成果所有者的知识产权，保守被评价成果的技术秘密。评价工作完成后，有关评价成果的所有材料应当全部退还给评价机构，不得向其他组织或者个人扩散，不得非法占有、使用、提供、转让。

（二）自觉坚持回避原则，不接受邀请参加与评价成果有利益关系或可能影响公正性的评价。

（三）提供的书面评价意见应当清晰、准确地反映评价成果的实际情况，并对所出具的评价意见负责。

（四）不得收受除约定的咨询费之外的任何组织、个人提供的与评价有关的酬金、有价物品或其他利益。

第二十四条 参加成果评价的咨询专家，由评价机构从气象及其相关专业领域专家中遴选。委托方、成果完成单位等关联单位的人员不得作为评价咨询专家参加对其成果的评价。

第二十五条 评价咨询专家在成果评价中享有下列权利：

（一）对科技成果独立做出评价，不受任何单位和个人的干涉。

（二）通过评价机构要求委托方提供充分、翔实的技术资料（包括必要的原始资料），向科技成果完成单位或者个人提出质疑并要求做出解释，要求复核试验或者测试结果。

（三）充分发表个人意见，有权要求在评价结论中记载不同意见。

（四）有权要求排除影响成果评价工作的干扰，必要时可向评价机构提出退出评价请求。

第九章 评价指标

第二十六条 技术开发类应用技术成果、社会公益类应用技术成果、软科学研究成果三种类型成果评价采用分类加权量化评价方式，根据成果类型采取不同的评价指标和加权系数，总分值为 100 分。评价指标主要包括 6 项量化指标和 1 项综合指标。

第二十七条 技术开发类应用技术成果评价指标主要包括：技术创新程度，技术经济指标的先进程度，技术难度和复杂程度，技术重现性和成熟程度，技术创新对推动气象及其相关专业领域科技进步和提高市场竞争能力的作用，取得的经济效益或社会效益。

第二十八条 社会公益类应用技术成果评价指标主要包括：技术创新程度，技术指标的先进程度，技术难度和复杂程度，应用推广程度，对相关领域科技进步的推动作用，已获社会、生态、环境效益。

第二十九条 软科学研究成果评价指标主要包括：创新程度，研究难度与复杂程度，科学价值与学术水平，对决策科学化和管理现代化的影响程度，取得的经济效益和社会效益，与国民经济、社会、科技发展战略的紧密程度。

第三十条 评价机构参考评价咨询专家组评价指标量化评分结果，确定被评价科技成果的总体水平，做出评价结论。

第十章　评价报告

第三十一条 评价报告是评价机构以书面形式就评价工作及其结论向评价委托方做出的正式陈述。

第三十二条 评价报告应当有评价机构负责人、评价专家组组长和评价咨询专家的签字，加盖中国气象服务协会专用章，同时对评价报告的每一页加盖跨页骑缝章。

第三十三条 评价结论

（一）评价结论应以评价成果的技术资料和事实为依据，在综合评价专家意见的基础上做出。

（二）根据评价的指标，应写明被评价成果实际达到的技术水平。

（三）根据评价指标对比分析，写明评价成果实际达到的水平和比较对象（如国内外最新相关技术）达到的水平。

（四）评价结论可分为分项结论和综合结论。对于评价委托方要求给出评价综合结论的，评价报告中应当明确给出。

（五）评价结论属咨询意见，供使用者参考。依据评价结论做出的决策行为，其后果由行为决策者承担。

（六）经评价委托方和成果完成者同意，评价结论、评价机构名称和评价咨询专家名单可以适当方式公开。

第十一章 评价费用

第三十四条 本着非营利的原则，科技成果评价费用将根据评价工作的复杂程度和具体活动内容，由委托方与评价机构以委托协议形式约定，费用多少不随最终评价结论而变动。

第三十五条 对所聘请的评价咨询专家，由评价机构按照实际工作量发放技术咨询费。

第十二章 附　则

第三十六条 本办法由协会秘书处负责解释。

第三十七条 本办法自正式下发之日起施行。

（起草人：王昕、黄思宁　发布时间：2017 年 5 月）

中国气象服务协会专家团队建设管理办法

第一章 总 则

第一条 为充分发挥行业专家的技术支撑作用，提升中国气象服务协会（以下简称"协会"）的工作质量和服务水平，推动行业技术创新和健康可持续发展，根据《中国气象服务协会章程》及有关规定，建立中国气象服务协会专家团队（以下简称"专家团队"），并制定本办法。

第二条 专家团队是协会相关行业、领域的专家资源。协会组织的各类调研、考核、评价、培训、攻关等工作，所需科技人员从专家团队中抽选。

第三条 协会负责专家团队组建，专家由协会直接选聘、专委会推荐或专家自荐。协会会员部负责专家团队日常信息管理。

第四条 协会专家采用聘任制。

第五条 专家选聘工作坚持公开、公平、公正的原则，选聘结果接受会员的监督。

第二章 选聘条件

第六条 协会专家必须具备以下条件：

（一）热爱祖国，遵纪守法，勤奋敬业，勇于创新，诚信正派。

（二）具有多年行业从业经历，推荐或申报时仍在从事行业相关工作，一般应具有高级以上专业技术职称。

（三）熟悉行业现行法律法规和有关技术标准。

（四）熟练掌握本专业技术理论，实践经验丰富，具有较高的业务水平和工作能力。

（五）具备以下专业技术业绩之一者优先考虑：

1. 主持过省部级以上重点项目的技术、管理工作。

2. 所负责完成的项目获得过省部级（或行业）以上的奖项。

3. 在核心期刊发表过有价值论文，出版过技术书籍。

4. 主持过国家、行业的有关技术标准、规范等的编制。

5. 参加过专业技术教材的编写工作，具有行业培训、技术讲座经验。

（六）身体健康，除非特聘，年龄一般不超过70周岁。

第三章　聘任程序

第七条　协会专家聘任程序为：推荐（或自荐）、审核批准、颁发聘书。

第八条　推荐、自荐。

符合选聘条件的人员可自荐或由专委会进行推荐，填写《中国气象服务协会专家申请表》，报协会秘书处。

第九条　审核批准。

由协会秘书处负责对专家候选人资格进行审查，确定拟选聘专家名单，经会长办公会审核批准。

第十条　颁发聘书。

获得批准的候选人即聘为协会专家，列入专家团队名单，由协会或专委会颁发聘书。

第四章　工作职责

第十一条　协会专家的工作职责为：

（一）积极贯彻、推广与行业有关的政策，研究行业发展中存在的问题，向协会提出合理化建议，提升行业技术创新和管理创新能力。

（二）参与协会及专委会组织开展的技术咨询、技术鉴定、科技成果评审、培训讲学、技术交流等活动。

（三）接受委托，代表协会参加国家有关部门或有关单位组织的行业调查、课题研究、法规制定、技术鉴定等活动。

（四）完成协会交付的其他工作。

第五章　权利与义务

第十二条　协会专家享有以下权利：

（一）对协会工作提出合理化建议。

（二）经协会授权或委托，以协会专家的名义或代表协会参加有关工作活动。

（三）推荐专家团队新成员。

（四）退出专家团队。

第十三条　协会专家应履行以下义务：

（一）严格遵守国家法律、法规及协会专家团队的有关规章制度。

（二）积极参加协会组织的专家活动，严格遵守工作纪律，严守技术机密。

（三）自觉维护协会专家的声誉，未经授权或委派，个人不得以协会专家的名义从事各项活动。

第六章　表彰与处罚

第十四条　对工作优秀和做出突出贡献的专家，协会给予表彰，在协会网站上公布名单，并优先支持其参加协会活动。

第十五条　具有以下情况之一的协会专家，秘书处将取消其专家库成员资格，收回专家聘书：

（一）违反国家法律法规或擅自以协会专家名义从事不正当活动的。

（二）无故连续五次不参加协会组织的专家活动的。

（三）违反职业道德和行业规范，在执行相关工作任务中降低标准、弄虚作假、谋取私利，作出显失公正或虚假意见的。

（四）违反保密规定，未经协会授权对外泄露协会机密的。

（五）因个人身体健康等原因，本人要求退出的。

第七章　附　则

第十六条　本办法由协会秘书处负责解释。

第十七条　本办法自发布之日起施行。

（起草人：刘茜　发布时间：2017 年 6 月）

中国气象服务协会会议管理办法（试行）

第一章 总 则

第一条 为切实提高中国气象服务协会（以下简称"协会"）议事决策的质量和效率，加强决策的民主化和科学化，保障会员的基本权益，根据《中国气象服务协会章程》，制定本办法。

第二条 会议议事规则。会议按照民主集中制原则进行决策，各个成员都是平等的主体，享有同等的权利。会议表决实行举手表决和重要决议书面表决的方式。会议通过的决议所有成员必须执行。

第三条 本办法所称的会议是指由协会会员代表大会、理事会、常务理事会、会长办公会、专业委员会主任联席会议、秘书长办公会等会议。

第二章 会议类别

第四条 会员代表大会。会员代表大会是协会的最高权力机构。由协会会长负责召集和主持，特殊情况可由会长委托副会长或秘书长召集和主持。参加人为全体会员代表，会员代表大会须有三分之二以上的代表出席方能召开，其决议须经到会代表半数以上表决通过方能生效。

会员代表大会每届 5 年。因特殊情况须提前或延期换届的，须由理事会表决通过，报业务主管单位审查并经社团登记管理机关批准。延期换届最长不超过 1 年。

会员代表大会职权：

（一）制定和修改章程。

（二）选举和罢免理事。

（三）审议理事会的工作报告和财务报告。

（四）制定和修改会费标准。

（五）决定终止事宜。

（六）决定其他重大事宜。

第五条 理事会。理事会是会员代表大会的执行机构，在会员代表大会闭会期间领导协会工作，对会员代表大会负责。

会议由协会会长负责召集和主持，参加人为协会领导、协会全体理事以及会长指定的相关人员。理事会须有三分之二以上理事出席方能召开，其决议须经到会理事三分之二以上表决通过方能生效。一般每年召开一次。情况特殊的可采用通信形式。

理事会职权：

（一）执行会员代表大会的决议。

（二）选举和罢免会长、副会长、秘书长和常务理事。

（三）筹备召开会员代表大会。

（四）向会员代表大会报告工作和财务状况。

（五）决定会员的吸收和除名。

（六）决定办事机构、分支机构、代表机构和实体机构的设立、变更和注销。

（七）决定副秘书长、各机构主要负责人的聘任。

（八）领导本团体各机构开展工作。

（九）制定内部管理制度。

（十）决定其他重大事项。

第六条 常务理事会。常务理事会由理事会选举产生，在理事会闭会期间行使第五条中理事会第一、三、五、六、七、八、九项职权，对理事会负责。常务理事人数不超过理事人数的三分之一。

会议由协会会长负责召集和主持，参加人为协会领导、全体常务理事以及会长指定的相关人员。常务理事会须有三分之二以上常务理事出席方能召开，其决议须经到会常务理事三分之二以上表决通过方能生效。一般每年上、下半年各召开一次。情况特殊的可采用通信形式。

第七条 会长办公会。会长办公会在理事会、常务理事会闭会期间行使第五条中理事会第五（会员除名除外）、六（机构注销除外）、七、八、九（人事、财务制度除外）项职权，对常务理事会负责。常务理事会对所通过的决议具有终审权。

会议由协会会长或会长授权的副会长负责召集和主持，根据协会工作需要，不定期召开。参加人为协会领导、秘书处部门负责人以及相关人员。会长办公会议到会领导应不少于协会领导的二分之一。

第八条 专业委员会主任联席会议。专业委员会主任联席会议不定期召开，会议由协会会长或副会长负责召集和主持，各专业委员会主要负责人参加，主要负责汇报、交流各专业委员会工作进展，讨论协会专业委员会相关重要事务。

第九条 秘书长办公会。秘书长办公会由秘书长召集和主持，秘书处部门负责人和相关人员参加，不定期召开。主要负责传达上级有关指示精神；通报秘书处各方面工作的进展情况；交流沟通相关信息，协调各部门的近期工作；制定秘书处内部规章制度；秘书处有关重大问题的决策讨论和重要事项的专题研究等。

第三章　会议的组织和要求

第十条 协会需召开的各种会议由协会秘书处具体组织实施。

第十一条 会议的要求。要贯彻"务实、精简、高效"的原则，在会前要做好充分准备，提高会议质量；会议议题要安排紧凑，提高会议效率；会议要充分发扬民主，集思广益；要自觉遵守会议纪律，特殊情况应经会议主持人同意后方能请假；研究工作的会议要议而有决，决而有果。

第十二条 会议的通知。会议通知应明确会议名称、会议召开的时间、地点、参加对象、会议议程，要求参会对象准备的会议材料或意见，会议组织单位的联系人姓名、电话等。

第十三条 会议资料的存档。会议材料、会议原始记录、纪要审批件和正式印发的会议纪要由秘书处综合管理部统一存档保存。

第四章　附　则

第十四条 本办法由协会秘书处负责解释。

第十五条 本办法自下发之日起施行。

（起草人：温玮　发布时间：2015 年 10 月）

中国气象服务协会印章管理办法

第一章 总 则

第一条 为加强中国气象服务协会（以下简称"协会"）的印章管理，保证印章使用的合法性、严肃性和可靠性，依据《社会团体印章管理规定》的有关规定，依照《中国气象服务协会章程》及国家有关法律、法规的规定，制定本管理办法。

第二条 本办法所称印章包括公章、秘书处印章、财务专用章、发票专用章、钢印、法定代表人人名章、分支办事机构印章等依法刻制的所有印章。

第二章 印章的保管

第三条 印章由专人保管。协会公章、协会秘书处印章、法定代表人人名章、财务专用章、发票专用章均由秘书处综合管理部指定专人保管；协会分支机构印章由分支机构主任委员指定专人保管。

如印章管理人员必须出差或者因故请假时，须临时指定同为专职人员的其他人员管理，并做好交接登记。如因工作调整或离职，原印章管理人员须办理移交手续，签署移交证明，注明移交人、交接人、监交人、移交时间、图样等信息。印章管理人员接到印章后，登记好印章名称、印章枚数、收到日期、启用日期、印章样式、保管人等信息。

第四条 印章的保管必须安全可靠。所有印章均应置于保险柜保存，管理人员必须随时锁好，并把钥匙放置在安全的地方，以免发生意外。关联印章，实行分散保管，相互制约。

第五条 未经批准，任何人不得私自将印章带出单位或交由他人代管。若因工作需要必须要带出的，用印人填写用印审批单，征得领导同意后，由印章管理人陪同前往办理并做好登记；如确因印章管理人员不便陪同的，由借用人填写借据，内容包括带出人、用印事由、带出时间、交还时间、审批人签字等，印章外借期间，借用人只可将印章用于申请事由，并对印章的使用后果承担一切责任。

第六条 印章保管如有异常现象或遗失，应保护现场，及时汇报，配合查处。

第三章 印章的使用

第七条 印章的使用范围：

（一）以协会名义对外发文、开具介绍信、出具证明、报送报表、制定规章制度等一律加盖协会公章。

（二）属秘书处工作范围的加盖秘书处章。

（三）属分支机构业务的加盖分支机构公章。

（四）属财务会计业务的加盖财务专用章或发票专用章。

（五）法定代表人人名章的适用范围：授权证书、人事聘用合同、支票等。

第八条 印章使用流程：

（一）协会公章、法人章、财务章及发票章须先经部门主管或分支机构主任委员审核，综合管理部负责人审签，协会秘书长批准，填写《中国气象服务协会印章、法人证书、组织机构代码证使用审批单》后方可用印，用印文稿（包括文件、介绍信、函件等）应在加盖印章后复印交由印章管理人员存档，以留存备查。

（二）协会秘书处印章须经部门主管或分支机构主任委员审核，综合管理部负责人审批，填写《中国气象服务协会印章、法人证书、组织机构代码证使用审批单》后方可用印。

（三）协会分支机构印章须经分支机构主任委员审批，填写《中国气象服务协会分支机构印章审批单》后方可用印，用印审批单复印件按月交留综合管理部专人存档。

第九条 所有印章使用必须登记备案，严格审批手续，不符合规定的或不经领导签发的文件，印章管理人员有权拒印。

第十条 使用纪律：严禁在空白文件、协议、证明及介绍信上用印；因特殊情况确需用印时，须经协会秘书长签字同意后方可用印；待工作结束后，必须及时向协会秘书处综合管理部汇报盖章空白文件的使用情况，未使用的必须立即收回作废，已使用的文件须报印章管理人员备案。

第十一条 印章管理人对印章负有妥善保管责任，管理人部门负责人或分支机构主任委员对保管印章负有保管义务；印章使用人须准确填写用章内容，按规范审批流程使用印章并及时归还，用印审批人对印章使用负有使用责任。

第十二条 有下列情况的，相关印章须停用：

（一）协会名称变更。

（二）印章损坏。

（三）印章遗失或被窃，声明作废后。

（四）其他不适合再使用印章的情况。

第十三条 违反以上规定者，将追究相关人员的责任，若给协会造成经济损失或不良社会影响者，协会将追究其法律责任。

第四章 附 则

第十四条 本办法由协会秘书处负责解释。

第十五条 本办法自发布之日起实施。

（起草人：朱邵梦、李闯 发布时间：2015 年 11 月）

中国气象服务协会宣传工作管理办法（试行）

第一章 总 则

第一条 为进一步加强和规范中国气象服务协会（以下简称"协会"）宣传工作，全面促进协会的发展，制定本办法。

第二条 宣传工作在协会统一领导下，遵循"统一领导、统筹协调、分工负责"的原则，严格执行国家新闻出版、互联网管理等有关规定。宣传报道内容客观真实、准确，防止泄露涉密内容。

第三条 宣传工作是协会工作的重要组成部分。秘书处各部门和各分支机构（以下简称"各单位"）要充分利用各种媒体进行宣传，对本单位工作动态、成果和信息要积极撰稿，及时报道，为协会发展创造良好的舆论环境。

第二章 组织管理

第四条 协会宣传工作由秘书处综合管理部（以下简称"综合管理部"）归口管理。

第五条 秘书处宣传工作的主要任务。

（一）按照党中央、国务院的有关方针政策和各个时期的重点任务，以及中国气象局的安排部署，结合协会的实际，对协会宣传工作进行组织管理，拟定宣传工作计划，监督、检查落实。负责归口管理分支机构、会员单位有关协会事宜的宣传工作。

（二）负责协会重大活动以及重要业务、科研和服务的宣传，负责对宣传报道稿件（包括新闻、通讯和图片等）进行组稿和审核。

（三）负责协会新闻报道、展览、科普、媒体采访等管理工作。

（四）负责协会宣传渠道建设及运行维护，协调协会秘书处及分支机构完成日常宣传工作，协调各相关部门完成网站、微信、微博、协会刊物等自媒体的内容运维工作。

（五）负责协会重要宣传材料的收集、统计和归档。

第六条 秘书处各部门、各分支机构宣传工作主要任务。

（一）负责所承担协会工作的日常动态、活动和成果等的宣传工作。

（二）根据协会会员需求，利用协会宣传渠道对会员单位进行品牌推广和成果宣传。

（三）根据综合管理部统一安排，负责承担协会宣传平台的内容维护和更新。

第三章　实施管理

第七条 宣传报道稿件应报道及时、内容真实、重点突出；稿件内容包括事件发生的时间、地点、人物、事由和结果以及署名等。

第八条 宣传报道稿件的定稿、质量把关实行领导负责制。协会秘书长和各单位负责人要按照职责划分，对宣传报道稿件认真审核，避免不当报道。

第九条 宣传报道稿件审核权限。

（一）协会工作的重大决定、决策和重要会议的新闻报道，中央和国家领导人以及中国气象局领导在协会的活动，对协会工作的指示、评价报道，由协会会长、副会长或秘书长审定，综合管理部负责稿件的审核和送审。

（二）向新闻单位发送和在网上发布的稿件实行分级审核。凡是涉及在全国有影响的宣传稿件由各单位送综合管理部审核后，报协会秘书长审批。领导人的讲话稿件，由领导本人审阅。

（三）凡属协会重大服务效益的评估、重大科研成果和业务建设、外事活动、先进人物事迹的宣传报道由综合管理部审核后，报协会秘书长审批。

（四）一般性的业务、科研工作的宣传报道稿件由本单位领导审批。

第十条 媒体采访要求。

（一）媒体采访由综合管理部统一受理并提出采访安排（采访事项、部门和人员）报协会领导批准。

（二）接受采访的单位和人员要围绕采访主题认真准备、积极配合；向媒体提供的文字稿件，应事先与综合管理部共同审定。

第四章　考核管理

第十一条 宣传工作将纳入各单位的目标考核内容，与年终目标管理工作一并进行考核。

第十二条 综合管理部负责统计各单位宣传报道情况，年终对宣传工作、宣传报道稿件完成情况进行总结。

第五章 附 则

第十三条 本办法由协会秘书处负责解释。

第十四条 本办法自发布之日起试行。

（起草人：朱邵梦、李闯 发布时间：2015 年 11 月）

中国气象服务协会人事管理办法

第一章 总 则

第一条 为加强中国气象服务协会（以下简称"协会"）人事管理工作规范化建设，保证各项工作有序进行和协会健康发展，依据国家有关法规，结合协会具体情况，制定本办法。

第二条 本办法适用于协会专职工作人员、兼职工作人员、劳务派遣人员和纳入行政事业编制的人员等所有与协会建立劳动关系的人员。

第三条 协会遵循合法、平等、自愿、协商一致、诚实守信的原则，依法建立和完善人力资源规章制度，不因员工性别、年龄、宗教信仰等不同而有任何歧视行为。

第二章 人事任免

第四条 协会会长、副会长和秘书长由理事会选举产生，其任职条件及变更、罢免程序按协会章程的有关规定执行。

第五条 协会副秘书长以及各办事机构、分支机构、代表机构和实体机构负责人及工作人员任职条件：

（一）坚持党的路线、方针和政策，遵守协会章程。

（二）身体健康，能坚持正常工作，具有完全民事行为能力。

（三）胜任相应岗位职责和要求。

（四）未受过剥夺政治权利的刑事处罚。

第六条 协会副秘书长以及各办事机构、分支机构、代表机构和实体机构负责人的任用，由秘书长或法定代表人提出候选人，经理事会或常务理事会审议通过。

第七条　协会办事机构、分支机构、代表机构和实体机构工作人员由各机构负责人根据工作需要提出聘任及解聘意见，经秘书长或秘书长以上负责人批准后，报协会秘书处备案。

第三章　岗位职责

第八条　协会会长职责：

（一）协会会长为法定代表人，负责协会的全面工作。

（二）召集和主持理事会、常务理事会及会长办公会。

（三）检查会员代表大会、理事会和常务理事会决议的落实情况。

（四）代表协会签署有关重要文件。

第九条　协会副会长职责：

（一）协助会长工作。

（二）受会长委托代理行使会长职责。

第十条　协会秘书长职责：

（一）负责秘书处日常工作，组织实施年度工作计划。

（二）协调各分支机构开展工作。

（三）提名副秘书长以及各机构主要负责人，交会长办公会决定。

（四）提名办事机构、代表机构、实体机构专职工作人员的聘用。

（五）负责年度预算方案的拟定和执行。

（六）负责会员代表大会工作报告、财务报告的起草。

（七）处理其他日常事务。

第十一条　协会副秘书长职责：

（一）协助秘书长工作。

（二）受秘书长委托代理行使秘书长职责。

第十二条　协会办事机构、分支机构、代表机构和实体机构负责人职责：

主持本机构的日常工作，领导本机构所属人员完成协会统一安排的任务，在规定的业务范围内积极开展活动。

第十三条　协会办事机构、分支机构、代表机构和实体机构工作人员职责：

在本机构负责人领导下，熟悉所在机构工作，掌握和提高相关业务技能，按质按量完成相关工作。

第十四条　岗位基本要求：

（一）贯彻执行国家相关政策、法规，遵守协会章程。

（二）按照气象服务现代化、多元化、市场化和法制化的原则，重视会员反馈和社会效益，做好服务工作。在完成上级主管单位布置的各项工作任务的同时，按照规定的业务范围积极开展多种业务活动，促进协会健康发展。

第四章　薪酬福利待遇

第十五条　协会依照《中华人民共和国劳动合同法》等国家相关规定，与专职工作人员订立、履行、变更、解除和终止劳动合同。兼职工作人员、劳务派遣人员和纳入行政事业编制的人员等非专职工作人员由双方共同协商确定劳动关系协议。

第十六条　协会工作人员薪酬标准和其他福利待遇按参照国家相关规定执行。兼职工作人员的薪酬由任职单位薪酬和协会薪酬两部分组成。专职工作人员的薪酬、福利等由协会统筹发放。

第五章　考　核

第十七条　为建立健全科学、有效的监督运行机制，调动协会及各分支机构负责人履行职责的积极性，协会实行负责人定期述职，常务理事会民主评议的考核方式。

第十八条　协会秘书长、副秘书长及各办事机构、分支机构、代表机构和实体机构负责人原则上每年述职一次。述职报告以书面形式提交理事会或常务理事会予以评定。评定等级分为优秀、良好、合格、不合格四级。

第十九条　述职报告应包含以下内容：

（一）着重阐述个人履行职责以及完成工作计划（目标）的情况。

（二）带领本部门执行协会章程及各项管理制度的情况。

（三）工作思路及在工作中所起的作用和效果。

（四）存在的问题和经验教训，今后工作的计划。

第二十条　办事机构、分支机构、代表机构和实体机构工作人员由各部门负责人进行考核。评定等级分为优秀、良好、合格、不合格四级。

第二十一条　依据考核评定等级对办事机构、分支机构、代表机构和实体机构负责人和工作人员进行奖惩。

（一）对评定为"优秀"的负责人和工作人员，进行表扬并酌情给予物质奖励。

（二）对评定为"不合格"的负责人和工作人员，进行批评和限期整改，未达到整改目标的进行调整，仍"不合格"的予以辞退。

第六章　培　训

第二十二条　协会须逐步完善对工作人员进行培养的各种条件。通过多渠道、多形式的学习培训，提高工作人员的政治素质和业务能力。

第二十三条　各机构可根据需要，有组织地安排人员培训。工作人员个人也可申请参加业务培训，培训内容必须紧密结合业务工作的需要。凡与工作人员本职工作没有直接关系的外出培训，原则上不予批准。

第七章　附　则

第二十四条　本办法由协会负责解释。

第二十五条　本办法自发布之日起执行。

（起草人：李闯、朱邵梦　发布时间：2015 年 9 月）

中国气象服务协会秘书处岗位管理办法（试行）

第一章　总　则

第一条　为加强和规范中国气象服务协会秘书处（以下简称"秘书处"）的岗位管理工作，制定本办法。

第二条　岗位设置原则：职责明确，任务饱满，成熟业务，按需设岗，动态调整，宁缺毋滥。

第三条　本办法所称岗位指秘书处内部岗位，分为管理岗位和业务岗位。

第二章　岗位设置

第四条　秘书处管理岗位层级分为：秘书长、副秘书长、部门主任（3档）、部门副主任（3档）、主管（3档）、职员（3档）、试用期（3档）。

第五条　秘书处业务岗位层级分为：首席（2档）、副首席（3档）、主管（3档）、职员（3档）、试用期（3档）。

第三章　管理岗位上岗条件

第六条　秘书长、副秘书长等岗位上岗条件按照中国气象服务协会相关规定执行。

第七条　部门主任上岗条件

1. 部门主任1档

在协会部门主任2档岗位聘任满3年，近6年年度考核结果均为合格等次以上，并有1次为良好及以上。

2. 部门主任 2 档

在部门主任 3 档岗位聘任满 3 年，近 3 年年度考核结果均为合格等次以上。

3. 部门主任 3 档

经协会发文任命的秘书处部门主任。

第八条 部门副主任上岗条件

1. 部门副主任 1 档

在协会部门副主任 2 档岗位聘任满 3 年，近 6 年年度考核结果均为合格等次以上，并有 1 次为良好及以上。

2. 部门副主任 2 档

在部门副主任 3 档岗位聘任满 3 年，近 3 年年度考核结果均为合格等次以上。

3. 部门副主任 3 档

经协会发文任命的秘书处部门副主任。

第九条 主管上岗条件

1. 主管 1 档

在协会秘书处主管 2 档满 3 年，近 3 年年度考核结果均为合格等次以上。

2. 主管 2 档

在协会秘书处主管 3 档满 3 年，近 3 年年度考核结果均为合格等次以上。

3. 主管 3 档

经协会发文聘任的秘书处主管。

第十条 职员上岗条件

1. 职员 1 档

在协会职员 2 档岗位聘任满 2 年，近 2 年年度考核结果均为合格等次以上；试用期满秘书处正式聘用的博士毕业生。

2. 职员 2 档

在协会职员 3 档岗位聘任满 2 年，近 2 年年度考核结果均为合格等次以上；试用期满秘书处正式聘用的硕士毕业生。

3. 职员 3 档

试用期满秘书处正式聘用的大学本科毕业生。

第十一条 试用期 3 档分别为试用期博士、试用期硕士、试用期本科。

第四章 业务岗位上岗条件

第十二条 协会秘书处业务岗位上岗条件包括基本上岗条件和根据岗位职责任务确定的其他上岗条件。

第十三条 首席岗位上岗条件

1.首席 1 档

在秘书处首席 2 档岗位聘任满 5 年,聘期内年度考核结果均为合格等次以上。

2.首席 2 档

经协会发文聘任的首席。

第十四条 副首席岗位上岗条件

1.副首席 1 档

在秘书处副首席 2 档岗位聘任满 5 年,聘期内年度考核结果均为合格等次以上。

2.副首席 2 档

在秘书处副首席 3 档岗位聘任满 5 年,聘期内年度考核结果均为合格等次以上。

3.副首席 3 档

经协会发文聘任的副首席。

第五章 岗位聘任档级确定

第十五条 新聘任的部门主任、部门副主任、首席、副首席等岗位人员一般聘任为最低档级,特殊情况需须秘书长办公会研究决定。

第十六条 新聘任的主管、职员岗位档级由秘书长办公会研究决定。

第十七条 行政、业务岗位转任人员,由秘书长办公会研究决定。

第六章 岗位聘期及调整程序

第十八条 秘书处首席、副首席聘期一般为五年,期满后由秘书处组织聘期考核,确定是否续聘和续聘岗位档级。

第十九条 主管、职员岗位调整原则上每年一次,一般安排在年度考核之后,由秘书处组织开展。拟调整人选由协会统一发文聘任。

第二十条 每个岗位级别设 1 到 5 不等的岗阶,岗阶的晋升随每年年度考核后由秘书处进行统一调整。

第七章 附 则

第二十一条 职工自岗位聘任下月起享受相应工资待遇。

第二十二条 本办法由秘书处负责解释，自印发之日起执行。

（起草人：温玮、雷蕾　发布时间：2017 年 9 月）

中国气象服务协会秘书处薪酬管理办法（试行）

第一章 总 则

第一条 目的

为促进中国气象服务协会（以下简称"协会"）更好、更快地发展，建立以岗位价值为核心、彰显业绩贡献的分配机制，根据《民政部关于加强和改进社会组织薪酬管理的指导意见》（民发〔2016〕101号）的有关规定，制定本办法。

第二条 适用范围

本办法适用于协会秘书处聘用专职人员。

第二章 薪酬结构和水平

第三条 薪酬结构

薪酬结构包括基本工资、生活津补贴以及绩效工资等内容。

第四条 基本工资

基本工资包括岗位工资和会龄工资。

岗位工资体现职工任职岗位价值，是以职工完成岗位标准工作量为依据支付的劳动报酬。按照职工任职岗位对应的岗位工资标准发放。

会龄工资体现职工对协会发展所做出的历史性贡献，是以职工在协会的连续工龄计发的工龄工资。

第五条 生活津补贴

生活津补贴包括住房补贴、午餐费、交通费、通讯费、防暑降温费等5项，根据职工不同的职务岗位执行。其中,防暑降温费每年度 7、8、9 月份发放。

第六条 绩效工资

体现职工个人业绩和贡献的价值,是以职工完成有效劳动成果为依据支付的劳动报酬。按照职工任职岗位对应绩效工资标准,每月具体发放数额由秘书处根据职工绩效考核结果确定。

第三章 工资定级

第七条 基本工资

岗位工资分为 17 个等级,按照职工所聘岗位执行相应的岗位工资标准。

会龄工资按月固定发放,以年度为单位调整,调整幅度如下。

序号	协会工作年限	会龄工资
1	1 年以下	0 元 / 月
2	1~5 年	每年增加 300 元 / 月
3	5~8 年	每年增加 500 元 / 月
4	8 年以上	上限为 1000 元 / 月

第八条 绩效工资

绩效工资分为 17 个等级,按照职工所聘岗位执行相应的绩效工资标准,标准设置上下限,根据绩效考核结果和工作量多少浮动发放,体现多劳多得。

第九条 试用期人员

新聘用人员按照劳动合同期限确认试用期。试用期期间,基本工资和生活津补贴正常发放,绩效工资按照拟聘岗位对应标准下限的 50% 发放。

试用期考核合格转正后,执行拟聘岗位对应的绩效工资发放标准。

第四章 工资调整

第十条 按照因事设岗的原则,实行"一岗一薪、岗变薪变",进行工资调整。

第十一条 正常工资调整

年度考核结果为合格及以上等次的人员,增加会龄工资,并从次年 1 月起执行。

第十二条 岗位变动人员工资调整

(一)岗位晋升变动的人员,自正式聘任发文公告次月起,执行晋升后的新级别标准。

(二)岗位降级变动的人员,自正式聘任发文公告次月起,执行调整后的级别发放标准。

(三)根据国家政策、年度考核情况、协会运营情况,每年初由秘书长办公会讨论确定是否进行绩效工资标准的调整工作，报协会领导审批。

第五章　年度考核绩效

第十三条　年度考核绩效总额与年度考核情况、协会运营的考评情况挂钩，年度考核绩效发放方案由秘书长办公会研究，报协会领导审批。

第十四条　因职工本人原因解除或终止劳动合同的，不得发放年度考核绩效；非本人原因解除或终止劳动合同的，根据年度考核结果并结合其考勤、业务贡献等情况发放相应的年度考核绩效。

第六章　其他薪酬政策

第十五条　协会引进的急需或紧缺岗位人才的薪酬待遇，由秘书长办公会研究，报协会领导审批确定。

第十六条　职工个人薪酬属于协会内部管理的重要信息，不得对外公开泄露。

第七章　附　则

第十七条　本办法随国家和上级部门相关政策调整进行修订。

第十八条　本办法由协会秘书处负责解释，自发布之日起试行。

（起草人：温玮、雷蕾　发布时间：2017 年 9 月）

中国气象服务协会财务管理办法

第一章 总 则

第一条 为加强和规范财务工作，保障中国气象服务协会（以下简称"协会"）各项工作顺利进行，根据《会计法》《民间非营利组织会计制度》和财政部、民政部等部门对社会组织财务管理的相关规定，结合协会实际情况，制定本办法。

第二章 要求和任务

第二条 财务管理的职责和要求

（一）协会法定代表人负责协会的财务会计工作，法定代表人是协会对外提供的财务会计报告的责任主体。

（二）协会设置2名专职财会人员。会计不得兼任出纳，出纳人员不得兼管稽核、会计档案保管和收入、费用、债权债务账目的登记工作。财务人员应持会计资格证上岗，每年要有一定的时间用于学习和继续教育培训。

（三）协会会计人员必须遵守国家有关法律、法规，认真执行有关财务、会计制度，遵守财经纪律。

第三条 会计核算要求

（一）协会实现财务自收自支，单独设立账户，单独核算。

（二）认真执行《民间非营利组织会计制度》，设置会计科目和会计账簿，及时、准确、完整地记账、结账、报账，编制财务预决算。

第四条 财务管理工作的主要任务

（一）依法、合理地筹集、管理和使用资金，节约开支，保证各项工作顺利进行。

（二）建立和完善内部财务管理制度，加强会计监督，有效防止违法行为的发生。

（三）维护财产物资的完整和安全，充分发挥财产物资的经济效益。

（四）进行财务分析，发现问题时及时提出行之有效的改进措施和办法；参与单位经济决策，当好领导参谋。

第三章 收入管理

第五条 收入的内容

根据《民间非营利组织会计制度》的规定，收入包括协会开展的业务活动取得的、导致本期净资产增加的经济利益或者服务潜力的收入。其来源分为捐赠收入、会费收入、提供服务收入、政府补助收入、投资收益、商品销售收入等主要业务活动收入和其他收入等。

（一）捐赠收入是指接受其他单位和个人捐赠所取得的收入。

（二）会费收入是指根据章程等规定向会员收取的费用。

（三）提供服务收入是指根据章程等规定向其服务对象提供服务取得的收入，包括技术咨询服务收入和培训收入等。

（四）政府补助收入是指接受政府拨款或者政府机关给予的补助而取得的收入。

（五）商品销售收入是指按照规定销售有关商品等所取得的收入。

（六）投资收益是指因对外投资而取得的投资净损益。

（七）其他收入是指除上述主要业务活动收入以外的其他收入，如固定资产处置净收入、无形资产处置净收入和利息收入等。

第六条 收入的管理

（一）协会各项业务收入严格遵守和执行国家现行收费政策和管理制度，按规定的范围或者批准的标准合理收费；按照国家规定取得的合法收入，必须用于章程规定的业务活动。

（二）充分发挥协会的人才、信息、管理等优势，积极、合理地组织收入。

（三）各项收入必须全部入账，不得私设小金库，坐支现金，账外设账。

（四）按照有关规定对取得的各项收入实行分类管理，专款专用。

（五）协会接受的劳务捐赠应当在会计报表附注中作相关披露。

（六）协会承担国家级地方政府项目时，相关项目的财务管理应按照政府管理部门制定的办法执行。

第七条 接受社会捐赠的原则及要求

接受社会各界捐赠必须坚持完全自愿和无偿的原则，不得强行摊派或者任何形式的变相摊派。接受捐赠须与捐赠人订立捐赠合同或者捐赠意向书，载明捐赠数额和资金用途，并向捐赠人出具合法有效的公益性单位接受捐赠统一收据。捐赠所得必须用于合同或者意向书约定的用途，并向捐赠人公开捐赠资金的使用情况。

第八条 会费收取的原则及要求

收取会费必须严格执行民政部、财政部《关于调整社会团体会费政策有关问题的通知》（民发〔2003〕95号）和《关于进一步明确社会团体会费政策的通知》（民发〔2006〕123号）的规定，收取会费时必须向缴纳人提供民政部统一发放的会费收据。

第四章 支出管理

第九条 支出的范围

根据《民间非营利组织会计制度》的规定，支出包括协会为开展章程规定的业务活动所发生的、导致本期净资产减少的经济利益或者服务潜力的流出。按照其功能分为业务活动成本、管理费用、筹资费用和其他费用等。

某些费用如果属于多项业务活动或者属于业务活动、管理活动和筹资活动共同发生的，并且不能直接归属于某一类活动时，应当将这些费用按照合理的方式在各项活动中进行分配。

第十条 支出的原则和要求

（一）经费支出必须严格执行国家相关的财务会计制度，自觉遵守各项财经纪律，按照规定程序办理各项支出。

（二）经费支出必须有利于协会事业的开拓和发展，为社会服务，为会员服务；要贯彻以收定支、勤俭节约、量力而行的原则，提高资金使用效率。

（三）建立健全财务报销制度，各项支出都应取得合法的原始凭证。

（四）严格执行经费支出审批制度，超出规定限额的支出，应由协会领导集体决策审批。

（五）加强对经费的管理，不得列支与协会活动无关的经费。任何单位、部门或个人不得擅自截留、侵占或挪用经费。严禁利用协会账户为其他单位人员搞福利和报销支出。

（六）协会工作人员的工资、奖金和福利待遇等，按照国家有关规定执行。

第五章 货币资金管理

第十一条 建立健全现金及各种存款的内部管理制度。对应收支及暂付款项应及时清理结算，不得长期挂账；对确实无法收回的应收及暂付款项，要查明原因，分清责任，按有关财务制度的规定进行核销。

第十二条 必须按照国家规定的现金管理和银行结算办法，在银行独立开设账户，办理财务收支的结算业务。不属于协会的经济往来不得在协会的银行账户中办理结算。

第十三条 现金收付应当严格手续，加强管理。建立现金收、支日记账，做到日清月结，账款相符，账实相符。平时除保留少量库存现金用于零星支付外，大宗支出必须通过银行办理转账结算，不得直接支付现金。

第六章 财产物资管理

第十四条 财产物资的分类

财产物资包括固定资产、材料和低值易耗品。

（一）固定资产包括房屋、建筑物、专用设备、一般设备、文物、陈列品、大宗图书音像和其他固定资产。单位价值较高，使用期在一年以上物品可视为固定资产登记造册，建立固定资产账目。

（二）材料是指使用后即消耗掉或者逐渐消耗掉不能保持原有形态的物质材料。

（三）低值易耗品指单位价值较低、容易损耗，不够固定资产标准，不属于材料范围的各种物品等。

第十五条 财产物资管理的要求

对财产物资登记造册，指定专门部门或者人员具体负责，要建立验收、另发、保管和检查手续，妥善保管、节约使用，防止丢失、损坏和浪费。

第十六条 固定资产的管理要求

（一）定期盘点固定资产，对盘盈、盘亏的固定资产，及时查明原因，写出书面报告，经常务理事会批准后，在期末结账前处理完毕。盘盈的固定资产应当按照其公允价值入账，并计入当期收入；盘亏的固定资产在减去（过失人或者保险公司等）赔款和残料价值之后计入当期费用。

（二）协会固定资产的购置、使用和处置必须严格执行国家有关规定，建立固定资产的购置、使用和处置的办理流程，对固定资产的构建、出售、清理、报废和内部转移等进行明细核算。

第七章 收费票证使用

第十七条 协会的各项收费，除税收法律、行政法规及规章确定不予征税的，应到指定税务主管部门购领和使用相关税务发票，依法纳税。

第十八条 协会依据法律、行政法规规定，履行或代行政府职能收取的费用应作为行政事业性收费管理。收费时应按规定到指定价格主管部门办理《收费许可证》，按财务隶属关系到财政部门购领统一印制的收据发票。

第十九条 财政部印（监）制的会费票据只能用于会费收取，其他收费行为均不得使用会费票据。

第二十条 协会利用国有资产，国有资源所取得的有偿使用收入，依法纳税后应作为政府非税收入，使用财政部门统一印制的非税收入票据，全额上缴财政，实现"收支两条线"管理。

第八章 财务监督

第二十一条 按照《社会团体登记管理条例》的规定，协会法定代表人变更必须进行离任审计。

第二十二条 财务人员应认真履行监督职责，对所有财务收支实施财务监督。协会各项重大活动计划的研究制定，如涉及数额较大的经费收支，都应有会计人员参加。对不符合财务规定的支出，会计人员有权拒付。

第二十三条 协会换届必须进行财务审计，并按照协会章程的规定，向会员大会（或会员代表大会）报告财务工作，公布收支情况，接受会员大会（或会员代表大会）的审查。在年检时按照要求向业务主管单位和民政部报告财务状况。协会的财务工作，应当自觉接受业务主管单位和民政部的监督管理，接受财政、审计、税务等部门的监督检查。

第二十四条 协会应支持财会人员参加有关业务培训，不断提高财会人员的素质，增强财会人员的法制意识和依法处理会计事务的能力。对违反财会纪律的人员要严肃处理，对不适合财务工作的人员要及时调整。

第九章 附 则

第二十五条 协会依据国家有关财务管理的规定和上级管理机关的新要求，及时对本办法进行修订和补充。

第二十六条 本办法报业务主管部门备案，自发布之日起执行。

（起草人：朱邵梦、李闯 发布时间：2015 年 10 月）

"中国天然氧吧"建设管理办法（试行）

第一章　总　则

第一条　为规范"中国天然氧吧"创建活动，制定本办法。

第二条　开展"中国天然氧吧"创建活动目的是通过评价旅游气候及生态环境质量，发掘高质量的旅游憩息资源，倡导绿色、生态的生活理念，发展生态旅游、健康旅游。

第三条　"中国天然氧吧"创建对象为我国境内气候舒适，生态环境质量优良，配套完善，适宜旅游、休闲、度假、养生的区域，包括县（县级市）行政区或规模以上旅游区（旅游区面积不小于 200 平方公里）。

第四条　"中国天然氧吧"由所在地的县（县级市）政府或同级别的管理部门、规模以上旅游区运营部门自愿组织申报。

第五条　"中国天然氧吧"创建评审坚持科学性、真实性、公益性和公开、公正、公平的原则。

第六条　"中国天然氧吧"创建评审每年举办一次。

第二章　活动的组织

第七条　"中国天然氧吧"创建活动由中国气象服务协会组织。中国气象服务协会设立"中国天然氧吧"评审委员会，负责具体创建对象的评审工作，评审委员会包含主任委员 1 名，副主任委员 2 名，成员 4～6 名。

第八条　中国气象服务协会组建"中国天然氧吧"评审专家库。成员由气象部门、旅游部门、环保部门、林业部门、相关科研院所以及中国气象服务协会直属会员企业按条件推荐，经中国气象服务协会遴选后产生，根据需要从专家库中选取专家，作为评审委员会成员。专家库成员须具有高级技术职称，有丰富实践经验，或是在业内有一定知名度的专家。

第三章　申报基本条件

第九条　申报"中国天然氧吧"的区域应具备以下基本条件：

（一）气候条件优越，一年中人居环境气候舒适度达"舒适"的月份不少于3个月。

（二）负氧离子含量较高，年平均浓度不低于1000个/cm³。

（三）空气质量好，年平均AQI指数不得大于100，一年中空气优良天数不低于70%。

（四）生态环境优越，生态保护措施得当、旅游配套齐全，服务管理规范。

第十条　申报"中国天然氧吧"的单位应设专人负责相关工作，并承担创建评审过程中涉及的相关费用。

第四章　申报

第十一条　由申报"中国天然氧吧"的单位向中国气象服务协会提出申请。

第十二条　申报资料的基本内容和要求如下：

（一）基本内容：

1.气候背景条件分析报告。

2.负氧离子状况分析报告。

3.环境空气质量评价报告。

4.旅游配套情况、其他资源分析报告。

（二）要求：

1.由申报单位提供"中国天然氧吧"书面申报资料3份，并通过指定邮箱传送电子版。

2."中国天然氧吧"申报表中须由相关单位签署意见的栏目，应写明对申报活动的具体意见。

3.申报资料中提供的文件、证明材料和印章应清晰，容易辨认。

4.申报资料应科学、准确、合法、有效。如有变更应有相应的文字说明和变更文件。涉及相关数据监测、处理见附录《"中国天然氧吧"监测数据处理指南（试行）》（略）。

第五章 初审、复核与评定

第十三条 中国气象服务协会依据本办法规定的申报条件和要求对当年申报的资料进行初审，并将初审结果告知评审委员会。

第十四条 "中国天然氧吧"评审委员会组织复核组，实地复核。复核组设组长 1 名，成员 2～3 名，复核组组长从"中国天然氧吧"评审专家库中选取。

第十五条 复核的内容和要求：

（一）听取申报单位对本地区相关情况的介绍。

（二）查阅前期文件、技术资料等。

（三）复核组按要求进行实地勘验。

（四）复核组向创建评选委员会提交复核报告，并提出是否推荐为"中国天然氧吧"的意见。

第十六条 评审委员会通过审查申报资料、听取复核组汇报、综合评议，形成评定意见，最终评选出"中国天然氧吧"地区，报中国气象服务协会审定。

第六章 授　牌

第十七条 经中国气象服务协会审定后，对符合条件的地区授予"中国天然氧吧"称号，并颁发牌匾和证书，同时向社会发布。

第十八条 未经中国气象服务协会授权，任何单位和个人不得复制牌匾和证书。

第七章 监督与管理

第十九条 中国气象服务协会对获得"中国天然氧吧"称号的地区实行复查制度，定期检查、评估"中国天然氧吧"的情况。

（一）检查、评估工作自授牌之日起每三年组织一次。

（二）检查、评估工作由"中国天然氧吧"评审委员会负责实施。

（三）对于没有通过检查、评估的地区，中国气象服务协会建议其进行整改，对整改后仍不符合"中国天然氧吧"条件的地区，中国气象服务协会有权撤销其"中国天然氧吧"称号，并进行公示。

第八章　纪　律

第二十条　"中国天然氧吧"创建评审工作必须认真执行有关法规和国家、行业有关标准、规范、规程。凡参与"中国天然氧吧"创建评审的工作人员，必须严格执行本办法及有关纪律规定，严禁收取任何单位或个人赠送的礼品、纪念品和现金、有价证券、支付凭证。

第二十一条　复核、评定专家实行回避制度。相关专家不得选自当年有申报需求地区的相关部门。

第二十二条　申报"中国天然氧吧"的相关资料不得弄虚作假。复核、评定专家以及参与相关工作的人员，不得以任何方式为申报地区拉选票。

第二十三条　凡违反本办法及有关纪律规定，情节严重的，对申报单位取消参评资格；对复核、评定专家则取消"中国天然氧吧"创建评审专家资格，不得再进入中国气象服务协会专家库；属中国气象服务协会工作人员的，视情节给予纪律处分；对于未经授权擅自授予"中国天然氧吧"称号、复制牌匾和证书的单位或个人，中国气象协会拥有追究其法律责任的权力。

第九章　附　则

第二十四条　本办法由中国气象服务协会负责解释。

第二十五条　本办法自正式下发之日起施行。

（起草人：杨彬、江春　发布时间：2017 年 1 月）

集团管理篇

  华风集团是气象服务事业的重要组成部分，作为中国气象信息服务的龙头企业，华风集团的发展也是基于完善的管理体系。在企业发展的根本层面，华风集团公司章程中明确了党委在集团公司法人治理结构中的法定地位，充分保障了党委政治核心作用的发挥。针对董事会、监事会和高管的一系列制度，规范了董事会的运行机制与行为规范，为董事、监事、高级管理人员正确、积极履职建立了制度指引和约束。投融资管理办法以及集团公司对子公司的一系列管理办法，确保董事会的正确决策在企业发展战略等方面发挥重要作用，能够有效维护出资人和集团公司的利益，促进企业的稳定和持续发展。

华风气象传媒集团有限责任公司章程

第一章 总 则

第一条 为规范华风气象传媒集团有限责任公司（以下简称"集团公司"）的组织和行为，促进集团公司健康、稳定、快速发展，实现国有资产的保值增值，保障集团公司和相关各方的合法权益，根据《中华人民共和国公司法》（以下简称"《公司法》"）及相关法律、法规的规定，制定本章程。

第二条 名称和住所

中文全称：华风气象传媒集团有限责任公司

英文全称：Huafeng Meteorological Media Group, Ltd.

法定住所：中国北京市海淀区中关村南大街 46 号

第三条 集团公司注册资本为 10 000 万元人民币，营业期限为长期。

第四条 集团公司是由中国气象局批准，公共气象服务中心出资设立的有限责任公司，公共气象服务中心经中国气象局授权履行出资人职责。

第五条 集团公司依法在国家工商行政管理部门登记注册，具有独立的企业法人资格，拥有国家投资形成的法人财产权。集团公司以全部资产对集团公司的债务承担责任。

第六条 集团公司根据业务发展需要，按照国家有关法律、法规，经董事会批准，可在境内外设立子公司、分公司等分支机构。集团公司对子（分）公司行使出资人权力；可依法向其他企业投资，并以出资额为限对所投资的公司承担有限责任。

第七条 集团公司按照《中国共产党章程》及有关规定进行党的组织建设，集团公司工会依法开展活动，维护员工的合法权益。工青妇等群众组织在集团公司党组织的统一领导下，按照国家有关法律、法规和有关章程开展工作。

第八条 集团公司应遵守国家的法律、法规，维护国家利益和社会公共利益，集团公司的合法权益和经营活动受国家的法律和政策保护。

第九条 本章程自生效之日起，即成为规范集团公司的组织与行为、集团公司与出资人之间权利义务关系的具有法律约束力的文件，对集团公司、出资人、董事、监事、高级管理人员具有法律约束力。

第二章　经营宗旨和范围

第十条 集团公司的经营宗旨：加强全国气象服务市场开发、拓展与经营，将气象信息服务业做强做优做大，开展气象信息与气象服务的国际合作，满足社会各界和人民群众日益增长的多元化精细化气象服务需求及文化生活服务需求，打造气象信息服务知名品牌，提高社会经济效益。

第十一条 集团公司经营范围：

许可经营项目：制作广播电视节目；中国气象视频网自办播放业务；第二类增值电信业务中的信息服务业务（不含固定网电话信息服务和互联网信息服务）；因特网信息服务业务（除新闻、出版、教育、医疗保健、药品、医疗器械和 BBS 以外的内容）。

一般经营项目：影视信息与气象信息咨询服务；天气预报节目、电视专题节目、电视综艺节目、动画节目的策划；电视多媒体及软件的设计；电子产品、通信设备、仪器仪表的技术开发、技术服务、销售；设计、制作、代理、发布国内及外商来华广告；房地产开发；货物进出口、技术进出口、代理进出口。

第三章　党　委

第十二条 党委在集团公司发挥政治核心作用，承担从严管党治党责任，对中国气象局党组负责。

第十三条 在集团公司董事会决策重大事项前，党委要召开专题会议讨论和审议有关议题和提案，统一思想，形成一致意见。

第十四条 党委讨论和审议集团公司重大决策、重要人事任免、重大项目安排和大额资金使用等事项：

（一）集团公司重大改革方案。

（二）集团公司发展规划、重大专项计划。

（三）集团公司部门经理、子公司主要负责人及以上人员的选任。

（四）集团公司特别重大安全生产、维护稳定等涉及政治责任和社会责任方面采取的重要措施。

（五）集团公司年度预算方案和决算报告。

（六）集团公司 500 万元（含）以上的单项对外投资项目。

（七）集团公司单项 200 万元（含）以上的固定资产处置方案。

（八）集团公司 100 万元（含）以上的对外捐赠事项。

（九）集团公司超年度预算总额 10%（含）以上的调整方案以及超出项目预算 200 万元（含）以上的事项。

（十）其他须报集团公司董事会审议决定的重大事项。

第四章　董事会

第十五条　董事会是集团公司的决策机构，对中国气象局负责。董事会由 11 名董事组成，其中包括职工董事 1 名。设董事长 1 名。

第十六条　集团公司实行董事会领导下的总经理负责制。董事长是集团公司主要负责人。总经理是集团公司法定代表人。董事长和总经理由中国气象局任命和管理。集团公司的经营班子其他成员由董事会聘任。

第十七条　董事会遵照《公司法》、本章程及其他有关法律法规履行下列职责：

（一）执行中国气象局的决议，并向中国气象局报告工作。

（二）决定集团公司发展战略规划。

（三）批准集团公司年度财务预算方案、年度经营计划。

（四）批准集团公司年度决算方案、利润分配方案和弥补亏损方案。

（五）批准集团公司增加或者减少注册资本的方案。

（六）批准集团公司合并、分立、解散或者变更公司形式的方案。

（七）决定集团公司内部管理机构的设置，决定集团公司分支机构的设立、重组或者撤销。批准专门委员会设置方案。

（八）决定集团公司的基本管理制度，制定董事会运行机制、议事规则。

（九）聘任或者解聘集团公司副总经理（总经理任职按照中国气象局有关规定办理），并决定其报酬和奖惩事项。聘任或者解聘集团公司财务总监、人力资源总监、董事会秘书，决定集团公司内部审计机构的负责人。

（十）决定 500 万元（含）以上、1000 万元以下的单项对外投资事项。1000 万元（含）以上投资事项，经董事会审议后报中国气象局审批。

（十一）批准集团公司重大融资筹资、对外担保方案。批准单项200万元（含）以上的固定资产处置方案。批准100万元（含）以上的对外捐赠事项。

（十二）批准集团公司超年度预算总额10%（含）以上的调整方案以及超出项目预算200万元（含）以上的事项。

（十三）决定集团公司内部有关重大改革重组事项，或者对有关事项作出决议。

（十四）批准集团公司的重大收入分配方案，包括企业工资总量、企业年金方案等。批准集团公司职工收入分配方案。

（十五）决定集团公司的风险管理体系，制订集团公司重大会计政策和会计估计变更方案，审议集团公司内部审计计划及审计报告，决定聘用或者解聘负责集团公司财务会计报告审计业务的会计师事务所及其报酬，决定集团公司的资产负债率上限，对集团公司风险管理的实施进行总体监控。

（十六）听取总经理工作报告，检查总经理和其他高级管理人员对董事会决议的执行情况。

（十七）建立与中国气象局局属企业监事会联系的工作机制，监督落实监事会要求纠正和改进的问题。

（十八）对全资子公司、控股子公司和其他授权管理的企业行使管理、控制权。

（十九）行使法律、法规、本章程和出资人授予的其他职权。

第十八条 董事会负有下列义务：

（一）董事会应当积极维护出资人和集团公司的利益，追求国有资产保值增值，并妥善处理出资人、集团公司、高级管理人员、职工之间的利益关系，有效调动高级管理人员和广大职工的积极性、主动性、创造性，促进集团公司的稳定和持续发展。

（二）董事会应当对集团公司实施有效的战略监控，准确把握集团公司发展方向与速度，防范投资、财务、金融产品、知识产权、安全、质量、环保、法律以及稳定等方面的重大风险。

（三）董事会应当参照国资委关于高级管理人员选聘、考核、薪酬等有关规定，建立健全和规范集团公司高级管理人员在资金使用、用人、办事等方面权力的制度体系，并确保各项制度严格执行。

（四）董事会应当指导和支持集团公司企业文化的建设工作，督促和指导集团公司切实履行社会责任。

第十九条 董事会会议

（一）原则上董事会会议每季度应召开1次。有下列情形之一的，应召开董事会临时会议：

1.出资人认为必要时。

2.党委认为必要时。

3. 董事长认为必要时。

4. 1/3 以上董事联名提议时。

5. 总经理提议时。

6. 监事会提议时。

（二）董事会会议应有过半数的董事出席方可举行。董事会会议由董事长召集和主持。董事长因特殊原因不能履行职务时，由董事长委托其他董事召集并主持。

（三）董事会会议做出决议，必须经过超过半数董事同意方为有效，并应形成书面决议，由董事长签署。董事会会议应当有记录，由出席会议的董事在会议记录上签字。董事长和董事对职权范围内决定的重大问题，承担相应的责任。

第二十条　董事长职责

（一）召集、主持董事会会议，领导董事会的日常工作。

（二）检查董事会决议的执行情况，并向董事会报告。

（三）组织制定董事会运作的各项制度，协调董事会的运作。

（四）根据董事会决议，负责签署聘任、解聘集团公司副总经理等公司高级管理人员的文件。

（五）签署法律、行政法规规定和经董事会授权应当由董事长签署的其他文件。

（六）根据实际需求，负责提出专门委员会、财务总监、人力资源总监的设置方案及人选建议，提交董事会讨论表决。

（七）负责组织起草董事会年度工作报告。

（八）负责组织起草集团公司发展战略规划。

（九）听取集团公司经营班子对董事会决议执行情况和重要工作进展汇报，听取集团公司财务部门等负责人员的汇报，审阅集团公司的财务报表和其他重要报表，针对集团公司经营管理中存在的薄弱环节和存在的风险，组织指导整改、改革或持续改进。

（十）负责建立董事会与监事会联系的工作机制，对监事会提示和要求集团公司纠正的问题，负责督促、检查集团公司的落实情况，向董事会报告并向监事会反馈。

（十一）在董事会休会期间，根据董事会的授权，行使董事会的部分职权。

（十二）法律法规规定的其他职责。

第二十一条　董事职责

（一）出席董事会会议，充分发表意见，对表决事项行使表决权。

（二）有权知晓集团公司的事务，了解和掌握足够的信息，独立谨慎地表决。

（三）对提交董事会会议的文件、材料提出补充、完善的要求。

（四）可以提出召开董事会临时会议和提案。

（五）根据董事会或者董事长的委托，执行有关事务。

（六）代表集团公司在有关申请公司设立等各项登记事项中签名盖章。

（七）代表所在单位，协调、支持集团公司的相关业务。

（八）对履行职责的结果负责，对失职、失察、重大决策失误过失承担相应责任。

（九）遵守法律、行政法规和本章程，对集团公司负有保密、忠实和勤勉义务。

第二十二条 董事任期 3 年，任期届满，可连任。

董事任期从就任之日起计算，至本届董事会任期届满时为止。董事由中国气象局聘任。

第二十三条 总经理职责

（一）负责集团公司生产经营管理工作，组织实施董事会决议、并向董事会报告工作。

（二）拟定集团公司内部管理机构设置方案。

（三）拟定集团公司的基本管理规章制度。

（四）制定集团公司的具体规章。

（五）组织拟订集团公司预算方案、经营计划、决算方案、投资方案、重大收入分配方案，利润分配方案和弥补亏损方案，增加或者减少注册资本的方案，融资筹资方案，资产处置方案，集团公司合并、分立、解散或者变更公司形式的方案，集团公司建立风险管理体系的方案，以及董事会授权其拟订的其他方案，提交董事会审议后组织实施。

（六）提请聘任或者解聘集团公司副总经理。

（七）聘任或者解聘应由董事会聘任或者解聘以外的负责管理人员。

（八）代表集团公司签署各种与公司日常生产经营业务相关的合同、协议等。

（九）制定总经理工作细则。

（十）董事会授予的其他职权。

第二十四条 集团公司设董事会秘书 1 名，其主要职责是：

（一）负责董事之间的信息沟通，协调和办理董事会日常事务。

（二）筹备董事会会议，并负责会议文件的准备、会议的记录、印发会议纪要和会议决议。

（三）管理董事会文件。

（四）经董事会授权，负责集团公司信息披露事务，保证集团公司信息披露的及时、准确、合法、真实和完整。

（五）协助董事长督促董事会决议的执行。

（六）负责与监事会的联络工作。

（七）参与集团公司发展战略规划研究、基本管理制度的制定和风险管理体系的设计。

（八）本章程和有关法律法规规定的其他职责。

第二十五条 董事会设战略委员会、预算与审计委员会、人事薪酬与考核委员会、技术委员会 4 个专业委员会，为董事会及集团公司的重大决策提供咨询、建议。专业委员会对董事会负责，其职责及议事规则另行制定，经董事会批准后生效。

第二十六条 各专业委员会由若干名委员组成，设主任（召集人）1名。专门委员会主任及成员由董事长提名，董事会决定。

第五章 监事会

第二十七条 监事会组成及职责执行《中国气象局局属企业监事会章程》。

第六章 集团公司职责与权限

第二十八条 集团公司主要职责

（一）负责组织气象部门气象信息服务市场开发。

（二）负责国家级公共广播、电视媒体和气象频道的节目资源和广告资源的经营与开发，负责气象频道的市场推广。

（三）负责中国天气通、中国天气网、中国兴农网、气象视频网、手机电视、网络电视、户外媒体等市场开发、拓展和运营。

（四）负责面向交通、能源、环境、旅游、体育、健康等行业用户的专业气象服务市场开发、拓展和经营。

（五）负责气象服务业务软硬件系统开发和市场营销。

（六）负责集团及下属企业国有资产的保值增值。

（七）负责开展气象信息与气象服务的国际合作。

第二十九条 集团公司主要权限

（一）资产收益权：享有授权范围内的经营性国有资产（资源）的收益权利，并主要用于完成上缴任务、资本积累和发展再投入等。

（二）投资决策权：按有关规定管理所辖资产的投资，审批和监督所属企业和实体的重点投资项目、举债、抵押和担保。

（三）经营监督权：对所属各企业（实体）的国有资产经营状况进行定期检查和监督，审定年度财务预、决算和财务报表，审批中、长期和年度投资、利润计划等，考核评价所属企业和实体的主要经营者工作业绩和国有资产保值增值状况。

（四）人事管理权：负责集团公司各部门负责人和各所属企业（实体）的经营班子成员的聘任和管理。行使用人自主权，集团公司的员工按照企业人事管理权限，依照市场机制自主招聘和管理。

（五）机构设置和内部分配权：经董事会批准，集团公司可调整和设立内部机构和子（分）公司；集团公司可根据企业的经营绩效自主决定企业内部绩效奖励政策与奖励发放。

第七章　财务、会计、利润分配及劳动用工制度

第三十条　集团公司应当依照法律、行政法规和国务院财政主管部门的规定建立本公司的财务、会计制度，并应在每一会计年度终了时制作会计报告，并应于第二年3月31日前送交出资人。

第三十一条　集团公司利润分配按照《公司法》及有关法律、法规及主管部门的规定执行。分配当年税后利润时，应当提取利润的10%列入集团公司法定公积金。集团公司法定公积金累计额为注册资本的50%以上的，可以不再提取。集团公司的法定公积金不足以弥补以前年度亏损的，在依照前款规定提取法定公积金之前，应当先用当年利润弥补亏损。集团公司从税后利润中提取法定公积金后，经出资人批准，还可以从税后利润中提取任意公积金。

第三十二条　劳动用工制度按国家有关法律、法规及国务院劳动部门的有关规定执行。

第八章　合并、分立、解散和清算

第三十三条　集团公司经董事会批准，可依法进行合并、分立。

第三十四条　集团公司及所属企业有下列情形之一时，应当解散并依法进行清算：

（一）经出资人批准，集团公司董事会决定解散。

（二）因合并或者分立而解散。

（三）不能清偿到期债务，依法宣告破产。

（四）其他导致不能继续经营的情况。

第三十五条　集团公司及所属企业决定解散时，应当依《公司法》第八章相关规定实施清算过程。

第九章　附　则

第三十六条　本章程经中国气象局批准并印发后生效。

第三十七条　本章程未尽事宜，按照国家有关法律、法规、政策执行。

第三十八条　集团公司根据需要或因登记事项变更而修改集团公司章程的，应报中国气象局

批准。修改后的集团公司章程应送公司原登记机关备案。

第三十九条 本章程由集团公司董事会负责解释。

（起草人：倪景春、蔡元玲、赵东 发布时间：2016 年 10 月）

华风集团公司董事会议事规则

第一章 总 则

第一条 为进一步规范华风气象传媒集团有限责任公司（以下简称"集团公司"）董事会议事和决策程序，充分发挥董事会的作用，确保董事会的效率和决策科学，根据《中华人民共和国公司法》（以下简称《公司法》）、中国气象局《华风集团董事会重组方案》（中气函〔2013〕370 号）、《华风气象传媒集团有限责任公司章程》（以下简称"《公司章程》"）及其他有关法规规定，制定本规则。

第二条 董事会是公司经营管理的决策机构，由中国气象局批准组建，对中国气象局负责。

第三条 董事会应当积极维护出资人和集团公司利益，追求国有资产保值增值，并妥善处理出资人、集团公司、职工之间的利益关系。有效调动广大职工的积极性、主动性、创造性，促进集团公司的稳定和持续发展。

第四条 董事会应当对公司实施有效的战略监控和风险管控，防范投资、财务、金融产品、知识产权、安全、质量、环保、法律以及稳定等方面的重大风险。建立健全规范公司在资金使用、用人、办事等方面权力的制度体系。

第五条 董事会应当指导和支持集团公司企业文化的建设工作，督促和指导公司切实履行社会责任。

第六条 董事应当遵守国家有关法律、法规和《公司章程》，忠实履行职务，并对行使职务的结果负责。

第二章 董事会

第七条 董事会由 11 名董事组成，设董事长 1 名，设职工董事 1 名。

第八条 董事会遵照《公司法》《公司章程》及其他有关法律法规履行下列职责：

（一）执行中国气象局的决议，并向中国气象局报告工作。

（二）制定并执行公司发展战略规划。

（三）批准公司年度财务预算方案、年度经营计划。

（四）批准公司年度决算方案、利润分配方案和弥补亏损方案。

（五）批准公司增加或者减少注册资本方案。

（六）批准公司重大收购或者合并、分立、解散及变更公司形式的方案。

（七）决定公司内部管理机构的设置，决定分支机构的设立或者撤销；批准专门委员会设置方案。

（八）决定公司基本管理制度，制定董事会运行机制、议事规则。

（九）聘任或者解聘公司副总经理（总经理任职按照中国气象局有关规定办理），并决定其报酬事项；聘任或者解聘公司财务总监、人力资源总监、董事会秘书，决定公司内部审计机构的负责人。

（十）决定500万元以上1000万元以下的公司单项对外投资事项；1000万元以上投资事项，经董事会审议提出建议后报中国气象局审批。

（十一）批准公司重大融资筹资、对外担保方案；批准单项200万元以上的固定资产处置方案；批准100万元以上的对外捐赠事项。

（十二）批准公司超年度预算总额10%以上的调整方案以及超出项目预算200万元以上的事项。

（十三）决定公司内部有关重大改革重组事项，或者对有关事项作出决议。

（十四）批准公司重大收入分配方案，包括企业工资总量、企业年金方案等；批准公司职工收入分配方案。

（十五）决定公司的风险管理体系，制定公司重大会计政策和会计估计变更方案，审议公司内部审计报告，决定聘用或者解聘负责公司财务会计报告审计业务的会计师事务所及其报酬，决定公司的资产负债率上限，对公司风险管理的实施进行总体监控。

（十六）听取总经理工作报告，检查总经理和其他高级管理人员对董事会决议的执行情况。

（十七）建立与中国气象局监事会联系的工作机制，监督落实监事会要求纠正和改进的问题。

（十八）对全资子公司和控股子公司行使管理、控制权。决定其设立、注销、兼并、分立等及法人代表。

（十九）行使法律、法规、《公司章程》和出资人授予的其他职责。

第九条 董事会设董事会秘书，负责处理董事会日常事务，联络与协调各董事与董事会有关事项，依据董事会要求履行会议筹备、会议通知、会议记录、文件拟草等工作职责。

第三章 董 事

第十条 董事为公司董事会的成员，享有以下职权：

（一）获得履行董事职责所需的公司信息。

（二）出席董事会会议，充分发表意见，对表决事项行使表决权。

（三）协调所在单位，支持公司的相关业务。

（四）可以提出召开董事会临时会议和提案。

（五）对提交董事会会议的文件、材料提出补充、完善的要求。

（六）根据董事会或者董事长的委托，执行有关事务。

（七）代表公司在有关申请公司设立等各项登记事项中签名盖章。

（八）法律法规和公司章程规定的其他职权。

第十一条 公司董事承担以下义务：

（一）遵守法律法规和公司章程规定，执行董事会决议，忠实和勤勉履行职责，依法维护公司利益和出资人的合法权益。

（二）不得自营或为他人经营与公司同类的业务或从事损害公司利益的活动，不得侵占公司财产，不得挪用公司资金或将公司资金借贷给他人，不得以公司资产为个人或其他个人债务提供担保。

（三）不得泄露公司的商业秘密，不得利用地位和职权为自己或他人谋取本应属于公司的商业机会或为自己谋取私利。

（四）不得利用职权收受贿赂或者其他非法收入。

（五）未经《公司章程》规定或者董事会的合法授权，不得以个人名义代表公司或者董事会行事。

（六）接受监事会对其履行职责的合法监督和合理建议。

第十二条 公司董事对履行职责的结果负责，对失职、失察、重大决策失误过失承担相应责任；董事违反有关规定，其营业或活动所得归公司所有；董事在执行公司职务时违反法律、行政法规或者公司章程的规定，给公司造成损害的，应当承担相关责任。

第十三条 公司董事如有违法违规行为的，董事会可建议免去其董事职务。

第四章 董事长

第十四条 董事长是公司主要负责人，享有以下职权：

（一）召集、主持董事会会议。确定董事会议题，对拟提交董事会讨论的有关议案进行审核，并决定是否提交董事会讨论。

（二）检查董事会决议的执行情况，并向董事会报告。

（三）组织制定董事会运作的各项制度，协调董事会的运作。

（四）根据董事会决议，负责签署公司聘任、解聘公司副总经理等公司高级管理人员的文件。

（五）签署法律、行政法规规定和经董事会授权应当由董事长签署的其他文件。

（六）根据实际需求，负责提出专门委员会、财务总监、人力资源总监的设置方案及人选建议，提交董事会讨论表决。

（七）负责组织起草董事会年度工作报告。

（八）负责组织起草公司发展战略规划。

（九）听取公司经营班子对董事会决议执行情况和重要工作进展汇报，听取公司财务部门等负责人员的汇报，审阅公司的财务报表和其他重要报表，针对公司经营管理中存在的薄弱环节和存在的风险，组织指导整改、改革或持续改进。

（十）负责建立董事会与监事会联系的工作机制，对监事会提示和要求公司纠正的问题，负责督促、检查公司的落实情况，向董事会报告并向监事会反馈。

（十一）在董事会休会期间，根据董事会的授权，行使董事会的部分职权。

（十二）法律法规及《公司章程》规定的其他职责。

第五章　董事会会议

第十五条　董事会会议分为定期会议和临时会议。定期会议原则上每季度应召开一次。

第十六条　董事会会议议题由董事长确定。在发出召开董事会定期会议通知前，应充分征求公司董事、总经理的意见和提案，并审核确定。

第十七条　有下列情形之一的，董事长应自接到提议后十个工作日内召集和主持董事会临时会议：

（一）三分之一以上董事联名提议时。

（二）监事会提议时。

（三）董事长认为必要时。

（四）总经理提议时。

（五）《公司章程》规定的其他情形。

第十八条　提议召开董事会临时会议，提议人应向董事长提交经提议人签字（盖章）的书面提议。书面提议应当载明事由、提案、会议召开的时间等内容。书面提议与提案有关的材料应当一并提交。董事长认为提案内容不明确、不具体或者有关材料不充分的，可以要求提议人修改或者补充。

第十九条 董事会会议由董事长召集和主持。董事长因特殊原因不能履行职务时，可书面委托其他董事召集和主持。委托时，应当出具委托书，并列举出授权范围。

第二十条 召开董事会定期会议和临时会议，应当分别在会议举行七日和三日前通知全体董事等。书面会议通知应载明会议议题以及会议召开的时间、地点等。必要时还应提供相应的资料。遇到紧急情况时，可以随时召集董事会议，会议通知可以电话和邮件方式发出。

第二十一条 董事会定期会议的书面会议通知发出后，如果需要变更会议的时间、地点等事项或者增加、变更、取消会议议题的，应当在原定会议召开日之前两日发出变更通知，说明情况，重新作出相关安排。

第二十二条 董事会会议应当有过半数的董事出席方可举行。监事长列席会议，根据需要其他监事可以列席会议。会议主持人认为有必要的，可以通知其他有关人员列席会议。

第二十三条 董事原则上应当亲自出席董事会会议。并应当事先审阅会议材料，必要时沟通所在成员单位，形成明确意见。因故不能出席会议的，可书面委托其他董事代为出席。委托书应当载明委托人对每项提案的意见和建议、授权范围和对提案的表决意向等。受托董事应当向会议主持人提交书面委托书，在会议签到簿上说明受托出席的情况。受托出席会议的董事应当在授权范围内行使董事的权利。董事未出席董事会会议，亦未委托代表出席的，视为放弃在该次会议上的投票权。

第二十四条 委托和受托出席董事会会议应当遵循以下原则：

（一）在审议关联交易事项时，非关联董事不得委托关联董事代为出席；关联董事也不得接受非关联董事的委托。

（二）董事不得在未说明其本人对提案的个人意见和表决意向的情况下全权委托其他董事代为出席，有关董事也不得接受全权委托和授权不明确的委托。

（三）一名董事只能接受一名董事的委托。

（四）董事一年内三次不出席会议也不委托的，视为不能履行职责，董事会应提出调整建议。

第二十五条 董事会会议应当对所有列入议事日程的议案进行逐项表决。每名董事享有一票表决权。凡涉及关联交易的议案，关联董事应当回避表决，其享有的投票数不计入表决票数范围。

第二十六条 董事会会议作出决议，必须经过全体董事半数以上（不含半数）通过方为有效。法律、行政法规和《公司章程》规定应当取得更多董事同意的，从其规定。董事会会议应形成书面决议。董事会决议须征求与会董事意见后，正式签署。

第二十七条 董事对会议决议承担责任。董事会决议违反法律、法规或者《公司章程》，致使公司遭受损失的，参与决议的董事对公司承担相关责任。但经证明在表决时曾表明异议并记载于会议记录的，该董事可以免除责任。

第二十八条 提案未获通过的，在有关条件和因素未发生重大变化的情况下，董事会会议在一个月内不应当再审议内容相同的提案。

第二十九条 一半以上的与会董事认为提案不明确、不具体，或者因会议材料不充分等其他事由导致其无法对有关事项作出判断时，会议主持人应当要求会议对该议题进行暂缓表决。提议暂缓表决的董事应当对提案再次提交审议应满足的条件提出明确要求。

第三十条 董事会会议应当有记录，会议记录应当包括董事发言要点、每一决议事项的表决方式和结果（表决结果应载明赞成、反对或弃权的票数）。出席会议的董事和记录人应当在会议记录上签名。出席会议的董事有权要求在记录上对其在会议上的发言做出说明性记载。董事会会议记录还应载明列席会议的监事，并经列席会议监事签名。会议记录在会后分发给各董事。

第三十一条 董事会会议应在会议记录的基础上，制作会议纪要，记载和传达会议情况和议定事项。

第三十二条 董事会会议档案，包括会议通知和会议材料、会议签名簿、代理出席委托书、会议记录、会议决议、会议录音、会议纪要等一并作为公司档案保存。

第六章 附 则

第三十三条 本规则未尽事宜按《公司法》和《公司章程》执行。

第三十四条 本规则与《公司章程》相冲突的，以《公司章程》为准。

第三十五条 本规则解释权和修改权属于公司董事会。

第三十六条 本规则自董事会审议表决通过之日起生效。本规则的修改和废止须经董事会以决议方式审议通过。

（起草人：倪景春 发布时间：2014 年 4 月）

华风集团监事会章程

第一章 总 则

第一条 为加强对华风集团子公司的监督管理，促进企业健康、稳定、快速发展，按照《中华人民共和国公司法》和《企业国有资产监督管理暂行条例》等有关规定，依据《华风集团监事会组建方案》，制定本章程。

第二条 华风集团监事会（以下简称"集团监事会"）是华风集团子公司的外部监督机构，对子公司合法经营、资产保值增值以及执行国家法律法规和华风集团决策、制度等情况实施监管，并向华风集团和华风集团董事会报告。

第三条 华风集团子公司（以下简称"子公司"）是指华风集团投资或管理的子公司，具体为北京华风创新网络技术有限公司、北京维艾思气象信息科技有限公司、北京全球气象导航技术有限公司、北京华风天际气象服务有限公司、北京天禾翔云文化传媒有限公司、北京风行者广告有限公司、北京天译科技有限公司、北京华新天力能源气象科技中心、北京八达岭华风温泉大城堡、广东新气象传播有限公司等。

第二章 组织机构

第四条 集团监事会可根据实际需要向子公司派出监事。派出监事每届三年且在同一子公司不得超过两届。

第五条 集团监事会挂靠审计法务部。集团监事会由6人组成，设监事长、副监事长各1人，监事4人，由审计法务部、财务部、经营管理部等相关部门人员组成。

第三章　主要职责

第六条　集团监事会职责

（一）监督、检查子公司合法经营情况，包括贯彻执行国家法律法规和华风集团决策、制度以及子公司内部管理规定的情况。

（二）监督、检查子公司资产保值增值情况，包括子公司的经营效益、财务状况、利润分配和资产运营等情况。

（三）监督、检查子公司重大事项决策程序，对违反"三重一大"决策程序的行为提出意见并督促改正。

（四）监督、检查子公司负责人的经营管理行为，对公司及其负责人违反法律、法规或损害公司利益的行为提出意见并督促纠正。

（五）负责监督子公司重大事项是否按规定履行备案和报批程序，提出意见并督促改正。包括但不限于子公司发展战略和规划，年度财务预决算，子公司资本金及产权结构变动，主营业务活动重要调整，子公司筹资、担保、捐赠，50万元以上的资产购建和处置，100万元以下的单项对外投资，利润分配和亏损弥补，子公司分立、合并、解散、重组、清算和变更子公司组织形式等事项。

（六）代表华风集团向子公司派出监事，负责派出监事的管理和业务指导。

（七）履行华风集团授权的其他职责。

（八）完成中国气象局局监事会交办的工作。

第七条　监事长职责

（一）负责召集、主持集团监事会会议，领导集团监事会的日常工作。

（二）负责督促、检查集团监事会决议的落实情况，并向华风集团和局监事会报告。

（三）审定并签署集团监事会报告、决议、会议纪要和其他重要文件。

（四）组织制定集团监事会各项管理制度、年度工作计划等，协调集团监事会运行。

（五）负责建立集团监事会与华风集团有关管理部门联系的工作机制，重大事项及时报告。

（六）负责建立集团监事会与子公司联系的工作机制。

第八条　监事职责

监事根据职责分工要求，履行以下职责：

（一）负责监督、检查子公司合法经营、资产保值增值以及执行国家法律法规、华风集团决策、制度和子公司管理规定等情况，每半年提交监督、检查报告。

（二）根据需要列席子公司的董事会、总经理办公会、年度总结性会议、重大事项审议会议等重要会议。

（三）负责对子公司经营管理行为和子公司重大决策事项、程序等实施监督，发现问题及时提醒子公司纠正，重大问题及时向集团监事会报告。每月报送重大事项月报。

（四）负责通过子公司电子账务系统、办公系统和其他管理系统，实时查阅子公司资金流动、会计处理、资产状况和合同管理等情况，及时了解子公司经营状况，每季度提交分析评价报告。

（五）负责监督、检查子公司备案事项执行情况。

（六）负责按年度工作计划具体实施专项检查任务。

（七）承办集团监事会交办的工作。

第四章 监督检查

第九条 监管形式

集团监事会对子公司采取定期检查与专项检查相结合的方式，定期检查与专项检查根据华风集团要求和上级管理部门工作计划安排，结合子公司实际情况进行。

（一）日常监督检查：对子公司日常运营管理进行监督检查。

（二）年度监督检查：对子公司的年度经营管理情况进行监督检查。

（三）专项监督检查：发现子公司经营管理出现异常、可能或已经导致国有资产流失、部门或子公司利益受损的情况开展专项检查；也可根据华风集团和上级管理部门的要求，进行专项检查，必要时可聘请中介机构配合检查工作。

第十条 监管方式

（一）参加子公司董事会、总经理办公会等与监督检查事项有关的会议，及时了解和掌握子公司经营管理情况。监事可以对会议讨论和决定事项独立发表意见，但不干预子公司经营决策。

（二）定期或不定期听取子公司负责人有关财务、资产状况和经营管理情况的汇报。

（三）通过子公司电子账务系统、办公系统和其他管理系统，实时查阅子公司资金流动、会计处理、资产状况和合同管理等情况，及时了解子公司经营状况。

（四）查阅子公司的财务会计报告、会计凭证、会计账簿和相关合同等财务资料以及与经营管理活动有关的其他资料。

（五）通过走访调研、召开座谈会等方式，向职工了解情况、听取意见，必要时要求子公司负责人作出说明。

（六）根据监管需要，聘请中介机构对子公司进行专项审计。

第十一条 建立集团监事会向华风集团的报告制度。

（一）集团监事会通过季报、半年报、年报形式及时提交监督检查和分析评价报告，报告内容包括子公司执行决策、制度情况以及子公司资产状况、效益情况、财务状况和经营管理情况评价等。

（二）集团监事会在监督检查中发现子公司及其负责人经营行为可能危及国有资产安全、造成国有资产流失或侵害国有资产所有者权益的，以及集团监事会认为应当立即报告的其他紧急情况，及时提出专项报告。

（三）华风集团有关涉及子公司重大决策事项需要听取集团监事会意见的，集团监事会及时提出相关意见和建议。

（四）集团监事会提交的监督检查报告、专项报告和意见建议，经集团监事会成员讨论，由监事长签署后，报华风集团。

第五章　工作机制

第十二条　华风集团应加强对集团监事会政策咨询和业务指导，华风集团办公室及时将下发或批复子公司的文件等资料抄送集团监事会。

第十三条　建立集团监事会对子公司的检查机制。集团监事会采取定期例行检查与专项检查相结合的方式对子公司进行监督检查。子公司要积极支持和配合集团监事会工作，及时向集团监事会报送财务会计报告以及集团监事会要求的其他相关资料，自觉接受集团监事会的监督检查。

第十四条　建立集团监事会与子公司沟通机制。集团监事会应将监督检查发现的、需要由子公司自行纠正和改进的经营管理问题，通过适当方式与子公司董事会和管理层交换意见，提出整改建议。

第十五条　建立子公司向集团监事会报告和备案机制。子公司上报华风集团有关重大事项、突发事项的报告，应在5个工作日内同时抄送集团监事会；子公司每年至少一次向集团监事会报告子公司经营管理与效益情况；集团监事会对子公司提出的质询或疑义事项，子公司应及时作出专题汇报或专函回复；子公司董事会纪要、总经理办公会纪要等重要文件，同时抄送集团监事会。

第十六条　建立集团监事会工作例会制度。工作例会由监事长主持或监事长根据议题指定的监事主持，集团监事会全体成员或相关人员参加。

第十七条　集团监事会每年度根据工作需要召开会议，监事可以提议召开临时集团监事会会议。集团监事会决议需经全体监事半数以上通过。集团监事会应当对所议事项的决定形成会议记录，出席会议的监事应当在会议记录上签名。监事不在会议记录、纪要、决议上签字，视同不履行监事职责。

第十八条　集团监事会重大议题或审定事项会议应编发会议纪要。会议纪要由监事长签发，一般应在会议结束后 3 个工作日内印发华风集团相关领导，并及时存档。

第六章 附 则

第十九条 遇国家法律法规调整或对子公司监管要求有变化，须对本章程作出修改的，由集团监事会修改后报华风集团批准。

第二十条 本章程由集团监事会负责解释。

第二十一条 本章程自批准之日起实施。

（起草人：杨春红 发布时间：2015 年 5 月）

华风集团董事监事高级管理人员行为准则

第一章 总 则

第一条 为规范华风气象传媒集团有限责任公司董事、监事、高级管理人员的行为，完善公司治理，根据《中华人民共和国公司法》（以下简称"《公司法》"）、《华风气象传媒集团有限责任公司章程》（以下简称"《公司章程》"）以及《华风集团有限责任公司董事会议事规则》等相关规定，特制定本准则。

第二条 本准则适用于集团公司的董事、监事及高级管理人员。高级管理人员主要包括但不限于：总经理、副总经理、董事会秘书。

第三条 公司董事、监事、高级管理人员应自觉学习并遵守《公司法》《公司章程》等有关法律、法规、规范性文件，不断提高自身素质和修养，增强法律意识和现代企业经营意识，掌握最新政策导向和经济发展趋势。

第四条 公司董事、监事、高级管理人员应当维护国有资产安全和完整，不得损害出资人的合法权益。

第二章 声明与承诺

第五条 公司董事、监事、高级管理人员应当向公司董事会提交《董事（监事、高级管理人员）声明及承诺书》。

第六条 公司董事、监事和高级管理人员应当履行以下职责并在《董事（监事、高级管理人员）声明及承诺书》中作出承诺：

遵守国家法律、部门规章和公司章程，认真履行职责，执行董事会决定，保守公司秘密，诚实守信，坚持原则，甘于奉献，廉洁自律，为建设世界一流企业而努力奋斗！

第三章　忠实义务和勤勉义务

第七条　公司董事、高级管理人员对公司负有下列忠实义务：

（一）不得利用职权收受贿赂或者其他非法收入，不得侵占公司的财产。

（二）不得挪用公司资金。

（三）不得将公司资产或者资金以某个人名义或者其他个人名义开立账户存储。

（四）不得违反《公司章程》的规定，未经董事会同意，将公司资金借贷他人或者以公司财产为他人提供担保。

（五）不得违反《公司章程》的规定或未经董事会同意，与公司订立合同或者进行交易。

（六）未经董事会同意，不得利用职务便利，为自己或他人谋取本应属于公司的商业机会，自营或者为他人经营与公司同类的业务。

（七）不得接受他人与公司交易的佣金据为己有。

（八）不得擅自对外披露公司秘密。

（九）不得利用其关联关系损害公司利益。

（十）其他依照法律、法规和规章制度不得或者不应当从事的事项或行为。

第八条　公司董事对公司负有下列勤勉义务：

（一）应谨慎、认真、勤勉地行使公司赋予的权利，以保证公司的商业行为符合国家法律、行政法规以及国家各项经济政策的要求，商业活动不超过营业执照规定的业务范围。

（二）认真阅读公司的各项商务、财务报告和公共媒体有关公司的报道，及时了解并持续关注公司业务经营管理状况和公司已发生或可能发生的重大事件及其影响，及时向董事会报告公司经营活动中存在的问题，不得以不直接从事经营管理或者不知悉为由推卸责任。

（三）原则上应当亲自出席董事会，以正常合理的谨慎态度勤勉行事并对所议事项表达明确意见；因故不能亲自出席董事会的，应当审慎地选择受托人。

（四）应当如实向监事会提供有关情况和资料，不得妨碍监事会或者监事行使职权。

（五）法律、行政法规、部门规章及公司章程规定的其他勤勉义务。

第九条　监事应当遵守法律、行政法规和本章程，对公司负有忠实义务和勤勉义务，不得利用职权收受贿赂或者其他非法收入，不得侵占公司的财产。监事应对公司财务以及公司董事、高级管理人员履行职责的合法合规性进行监督，维护公司及出资人的合法权益。监事发现董事和高级管理人员存在违反法律、法规和《公司章程》的行为，应向监事会报告，并由监事会向董事会报告。

第十条 公司高级管理人员对公司负有下列勤勉义务。

（一）高级管理人员履行职责应当符合公司和出资人的最大利益，以合理的谨慎、注意和应有的能力在其职权和授权范围内处理公司事务，不得利用职务便利，从事损害公司和出资人利益的行为。

（二）经理等高级管理人员应当严格执行董事会相关决议，不得擅自变更、拒绝或消极执行董事会决议。如果情况发生变化，可能对决议执行的进度或结果产生严重影响的，应及时向董事会报告。

（三）经理等高级管理人员应当及时向董事会、监事会报告有关公司经营或者财务方面出现的重大事件及进展变化情况，保障董事、监事和董事会秘书的知情权。

（四）董事会秘书应切实履行《公司章程》中规定的各项职责，负责董事之间的信息沟通，负责与监事会的联络工作，协助董事长督促董事会决议的执行，参与公司发展战略规划研究、基本制度制定，做好相关信息披露工作。

（五）法律、行政法规、部门规章及公司章程规定的其他勤勉义务。

第四章　董事长特别行为规范

第十一条 董事长应把握公司发展方向，积极推动公司各项制度的制订和完善，加强董事会建设，确保董事会依法正常运作，依法召集、主持董事会会议并督促董事亲自出席董事会会议。

第十二条 董事长应严格董事会集体决策机制，不得以个人意见代替董事会决策，不得影响其他董事的表决权。

第十三条 董事长在其职责范围（包括授权）内行使权利时，遇到对公司经营可能产生重大影响的事项时，应当审慎决策，必要时应提交董事会集体决策。对于授权事项的执行情况应当及时告知全体董事。董事长不得从事超越其职权范围（包括授权）的行为。

第十四条 董事长应积极督促董事会决议的执行，及时将有关情况告知其他董事，实际执行情况与董事会决议内容不一致，或执行过程中发现重大风险的，董事长应当及时召集董事会进行审议并采取有效措施。董事长应当向总经理和其他高级管理人员了解董事会决议的执行情况。

第五章　其　他

第十五条 对上级主管部门提出的询问和查办的事宜，公司董事、监事、高级管理人员应积极配合，及时答复，并提供相关资料和文件。

第十六条 董事、监事、高级管理人员不得将亲属安排在公司管理层内任职,也不得安排亲属担任下属企业负责人。

第十七条 董事、监事、高级管理人员在社会公众场所,应严格要求自己,注意仪表和言行,自觉维护公司的形象和声誉。

第十八条 未经《公司章程》规定或董事会的合法授权,任何董事不得以个人名义代表公司或董事会行事。董事以个人名义行事时,在第三方合理地认为该董事在代表公司或者董事会行事的情况下,该董事应当事先声明其立场和身份。

第十九条 董事个人或者其所任职的其他单位或企业直接或者间接与公司已有的或者计划中的合同、交易、安排有关联关系时(聘任合同除外),不论有关事项在一般情况下是否需要董事会批准同意,均应当尽快向董事会披露其关联关系的性质和程度。

第二十条 公司董事、监事、高级管理人员在履行职责过程中,除应当遵守国家的有关法律、法规、《公司章程》等规定外,还应当严格遵守本行为准则。公司董事、监事及高级管理人员执行公司职务时违反法律、法规及其他规范性文件《公司章程》及本准则的规定,给公司造成损失的,应当承担赔偿责任。

第二十一条 本行为准则由董事会负责解释。

第二十二条 本行为准则经董事会审议通过后生效。

(起草人:李赫然 发布时间:2017 年 12 月)

华风集团委派参、控股企业高级管理人员管理办法

第一章 总 则

第一条 为进一步完善华风气象传媒集团有限责任公司、北京华风气象影视技术中心、北京市华风声像技术中心（以下合称"集团"）参、控股企业的管理工作，进一步加强对集团委派至参、控股企业高级管理人员的管理，特制定本办法。集团参、控股企业的定义参见《华风集团参、控股企业管理办法（试行）》。

第二条 本办法适用于由集团委派至参、控股企业的高级管理人员，主要包括但不限于：董事会成员、监事会成员、总经理、副总经理、人力资源总监、财务总监（以下简称"委派高级管理人员"）。企业其他高级管理人员定义范围以企业章程、股东大会决议和董事会决议的规定为准。集团下属三级及以下参、控股企业高级管理人员的管理参照本办法执行。

第二章 委派管理

第三条 集团按参、控股企业章程规定向企业委派高级管理人员，由集团人力资源部按照岗位任职要求进行推荐选拔，经集团总经理办公会审议确定提名至参、控股企业，由参、控股企业股东会、董事会依照企业章程选举任命。任期依据参、控股企业章程确定。集团可根据需要对任期内委派高级管理人员提出调整建议。

第四条 集团委派高级管理人员如不能有效履行其相应的权利义务，给企业经营活动和经济利益造成不良影响的，经参、控股企业经营班子集体研究，向集团提出给予当事人处分、停职、解聘的建议，具体措施由集团研究决定，并通过参、控股企业的股东会、董事会依规实施，处理结果报集团人力资源部备案。

第五条 集团人力资源部负责委派高级管理人员的培养、选拔和人员管理，集团经营管理部负责委派高级管理人员的业务管理工作。

第三章 职责和工作机制

第六条 集团对参、控股企业的管理主要通过委派高级管理人员行使职权加以实现。

（一）集团委派高级管理人员应按相关法规、企业章程以及企业制度认真履行职责，主要职责包括但不限于：落实集团决策，参与、监督企业决策和日常经营管理；收集信息、分析研究、提出建议；向集团提交任职企业运营情况分析报告、重大事项和突发性事件处理的专项报告等。

（二）委派高级管理人员代表集团参加参、控股企业的股东会、董事会和监事会或其他相关会议，确保华风集团与参、控股企业之间，与其他股东之间的各类信息能够及时、准确的传达。

委派高级管理人员在接到参、控股企业会议通知后，应仔细审阅会议材料，涉及重大事项的须上报集团，存在需会议表决的事项时，应于会议召开3日前将需表决事项提报华风集团审核、决策，委派高级管理人员按照集团意愿履行表决程序，不得擅自行使表决权。委派高级管理人员应在会议结束后及时将讨论、表决的结果向华风集团汇报，并在会议结束后5个工作日内将有关会议议案、会议记录和经董事、监事签名的会议决议等会议资料报送华风集团经营管理部存档。

（三）委派高级管理人员应及时跟进参、控股企业董事会、监事会或其他相关会议表决通过的重大事项的后续执行情况，并定期向集团汇报。

委派高级管理人员应积极参与企业的各项决策，及时了解、掌握参、控股企业的运作动态和经营状况，监督参、控股企业的日常经营管理、财务管理是否贯彻执行国家的有关法律、法规、政策和企业的规章制度，是否存在侵害股东权益的情况。

第七条 委派高级管理人员应及时向集团汇报相关情况，集团对委派高级管理人员实行报告制度，报告分为定期报告和不定期报告。工作报告作为考核其履职情况的重要依据。

对每一参、控股企业，由集团指定一名主汇报人。在有派驻的总经理、副总经理、人力资源总监、财务总监等高管的情况下，由职级最高的企业高管作为主汇报人；在只有派驻董事的情况下，由职级最高的董事作为主汇报人；只有派驻监事的，由监事作为主汇报人。委派高级管理人员分别根据各自职责进行汇报。

对于集团的参股基金等无派驻高级管理人员的机构，由集团指定一名联系人，由该联系人作相关事务的联系汇报。

第八条 定期报告按季度报告。报告内容包括本季度任职企业主要财务情况、企业重要会议内容、重大事项情况、提醒集团关注的问题以及本季度与任职企业沟通情况、走访调研情况和自身学习、培训情况等。季度报告应于每季度结束后的 10 日内报送至集团经营管理部和人力资源部。集团下属三级及以下参、控股企业高级管理人员的季度报告由其派出机构收集后同步报送至集团经营管理部和人力资源部。

第九条 遇有重大事项发生时，集团委派高级管理人员除在季度报告中定期报告外，应及时向集团提交专项报告。专项报告可采用书面方式或口头向集团主要领导或分管领导汇报的形式。

重大事项包括：

（一）企业商业模式的调整和确定。

（二）企业业务方向、业务范围的调整和确定。

（三）企业经营管理团队、组织架构的变化和调整。

（四）企业重大战略合作、协议、合同的签署。

（五）对外投融资、担保、借款情况。

（六）新产品的研发、投放及市场反馈情况。

（七）气象数据等信息使用方式和传播方式变更，超范围的对外授权情况等。

（八）大宗采购或委托、转包业务、对外招标等。

（九）不良的现金流或其他财务状况。

（十）关联交易情况。

（十一）审计与法律问题。

（十二）重大会议情况及其决议、纪要。

（十三）对企业治理结构构成严重影响的其他事项。

第四章 权利和义务

第十条 集团委派高级管理人员享有以下权利：

（一）获知任职企业各类经营管理信息。

（二）出席任职企业股东会、董事会、监事会并进行表决。

（三）列席集团有关其任职企业经营管理决策会议。

（四）对任职企业各项经营管理方案有建议权。

（五）参加集团组织的教育培训。

（六）向集团相关职能部门寻求支持。

（七）集团赋予的其他权利。

第十一条 集团委派高级管理人员应承担以下义务：

（一）遵守集团和任职企业章程，在其职责范围内行使权利，不得越权。

（二）忠实履行职责，积极促进任职企业健康经营发展。

（三）维护集团利益，做好任职企业财务、业务发展和管理情况的分析、研究，提出建议意见，为集团决策提供支持。

（四）在任职企业出席股东会、董事会、监事会。接到会议通知后及时将需决策事项通知集团（一般至少应提前3天），会前对决策后果应做好利弊分析，向集团提供决策建议，待集团决策后按集团授权在会上行使表决权，会后将表决结果和会议决议向集团汇报。

（五）不得泄露集团和任职企业商业秘密。

（六）本人或特定关系人不得同所任职企业订立合同或进行交易。

（七）不得利用内幕消息或职务之便为自己或他人牟取利益。

第五章　考核和奖惩

第十二条 集团委派高级管理人员实行年度考核制度，人力资源部会同经营管理部进行考核。

第十三条 考核结果分为优秀、良好、合格、不合格四个等次。

考核结果为优秀的，在年终奖标准上上浮30%。

考核结果为良好的，在年终奖标准上上浮15%。

考核结果为合格的，年终奖保持不变。

考核结果为不合格的，在年终奖标准上下浮30%，并给予处分、停职、解聘的处理。

第十四条 集团人力资源部根据参、控股企业对集团委派高级管理人员的考核建议，商集团经营管理部提出考核等次意见，由集团总经理办公会研究确定。不在集团取酬的委派高级管理人员的考核结果提供给参、控股企业作为考核建议。

第六章　附　则

第十五条 集团委派高级管理人员向集团提交的季度报表和不定期报告由经营管理部收集整理，并抄送人力资源部。

第十六条 经营管理部应根据集团委派高级管理人员提交的报告及反馈的问题，在调查、核实、研究的基础上及时制定或调整相关经营策略，为集团提供决策支持依据。人力资源部应根据集团委派高级管理人员提交的报告掌握有关人员的工作动态，为后续集团参、控股企业高级管理人员的选派和调整提出意见建议。

  第十七条 本办法自发布之日起施行。未尽事宜，依照国家法律、法规和企业章程等执行。

        （起草人：杨新霞、李嘉宾 发布时间：2016 年 10 月）

华风集团参、控股企业管理办法

第一章　总　则

第一条　为进一步完善华风气象传媒集团有限责任公司、北京华风气象影视技术中心、北京市华风声像技术中心（以下合称"华风集团"）现代企业管理制度，加强对参、控股企业的管理工作，提高企业整体运作水平，保证其日常经营活动稳健发展，降低投资风险，制定本办法。

第二条　本办法所称控股企业是指由华风集团出资，单独持有50%以上股权，或股权比例虽未达到50%，但能够决定其董事会半数以上成员的当选；或者通过协议或其他安排能够实现控制权的企业。所称参股企业是指由华风集团出资，出资比例不超过50%（含50%），但能对其施加重大影响的；或出资比例虽然超过50%（不含），但在其董事会派出董事不占多数，无主要控制权的企业。

第三条　本办法适用于华风集团参、控股企业。华风集团全资企业、控股和代为管理企业负责参照此办法，对下属三级及以下企业进行管理。全资、控股和代为管理子公司按集团要求汇报、上报各项工作时，须合并其下属三级及以下企业的相关情况。

第四条　参、控股企业的投资、注册应遵循《华风气象传媒集团投融资项目管理办法（试行）》。

第二章　管理模式

第五条　参、控股企业应依法设立股东会、董事会和监事会。未设立董事会的，应设立1名执行董事，未设立监事会的，应设立1名监事。除非华风集团有其他委派人员，否则参、控股企业的股东会由派驻的董事和监事作为集团股东代表参会。

控股企业应由华风集团委派半数以上董事、监事及主要经营管理人员,其经营管理服从华风集团统一战略部署;参股企业由华风集团推荐董事、监事人选及部分关键经营管理人员。

具体委派规定按照《华风集团委派参、控股企业高级管理人员管理办法(试行)》执行。

第六条 华风集团作为投资方通过委派董事、监事依法履行股东权利。

相关权利的范围和履行方式由各参、控股企业的公司章程具体确定。

第三章 经营管理

第七条 华风集团经营管理部负责参、控股企业的日常沟通与协调管理工作。

第八条 参、控股企业的各项经营管理活动必须遵守国家各项法律法规,并结合华风集团发展规划和经营计划,制定自身经营目标,确保可持续经营及满足股东合法权益。参、控股企业在经营活动中不得隐瞒或转移其收入和利润,不得私自设立账外账。参、控股企业的各项经营管理活动存有违法违纪行为的,一切由参、控股企业经营管理团队负责。

第九条 控股企业的发展战略与规划须服从集团制定的整体发展战略与规划,并结合其《公司章程》中所规定的业务范围,制定中长期发展规划,提交董事会通过后执行。

参股企业应尽量顺应集团整体的发展战略与规划,并将其董事会通过后的中长期发展规划报华风集团备案。

第十条 控股企业依据批准通过的中长期发展规划,制定年度经营方案、财务预算、投资计划、资金收支计划、新业务开拓计划等,提交其董事会、股东会通过后执行。

参股企业应将董事会、股东会通过的重大投资计划、年度财务预算方案报华风集团备案。

第十一条 参、控股企业年度财务预算应于每一个财年结束前制定,应包括当年执行情况及下一年度计划指标,必须包含的主要经济指标有销售收入、销售成本、营业利润、利润总额、流动比率、资产总额、负债总额、所有者权益等。未列入年度预算的项目,应经参、控股企业董事会或股东会通过,方可开支。经董事会通过后开支的,执行情况应在年度股东会中报告。

第十二条 参、控股企业应按月将财务报表报到华风集团财务部,月上报时间为月度结束15个工作日内,年度决算上报时间为年度审计报表印发后5个工作日,如遇节假日顺延。

第四章 投融资管理

第十三条 控股企业的投融资项目应符合《华风气象传媒集团投融资项目管理办法(试行)》所确定的原则,规范履行发起、论证评估、决策审批以及实施、变更等管理程序。配合集团投融资项目管理决策，提供充分的支持和必须获得的信息及资料。华风集团对相关单位违背审批规定、擅自投资、越权操作以及在项目建议、可行性研究报告、实施方案等中弄虚作假等行为追究相关人员责任。

第十四条 控股企业投融资项目的决策审批程序为：

（一）对投融资项目进行可行性论证。

（二）形成书面报告报华风集团审核。

（三）经华风集团总经理办公会研究，认为可行的，由控股企业提交其公司董事会审议。

第十五条 参股企业投融资项目的决策审批程序为：

（一）对投融资项目进行可行性论证。

（二）于决策前至少10个工作日形成书面报告报华风集团审核。

（三）根据华风集团的审定情况，由华风集团派驻参股企业代表向参股企业反馈意见，并在其公司董事会审议阶段严格按照华风集团意图进行表决投票。

第五章 人事、薪酬管理和监督

第十六条 参、控股企业人事管理应严格执行国家有关法律法规，根据企业实际情况制定规范的人力资源管理制度。

控股企业应接受华风集团党总支、人力资源部和工会对其人力资源管理工作的指导和监督。

第十七条 参、控股企业应结合企业经济效益，参照本行业的市场薪酬水平制订薪酬管理制度，由参、控股企业董事会批准后实施。控股企业的薪酬管理制度须报华风集团备案。

第十八条 参、控股企业董事、监事和高级管理人员任命及后续变动，部门或分支机构的设置及后续变动，参、控股企业应在任命或调整后5个工作日内报华风集团备案。

第十九条 华风集团对控股企业实行经营目标责任制考核办法，经营目标考核责任人为各控股企业的总经理。主要参考指标为控股企业上报的各项预算、计划完成情况和年度实现的利润。控股企业股东会对控股企业的年度绩效控制在符合利润分配条件和顺序的基础上核定在本年可供分配利润的20%以内。控股企业经营管理层依据企业的绩效分配制度在股东会批准的绩效额度内制定企业年度绩效分配方案，经董事会批准后执行。

第二十条 参股企业应根据《公司法》及本公司章程将利润分配方案、考核与奖惩方案等事先报华风集团审核后，由集团派驻代表按集团意愿在参股企业的股东会或董事会中表决通过后依规执行。

第二十一条 对连续两年发生亏损的控股企业，由华风集团经营管理部约谈企业经营负责人，对无法在限定期内扭转经营局面的，由华风集团派驻企业董事提交撤换企业经营负责人的提案。对连续三年发生亏损的参股企业，由华风集团经营管理部发起，通过集团派驻所在企业代表提交撤换企业经营负责人或转换企业经营方向的提案。

第六章　审计管理

第二十二条　控股企业统一接受华风集团委托的会计师事务所进行年度财务审计。集团公司在必要时可以委托事务所对控股企业进行内部控制或关联交易审计。所发生各类审计费用由控股企业承担。

第二十三条　参、控股企业实际经营负责人调离企业时，应依照相关规定实行离任审计，并由被审计企业及当事人对审计报告提交书面反馈意见。

第二十四条　参股企业的年度财务审计报告须上交华风集团备案。

第二十五条　对阻挠审计人员行使职权、拒绝提供和提供虚假财务资料或者滥用职权、徇私舞弊、玩忽职守的董事、高管或其他员工应当及时提交相应层级会议商议处理，构成犯罪的，移交司法机构追究刑事责任。

第七章　利润分配管理

第二十六条　参、控股企业实现的税后利润分配必须遵循依法分配原则、资本保全原则、充分保护债权人利益原则、多方及长短期利益兼顾原则。利润分配是对经营中资本增值额进行分配，如果参、控股企业存在尚未弥补的亏损，应首先弥补亏损，再进行其他分配。

第二十七条　控股企业年度经审计的利润总额分配顺序按公司章程确定，如公司章程中未明确，则按以下内容和顺序进行分配。

（一）税前弥补前5年内亏损。

（二）缴纳企业所得税。

（三）弥补在税前利润补亏后仍存在的亏损。

（四）按法定10%的比例提取法定盈余公积，盈余公积累计余额达到注册资本50%以后，可以不再提取。

（五）依公司章程或者股东会决议，提取当年任意盈余公积。

（六）依股东会决议批准进行利润分配，以前年度未分配的利润可以并入本年度向投资者分配。

第八章　档案管理

第二十八条　参控股企业应及时建立严格的档案管理制度，华风集团经营管理部负责收集整理后交档案室归档。

归档范围包括：

（一）企业成立至今历次注册资本变更的验资报告。

（二）企业执照：税务登记证、组织机构代码证、营业执照、政府批准文件等。

（三）企业的股权变更的相关证明或资料，如股权转让协议。

（四）企业的章程、规章制度。

（五）企业股权结构情况。

（六）企业的股东会（或股东大会）、董事会、监事会的会议记录、会议决议等相关会议资料。

（七）企业发展战略、中长期发展规划、生产经营方针等。

（八）企业的年度预算方案、年度决算方案。

（九）企业的各期财务报表、审计报告。

（十）企业的内审审计报告等。

（十一）企业高管人员编制职数、组织架构、部门设置等情况。

（十二）其他有保存价值或华风集团需要临时存档的资料。

第二十九条 经营管理部收到归档资料后，当面清点确认，并统一整理，按年度交到华风集团档案室，按各个控股、参股企业分别装订成册，并编制相应目录，便于华风集团日后查阅、跟踪管理和评估。

第九章　附　则

第三十条 本办法自发布之日起施行。

（起草人：张敏、易昕　发布时间：2016 年 9 月）

华风集团薪酬管理办法

第一章 总 则

第一条 目的

为建立健全与公共气象服务发展要求相适应的薪酬分配激励约束机制，实现华风集团可持续发展，根据国家法律法规和中国气象局相关规定，制定本办法。

第二条 适用范围

（一）本办法适用于华风集团总部正式员工，华风集团总部包括各职能部门、广告部和运行保障中心。

（二）华风集团总经理薪酬管理按照《中国气象局关于印发局属企业负责人薪酬制度改革方案及考核办法的通知》（气发〔2015〕68号文）执行。

（三）华风集团副总经理薪酬管理参照《中国气象局关于印发局属企业负责人薪酬制度改革方案及考核办法的通知》，由集团董事会根据年度绩效考核情况确定薪酬水平。

（四）国家和中国气象局有规定的，从其规定。

第二章 员工薪酬结构

第三条 员工薪酬结构包括岗位工资、绩效工资、企龄工资、各类津补贴和奖金。

第四条 岗位工资

体现员工完成岗位工作的价值，是以员工完成岗位标准工作量为依据支付的劳动报酬。按照各工资级别对应的岗位工资标准按月发放。

第五条 绩效工资

集团实行部门绩效总量管理，将绩效包下达至各部门。由部门按照奖勤罚懒、奖优罚劣、鼓励创新、鼓励踏实肯干和敢于担当的原则自行制定绩效考评分配方案，根据员工绩效考核结果按月发放。

第六条 企龄工资

体现员工对集团的历史性贡献，是以员工在集团的连续工龄计发的工龄工资，以2002年华风集团成立以后进入集团的入职时间为准计算。企龄工资按月固定发放，以年度为单位调整。

第七条 津补贴

津补贴包括职称津贴、交通补贴、住房补贴、提租补贴、通讯费等。

第三章 工资定级

第八条 工资级别分为10—27级，10级为见习岗，逐级递增。自11级起各工资级别内设若干工资档次，1档最低，逐档递增。

第九条 新聘用人员试用期工资均按照拟聘岗位对应工资级别第1档的80%发放；试用期考核合格转正后，执行拟聘岗位对应工资级别第1档的发放标准。

第十条 高校应届毕业生入职第一年执行见习岗工资级别，试用期工资执行见习岗级80%的工资发放标准。工作满一年见习岗转正定级后，执行拟定岗位对应工资级别第1档的发放标准。

第四章 工资调整

第十一条 工资发放标准、部门绩效包额度与企业经营效益挂钩，集团根据国家政策和经营情况，确定是否调整和调整幅度。

第十二条 按照贡献第一、效率优先的原则，根据年度考核结果调整工资级别和档次。调整原则如下：

（一）岗位任职每满一年且考核合格者，自下一年度起工资档次上调1档；每满三年且考核合格者，自下一年度起工资级别上调1级，按第1档执行。

（二）当年考核结果不合格，取消下一年度工资级别和档次上调机会。

（三）当年出现违纪受到处分的，视违纪程度自下一年度起下调工资级别或档次。

（四）工资调整周期按自然年计算。

第十三条 按照按岗定薪、岗变薪变的原则，根据员工岗位变动情况调整工资级别，自聘任公告发文次月起执行。调整原则如下：

（一）岗位升级变动的人员，执行新岗位对应级别第1级第2档的发放标准。

（二）岗位降级变动的人员，执行新岗位对应级别的发放标准。

第十四条 调级调档不突破岗位对应工资级别上限。

第五章 奖 惩

第十五条 华风集团奖金分为年终奖和集团特别贡献奖。

第十六条 集团年终奖金总额与经营效益挂钩，当年奖金总额度视经营情况经集团总经理办公会研究后提交集团董事会批准。

第十七条 集团特别贡献奖由集团总经理办公会在年度奖金总额度内研究制定奖励标准。

第十八条 集团各部门、各子公司经理由总经理办公会确定奖金额。副经理及以下按部门总额包干、上限控制，由部门经理确定奖金数额。

第十九条 因员工本人原因解除或终止劳动合同的，不得发放奖金；非本人原因解除或终止劳动合同的，根据年终绩效考核结果并结合其岗位工作时间及贡献发放相应的奖金。

第二十条 凡出现以下情况，直接责任人及相关责任人减发或全部扣发年终奖金。情节严重者，按集团相关规定给予处罚直至解除劳动合同。

（一）违反国家法律、被追究相关法律责任的。

（二）违反党风廉政规定的。

（三）由于主观原因造成公司重大损失或造成严重不良影响的。

第六章 其他薪酬政策

第二十一条 华风集团子公司负责人薪酬管理参照《中国气象局关于印发局属企业负责人薪酬制度改革方案及考核办法的通知》，由集团总经理班子根据年度综合考核情况确定，具体实施办法另行制定。

第二十二条 集团引进的急需或紧缺岗位人员，按照市场化机制确定薪酬标准，经集团总经理办公会审议后执行。

第二十三条 员工薪酬属于集团保密信息，员工应进行最严格的保密，并不得向任何人披露。

第七章 附 则

第二十四条 本办法随国家和上级主管单位相关政策调整修订。

第二十五条 本办法由华风集团人力资源部负责解释。

第二十六条 本办法经华风集团董事会批准，自 2016 年 1 月 29 日起正式实施。

（起草人：杨新霞、姜竹青　发布时间：2016 年 1 月）

工会、共青团篇

　　工会、共青团是党领导下的群众组织，是党密切联系群众的桥梁和纽带，是单位党的群众工作的载体。充分发挥工会、共青团组织的优势和作用，维护职工权益，调动职工的积极性和创造性，推动单位发展和改革，是工会和共青团所承担的任务。公共气象服务中心工会、共青团规章制度把群团建设纳入党的日常工作，加强对职工的思想教育和政治引导，紧紧围绕中心任务开展群众工作，提高职工队伍整体素质，推进职工队伍知识化进程，建设文体活动阵地，最大程度地调动职工积极性和创造性。

公共气象服务中心工会经费收支使用管理办法

为规范和加强公共气象服务中心（以下简称"中心"）工会经费的使用与管理，明确工会经费的收缴规定、开支范围及福利标准，更好地为中心工会会员服务，根据《中国气象局直属机关工会财务管理和经费收支办法》，制定本办法。

第一条 工会经费收支管理原则

（一）遵纪守法原则。各项经费收支，必须严格执行中央规定、国家法律法规、中华全国总工会、中央国家机关工会联合会、中国气象局财务的有关规定，认真执行工会财务会计制度，遵守财务纪律。

（二）依法获取原则。工会各项收入要根据《中华人民共和国工会法》和《中国工会章程》的规定，依法获取。

（三）经费独立原则。工会要依法取得社会团体法人资格，单独开设银行账户，实行工会经费独立核算。

（四）预算管理原则。工会经费各项支出应当全部纳入预算管理，按照全国总工会《工会预算管理办法》执行。

（五）服务职工原则。工会经费使用要突出重点，优化支出结构，集中财力保证维护职工的合法权益、开展职工服务和工会活动。

（六）勤俭节约原则。工会要贯彻中央厉行节约、反对浪费的要求，经费使用要精打细算，少花钱、多办事，节约开支，提高经费使用效益。

（七）民主管理原则。要依靠职工和工会会员管好、用好经费，定期公布账目，实行民主管理，接受职工和工会会员监督以及经费审查委员会审查。

并在生日当月发放。

（2）工会会员父母去世发放1000元丧葬补助金。

（3）女会员怀孕后可报销500元以内防辐射服。

3. 观看电影和春秋游

（1）组织会员看电影时，应尽量统一组织。因工作性质、时间等原因不能统一组织的，可发放同等价值的电影观摩券。

（2）组织会员开展春秋游等集体活动，应在北京市行政区域内并当日来回。

（3）组织观看电影和春秋游，当会费不足时，可以用工会经费予以适当弥补。

4. 文体活动

中心工会组织的职工知识竞赛、文艺活动、体育比赛、劳动竞赛、技能比武等专项竞技类活动，根据专项活动预算批复情况确定奖励标准，一般最高不超过500元/人。各分工会根据实际情况，可参照上述奖励标准执行。

代表中心参加上级工会组织的竞技类活动，对获得名次的奖励标准为一等奖800元/人，其他名次依次递减。

5. 优秀奖励

（1）工会对优秀工会干部和工会积极分子的表彰奖励分别为1000元/人和800元/人。

（2）工会鼓励职工发挥个人特长，对于在中心重大文艺活动、体育活动以及文化建设工作中做出突出贡献的会员，奖励标准为最高800元/人，其他的奖励等次依次递减。

（3）开展职工教育活动、评选优秀学员等奖励应以精神奖励为主、物质奖励为辅。如给予物质奖励，奖励标准一般不超过300元/人。

6. 伙食补助

工会组织开展各类文体活动或春秋游时，确须安排用餐的，可对参与活动的工会干部和工会会员安排工作用餐，每餐人均不超过40元。

7. 以上职工福利发放标准，请各单位根据实际情况执行。

第七条 工会经费使用流程

（一）各分工会活动前拟定活动方案，报送中心工会审批。活动方案要有时间、地点、人数、主题、形式、预算等主要信息。

（二）各分工会活动相关费用需填写《公共气象服务中心工会活动经费使用申请表》，连同活动方案一起报送中心工会审批，如超过1万元须分管领导审批。

（三）防辐射服和丧葬补助金须填写《公共气象服务中心工会福利经费使用申请表》，由各分工会报送中心工会审批，领取丧葬补助须附死亡证明复印件。

（四）活动结束后须到中心工会填报报销单据，到核算中心进行财务报销。

第八条 适用范围及时间

本办法适用范围为中心工会和其所属各分工会。本办法由中心工会负责解释。

本办法自印发之日起执行,《公共气象服务中心工会职工困难补助和集体福利经费管理办法（试行）》同时废止。

（起草人：王海丽　发布时间：2017 年 3 月）

公共气象服务中心工会困难职工帮扶管理办法

为进一步建立健全公共气象服务中心（以下简称"中心"）困难职工帮扶机制，加大困难职工的帮扶力度，推进帮扶工作制度化、规范化、精准化，根据《中国气象局直属机关工会困难职工帮扶管理办法》，结合中心工会实际，制定本办法。

第一条 补助范围

中心在职工会会员、双职工只一方享受补助。

第二条 补助项目

包括生活困难补助、残疾子女补助、央务助学补助、重大疾病补助、失独家庭补助等5个项目。

第三条 补助条件

（一）生活困难补助

1.家庭人均月收入低于北京市规定最低生活保障标准。

2.职工本人、配偶、子女、父母患有重大疾病，本年度医疗费用自费部分累计在2万元以上。

3.当年职工本人或家庭发生突发性特别重大的自然灾害、意外事故，致使本人家庭生活特别困难的。

（二）残疾子女补助

1.有残疾人证。

2.在心理、生理、人体结构上某种组织、功能丧失或者不正常，导致视力、听力、言语、肢体、智力、精神等方面，全部或者部分丧失正常方式从事某种活动的。

（三）央务助学补助

1.因职工本人及配偶收入较低，家庭负担较重，人均月收入低于北京市最低生活保障标准。

2.职工本人、配偶、子女患重病或长期患病，当年自付医药费支出较大，造成家庭特别困难的。

3.当年职工本人或家庭发生特别重大自然灾害、意外事故，致使本人家庭生活特别困难的。

（四）重大疾病补助

职工本人、配偶、子女患有恶性肿瘤、血液病、慢性肾衰竭、颅内原发性肿瘤手术、冠状动脉搭桥、人体重要器官组织（心脏、肺脏、肝脏、肾脏、骨髓）移植等。

（五）失独家庭补助

1.职工失去独生子女的。

2.职工本人为独生子女，且未成家、在岗位去世的。

第四条 补助标准

（一）生活困难补助。每年给予3000～8000元。

（二）残疾子女补助。有残疾证的，每年补助2000元；符合残疾子女补助条件第二种情况的，每年补助1000元。

（三）央务助学补助。高中生一次性补助2000元；大学生一次性补助3000～6000元。

（四）重大疾病补助。职工本人按其自费医疗费用数额确定补助标准。医药费用中自费部分支出在10万～20万元的，补助标准为1万～2万元；医药费用中自费部分支出在20万～30万元的，补助标准为2万～3万元；医药费用中自费部分支出在30万元以上的视情况而定，要通过工会委员会讨论通过。对于职工家属患病的，补助标准减半。

（五）失独家庭补助。职工失去独生子女的，给予一次性补助2万元；职工本人为独生子女，且未成家、在岗位去世的，给予一次性补助1万元。

（六）本单位领导看望重大疾病职工，慰问费不超过2000元/人次。

第五条 申报程序

（一）符合补助条件的困难职工由本人向所在分工会提出申请，申请人按要求如实填写相关申请表，并根据补助项目，提供相应的医院诊断书、自费药原始单据或报销分割单、北京市低保证、残疾人证、双方单位人事部门开具的工资收入证明、入学通知书、学生证等证明材料。

（二）所在分工会按本办法规定的补助条件认真审核，由分工会主席签字后上报中心工会。

第六条 审批程序

（一）中心工会负责对各分工会所报申请表进行严格审核，经工会委员会讨论后提出拟补助对象初步建议名单及补助金额，由中心工会主席签字批准。

（二）中心工会将困难补助金拨发给各分工会，由各分工会将困难补助金送到困难职工手中。

第七条 发放时间

补助金发放方式分为定期补助和不定期补助。定期补助分为三个时间段：困难职工补助，当年 11 月 30 日前申报，元旦、春节期间发放；残疾子女补助，当年 5 月 10 日之前申报，"六一"儿童节前发放；央务助学补助，当年 8 月 15 日前申报，9 月底前发放。重大疾病和失独家庭补助，采取随时申报、随时讨论审批、随时发放的方式。

第八条 监督检查

（一）中心工会将对补助情况在中心工会委员会上予以通报，接受监督。

（二）各分工会要严格按条件审核、把关，发现有虚报作假现象，必须退还已领取的补助款并取消其分工会两年内评优、奖励以及困难补助申报资格，并在中心工会委员会范围内予以通报。

（三）各分工会要建立困难职工档案，坚持统一领导、动态管理、适时调整原则，全面掌握情况，推进困难职工补助工作的经常化、规范化和制度化。

第九条 本办法由中心工会负责解释。

第十条 本办法自印发之日起执行，《公共气象服务中心工会职工困难补助和集体福利经费管理办法（试行）》同时废止。

（起草人：王海丽　发布时间：2017 年 3 月）

公共气象服务中心文体协会管理办法

为促进公共气象服务中心（以下简称"中心"）职工业余文化生活的有序开展，引导、规范文体协会组织，明确勤俭节约、自费公助的办事规则，根据《中华人民共和国工会法》《中国工会章程》和《中国气象局直属机关工会财务管理暂行办法》，制定本办法。

第一章 总则

第一条 文体协会是在中心工会管理和指导下，以丰富职工文化生活，活跃职工业余生活，增强职工素质为目的，以服务职工为宗旨，由具有共同爱好的在职工会会员自愿组织的群众性团体。

第二条 文体协会必须遵守国家法律、法规，并接受中心工会的管理和指导。本着勤俭节约、自费公助的精神，中心对各协会进行扶持、监督，并定期对协会进行评估与考核。

第三条 文体协会必须在法律、法规规定的范围内，在规章制度的规范下开展文化、艺术、体育等有利于职工身心健康和素质提高的各项活动。

第二章 协会成立与注销

第四条 文体协会申请成立的条件：

（一）有明确的协会章程。章程包括协会名称、宗旨、组织机构、会员权利和义务、协会活动形式、经费来源及其他应说明的事项。

（二）具备完善的组织机构和管理制度，财务有专人管理。

（三）参与者须为工会会员，并有较为稳定的基本骨干队伍。

（四）各协会按照各自特点制定会员入会条件，入会条件应兼顾体质条件和普及不同层次的要求。

（五）协会成员要求在 20 人以上。

第五条　文体协会在中心工会指导下结合会员实际情况开展相关活动。协会负责人从本协会会员中推选，任期 1 ～ 3 年。

第六条　文体协会成立流程：

（一）由文体协会负责人向中心工会提交该文体协会的章程、负责人简历、会员名单及其他相关材料。

（二）经中心工会审核合格后填写《文体协会登记表》，办理注册手续并备案，以后每年到工会注册一次。

第七条　文体协会章程的内容：

（一）文体协会名称。

（二）文体协会性质、宗旨。

（三）文体协会的组织机构。

（四）会员的权利和义务。

（五）协会活动的形式、组织纪律。

（六）经费来源和使用范围。

第八条　协会有下列情形之一的，应当向工会申请注销登记：

（一）分立、合并的。

（二）经会员表决，协会三分之二以上会员同意解散的。

（三）由于其他原因终止的。

第九条　协会有下列情形之一的，工会将根据情况对其进行整改或注销：

（一）违反国家法律法规的，严重触犯单位相关规定的，扰乱单位正常的工作及秩序的，利用协会名义从事非法活动的。

（二）财务出现较大差错和混乱的，组织管理混乱，不按本办法规定执行的。

（三）无正式负责人的，连续六个月未进行正常活动的，协会机构瘫痪的，违背协会活动宗旨，在职工中影响恶劣的。

第三章　协会成员和组织机构

第十条　参加文体协会的条件：

（一）单位在职工会会员。

（二）认同并遵守文体协会章程，服从协会领导。

（三）按时参加文体协会组织的各项活动。

（四）按协会章程规定缴纳会费。

第十一条　文体协会负责人的产生和要求：

（一）文体协会可根据自身规模和实际需要，设置名誉会长、会长、副会长、秘书长、副秘书长等职。

（二）文体协会负责人由协会会员或代表民主选举产生，并报中心工会备案。

（三）文体协会负责人应具有良好的思想道德素质，具有较强的组织协调能力和奉献精神；能够调动会员积极性，不断稳定和扩大爱好者队伍，保持协会的生机和活力；群众基础好，善于团结广大职工，热心协会工作，乐于为大家服务。

第四章　协会活动与经费管理

第十二条　各协会依据各自的章程和活动计划开展活动，每个会员必须办理入会手续。协会活动以业余时间、经常化活动为主，组织会员开展活动，协会活动必须执行公开原则。

第十三条　协会在组织大型活动或多个协会联合活动之前，须向中心工会提出申请（包括经费预算），经同意后方可实施。活动结束后，协会负责人须向工会进行总结汇报。

第十四条　协会在每年2月底前到工会办理注册手续，并同时提交上年度工作总结和本年度活动计划。

第十五条　协会要定期换届。每任期到任后改选一次，选举要公开公平，协会更换负责人或变更其他协会登记事项（名称等），要到中心工会办理备案登记手续。

第十六条　协会的经费：

（一）各协会可按各自特点制定会费标准收取会费，并制定管理办法。会费由协会设专人管理，并经协会负责人签字，按照《公共气象服务中心工会经费管理办法》有关规定报销。各协会需定期向会员报告会费使用情况。

（二）中心工会委托协会组织的或者代表中心工会参加的交流、展示、演出、比赛项目等将根据实际情况，由工会负责相关经费。

（三）工会按照"自费公助"的原则，根据协会活动内容、人员规模及预期的活动效果，给予协会活动场地、场租方面一定的经费支持。

（四）各协会组织活动产生的场地场租费用，由协会负责人签字，经中心工会审核，按照《公共气象服务中心工会经费收支使用管理办法》有关要求报销。

（五）经工会认可，文体协会成员参加中央国家机关、市级及以上比赛并取得名次的，将按照《公共气象服务中心工会经费收支使用管理办法》，给予一定奖励。

第五章　协会考核与评估

第十七条　中心工会每年 2 月对注册的各文体协会进行一次评估和考核，文体协会评估需提交的有关材料：

（一）文体协会的上年度总结，总结内容包括组织活动次数、活动实际效果，经费（自筹资金、工会拨款）使用情况。

（二）本年度重新登记的老会员名单及新发展会员的名单。

（三）本年度计划，计划内容包括年度活动初步方案，活动预期效果及活动经费预算等。

第十八条　中心工会对各文体协会的考核内容：

（一）协会的活动内容、次数、参加人数。

（二）配合中心工会组织的活动内容、次数。

（三）受中心工会委托参加比赛、表演活动的次数、效果。

（四）协会对活动宣传报道的次数、效果。

第十九条　中心工会对文体协会报送的评估资料进行审核和考核，考核分为优良、合格和不合格。考评"优良"的予以奖励；考评"合格"的予以登记；考评"不合格"的文体协会将依据实际情况，限期整改或取消注册资格。

第六章　附　则

第二十条　本办法由中心工会负责解释。

第二十一条　本办法于印发之日起实施。

（起草人：王海丽　发布时间：2017 年 3 月）

公共气象服务中心职工之家活动室使用管理规定

为了促进公共气象服务中心文化建设，丰富职工业余文化生活，中心工会加强职工之家建设，建成职工活动室供全体职工学习、活动、健身。活动室位于科技大楼 7 层，是集荣誉陈列、健身休闲、读书交流、哺乳保育于一体的多功能场所。为了加强管理，保障活动室的职能作用，特制定以下管理制度。

一、进入活动室前请清洁鞋底脏物，禁止穿高跟鞋、硬底鞋、足球鞋、钉鞋入内，以免划伤地胶。

二、使用健身器械必须先了解使用方法（可阅读说明或向工作人员咨询），严格按照操作要求使用，严禁违章操作。

三、活动室内不得随意调整健身器械的位置，禁止野蛮调试，发现异常应立即停止使用并切断电源，告知工作人员进行维修。

四、带电器械，切勿洒水和强行拖拽电源线。连续使用的时间不得过长，以免烧坏电机。使用结束后须关闭电源。

五、有人使用器械时，其他人员请勿靠得太近，以免发生安全事故。

六、保持活动室内卫生干净、整洁，及时做好卫生清理工作，不留垃圾，禁止乱扔杂物。

七、阅读区的报纸、杂志、书籍阅读后应及时放归原位，书籍刊物不得外借，更不能随意裁剪、涂画和拿走。

八、阅读区桌椅未经允许不得擅自变动摆放位置，不得随意搬动，更不能拿出活动室外使用。

九、活动场地有限，如果使用乒乓球台、羽毛球架等设施，使用后须收好放入指定区域。

十、健身时要注意活动安全、根据自身年龄和身体状况量力而行，掌握活动时间。

十一、活动室禁止吸烟、随地吐痰，禁止酒后进入。

十二、在活动室内人员必须遵守规章制度，最后离开的人关灯、关窗、关门。

十三、活动室由工会进行统一管理，本单位职工刷卡进入。

十四、本办法由公共气象服务中心工会负责解释。

十五、本办法自印发之日起执行。

（起草人：王海丽　发布时间：2017 年 8 月）

改 革 篇

　　改革是贯穿公共气象服务中心发展的主旋律，也是公共气象服务事业发展的原动力。公共气象服务中心自成立以来，坚持公共气象发展方向，围绕构建中国特色现代气象服务体系，有序进行改革，逐步建立了适应需求、响应快速、集约高效、支撑有力的国家级现代公共气象服务业务体制，实现了国家级公共气象服务业务现代化、资源集约化、技术标准化、管理法治化以及服务实体的集约化、规模化，建立了事企之间以资本为纽带的产权关系明晰、事企协同发展的新型公共气象服务运行机制，国家级公共气象服务的业务科技水平、经济社会效益和公众满意度均显著提升。

中国气象局公共气象服务中心组建第一阶段实施方案

（气人函〔2008〕257号）

根据《中国气象局公共气象服务中心主要职责及内设机构和人员编制方案》（气发〔2008〕180号）精神，为使公共气象服务中心能够顺利组建运行，现制定公共气象服务中心组建第一阶段实施方案。

一、公共气象服务中心组建第一阶段实施原则与目标

本着实事求是、量力而行、突出重点、逐步发展的原则，公共气象服务中心的组建采取分步实施的方式，即在保持现有业务稳定运行的前提下，突出重点，从加强面向公众的气象服务入手，分步组建。第一阶段目标是按《中国气象局公共气象服务中心主要职责及内设机构和人员编制方案》（气发〔2008〕180号）规定的公共气象服务中心职责要求，使公共气象服务中心具备基本的业务管理职能和提供基本公共服务产品的能力。为此，第一阶段先成立3个管理机构和3个业务机构，即办公室、业务科技处、人事教育处（党委办公室）和产品服务室、网络服务室、科普宣传室。

二、第一阶段主要职责

（一）制作加工国家级公共气象服务产品，承担国家级公共气象信息服务任务；承担向国家级（全国性）媒体发布公众气象服务信息任务；承担气象预警信息发布和国家突发公共事件气象保障预警信息服务工作。

（二）负责全国气象部门公共气象服务业务指导；参与全国气象部门公共气象服务业务发展规划的制定；负责公共气象服务信息收集与共享；牵头承办全国公共气象服务业务系统建设。

（三）负责中国气象局公共气象服务门户网站、中国兴农网站建设与运行管理；承担相关科普宣传工作。

（四）负责公共气象服务效益评估和公众满意度调查；负责组织开展围绕公共气象服务的科学研究、技术开发和交流合作工作；承担气象服务关键技术研发与推广应用。

（五）负责协调、指导华风集团承担的公共气象服务业务。

（六）承办中国气象局交办的其他事项。

三、第一阶段设立的机构及主要职责

（一）管理机构

1．办公室

（1）组织制定年度工作计划、规章制度并监督执行；负责目标管理和督办工作；协助公共气象服务中心领导协调内部的日常事务。

（2）负责主要会议的计划管理，协调、安排公共气象服务中心领导的会议、活动；负责组织重大活动；归口管理外事、宣传和接待活动。

（3）负责文秘管理工作，起草年度工作报告和重要会议文件；负责保密、档案、信访等工作；负责办公自动化系统建设和管理。

（4）负责突发事件的组织协调工作；负责安全、保卫、治安、消防管理工作；负责房屋、基建、用车等后勤管理工作。

（5）负责财务预算管理；承担财务报告、国有资产统计、清查与管理、统计报表的编制和分析工作；负责固定资产调拨、转让、报损、报废等的报批和登记，组织内部闲置资产的调剂。

2．业务科技处

（1）负责公共气象服务中心业务的统一管理。组织编制业务技术规范、标准；参与公共气象服务业务发展规划的制定；负责制定业务工作流程。

（2）负责业务工作任务的下达、组织实施、协调管理和督促检查，负责考核业务运行质量。

（3）负责公共气象服务的学科建设和科研管理，组织科技合作、学术交流、技术开发和科普宣传等工作。

（4）负责协调与社会媒体关系，开展业务合作。

（5）负责组织公共气象服务的需求调查以及公众满意度调查评估；负责组织灾害调查、气象服务效益评估。

（6）负责全国公共气象服务业务指导和技术培训工作。

（7）负责基本业务建设项目的组织、协调、实施管理和督查。

3．人事教育处（党委办公室）

（1）负责制定人事、人才、教育、培训计划；负责机构、人员编制管理和报批工作。

（2）负责干部的考核，办理处、科级干部人事任免事宜；负责人员的调配、招聘以及政审等工作。

（3）负责职工教育、培训，组织专业技术岗位调整和职称评审等工作。

（4）负责劳动工资管理及其相关的报表统计工作；负责职工有关社会保险、福利等工作。

（5）负责离退休人员管理。

（6）负责党务和党风廉政建设工作。

（7）负责工会、共青团、妇女、计划生育等方面的工作。

（8）负责文化和精神文明建设。

（9）负责内部审计监督，包括经济责任审计、专项审计、经济效益审计和其他审计管理工作。

（二）业务机构

1. 产品服务室

（1）承担公共气象服务业务相关信息的收集、分析和加工任务；负责公共服务业务产品数据库的运行维护和信息共享。

（2）负责开发与制作适应社会需求的公共气象服务新产品。

（3）负责面向公众的社会需求调查、服务总结和效益评估。

（4）负责公众气象服务技术方法的研究；承担公共气象服务产品的标准化建设和公众气象服务学科建设任务。

（5）负责全国公众气象服务业务指导。

2. 网络服务室

（1）承担 CMA 网站气象服务栏目的日常信息管理和质量控制工作。

（2）负责中国天气网、中国兴农网等气象网站的开发、系统运行维护以及网站运行监管和服务质量监控。

（3）负责向社会网络媒体的服务信息发布；承担气象灾害预警信息发布任务。

（4）负责网络气象服务能力建设和网络气象服务技术研发；负责网络、手机服务产品的开发、制作。

（5）负责网络用户的社会需求调查、服务总结和效益评估。

（6）承担网络气象服务产品的标准化建设和网络气象服务方面的学科建设任务。

（7）负责全国网络气象服务业务指导。

3. 科普宣传室

（1）负责气象科普杂志的编辑与发行。

（2）负责气象科普产品的设计、开发以及组织制作。

（3）承担中国气象局专题宣传任务。

（4）负责面向社会公众的气象科普策划与组织实施。承担气象科普知识"进农村、进学校、进企事业、进社区"任务，协助开展气象志愿者培训。

（5）承担公共气象服务学科建设的科普宣传工作。

（6）负责公共气象服务的效益评估和公众满意度调查。

四、公共气象服务中心与相关业务单位的工作界面

中国气象局各相关业务单位按现有职责承担基本气象监测、预报（预警）、预测及相关分析产品的制作任务，并向公共气象服务中心提供相应产品。

公共气象服务中心负责基本业务产品信息的收集和加工处理，并提供给各类服务对象。

公共气象服务中心负责收集、整理、分析服务对象的服务需求和意见，并将服务需求和意见反馈给主管职能部门和相关业务单位。

五、公共气象服务中心与华风集团的工作界面

华风集团承担的影视和广播气象服务是中国气象局公共气象服务的重要组成部分，公共气象服务中心负责协调、指导华风集团的公共气象服务业务。

公共气象服务中心成立党委，并负责管理华风集团党的工作，华风集团不单独设党委。

（发布时间：2008 年 5 月）

中国气象局公共气象服务中心第二阶段改革实施方案

（气减函〔2010〕86号）

根据《关于印发〈中国气象局公共气象服务中心主要职责及内设机构和人员编制方案〉的通知》（气发〔2008〕180号）和《关于推进公共气象服务中心第二阶段改革的意见》的精神，特拟定中国气象局公共气象服务中心（以下简称"公共服务中心"）第二阶段改革实施方案。

一、改革目标和基本原则

（一）改革目标

整合资源，提高国家级公共气象服务业务的集约化程度；加强国家级公共气象服务机构和人才队伍建设，加大公共气象服务技术和产品研发力度，提高公共服务中心的核心业务能力和对下业务指导能力；理顺公共服务中心与华风集团和其他国家级业务单位的关系，建立集约、高效的国家级公共气象服务流程；建立有利于公共气象服务发展的体制机制，为省级气象服务机构改革提供示范和借鉴。

（二）基本原则

坚持实事求是、适度超前，整合资源、集约发展，抓住重点、做大做强，理顺关系、协调发展的原则。

二、改革后的主要职责

第二阶段改革后公共服务中心承担的职责，从服务对象上包括公众气象服务和面向专门用户的气象服务；从服务性质上包括基本公益气象服务、增值性公益气象服务和专业有偿服务；从服务手段上包括网络气象服务、电话气象服务、手机气象服务等气象服务；从服务链条上包括需求分析、信息收集、产品制作、产品发布和效益评估等。主要职责如下。

1.制作国家级公众气象服务产品，承担面向国家级（全国性）媒体的公众气象服务信息的发布；承担国家级（全国性）公众气象服务业务系统的建设和运行；承担国家突发公共事件气象服务信息发布工作。

2.承担国家级专业气象服务产品的制作和发布；牵头组织专业气象服务的技术研发和系统建设；联合省级气象服务机构开展针对重点行业、部门和特定用户的专业气象服务。

3.承担风能、太阳能资源及其他可再生能源开发利用的决策服务、研究试验以及技术开发与推广；联合省级气象部门开展相应的能源气象服务。

4.承担全国公众气象服务满意度调查、行业气象服务效益评估及其他专项气象服务调查评估，负责开展气象服务需求分析；承担中国气象局建设的国家级（全国性）服务信息发布手段的宣传和推广；承担气象服务基础信息的收集和共享。

5.承担气象科普宣传工作；参与气象部门科普宣传发展规划的编制；负责对基层气象科普宣传的业务指导；牵头组织气象科普产品的设计、开发以及组织制作；负责《气象知识》的编辑与发行；负责中国气象科技展厅的运行。

6.承担对全国气象部门公众和专业气象服务的业务指导；承担对华风集团公共气象服务业务的管理；参与全国气象部门公共气象服务业务发展规划的制定；负责组织开展气象服务学科建设、科学研究和合作交流。

7.承担国家级公众气象服务的增值服务和专业有偿气象服务。

8.承办中国气象局交办的其他事项。

三、改革后机构设置及编制

（一）机构设置

1.管理机构

鉴于改革后公共服务中心经费渠道多元化，财务管理任务繁重，在现有基础上增设计划财务处。因此，第二阶段改革后的公共服务中心管理机构设4个处室，分别为办公室、业务科技处、计划财务处和人事处（党委办公室）。

2.业务机构

第二阶段改革后的公共服务中心业务机构设5个业务室，分别为公众气象室、专业气象室（专业气象台）、资源与环境气象室（中国气象局风能太阳能资源评估中心）、科普与服务评价室（《气象知识》编辑部）和系统开发运行室。

3.服务机构

下属1个气象服务公司（北京维艾思气象信息科技有限公司，以下简称"维艾思公司"）。

因此，第二阶段改革后的公共服务中心设9个处级机构和1个服务公司（详见图1）。

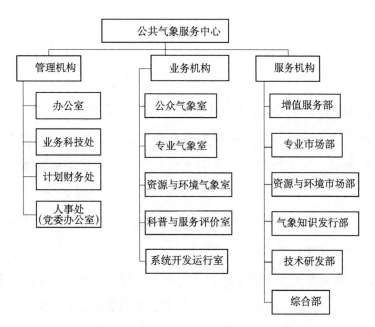

图1 第二阶段改革后公共气象服务中心组织机构图

（二）人员编制及领导职数

第二阶段改革后的公共服务中心初步核定编制为120个，处级职数按9正14副配置，具体情况见表1。

考虑到未来业务拓展的需要，可在条件允许的情况下，适当增加公共服务中心总编制，具体人员编制方案另行制定。考虑到公共服务中心今后业务发展需要和人员规模，领导职数除兼职之外按1正3副配备。

表1 第二阶段改革后公共气象服务中心的机构设置及编制

机构名称	编制数	领导职数
办公室	6	一正一副
业务科技处	6	一正一副
计划财务处	4	一正一副
人事处（党委办公室）	6	一正一副
公众气象室	18	一正两副
专业气象室（专业气象台）	22	一正两副
资源与环境气象室 （中国气象局风能太阳能资源评估中心）	18	一正两副
科普与服务评价室（《气象知识》编辑部）	16	一正两副
系统开发运行室	14	一正两副
维艾思公司	0	
中心领导	5	一正三副（兼职除外）
华风集团	5	
合计	120	中心领导：1正3副 处级领导：9正14副

（三）各处室主要职责

1. 办公室

负责组织制定年度工作计划、规章制度并监督执行；协助中心领导协调内部的日常事务；负责工作目标管理和督察督办工作。负责突发事件的组织协调工作。

负责主要会议的计划管理，协调、安排中心领导的会议、活动；负责重大活动的组织接待工作。负责外事接待和对外往来的组织。负责宣传报道和重要新闻的发布、组织，联系沟通新闻媒体。

负责印章、机要信件的管理；负责文件收转、处理工作；负责保密、档案、信访等工作；负责办公自动化系统建设和管理。

负责起草年度工作报告和重要会议文件；负责年鉴的编写工作；负责中心普法工作开展。

负责外事工作、安全、保卫、消防工作；负责住房、车辆管理工作；负责办公场所的运行保障。

2. 业务科技处

负责业务的统一管理，组织编制业务技术规范、标准，制定业务流程；组织编制业务维持项目预算。

负责业务工作任务的下达、组织实施、协调管理和督促检查，负责考核业务运行质量。

负责协调组织对全国气象部门公共气象服务业务的指导。

负责中心内外业务的协调与沟通，组织开展相关业务合作。

负责业务基本建设项目协调管理和组织实施。

负责公益性增值服务和专业有偿服务的管理。

负责气象服务学科建设的协调、科研项目管理、科技合作和学术交流等工作。

负责组织开展公共气象服务的科研、技术开发和推广等工作；组织承办中心的学术刊物。

负责组织和协调对华风集团的公共气象服务业务的管理。

3. 计划财务处

负责财务经费的统一管理。

制订财务工作发展规划，承担编制中心预算、项目库管理、年度收入和支出计划；负责管理并督办预算执行情况；承担编制并报送各种财务统计报表。

承担经费合同的验收和管理；承担财务资料和原始凭证、直接支付、授权支付的申请和核对用款计划，办理直接支付。

承担公务卡、医药费报销标准的审核和确认。

承担固定资产的管理、清查。

承担大型项目政府采购招投标工作的管理与监督；承担项目竣工决算和手续、资产移交手续；承担测算购房补贴。

4. 人事处（党委办公室）

负责制定人事、人才、教育培训计划；负责机构、人员编制管理和报批工作；负责办理处、科级干部人事任免事宜。

负责干部考核、岗位管理、人员调配、人才招聘、人员政审；负责职工教育培训、专业技术职称评聘等工作。

负责劳动工资管理、人事档案管理及其相关的报表统计工作；负责职工有关社会保险、福利等工作。

负责离退休人员的管理，以及合同制外聘人员的招聘与管理。

负责组织制定并实施年度党委工作计划；负责中心党组织建设及各项党务工作。

负责党风廉政建设、精神文明建设和文化建设等项工作。

负责中心纪检、监察、审计工作；负责组织完成中心内部审计、经济责任审计、专项审计、经济效益审计和其他审计工作。

负责工会、共青团、青年、妇女、计划生育等方面的工作。

5. 公众气象室

负责国家级公众气象服务产品的研发、制作和发布。

负责中国天气网、中国兴农网等网站信息的维护更新，以及CMA网站气象服务内容的维护更新。

负责向国家级（全国性）公众媒体的气象服务信息发布；承担中国气象局例行新闻发布会的相关工作；承担《气象服务舆情分析》的编发；负责媒体的气象服务宣传和推广工作。

负责全国公众气象服务业务技术的指导；承担全国气象信息员业务管理的有关工作。

负责网络、电话、手机等公众气象服务技术的研发、推广和应用，与省级气象服务机构合作开展网络、手机等公众气象服务。

负责为华风集团提供前端气象服务产品和业务保障，负责协助华风集团进行电视气象节目改版等工作。

6. 专业气象室（专业气象台）

负责水文、地质灾害、森林（草原）火险、交通、旅游、医疗卫生、环境气象、海洋运输、航空等专业气象预报服务产品的研发制作和发布。

负责面向国家相关部委的专业气象服务业务技术合作。

负责组织专业气象服务指标体系和技术方法的研究和开发。

负责对省级气象服务机构专业气象服务业务的指导，并合作开展相关服务。

7. 资源与环境气象室（中国气象局风能太阳能资源评估中心）

负责开展风能、太阳能资源及其他可再生能源开发利用的决策服务、研究试验和技术开发与推广；负责风能太阳能资源开发利用工程项目咨询服务、风能太阳能资源评估业务、风能太阳能预报业务与服务。

负责电力气象预报服务产品的研发、制作与服务。

负责开展其他可再生能源开发利用和环境保护领域的业务服务与决策服务。

负责对省级气象服务机构能源气象、电力气象等业务的指导，并合作开展相关服务。

8.科普与服务评价室（《气象知识》编辑部）

参与气象部门科普发展规划的编制；负责对基层气象科普的业务指导。

负责《气象知识》的编辑；负责《气象知识》编委会的日常管理协调工作。

组织气象科普产品的设计、开发以及组织制作。

负责面向社会公众的气象科普、灾害防御宣传活动的策划与组织实施，承担气象科普知识"进农村、进学校、进企事业、进社区"任务，协助开展气象志愿者培训。

负责中国气象科技展厅的建设、维护和日常对外开放。

负责气象服务评价相关技术方法研究。

负责公共气象服务需求分析；负责气象服务热线电话业务及用户服务分析和评价。

负责公众气象服务满意度调查和评估、行业气象服务效益评估和其他专项气象服务调查评估。

负责气象服务典型个例收集、分析和总结。

承担气象服务学科建设及相关科学研究。

9.系统开发运行室

负责公共气象服务业务系统的顶层设计、流程设计、关键技术研发、开发建设和推广应用。

负责气象服务基础信息的收集、气象服务产品库的建设与运行维护工作；负责数据挖掘、数据融合和数据再现的研发。

承担公共气象服务业务系统的运行维护和安全技术保障。

承担面向各部门的国家级气象灾害预警信息发布任务。

承担技术装备、办公自动化系统的日常维护和安全技术保障。

10.气象服务公司（维艾思公司）

负责公众气象服务的增值业务。

负责面向重点行业的专业有偿服务及大客户管理。

负责风能、太阳能资源及其他可再生能源开发利用的气象服务市场经营。

负责《气象知识》的发行。

负责面向市场的气象服务技术开发与应用。

负责公共服务中心外聘人员的合同管理。

四、相关业务和人员划转整合方案

1.将国家气象中心应用气象室现有业务整体划转到公共服务中心，其工作平台仍保留在国家气象中心，以国家气象中心应用气象室为主体组建专业气象室（专业气象台）。

2.将中国气象局风能太阳能资源评估中心的业务整体划转到公共服务中心，以其为主体组建资源与环境气象室，其工作场所仍保留在国家气候中心，划转之后的风能太阳能资源评估中心仍作为气候变化中心"大网络"的一部分。

3.国家气象中心应用气象室现有人员14人、国家气候中心气候资源中心现有人员11人、中国气象科学研究院从事风能太阳能资源评估的人员4人（编内2人、返聘2人）工作关系隶属于公共服务中心，档案关系暂不划转，基本工资和国家统一核定的津贴补贴仍由原单位负责发放，其他相关津贴补贴调整到公共服务中心发放。

4.将华风集团维艾思公司划转到公共服务中心，其出资人由国家气象中心变更为中国气象局公共气象服务中心。维艾思公司现有人员34人（编内12人、编外12人、返聘10人）划转到公共服务中心，现有事业编制人员仍挂靠在国家气象中心。

表2 第二阶段改革后的公共气象服务中心机构设置及编制

机构名称	组成	编制	现有人数	聘用人数	返聘人员
办公室	原办公室部分人员	6	4		
业务科技处	原班人员	6	4		
计划财务处	从办公室分离部分人员	4	2		
人事处（党委办公室）	原班人员	6	5		
公众气象室	网络服务室信息采编科 网络服务室技术研发科部分人员	18	13		11
专业气象室（专业气象台）	国家气象中心应用气象室 网络服务室行业应用科 维艾思公司部分专业人员	22	22		
资源与环境气象室（中国气象局风能太阳能资源评估中心）	国家气候中心气候资源中心	18	13		2
科普与服务评价室	科普宣传室 产品服务室部分人员 网络服务室气象服务热线团队	16	16		2
系统开发运行室	网络服务室技术研发科部分人员 网络服务室运行保障科 产品服务室业务平台开发团队	14	14		
维艾思公司	网络服务室公众信息科 现有聘用人员	0	9	12＋80	2
中心领导		5	5		
华风集团		5	5		
合计		120	112	92	17

注：表2中包含2010年新录用的毕业生。

目前，公共服务中心核定编制为80人，现有编内在职职工76人（含华风集团占中心编制6人），合同制聘用编外人员80人，返聘人员5人。在第二阶段改革人员划转之后，公共服务中心核定编制120人（详见表2），实有在编人员112人（其中39人不占中心编制），聘用人员92人，返聘17人。

五、运行机制

（一）人员管理

建立国家事业编制和合同制聘用人员两种用人机制，编内人员按照事业单位运行机制管理，严格岗位设置和任职条件，控制进人数量和质量，建立竞争上岗、能上能下的竞争机制。公司按照企业运行机制管理，聘用人员根据工作需要，按照规定程序招聘，依法签订劳动合同，保障员工合法权益。

（二）经费管理

属于国家财政投入的经费，按照行政事业单位财务管理制度执行；从事经营活动取得的收益，包括公益性增值服务收益和专业有偿服务经营收入，用于支持事业发展。

（三）业务运行管理

公共服务中心业务和经营实行统一管理、独立核算、分工协作、责任同担、利益共享的管理方式。业务单位负责基本产品开发制作及服务；公司承担相应的市场经营。对公众服务、专业服务等建立相应的业务与经营考核管理办法，明确各方责任和考核指标。

（四）收入分配管理

建立业务和经营既有联系又有区别的收入分配机制。业务管理人员建立以业绩为导向的绩效考核分配机制；企业经营人员建立以效益为导向的收入分配机制。对各类不同人员建立不同的人才激励机制。

六、与华风集团以及相关单位的关系

（一）对华风集团的业务管理

中国气象局《关于印发〈中国气象局公共气象服务中心主要职责及内设机构和人员编制方案〉的通知》（气发〔2008〕180号）明确了华风集团与公共服务中心的关系。华风集团作为独立法人单位，承担国家级电视广播等媒体的气象服务任务。公共服务中心应加强对华风集团公共气象服务业务的管理，负责向华风集团提供前端气象服务产品和业务保障；负责组织重大电视气象节目变更的审核；负责国家事业财政经费下达的气象影视服务业务项目的管理；协助华风集团做好中国气象频道落地、节目插播等有关工作；建立与华风集团业务沟通与反馈机制。

（二）与国家气象中心的关系

由公共服务中心和国家气象中心共建专业气象台，对外称"中央气象台专业气象台"。国家气象中心提供专业气象服务所必要的包括数值预报产品在内的基本预报产品，公共服务中心专业气象室加强与国家气象中心天气预报、决策气象服务等业务单位互动和沟通，保持专业气象服务产品与基本预报产品的一致性，为决策气象服务提供必要的支撑。

（三）与相关国家级业务单位的关系

1.建立与相关国家级业务单位之间科学的业务流程和规范。

2.国家气象中心、国家卫星气象中心、国家气候中心、国家气象信息中心、中国气象局气象探测中心、中国气象科学研究院按照各自的职责向公共服务中心提供公众气象和专业气象服务所需的基本气象资料、业务产品和信息网络保障。公共服务中心加强与相关国家级业务单位的互动与沟通，负责对基本气象业务产品的加工、包装，通过各种手段对外发布公众气象服务和公益性专业气象服务产品，以满足社会公众的需求。

3.公共服务中心向决策气象服务中心提供决策服务所需的专业气象服务等产品。

4.公共服务中心要与相关国家级业务单位建立定期交流反馈制度，反馈公众气象服务满意度调查评估、行业气象服务效益评估、用户需求分析和社会经济背景等信息，为各单位改进业务产品和新产品开发提供依据；并与各有关单位建立业务合作机制，实行利益共享。

（四）与省级气象服务机构的关系

1.公共服务中心建立与省级气象服务机构上下联动的业务服务机制，加强对省级气象服务业务和技术指导，充分发挥国家级气象服务龙头作用。

2.公共服务中心牵头建设全国公共气象服务共享产品库，并收集中国气象局各直属业务单位和各省（区、市）气象局的基本气象监测、预报预警、预测及相关分析和气象服务产品，社会经济信息以及中国气象报社、气象出版社、华风集团等单位的非经营信息资源等，通过全国公共气象服务共享产品库实现全国共享，为各有关单位提供基本气象服务产品。

3.公共服务中心牵头组织各省（区、市）气象局建设中国天气网、中国兴农网、气象服务热线等全国性公众气象服务系统，建立规模化发展机制，形成合力，提高业务服务能力。

4.公共服务中心组织相关省（区、市）气象局开展风能、太阳能资源及其他可再生能源的开发利用、重点行业专业气象服务的技术研发和业务系统建设等，并联合开展相应的服务。

5.对于与各相关单位联合开展气象服务获得的收益，公共服务中心要建立合理的利益分配机制。

七、保障措施

（一）人才保障

适当增加公共服务中心人员编制，以满足国家经济社会发展对气象服务日益增长的需求。适量解决公共服务中心外聘人员的进编问题，以稳定外聘人员骨干队伍。在职称晋升、人才引进、在职人员培养、参加国内外专业性学术会议方面，优先考虑从事公共气象服务的业务人员。

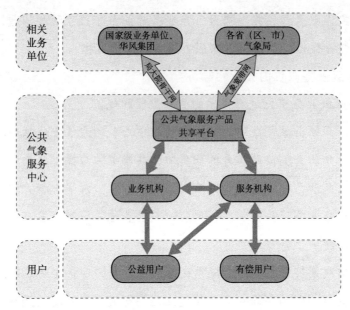

图2 公共气象服务中心业务流程示意图

（二）经费保障

公共服务中心事业编制人员经费按国家有关政策由财政拨款解决，其他经费支持按现有规模（含80个外聘人员）和渠道由中国气象局统筹解决。上述安排根据国家事业单位分类改革和绩效工资实施进展定期进行调整。

第二阶段改革后，公共服务中心的经营性收入实行收支两条线管理。中心经营性收入利润的50%上缴中国气象局，50%由公共服务中心使用。

（三）办公保障

现阶段，公共服务中心办公场所严重不足，已无任何空余的工位；气象服务热线办公场所还占用华风集团120平方米，气象服务热线服务器暂时还在借用中国气象报社机房；全国气象信息员管理服务器和气象服务效益评估系统尚无安身之处。考虑到职能和业务的增加，需新增办公用房约200平方米，增加业务机房60平方米（放置12个机柜和60台服务器），增加库房100平方米（存放《气象知识》杂志、设备等），增加应急和值班室宿舍、公寓30平方米。

公共服务中心办公用房紧缺问题，待其他单位办公用房调整后由中国气象局统筹安排解决。

八、第二阶段改革实施步骤

（一）7月下旬完成实施方案制定、修改和报批。

（二）8月初正式批复公共服务中心第二阶段改革实施方案。

（三）8月15日前拟订中心机构、人员调整及处级干部人选方案。进岗原则：改革调整期间保持原岗不动。待改革调整结束后，根据新的业务布局再做调整；各处室领导班子在现任处级干部中调整。

（四）8月16日召开由中层以上干部参加的公共服务中心第二阶段改革动员会。

（五）8月16—31日，国家气象中心、国家气候中心、中国气象科学研究院和维艾思公司人员到岗。

（六）9—10月，通过岗位竞聘方式，完成中心人员进岗。

（七）10月底，完成中心办公用房的调整。

（八）11—12月，完成新业务布局调整以及人事、财务、业务等各项运行机制的建立，并报送改革总结报告。

（发布时间：2010年8月）

中国气象局公共气象服务中心第三阶段改革实施方案

（中气函〔2013〕372号）

根据《中国气象局公共气象服务中心第三阶段改革方案》的精神，结合实际，在充分调研的基础上，拟定中国气象局公共气象服务中心（以下简称"公服中心"）第三阶段改革实施方案。

一、改革目标和基本原则

（一）改革目标

整合公服中心和北京华风气象影视信息集团有限责任公司（以下简称"华风集团"）业务资源，建立集约、高效的国家级气象服务流程，提高国家级气象服务业务的集约化程度；整合公服中心和华风集团市场资源，实现气象服务经营实体集约化、规模化发展，形成合力；健全体制机制，理顺国家级气象服务业务和市场经营关系，建立分类运行管理机制，建立有利于公共气象服务发展的体制机制。

（二）基本原则

坚持整合资源、集约发展，突出重点、做大做强，理顺关系、协调发展，统筹兼顾、积极稳妥的原则。

（三）总体思路

按照服务业务与市场经营相对分离、相互支撑和统筹谋划、协调一致的原则，将华风集团开展的电视、广播、新媒体等公众气象服务业务整合到公服中心；将公服中心涉及的新媒体气象信息服务、专业气象服务和软件开发等经营业务整合到华风集团。

整合后，公服中心负责国家级气象服务业务，对全国气象服务业务工作进行指导，依据授权指导和管理社会气象服务活动。华风集团负责国家级气象服务市场开发、拓展与经营，统筹全国气象服务市场开发、拓展与经营，打造气象信息服务知名品牌。华风集团作为公服中心企业，按照现代企业制度进行管理，调动全国气象部门参与资源共享、利益共享，建设成为全国气象信息服务龙头企业，逐步成为全球有影响力的气象信息服务商。

二、改革后的主要职责

（一）公服中心主要职责

公服中心主要负责国家级公众气象服务、专业气象服务和国家突发公共事件预警信息服务以及全国公共气象服务的业务技术指导等工作。具体职责包括：

1.负责国家级（全国性）电视、广播、报纸、网络、手机、新媒体等所需的公众气象服务产品制作和发布，负责中国气象局门户网站信息服务。

2.负责国家级专业部门所需的水文、地质、交通、旅游、环境、健康等专业气象服务产品的制作和发布。

3.负责风能太阳能资源开发利用及其相关的功率预报、资源评估等业务。

4.负责国家突发预警信息发布系统建设、运行和维护以及预警信息发布。

5.负责国家级公共气象服务业务系统的建设，牵头承办全国公共气象服务平台系统建设。

6.负责国家级公共气象服务信息收集与共享，承担全国公共气象服务产品库的建设和运行。

7.负责收集和分析公共气象服务需求、气象服务公众满意度调查和行业气象服务效益评估，承担重大灾害性天气的全国气象服务总结。

8.负责中国气象频道的建设和运行管理。

9.负责中国气象局公共气象服务门户网站、中国兴农网站、气象服务热线的建设与运行管理。

10.负责为华风集团的市场经营提供技术保障和服务支撑。

11.负责全国气象部门公众和专业气象服务业务指导，参与公众和专业气象服务业务发展规划的制定；承担气象服务关键技术研发与推广应用；负责组织开展气象服务的学科建设、科学研究和交流合作工作。

12.依据授权承担全国气象服务资质、资格、认证、标准、培训、监督等工作的实施。

13.负责公服中心及所属企业的国有资产监管。

14.承担中国气象局交办的其他事项。

（二）华风集团主要职责

华风集团主要承担以下职责：

1.负责组织气象部门气象信息服务市场开发。

2.负责国家级公共广播、电视媒体和气象频道的节目资源和广告资源的经营与开发，负责气象频道的市场推广。

3.负责中国天气通、中国天气网、中国兴农网、气象视频网、手机电视、网络电视、户外媒体等市场开发、拓展和运营。

4.负责面向交通、能源、环境、旅游、体育、健康等行业用户的专业气象服务市场开发、拓展和经营。

5.负责气象服务业务软硬件系统开发和市场营销。

6.负责集团及下属企业国有资产的保值增值。

三、改革后机构设置及编制

（一）机构设置

1.管理机构

公服中心管理机构设5个处室，分别为办公室、业务科技处（华风集团业务科技管理部）、计划财务处、人事处、党委办公室（监察审计处）。

2.业务机构

公服中心业务机构设2个二级中心和6个业务室。

气象影视中心（简称"影视中心"）下设4个业务部门，分别为中国气象频道、节目部（公共频道部、气象编导部、播音主持部）、制作播出与技术保障部（制作部、播出部、技术部）、专题部（专题部、媒资部）。

气象网络中心（简称"网络中心"）下设2个业务部门，分别为网站中心（中国天气网、中国气象视频网、中国兴农网）、新媒体中心（华风集团和原公众气象室的手机及新媒体业务）。

6个业务室分别为预警发布运控室、水文地质气象室、交通旅游气象室、资源环境与工程气象室、气象服务评价室、服务系统开放实验室。

3.经营机构

华风集团负责国家级气象服务市场开发、拓展与经营管理。以做大做强为目标，稳固影视广告业务，发展专业服务，重点突破新媒体气象增值服务。将公服中心涉及的新媒体气象信息服务、专业气象服务和软件开发等经营业务整合到华风集团。将公服中心合股企业北京维艾思气象信息科技有限公司（含北京全球气象导航技术有限公司）、北京华辰泽众信息科技有限公司以及独资企业北京华新天力能源气象科技中心、北京天译计算机科技开发公司划转华风集团统一管理。

（二）人员编制及领导职数

整合后业务机构的编制和领导职数另行报局审批。

（三）各处室主要职责

1.管理机构主要职责

办公室：组织制定中心年度工作计划、规章制度并监督执行，承担年度工作报告和重要会议文件的起草工作；协调、安排中心领导的会议及活动，协助中心领导协调日常事务，承担突发事件的组织协调工作；负责年度目标管理和督办工作；承担重大活动的组织接待工作；负责宣传报道和重要新闻的发布以及与新闻媒体的联系沟通；承担印章、机要、文件、保密、档案、信访、办公自动化、外事、安全、保卫、消防、住房及车辆管理等管理工作；负责办公场所的运行保障。

业务科技处：组织编制业务技术规范、标准，制定业务流程；组织编制业务维持项目预算；管理、协调业务工作，负责考核业务运行质量，组织开展相关业务合作；承担对全国气象部门公共气象服务业务的指导；负责业务基本建设项目协调管理和组织实施；承担公益性增值服务和专业有偿服务的管理工作；负责组织协调气象影视对外业务往来事宜和业务运行方面的应急管理。负责气象影视节目监看管理，开展节目评价、满意度调查和节目错情分析处理。负责气象服务学科建设的协调，承担中心科研项目管理、科技合作和学术交流等工作；组织开展公共气象服务的科研、技术开发和推广等工作；依据授权承担全国气象服务资质、资格、认证、标准、培训、监督等工作的实施。

计划财务处：负责制订财务工作发展规划，承担编制中心预算、项目库管理、年度收入和支出计划；负责管理并督办预算执行情况，承担各种财务统计报表的编制与报送工作；承担经费合同的验收和管理；承担财务资料和原始凭证、直接支付、授权支付的申请和核对用款计划，办理直接支付；承担公务卡、医药费报销标准和购房补贴等审核和确认；承担固定资产的管理、清查；承担大型项目政府采购招投标工作的管理与监督；承担项目竣工决算和手续、资产移交手续；负责与华风集团财务部门的沟通与协调。负责公服中心及所属企业的国有资产监管。负责公服中心下属企业的国有资产保值增值的指导、监督、检查工作；组织拟定产业发展的规划、计划及相关制度并组织实施。

人事处：负责拟订中心改革方案、人事制度、人才发展规划、教育培训年度计划等；承担中心机构编制、干部考核、岗位及绩效管理、人员调配、人才招聘、人事档案、人员政审等管理工作；负责中心改革方案、职工教育培训、专业技术职称评聘、职工年度考核等工作的组织实施；负责创新团队的组建和任期届满考核工作；负责高层次人才的选拔及考核管理。承担劳动工资年度预算、统计及日常管理工作；承担年度住房公积金和社会保险金的核定与缴纳、考勤休假、集体户籍管理等项工作；承担离退休人员的服务与管理；负责与华风集团人力资源部的沟通与协调。

党委办公室（监察审计处）：负责制定并组织实施党委年度工作计划；负责中心党组织建设及各项党务工作，承担中心党风廉政建设、精神文明建设和文化建设等工作；负责中心纪检、监察、审计工作，承担中心内部审计、经济责任审计、专项审计等相关审计工作；承担中心合同合法性的审查和监督工作；负责工会、共青团、青年、妇女等方面的工作。

2.气象影视中心主要职责

中国气象频道：负责中国气象频道的节目制作。负责指导各省（区、市）气象部门制作中国气象频道本地化插播节目。负责中南海决策气象服务节目制作，气象预警信息发布和国家突发公共事件气象保障预警信息发布。

节目部：负责向国家级媒体、境外媒体等制作和提供气象类节目。负责气象预警信息发布和国家突发公共事件气象保障预警信息发布。负责收集、加工公共气象服务信息、媒体信息和相关社会信息，参与日常节目制作及策划，对节目气象服务内容进行审核和把关。负责天气分析师的出镜及培训。

制作播出与技术保障部：负责节目的录制工作，承担节目制作过程中灯光、摄像调试等工作和节目制作系统的日常运行使用、常规维护。负责中国气象频道和中南海气象频道的安全播出。负责对总控系统、播出系统、传输系统、卫星接收系统的正常运行进行维护管理和技术保障。负责中国气象频道、中南海气象频道节目的上载、审核、播出监看，公共频道节目的传输以及中国气象频道插播系统的技术支持。负责业务系统的规划设计、系统建设的管理及实施、系统的技术维护及运行技术保障，组织开展技术培训。

专题部：负责专题节目业务的组织管理，包括市场需求与投资分析、专题节目策划及生产等各项工作，完成上级单位下达的专题片、宣传片生产任务。负责影视剧、文化片业务的组织管理，包括市场需求与投资分析等各项工作。负责影视资料的入库、备份、保存和借用管理。负责管理影视资料数字化业务，维护媒体资产管理系统业务应用。

3. 气象网络中心主要职责

网站中心：承担中国天气网、中国兴农网、气象视频网的技术开发及实时运行业务；承担中国气象局网站相关气象服务信息维护业务；承担面向国家级网站公众媒体的气象服务信息发布业务；承担中国气象局例行新闻发布会的相关支持工作；承担网络、手机等公众气象服务技术的研发、应用及产品的制作发布任务；负责全国网站公众气象服务业务指导；承担其他相关工作。

新媒体中心：承担中国天气通气象信息服务的技术开发及实时运行业务；承担车载、户外、楼宇等新媒体的技术开发及实时运行业务；承担面向全网发布的手机和其他新媒体的气象服务信息发布业务；承担新媒体公众气象服务技术的研发、应用及产品的制作发布任务；负责全国新媒体公众气象服务业务指导；承担其他相关工作。

4. 其他业务机构主要职责

预警发布运控室：承担国家级预警信息发布的运行维护及实时监控业务；承担中国天气网、中国兴农网、气象视频网、国务院办公厅和中共中央办公厅气象服务网站的运行保障及监控业务；承担中国气象局网站的安全及气象信息保障任务；承担中国气象局气象灾害预警服务部际联动平台、中心业务系统、办公自动化系统及全国公共气象服务产品库的运维任务；承担《中国气象局决策气象服务手机报》的发送业务；承担预警发布热线电话和气象服务热线电话的运行业务；承担预警信息发布和气象服务热线反馈信息的收集、分析工作；负责全国预警发布业务及气象服务热线电话的业务指导；负责与预警发布相关部门的联络；承担其他相关工作。

水文地质气象室：承担国家级水文、地质灾害、森林（草原）火险等专业气象服务业务运行及服务任务；承担上述相关预报和服务方法技术的研究开发任务。承担中国气象学会水文气象委员会秘书处工作；负责对流域气象中心和省级气象服务机构相关专业气象服务业务的指导；负责与水利部、国土资源部、林业部等部委的专业气象业务技术合作；承担其它相关工作。

交通旅游气象室：承担公路、铁路、海洋导航等交通气象服务业务运行及服务任务；承担旅游、大气环境、卫生健康等专业气象业务运行及服务任务；承担上述相关预报和服务方法技术的研究开发任务；负责对省级气象服务机构相关专业气象服务业务的指导；负责与交通、海洋、旅游、卫生、环保等部门的专业气象业务技术合作；承担其他相关工作。

资源环境与工程气象室：承担风能太阳能资源开发利用相关的功率预测、资源评估业务及科研技术开发、标准制定任务；承担电力气象相关业务服务及研究开发任务；承担气候可行性论证相关业务服务及研究开发任务；承担"能源行业风电标准化技术委员会风能资源监测评价和预报技术组"、"全国气候与气候变化标准化技术委员会风能太阳能气候资源分技术委员会"秘书处工作；负责对全国风能太阳能业务服务的业务技术指导；负责与能源、电力定相关部门的业务技术合作与工作交流；承担其他相关工作。

气象服务评价室：承担公众气象服务满意度调查和评估业务；承担行业气象服务效益评估业务；承担气象服务典型案例的收集、分析任务；承担气象服务评价相关技术方法研究与应用任务；开展相关气象及衍生灾害影响调查以及与承灾体对接的气象风险评估预警业务；承担"中国气象学会公共气象服务委员会"秘书处工作；负责公共气象服务学科建设及相关科学研究；负责与相关行业、高校、研究机构的交流与合作；负责对省级气象服务机构相关业务的指导；承办中心的学术刊物；承担其他相关工作。

服务系统开放实验室：承担国家级公众、专业气象服务业务支撑系统、服务平台的设计、开发、维护及升级任务；承担国家预警信息发布业务系统的规划设计、开发建设和推广应用任务；承担气象服务数据应用关键技术研发及业务应用任务；承担面向公众以及行业的数据服务产品的收集、加工处理和共享应用任务；承担全国公共气象服务产品库的开发建设及运行维护业务；负责对省级气象服务机构相关的技术指导；承担其他相关工作。

（四）华风集团机构职责（略）

四、运行机制

通过实践探索，逐步形成公服中心业务和华风集团经营的统一管理、独立核算、分工协作、责任同担、利益共享、既有联系又有区别的分类运行管理机制。

（一）业务运行管理

建立由需求分析、信息收集、产品加工、产品分发、业务监控、响应与效果反馈为一体的气象服务业务流程，形成技术含量、专业化程度、集约化程度高的国家级气象服务业务。公服中心统筹管理气象影视服务和网络服务业务。影视中心、网络中心业务按其自身规律相对独立运行管理，现有业务流程和业务系统基本保持不变。具体业务管理流程另行制定。

建立公服中心业务处（室）与华风集团经营部门间的有效沟通协调机制，公服中心业务处（室）要为华风集团开展市场经营提供所需的技术支撑，华风集团经营部门要及时向公服中心业务处（室）提出或反馈需求信息。

（二）企业运行管理

华风集团按照现代企业制度运行管理，实行董事会领导下的总经理负责制，具体权责划分由公司章程做出规定。中国气象局对华风集团的管理方式不变，华风集团董事会由中国气象局负责组建，董事长由公服中心主要负责人兼任。华风集团总经理为企业法人代表并兼任公服中心副主任，负责华风集团日常管理以及公服中心业务和华风集团对外经营服务的协调。探索建立全国气象服务一体化经营、集约化管理的体制机制，建立和完善多种形式的经营模式，赋予集团更大的企业经营自主权。

（三）人员管理

公服中心和华风集团分别设立人事处和人力资源部。人事处负责事业编制人员管理（包括华风集团事业编制人员），人力资源部负责聘用人员的管理（包括公服中心聘用人员），建立企业化用人机制。

影视中心人员的身份不变，工资薪酬不变，发放渠道不变。人事处负责影视中心人员的岗位设置、业务培训、年度考核、岗位晋升等管理工作。人力资源部负责影视中心人员的劳动合同签订、薪酬福利发放、社会保险缴纳以及人事档案管理等工作。过渡期间，影视中心聘用人员的考核由人事处与人力资源部共同管理，待相应机制办法完善后，人事处负责业务聘用人员的考核，考核结果由人力资源部负责存档。

华风集团根据现代企业管理办法做好影视中心聘用人员的成本控制与管理工作。影视中心人员的招聘由用人部门年初报计划，公服中心批准后实施，招聘管理由人事处与人力资源部按相应办法共同完成。

网络中心参照影视中心管理。

公服中心聘用人员保持原有人员管理模式，华风集团对子公司涉及人事管理工作的重大问题、重要干部任免参照"三重一大"制度进行备案。

（四）收入分配管理。

建立业务和经营既有联系又有区别的收入分配机制。业务人员建立以业绩为导向、兼顾效益的绩效考核分配和激励机制；企业经营人员建立以效益为导向的收入分配和激励机制。

（五）财务管理

公服中心和华风集团分别设置计划财务处和财务部，实行财务独立核算。根据经费的来源，分别管理。

建立华风集团支持公服中心基本业务发展的反哺机制，形成公服中心基本业务发展以国家财政投入为主、下属企业经营收益反哺业务的良性发展机制。

五、实施步骤

按照积极稳妥、业务不断、思想不乱的总体原则，分阶段、分步实施。

（一）动员和启动

在今年汛期过后，印发改革实施方案，召开职工大会进行动员。（2013 年 9 月）

（二）国家级气象服务业务整合

影视业务划转工作。（2013 年 9 月）

（三）国家级气象服务市场和经营资源整合

华风集团统筹集约管理市场和经营。（2013 年 10 月）

（发布时间：2013 年 9 月）

中国气象局公共气象服务中心气象服务体制
改革试点实施方案

（中气函〔2014〕358号）

按照《中共中国气象局党组关于全面深化气象改革的意见》（中气党发〔2014〕28号）、《气象服务体制改革实施方案》（气发〔2014〕91号）和第六次全国气象服务工作会议精神，围绕构建中国特色现代气象服务体系，认真总结中国气象局公共气象服务中心（以下简称"公服中心"）第三阶段改革做法和经验，提出深化公服中心气象服务体制改革试点实施方案。

一、现状和存在的问题

2013年公服中心第三阶段改革以来，在中国气象局党组的领导下，公服中心已改革解决了业务资源和经营资源的整合以及相应的运行机制问题，基本建立了"一体两制"和"前店后厂"的运行模式。改革后的公服中心，既承担国家级公益性公共气象服务的任务，也承担面向市场的经营性服务任务，工作责任范围进一步扩大。

现阶段存在的突出问题：一是打破面向公众的基本气象服务和面向专门用户的专项气象服务的属地原则，需要公服中心在气象服务新格局中找准坐标定位，处理好国家级和省级之间的业务联系和职责关系；二是国家级气象服务业务体系不能适应气象服务的需要，以基本预报产品代替气象服务产品的现象没有根本性转变，服务产品不适应精细化和专业化的发展要求，气象综合观测和气象预报预测对公共气象服务的支撑作用有欠缺，公共气象服务对气象综合观测和气象预报预测的引领作用没有得到充分发挥；三是国家级气象服务现代化水平不高、业务流程不集约，气象服务的关键支撑和科技创新能力不强，缺少专业预报服务核心技术，气象服务基础数据产品支撑和技术研发力量分散，全媒体业务分散独立运行，难以适应信息技术及新媒体的快速发展的新形势；四是公服中心内部组织架构、业务体制、运行机制还不适应公共气象服务快速发展的新形势，队伍庞杂、分工过细、低水平重复、管理多头；五是公服中心与国家级业务单位和省局气象服务中心以及与所属企业之间的协调发展的新型公共气象服务运行机制不完善，各方面支持参与气象服务的潜力有待发挥；六是气象服务多元化的业务技术支撑体系有待建立，公服中心在多元化气象服务新格局中的主体地位尚不突出；七是气象服务的标准体系尚不健全，气象服务的社会监管和行业自律组织体系尚未建立等问题亟待解决。

二、改革思路和目标

（一）改革思路

坚持公共气象发展方向，围绕构建中国特色现代气象服务体系，改革业务技术体制，强化公服中心作为气象事业单位的公益性服务职能，加强面向社会的防灾减灾气象服务、面向公众的公共气象服务、面向行业的专业专项服务、面向基层的业务技术支撑和面向社会服务组织的基本信息产品服务，在气象服务业务现代化进程中发挥示范带头作用，在气象服务多元化格局中发挥主体作用，在气象服务管理法治化进程中发挥骨干作用；改革气象服务供给机制，为气象服务供给多元化提供支撑保障；改革创新运行机制，形成事企共同承担、分工合理、权属清晰、分类管理、协调发展的新型公共气象服务运行机制，充分调动人的积极性，充分利用社会资源，做深做实公益性公共气象服务，积极参与国家气象科技创新工程，重建改造国家级公共气象服务业务，做大做强国有企业，强化国家级公共气象服务业务对省级公共气象服务业务的技术、产品、平台支撑，提升气象服务社会效益和经济效益。

（二）改革目标

建立适应需求、响应快速、集约高效、支撑有力的国家级现代公共气象服务业务体制，实现国家级公共气象服务业务现代化、资源集约化、技术标准化、管理法治化以及服务实体的集约化、规模化，建立事企之间以资本为纽带的产权关系明晰、事企协同发展的新型公共气象服务运行机制，国家级公共气象服务的业务科技水平、经济社会效益和公众满意度以及气象服务的经济效益均显著提升。

三、主要任务

（一）构建国家级现代公共气象服务业务技术体制

1. 改革公众气象服务业务技术体制。围绕建立适应需求、响应快速、集约高效、支撑有力的新型公共气象服务业务体制要求，形成国家级精细化气象服务产品加工制作能力，探索建立精细化气象服务产品国家级统一制作、省级订正应用的公众气象服务业务技术体制，推进公众气象服务业务集约化发展。依托基本气象观测预报预测业务，发展国家级精细化气象服务产品加工制作业务，适应基本公共服务、个性化服务和传媒技术发展的需求，提升国家级对下公众气象服务的业务支撑能力。依托集约化气象信息化系统，建立完善公众气象服务业务指导与产品共享机制，实现国家级精细化气象服务指导产品在省级的共享，推进国家级精细化气象服务指导产品在省级的本地化订正和应用服务。

2. 改革专业气象服务业务技术体制。分类推进面向公众和行业防灾减灾的公益性专业气象服务以及面向特定用户的专业气象服务业务技术体制改革。面向公众和行业防灾减灾的公益性专业气象服务，按照业务组织方式，探索建立以影响预报、风险预警和高分辨率专业气象数值模式为核心，国家和省级各有侧重、互为补充、协调发展的业务技术体制，实现同质化较强、技术要求较高的业务向国家级集约，地方特色鲜明、个性化明显的业务向省级分散。面向特定用户的专业气象服务，逐步采用企业化管理模式，探索专业气象服务市场机制，快速对用户需求做出反应，推动技术创新，注重成本效益，建立专业用户全程参与和按需提供的精细化专业气象服务业务。联合省级气象服务机构，打破属地原则，探索建立有利于促进核心技术研发、资源共享、服务组织和利益协调的规模化发展机制。

3. 构建集约化公共气象服务业务流程。围绕集约、高效和标准化要求，推进国家级公共气象服务业务流程再造。整合新媒体和传统媒体资源，构建满足全媒体服务需求、信息资源高度共享的新型全媒体一体化采编业务流程。适应新媒体技术发展需求，构建满足精细需求、传播快速、滚动更新的智能化公众气象服务业务流程，探索建立全媒体融合发展的气象服务信息传播机制。建立专业用户深度参与机制，构建以用户为中心的互动性、融合式的专业气象服务业务流程。以气象影视服务为试点，推动气象影视服务标准化进程。

4. 健全公共气象服务科技创新机制。强化国家级气象服务机构的创新主体地位，建立稳定的外部支撑渠道，构建需求牵引、技术驱动的公共气象服务科技创新机制。基于国家级业务单位的科研和业务成果、技术平台及专家队伍，完善协同创新机制。利用国内外高校和科研院所的优势资源，加强开放合作，联合开展气象服务技术创新。引导社会企业积极参与气象服务创新，建立激励和促进技术研发、成果转化的有效机制，推动持续发展。设立气象服务科技创新驱动业务发展专项基金，加大气象服务核心技术团队的培养和建设力度。确立气象服务技术创新重点领域，推动基于多模式集合预报技术的高时空分辨率气象服务数值模式应用技术，基于影响的预报预警技术，基于大数据、物联网、云计算的服务应用技术以及气象信息产品加工技术等方面取得突破。

（二）建立规模化气象服务供给机制

1. 探索公众气象服务规模化发展机制。实施品牌发展战略，公服中心牵头，联合省级气象部门，共同推动中国气象频道、中国天气网、中国天气通统一发展，构建一体发展、分工合理、上下集约、效益共享的公众气象服务体系，建立气象行业媒体资源共享平台，增加公益性公共气象服务供给。选择部分省开展中国天气网、中国天气通业务集约化的试点，完善快速适应网络技术发展和信息传播的业务组织体系和市场拓展机制。制定中国气象频道改革方案，以公益性公共气象服务为宗旨，以品牌栏目为抓手，探索中国气象频道全国一体化运作管理模式。

2. 探索专业气象服务规模化发展机制。以华风集团为龙头联合部分省级气象服务机构，选择某些重点专业气象服务领域，探索建立股份合作公司。采用资本入股、统一经营、市场运作、存量不变、增量分成的运作模式，建立分工明确、资源共享、利益共享、责任共担、风险共担的运行机制。以华风集团为市场主体，建立与社会组织之间的合作伙伴关系，引进国内外先进技术、管理和资本，利用社会资源和市场机制增加多元气象服务供给。

3.探索建立气象服务信息社会共享机制。按照《气象服务体制改革实施方案》中关于气象资料和产品开放共享的要求，建设面向社会的气象服务产品共享云平台，分类、有序、规范提供基本公共气象服务产品。发挥公服中心在气象服务多元化格局中的主体作用，提高气象服务信息的社会利用水平。按照ISO9001质量管理体系和WMO质量管理框架要求，开展气象服务标准体系研究，制定和实施公共气象服务产品标准、技术标准、流程标准、岗位标准，推进气象服务标准化建设，构建气象服务质量管理体系。

4.发挥行业协会的自律作用。组建中国气象服务协会，建立健全行业经营自律规范，自律公约和职业道德准则，规范会员行为。参与制定气象服务相关标准、行业规划和政策。切实加强行业协会自身建设，探索建设气象服务市场监管技术手段。

（三）建立健全新型公共气象服务运行机制

1.建立事企共担的新型公共气象服务运行机制。

强化公服中心的公益性服务职能，放活华风集团的经营性服务职能。公服中心的公益性气象服务按照国家公益二类事业单位进行管理，以社会效益和公众满意度为追求目标。

公服中心与华风集团建立以固定资产、资金、技术等资本为纽带的产权关系，授权华风集团经营公服中心各种气象服务业务资源。面向市场的专业有偿气象服务逐步采用企业化管理模式，注重成本效益，推进市场化运作。

建立完善公服中心与国家级业务单位之间新型业务技术合作关系和有效机制，建立促进协同创新的效益评价和利益反哺机制，形成发展合力。

2.建立财政补助与经营反哺相结合的保障机制。建立国家财政和市场经营相互结合的保障机制，确保公服中心业务发展与运行。加大财政支持公共气象服务的力度，通过增加预算和购买服务等方式，对公共气象服务业务给予稳定的经费支持。加大项目支持力度，加快推进气象服务业务现代化。建立与华风集团经营相适应的业务发展反哺机制，按照综合预算原则合理安排预算，将中心各项收入全部纳入部门预算统筹安排各项支出。

3.建立企事业不同的考核评价体系和相应的收入分配机制。公服中心建立以激励约束机制为核心，以业绩为导向、体现社会效益和经济效益的岗位绩效收入分配办法。业务单位的岗位绩效发放标准实行差异化总量控制，适度引入市场机制激发人员的积极性。华风集团完善企业薪酬体系，强化经营业绩考核，建立经营考核奖惩机制。

4.完善岗位管理和人才发展机制。理顺人事管理关系，逐步建立合同聘用、公平竞争、激励约束、权益保障、动态管理的用人机制。进一步完善岗位设置，按照因事设岗、人岗相适、以岗定规、岗变薪变的要求，合理设置专业预报员、天气播报员、气象服务咨询员、服务产品研发技术员、气象分析师、服务系统构架师、服务数据分析师等业务技术系列岗位，培养建立以服务首席、副首席、关键岗、高级岗等岗位有机组成的气象服务专业队伍，打造核心专业技术团队，加强气象服务领军人才建设，发挥国家级专业技术团队在全国气象服务中的龙头作用。推进持证上岗、岗位评估考核的规范化建设。

四、保障措施

（一）发挥党组织的政治核心作用。加强党组织建设，充分发挥党组织在促进事业发展、完成中心任务的政治核心作用。将华风集团党委与公服中心党委合并建立统一党委，中心主任常务会和华风集团董事会对"三重一大"事项进行决策前，应征求党委意见。

（二）优化组织机构。精干管理队伍，压缩机构和岗位设置，实现精干高效。在机构不增加的情况下，进行必要的机构重组调整。

（三）提供政策支持。理顺人事管理关系，将现有分散在国家级业务单位的编内人员的编制划转至公服中心。理顺企业管理关系，支持公服中心履行国有资产出资人职责，与华风集团建立以资本为纽带的产权关系，逐步由管企业向管资本转变，使企业真正成为市场主体。重组华风集团董事会，落实决策责任。

（四）落实主体责任。明确改革任务，制定具体方案和实施计划，落实责任主体，纳入目标考核，加强督促检查，确保改革任务落到实处。

五、实施步骤

本着循序渐进、逐步到位的原则，改革分三个阶段：

第一个阶段（2014年），完成第三阶段改革任务。制定体制改革具体实施计划，落实责任。

第二个阶段（2015年），气象服务体制改革工作取得实质性进展。

第三个阶段（2016年），全面完成改革任务，为构建中国特色现代气象服务体系提供经验。

（发布时间：2014年12月）

公共气象服务中心和华风集团深化改革方案

（中气函〔2018〕45号）

为贯彻落实党的十九大关于深化事业单位改革、深化国有企业改革的相关精神，落实中央巡视组巡视中国气象局、审计署审计工作中提出的整改要求，进一步完善事、企管理运行机制，根据局党组要求，为进一步理顺公共气象服务中心和华风集团的关系，深化公共气象服务中心和华风集团改革，促进公共气象服务中心、华风集团健康发展，制定以下方案。

一、现状及存在的主要问题

2008年，我局组建了公共气象服务中心。2010年、2013年分别进行了公共气象服务中心第二阶段和第三阶段改革，目的是理顺公共气象服务中心与华风集团和其他国家级业务单位的关系以及国家级气象服务业务和市场经营关系，以此形成业务与经营互为支撑的合力。三次改革取得了一定成效，但仍存在一些问题，主要有：

（一）事企界限不够清晰，财务、人员管理不够规范

一是事业企业资产混用。二是公共服务产品的制作与经营分离，容易造成公共气象服务中心与华风集团在资金上混收混支的政策风险。地震气象审计局在审计中多次指出这一问题。三是业务与人事管理关系脱节，事业企业人员混岗。公共气象服务中心部分人员人事关系在其他事业单位，华风集团部分人员保留事业身份却在企业领取薪酬，公共气象服务中心业务所需部分编外人员由华风集团聘用，在干部管理、岗位设置、社会保险办理等方面产生了不少困难。

（二）国家级公共气象服务职能定位有待进一步明确、布局有待优化、质量和效益有待提高

目前，公共气象服务中心主要负责国家级影视气象服务、网络服务、重点行业气象服务、国家突发事件预警信息发布及全国公共气象服务业务的技术指导；华风集团负责所有国家级气象服务市场开拓与经营管理。两单位有较明确的业务和职能划分，但是，一是几乎所有公共气象服务均由公共服务中心承担，华风集团主要承担相关资源的经营，导致公共气象服务供给方式单一，

利用市场机制资源配置不合理，质量和效率不够高。二是作为国家级气象服务主体的公共气象服务中心，在突发事件预警信息发布、气象防灾减灾、公共气象服务等方面职责还须进一步明确和强化，相关业务对全国指导作用未能充分体现。

（三）运行管理机制不完善，企业管理需要进一步加强

一是有关气象影视节目、频道和气象信息及其传播平台等资源资产管理职责不清晰，国有资产保值增值的职责任务需要进一步压实。二是华风集团核心企业结构复杂，华风声像、华风影视、华风传媒三家核心企业业务相同，不利于统筹经营，管理效率不高。三是华风集团（母公司）直接从事影视广告经营业务，对所属子公司的管理、监督等职能有待强化。

二、改革的思路、目标和原则

（一）总体思路

贯彻落实党的十九大关于深化事业单位改革、深化国有企业改革的要求，以明确发展定位和业务布局为主线，以厘清职能、理顺关系、规范管理为重点，优化职能、推动发展，优化资源、提升效益，优化机制、加强管理，深化公共气象服务中心与华风集团改革，建立功能明确、治理完善、运行高效的事业单位管理体制机制，完善产权清晰、权责明确、管理科学的现代企业制度。

（二）主要目标

通过公共气象服务中心与华风集团的改革，进一步优化国家级公共气象服务资源配置，合理规划公共气象服务业务布局，创新公共气象服务供给方式，健全有利于国家级公共气象服务提供主体多元化、方式多样化的运行机制，形成国家级公共气象服务新格局，提高公共气象服务质量和效益，提高资产资源经营收益，激发队伍活力，促进公共气象服务中心和华风集团更好发展。

（三）基本原则

一是强化公益属性。坚持公益属性，以保障人民群众生产生活和国民经济发展作为工作的出发点和落脚点，推动公共气象服务中心和华风集团的改革，切实发挥公共气象服务中心和华风集团服务民生、保障发展的作用。

二是深化事企分开。根据事业单位改革和国有企业改革的总体要求，深化事企进一步分开，按公益二类事业单位性质推进公共气象服务中心改革，按现代企业制度要求推进华风集团改革，确保公共气象服务中心和华风集团改革顺应国家总体改革方向。

三是坚持分类发展。根据事业单位和企业的特点，明确国家级公共气象服务业务分工布局，强化气象服务事业单位的公共服务职能，强化华风集团在公共气象服务体系中的重要作用和在气象服务市场竞争中的主体作用，完善管理体制和运行机制，实行分类发展、分类定责、分类考核、分类管理。

四是确保稳妥推进。处理好改革、发展、稳定的关系，妥善应对改革中遇到的矛盾，解决好

涉及职工切身利益的重大问题。加强政策指导，不搞一般粗、一刀切，注意指导省级气象部门因地制宜选择发展模式。确保国家、省、地、县公共气象业务服务持续稳定运行。

三、改革的主要内容

（一）明确公共气象服务中心和华风集团发展定位

公共气象服务中心定位为承担公共气象服务的公益二类事业单位。以提高公共气象服务能力和水平为主要目标，积极利用市场机制配置公共气象服务资源，增加监管华风集团及所属企业国有资产保值增值职责，强化公共气象服务职能，深化突发事件预警信息发布职能，拓展气象防灾减灾技术服务职能，切实发挥其在公共气象服务中的主体作用和国家防灾减灾的支撑作用。根据中国气象局授权对华风集团依法履行出资人职责。华风集团定位为国有气象服务龙头企业，是气象事业的重要组成部分，是公共气象服务的重要载体和平台。以建设国内领先、世界一流气象服务企业，满足社会多元化需求和实现经济、社会效益为目标，充分利用市场机制提高气象服务效率和质量，实现国有资产保值增值，充分发挥其在气象服务市场竞争中的主体作用，在公共气象服务提供中的重要作用，对气象事业单位履职的支撑作用。

（二）划分公共气象服务中心和华风集团的职责、业务

公共气象服务中心负责组织开展国家级公众气象服务；负责全国突发事件预警信息发布平台建设规划、指导、管理及国家级突发事件预警信息发布平台建设、运行和维护；对华风集团及所属企业国有资产进行监管；根据中国气象局授权对华风集团依法履行出资人职责；承担面向交通、国土、林业、旅游、海洋、能源等重点行业气象服务；承担国家级公共气象服务品牌建设；负责国家级气象防灾减灾技术服务；负责全国公共气象服务、突发预警信息发布和气象防灾减灾技术服务的核心技术研发和业务指导。

华风集团根据公共气象服务中心的委托，承担相关资源运营。集团本部要进一步加强对子公司的经营布局和管控，提高经营管理效率。以中国天气网为平台，整合打造全国气象传媒服务融媒体平台；围绕主要经营方向和业务拓展目标，探索资本入股、统一经营、市场运作、利益风险共担的运作模式。

根据公共气象服务中心和华风集团的定位、职责和业务范围，进行业务调整，推进事企分开。业务调整具体方案在减灾司指导下由公共气象服务中心、华风集团提出。

（三）调整公共气象服务中心和华风集团机构设置

按照精简效能原则，对公共气象服务中心现有5个管理机构和10个业务机构进行调整，根据业务需要设立相应机构。编制按140名核定，聘用人员数量根据业务调整情况，由公共气象服务中心商人事司核定。改革后公共气象服务中心的具体职责、机构设置、领导职数核定和编外聘用人员数量等，由公共气象服务中心另行研究制定，报中国气象局审批。

统筹考虑中国气象服务协会的管理与发展，气象服务协会秘书处仍然挂靠公共气象服务

中心。

华风集团围绕主要经营方向和业务拓展目标，整合现有管理部门和经营部门，加强集约管理，建立企业正式职工制度，严控人员（正式职工、聘用人员等）规模，规范企业部门设置及中层领导人员职数和管理。具体由华风集团提出方案，公共气象服务中心审核后报中国气象局审批。

（四）完善公共气象服务中心和华风集团的管理体制

公共气象服务中心和华风集团行政领导班子分开，成员一般不相互兼任；认真落实把加强党的领导与完善公司治理统一起来的要求，组建公共气象服务中心党委和华风集团党委，完善公共气象服务中心党委在决策、管理、执行、监督各环节的权责和工作方式。公共气象服务中心按照中国气象局的授权对华风集团行使出资人职责，对国有资产保值增值、防止国有资产流失负监管责任。公共气象服务中心党委根据职能完善决策、管理、执行和监督机制，组织制定实施细则。对华风集团以及中心投资或者管理的其他企业需要中心审批的有关事项作出具体规定，报中国气象局审批后实施。华风集团党委主要负责人作为公共气象服务中心党委常委（委员），集团领导班子主要领导及其他成员仍分别按正局级、副局级干部进行选配和管理，不再保留事业身份。完善华风集团法人治理结构，支持华风集团领导班子依法履行职责。

（五）建立公众气象服务业务资源运营机制

气象影视节目、频道和气象信息及其传播平台等资源所有权属于中国气象局，委托公共气象服务中心负责管理。中心可以根据相关政策制定具体措施，对相关资源进行运营管理。公共气象服务中心要加强对华风集团承担公众气象服务的管理，科学规划公众气象服务品牌发展，定期开展跟踪检查和效果评估，提出改进和优化服务的措施，提高资源效益。

（六）完善收益管理和分配机制

气象影视节目、频道和气象信息及其传播平台等资源的使用和经营收入，中国气象局享有收益权。建立中国气象局对公共气象服务中心和华风集团经营收益管理及统筹分配机制。收入纳入中国气象局全口径预算。

（七）明确资产产权关系

由计财司会同审计室、监事会成立资产工作小组，按照财政部、国资委有关规定，指导公共气象服务中心、华风集团在事企分开改革过程中资产产权的确认等工作，确保国有资产使用符合国家规定。公共气象服务中心和华风集团人员使用的周转公寓，按照调整后职工的归属单位进行相应调整，今后由中国气象局结合引进人才等需求统筹分配使用。

（八）理顺投资企业管理关系

梳理公共气象服务中心和华风集团投资企业、中国气象局委托公共服务中心或华风集团管理的其他企业的管理关系。根据出资关系，兼顾职责划分和业务性质，由公共气象服务中心、华风集团对企业的管理体制提出建议，由计财司、减灾司、人事司商企业监事会提出意见，报中国气象局审批。

（九）理顺人员管理关系

对改革后公共气象服务中心和华风集团的人员，根据业务调整，按双向选择后的工作岗位明确事业或企业身份。在企业工作的人员，不保留事业身份，按国有企业正式职工管理（经批准，因特殊需要可考虑暂保留事业身份，但不得在企业取薪）。

（十）完善薪酬分配制度和激励机制

建立完善公共气象服务中心收入分配机制。根据任务目标和人才队伍建设需要，建立体现与岗位职责、工作业绩、实际贡献紧密联系的分配激励机制。完善科技成果转化激励机制。主要负责人的绩效工资与所在单位工作人员绩效工资水平保持合理关系，其具体分配办法由中国气象局审批。深化国有企业负责人薪酬制度改革，对华风集团领导班子实行与选任方式相匹配、与经营业绩和目标考核结果相挂钩的薪酬分配办法。落实企业内部薪酬分配权。

四、下一步工作安排

公共服务中心党委根据本方案组织制定实施方案，明确时间进度，先行推进事企进一步分开。同时，制定完善配套管理制度，促进公共气象服务发展，促进国有资产保值增值，推动国有资本做强做优做大。按照规定需要报中国气象局审定的，由各职能司归口报中国气象局审定后实施。事业单位绩效工资、企业负责人薪酬制度改革等工作与国家改革部署同步落实。

（一）机构、编制和人员管理方面（人事司归口负责指导）

1.根据职能调整和定位，对公共气象服务中心、华风集团职责进一步细化，并进行相应的机构、职责和人员调整。

2.公共气象服务中心、华风集团分别制定机构设置、主要职责、领导职数、人员规模和干部队伍建设方案，报中国气象局审批。其中华风集团的方案应事先由公共气象服务中心审核。

3.华风集团建立国有企业正式职工制度，明确相应的范围、程序和保障制度，由公共气象服务中心审核后报中国气象局审批。

4.公共气象服务中心按照要求建立二类事业单位绩效工资制度，完善绩效考核和薪酬分配制度。华风集团深化国有企业负责人薪酬制度改革，落实企业内部薪酬分配权。

（二）业务调整和发展规划方面（减灾司归口负责指导）

1.根据职责调整业务，公共气象服务中心商华风集团制定业务调整方案。

2.强化突发事件预警信息发布等公共服务职能，制定公共气象服务中心2018—2020年发展规划、突发事件预警信息发布2018年行动计划。

3.制定公共电视频道、中国气象频道、中国天气网、中国兴农网、中国天气通等公众气象服务目标考核管理办法，完善公众气象服务品牌发展规划。

4.建立健全对全国公共气象服务业务支撑和业务指导机制。

（三）资产管理方面（计财司归口负责指导）

1.按照事企分开的原则，由计财司会同审计室、监事会成立资产工作小组，指导公共气象服务中心、华风集团资产产权的确认等工作，确保国有资产使用符合国家规定。

2.公共气象服务中心要明确对华风集团履行出资人职责中的重大投资、重大资产处置等国有资产监管职责、程序及规则，并报中国气象局审批。

3.公共气象服务中心要完善华风集团企业法人治理结构，落实好所属企业的国有资产保值增值责任。

4.公共气象服务中心要理顺企业管理关系。根据中国气象局的委托，兼顾职责划分和业务性质，由公共气象服务中心、华风集团对企业的管理体制提出建议，按资产处置程序报中国气象局审批。

5.公共气象服务中心要完善资产管理、资产经营和集团经营目标考核办法，制定资源运营管理等制度，提升各类资源、资产的经营管理水平。

（发布时间：2018 年 2 月）

附录　　重大会议组织工作手册

为了加强重大会议组织管理工作的规范化、制度化、科学化建设，保证重大会议筹备组织工作深入、缜密、有序开展，保证会议效果，增强会议影响力，提高会议的质量和效率，制定本手册。

一、基本要求

1.加强领导，周密部署。按照会议管理的有关规定，制定会议组织工作总体方案，精心组织，周密安排，既要做好总体部署，也要做好细节安排，抓好会议组织落实工作。

2.明确职责，合理分工。根据会议规模、任务，进行合理分工，应明确各参与单位（人员）的职责范围，各司其职、各负其责。

3.加强协调，动态管理。工作过程中要服从指挥，互通信息，密切协作，做到整体配合和相互衔接。会议组织方案确定之后，重视做好动态检查工作，确保各项工作落实到位。

4.科学筹划，节俭办会。会议既要坚持精简节约的办会原则，又要倡导民主务实的会风，正确处理好简朴节约和隆重热烈的关系。

5.热情服务，遵守纪律。会议工作人员要端正服务态度，热情接待会议代表，周到提供会议服务。工作人员要严守工作纪律，对涉密会议内容和材料要严格遵守有关保密规定，工作人员着装、仪表、言行要与会议组织要求相适应。

二、基本要素

会议一般需要明确以下内容：主题、主要任务、主要活动、时间（会期）、地点（会场）、主办单位、协办单位、承办单位、出席人员（正式代表、特邀代表、列席代表）、文件材料、宣传材料等。

会议组织工作一般需要明确以下内容：组织机构、人员组成、职责分工、工作任务、工作计划和基本要求等。

会议组织机构内部设立专项工作组，科学划分职能和任务分工，各工作组由不同的人员组成，各之间需要确定专人负责联络工作，通过简报、网站等信息沟通平台，实现会议组织工作信息互通、协调有序、整体推进。

会议组织工作一般包括三个阶段：会议前期筹备工作阶段、会议期间的组织工作阶段和会议后期的善后工作阶段，这三个阶段紧密衔接贯穿于会议组织工作全程。

三、组织机构

根据会议的规格和规模，设立大会秘书处，全面负责会议前期筹备工作和会议期间的组织领导工作，确定负责人和专门的工作班子，明确职责分工，制定筹备工作计划和时间进度安排，做好落实工作。

大会秘书处确定一位秘书长，全面负责会议组织领导工作，根据需要确定若干位副秘书长，协助秘书长做好会议组织协调工作。

大会秘书处一般下设秘书组、文件组、宣传组、简报组、会务组。各组职责分工：

1. 秘书组，负责会议方案草拟（请示）、主要活动安排、领导专家邀请、会议通知、报名报到、会议须知、会场布置、会议文印以及信息沟通与协调督办等工作。

2. 文件组，负责领导讲话、会议报告（讲话）、开幕词、致辞、主持词、讨论文件、总结（纪要）、参阅材料等文件的组织编写印发工作。

3. 宣传组，负责会议宣传策划、新闻报道、媒体邀请、接待采访、宣传材料组织、摄影摄像、参观和会展等工作。

4. 简报组，负责会议简报编发工作。

5. 会务组，负责会议的经费管理、地点落实、设备保障、食宿、交通、医务、安全保卫与应急等工作。

根据工作需要，可设立专项工作组，负责其他专项组织工作。

四、会议前期筹备工作

会议筹备工作是会议成功召开的重要基础，要提前制定总体方案和专项预案，周密部署，分工负责，协调有序，抓好落实。

在会议初步方案（包括会议名称、主题、任务、内容、时间、会期、地点、主办、协办、承办、与会人员范围、初步日程安排、会议主要文件以及会议组织工作机构等）基本确定后，成立大会秘书处，其下设各工作组任务如下：

（一）秘书组落实事项

1. 根据批准的会议方案，落实工作人员（必要时抽调专人），组织召开大会秘书处会议，印发会议方案，部署落实会议筹备组织工作任务。

2. 协调各工作组细化任务分工，明确职责，落实各项工作负责人，制定详细的筹备工作计划及筹备工作时间进度表，汇总后报秘书长审定落实，必要时召开大会秘书处会议审议部署。根据工作进展情况及时修订工作计划时间进度表，并与各组及时沟通。

3.印发各组筹备工作方案、时间进度表和联系方式表，督促各工作组按照工作计划及时间进度表开展工作。

4.跨部门联合主办的会议，事前应准备详细的会议背景材料，必要时要面商联系沟通，了解联合主办部门以及协办部门意向，及时函商落实联合办会事宜。

5.根据会议规格、规模，按照规定要向上级领导机关请示报批会议。事前应准备详细的会议背景材料，与上级机关商谈汇报会议情况，待上级机关意向同意后，正式拟文会签联合主办部门后，向上级领导机关请示报批会议，跟踪落实会议批复。如遇特殊情况召开大会秘书处会议研究并报主办部门领导研究调整会议方案。

6.邀请上级机关领导出席会议，事前要准备详细的会议背景材料，与上级机关面商汇报会议情况，待上级机关意向同意后，正式拟文向上级领导机关请示，跟踪落实领导出席会议情况。如遇特殊情况召开大会秘书处会议研究并报主办部门领导研究调整会议方案。

7.上级机关领导出席会议，要制定详细的接待工作方案，准备相关文件材料（包括领导讲话、新闻通稿等），经大会秘书处（主办部门）批准后，报上级机关审定。

8.根据会议的主题、任务，拟订和提出会议主要活动的详细日程安排建议方案，如：全体会议、分组会议、报告会、新闻发布会及颁奖、参观、会展、交流等活动安排，报大会秘书处会议研究并报主办部门领导审定。

9.根据会议主要活动的日程安排，起草、制定、报批主要活动分方案。确定报告会和交流活动主题，提出人选、题目、发言时间和次序等。督促落实颁奖、参观等各分项活动，明确工作人员分工，制订工作计划和时间进度表。

10.提出会议正式代表、特邀代表、列席代表名单，报大会秘书处研究并报主办部门领导审定。

11.起草、报批、印发会议通知和邀请函，明确参会时间、地点、人员、内容、任务，以及报名、报到、着装等事项；必要时附会议请柬、代表证（工作证、记者证）、车证、会址（会场）路线示意图等。会议通知至少提前一个月印发，根据需要可印发会议预备通知。

12.检查汇总各工作组工作进展情况，综合协调各工作组间的工作联系，向大会秘书处（主办部门）报告筹备工作进展情况，传达落实领导指示精神。

13.筹备组织召开大会秘书处会议，听取各组工作进展情况汇报，审议会议文件以及需解决的问题，印发大会秘书处会议纪要等文件。

14.筹备组织召开主办部门专题会议，听取大会秘书处工作进展情况汇报，审议会议文件以及其他需要研究的问题。

15. 根据需要印制会议、纪要、简报、签到表等专用文稿纸。

16. 分工联系落实与会代表报名，分类登记造册，及时统计汇总。报名工作应在会议召开前10天结束。

17. 落实报告会、交流活动人选，审查报告、交流材料（电子版文稿），必要时印制文本材料和落实投影设备。此项工作应在会议召开前10天完成。

18. 在会议召开前一周制定会议期间会议秘书组工作方案，细化专项任务组织工作分工。邀请联合主办部门落实会议组织工作人员。

19. 汇总各工作组组织工作方案，提出会议期间组织工作方案，报大会秘书处（主办部门）批准后，召开大会秘书处会议进行布置落实。

20. 编制会议分组讨论表并报大会秘书处（主办部门）审定。

21. 编制全体会议席次表、合影席次表，报大会秘书处审定。

22. 编制会议须知，包括会议日程、分组、代表名册、注意事项等。会议须知提前3天报大会秘书处（主办部门）审定。

23. 印制会议须知和会议主要活动安排通知，会议召开前2天完成。

24. 邀请联合主办部门领导出席会议，制定主办部门领导参加会议活动安排表，经大会秘书处（主办部门）审定后付印，会议召开前3天完成。

25. 会议材料装袋，包括文件材料（文件、须知、活动通知、会场席次表）、文具（笔、纸、本等）、证件（代表证、记者证、工作证、车证等）、宣传资料和其他材料。会议报到前送至会场。

26. 准备会议颁奖活动的文件、奖牌、证书，会议开始前2天送至会场。

27. 印发大会秘书处工作人员进驻会议现场通知，印发会议代表集体乘车通知。安排会议代表及工作人员分批前往会议地点。

28. 其他需要落实的事项。

（二）文件组落实事项

1. 制定、报批本组工作实施方案和详细工作计划及时间进度表，落实本组工作人员，明确职责分工。根据工作进展情况及时修订工作计划时间进度表，并报告秘书组。

2. 根据会议主题和任务，研究提出会议文件（领导讲话、工作报告、讨论文件、主持词、开幕词、致辞、总结等）起草计划和参阅材料汇编计划，报大会秘书处（主办部门）审定。

3. 提出会议文件提纲和参阅材料清单报大会秘书处（主办部门）审定。

4. 按照会议文件和参阅材料清单起草会议主要文件及其他文件，收集汇编参阅材料，形成会议主要文件和参阅材料初稿，报大会秘书处审议。

5. 根据大会秘书处审议意见，编写会议主要文件，形成讨论稿。补充调整汇编参阅材料。

6.根据需要组织召开多种形式研讨会，修改完善，经大会秘书处审议后，形成征求意见稿，送有关部门征求意见。

7.根据反馈意见，修改完善会议文件，经大会秘书处审议后，形成送审稿，与其他会议文件及参阅材料汇编一并报会议主办部门审议。

8.根据会议主办部门审议意见，修改完善会议主要文件，形成会议文件报批稿，其他会议文件及参阅材料汇编一起报会议主办部门审定，形成正式稿。

9.印制会议文件和参阅材料，会议召开前3天完成。付印前要进行文字推敲、诵读修正和认真校阅。

10.拟订会议主持词、开幕词等，经大会秘书处审议后，送主办部门审定。

11.拟订来宾致辞参考材料等，经大会秘书处审阅后，送有关部门。

12.拟订会议总结等会议文件提纲，经大会秘书处审议后报主办部门审定。

13.会议召开前7天制定会议期间文件组工作方案，报大会秘书处（主办部门）批准。

14.安排文件组工作人员集体前往会议地点。

15.其他需要落实的事项。

（三）宣传组落实事项

1.制定、报批本组工作实施方案和详细工作计划及时间进度表，落实本组工作人员，明确职责分工。根据工作进展情况及时修订工作计划时间进度表，并报告秘书组。

2.根据需要，设计会议会标，报请大会秘书处审定。

3.策划落实新闻媒体（广播、电视、报纸、杂志、网站等）会前和会议期间围绕会议主题进行宣传报道（含会议现场电视和网站直播），为会议的召开营造良好的舆论氛围。根据工作需要，在主要媒体开辟专栏、发表文章和开通专题网站，对会议等相关活动进行跟踪报道。

4.落实上级领导出席会议的新闻宣传工作，拟订新闻通稿，报请大会秘书处审定，联系落实新闻媒体宣传报道工作。

5.拟订报批会议宣传材料（影视品、展板、画册、纪念册等）方案，组织制作宣传材料。

6.落实会议摄影摄像工作。

7.拟订报批参观活动方案，落实参观路线，审核讲解内容，准备宣传材料。

8.拟订报批会展活动方案，确定参观展览活动安排计划，落实讲解人员，印制有关材料。

9.拟订报批新闻发布会方案，落实新闻发言人和新闻媒体。

10.提前与文件组沟通，组织会议新闻通稿。

11.提前与会务组沟通，落实与会记者的交通车辆和食宿安排。

12.会议召开前7天制定会议期间宣传组工作方案，报大会秘书处批准。

13.安排宣传组工作人员集体前往会议地点。

14.其他需要落实的事项。

（四）简报组落实事项

1.制定、报批本组工作实施方案和详细工作计划及时间进度表，落实本组工作人员并提前进行培训（按会议分组，每组2～3人），明确职责分工。根据工作进展情况及时修订工作计划时间进度表，并报告秘书组。

2.落实简报组工作所需文具、录音笔、电脑、打印机等设备。

3.会议召开前7天制定会议期间简报组工作方案，报大会秘书处批准。

4.安排简报组工作人员集体前往会议地点。

5.其他需要落实的事项。

（五）会务组落实事项

1.制定、报批本组工作实施方案和详细工作计划及时间进度表，落实本组工作人员，明确职责分工。根据工作进展情况及时修订工作计划时间进度表，并报告秘书组。制定会议安全保卫方案和应急处置预案。

2.联系落实会议主会场以及其他会议活动场所，报大会秘书处审定。

3.汇总各组开支计划，编制会议经费预算，报大会秘书处审定并落实。

4.编制会议文具采购清单，落实会议代表和工作人员文具用品及会议设备（如：计算机、打印机、复印机、投影仪、录音笔、电源插座等），并于会议召开前2天送至会议现场。

5.编制详细的接送站和会议用车工作计划表，安排专人负责调度和实施。

6.印制会议证件（代表证、工作证、记者证、车证等）和请柬、桌签、会址（会场）路线示意图等。证件要用不同颜色以示区别，必要时要按安全保卫要求加盖印章。

7.检查会场和食宿环境是否符合安全卫生要求，必要时提出整改要求。

8.准备引导指示牌，落实停车泊位。

9.根据有关规定，向公安、安全部门报告会议情况，做好安全保卫工作。

10.落实医疗工作。

11.安排车辆安全检查、卫生清洁工作。

12.落实会议用房（会议室、休息室、工作间、住房），分配会议用房。

13.对与会人员的食品、茶水、茶点、水果、花卉服务以及用车、文体等做出细致安排。妥善安排好少数民族代表用餐。

14.落实会场（会址）音响、视频、投影以及会场信息屏蔽等有关设施，制作会议标语等。

15.做好会议期间的文体活动筹备工作，大型文艺活动要提前做好落实工作。

16.会议召开前7天制定会议期间会务组工作方案，报大会秘书处批准。

17. 安排会务组工作人员车辆集体前往会议地点。

18. 其他需要落实的事项。

五、会议期间组织与服务工作

在大会正式召开前，各组工作人员要按照分工，各就各位、各司其职、各负其责，保证会议顺利进行。

（一）秘书组落实事项

1. 检查布置会议报到现场。会议报到前一天，要在会议现场设立专门的报到场所，设置醒目的报到指示牌，协调各组人员做好报到任务分工，将会议文件材料袋、房卡、餐券等准备就绪。

2. 组织会议报到工作。工作人员在查验有关证件后，协助会议代表签到（重要代表签名），发放会议材料，并及时统计并向大会秘书处汇报报到情况。安排专人负责未按时报到会议代表和会议开幕时代表现场报到工作。

3. 根据需要组织落实预备会议事宜。

4. 做好会议主办部门领导看望会议代表的工作。

5. 协调会议期间的主要活动安排。做好全体会议、分组会议以及其他活动（颁奖、参观、交流、展览、汇报会、新闻发布会等）组织工作。

6. 检查布置会场。准备会议主席台材料，布置会议主席台、发言席、全体会议会场以及分组会议会场，检查会场音响、投影等设备。布置休息室，安排休息室的宣传节目播放。

7. 在会议正式召开前，协助秘书长到现场实地检查。

8. 做好领导接待工作安排。确定参加迎接和会见人员，安排主席台就座人员在休息室会见（休息）。

9. 组织落实颁奖活动。提前通知获奖人员或单位，到会场指定位置就座，提前准备好颁奖时的背景音乐。组织做好现场颁奖活动，必要时提前进行现场排练。

10. 组织工作人员做好会议代表参加会议的引领工作。检查引领、礼仪等工作人员就位情况。

11. 安排全程录音。

12. 做好报告会议、交流活动的组织安排工作。提前检查演示文稿播放效果。

13. 做好主办部门听取分组会议情况汇报安排。

14. 做好会议电子版材料的提供工作。

15. 其他需要落实的事项。

（二）文件组落实事项

1. 协助做好会议报到工作。

2. 认真听取会议代表意见，做好会议文件的修改工作。

3.起草会议总结等会议文件，经大会秘书处审议后报主办部门审定。

4.其他需要落实的事项。

（三）宣传组落实事项

1.协助做好会议代表报到工作，分发会议宣传材料。

2.做好与会记者报到工作，接待新闻媒体记者。

3.检查落实摄影、摄像等新闻采访人员的到位情况。

4.检查落实电视和网站的会议现场直播工作。

5.与上级机关协商落实上级领导出席会议的报道工作，安排迎接及会见等活动摄影摄像。

6.做好会议新闻发布会的组织工作。

7.做好到会记者的新闻采访安排和协调工作，以及落实记者的会议交通安排工作。

8.做好会议宣传节目播放的组织安排工作。

9.做好会议期间参观、会展活动组织安排工作。

10.其他需要落实的事项。

（四）简报组落实事项

1.协助秘书组做好会议代表报到工作。

2.做好编发简报所需的记录工作。人员提前到位，记录包括会议名称、时间、地点、主持人、出席人、列席人、缺席人、发言人、记录人、发言内容，必要时做好录音。

3.做好会议简报编发工作。简报要在12小时内印发给会议代表。

4.协助秘书组做好会议联络工作，负责分发有关会议材料。

5.其他需要落实的事项。

（五）会务组落实事项

1.协助做好会议报到工作

2.做好接站工作。安排工作人员到车站、码头、机场接站，重要代表安排专人负责接送。

3.布置全体会议会场和分组会议会场，布置会场（会址）会标和宣传标语（气球）等。

4.检查重要代表住房条件等情况，安排好会议代表的住宿。

5.统计就餐人数，落实会议就餐，做好休会期间茶点服务，安排好少数民族代表用餐。重要宴会活动要提前做出安排方案，报大会秘书处审定。

6.做好会场安全保卫工作，维持好会场秩序。加强会场外的安全巡逻。

7.安排专人值守会场大门，会议开始前5分钟清场，无关人员不准进入会场；提醒会议代表关闭手机，必要时安排会场信号屏蔽。

8.做好与会人员预定返程车票、机票等工作。

9.根据与会人员离会时间，张贴送站时间表，安排好车辆送站。

10.妥善调度会议期间车辆，做好会议用车安排。

11.做好医疗服务。

12.做好文体活动安排。

13.掌握会议代表离会情况，及时腾退住房。

14.及时做好会议相关费用结算工作。

15.其他需要落实的事项。

六、会议后续工作

1.会议结束后，各工作组要清理会场，做好会议材料、设备、文具等回收。

2.简报组要做好后续遗留会议简报的分发工作。

3.各工作组要及时做好本组工作总结，及时召开总结会。

4.秘书组落实向联合主办单位、有关会议组织工作人员及所在单位致谢事宜。

5.秘书组督促落实会议文件等材料的归档工作。

6.文件组总结会议主要成果，经会议主办部门审定后，报送上级机关。

7.文件组修改报送上级领导出席会议的有关材料，跟踪落实审批印发情况。

8.文件组组织修改有关会议材料，提出贯彻会议精神要求并印发。必要时制发会议电子版材料（文件、简报、报告、宣传资料等）。

9.宣传组制发会议影视品资料。

10.会务组做好会议经费结算、决算工作。

11.有关单位会后要做好以下后续工作：学习、宣传贯彻会议精神，落实会议形成的决议，跟踪各地贯彻落实情况，汇编出版会议文集。

七、座次安排

1.全体会议席次图

主席台奇数：以主席台就座7人为例

7	5	3	1	2	4	6

会　场

主席台偶数：以主席台就座8人为例

----	7	5	3	1	2	4	6	8

会　场

全体会议会场按会议代表界别分区，以先外后内，先正职后副职的原则从前往后顺序排列。

2. 签字仪式位置图

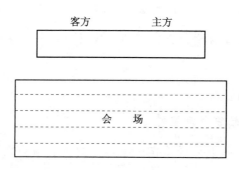

3. 礼节性会见排位图

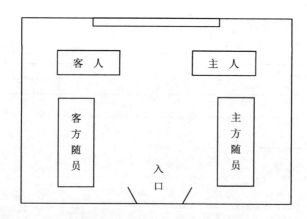

4. 与外宾会谈场地示意图

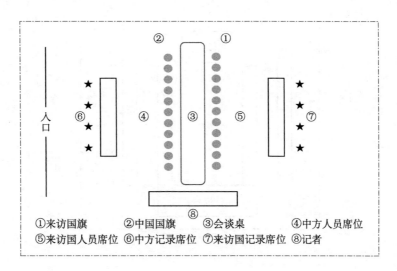

①来访国旗　　②中国国旗　　③会谈桌　　④中方人员席位
⑤来访国人员席位　⑥中方记录席位　⑦来访国记录席位　⑧记者

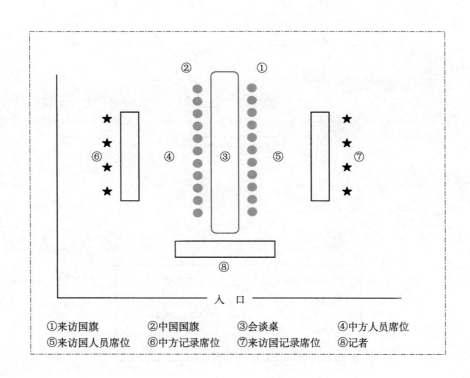

①来访国旗　　②中国国旗　　③会谈桌　　④中方人员席位
⑤来访国人员席位　⑥中方记录席位　⑦来访国记录席位　⑧记者

5.座谈会场示意图

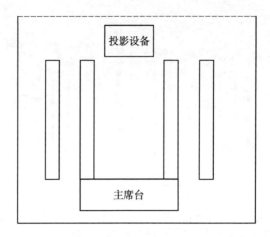

6.合影排位图

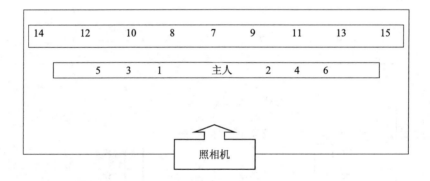

7.宴会桌次排法

两桌排法：

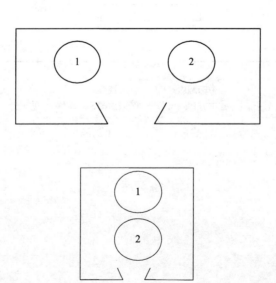

三桌排法：

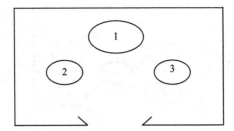

四桌排法：

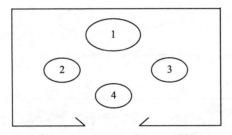

五桌排法：

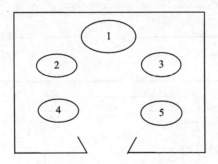

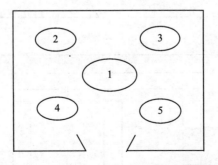

六桌排法：

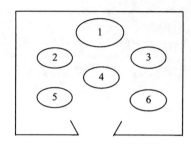

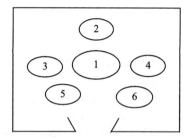

两排式多桌排法：

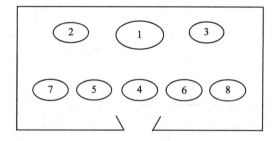

长条桌排法：

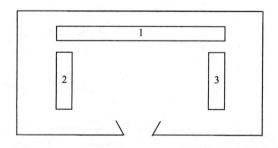

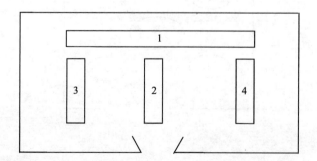

8. 餐桌席次图

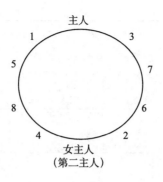

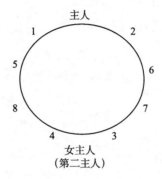

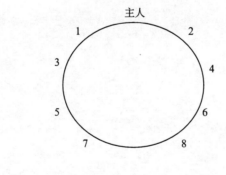

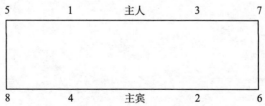

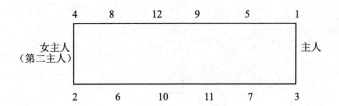

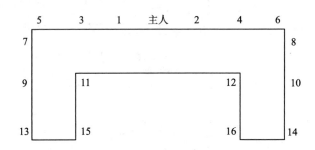

（起草人：王世恩、郑江平、张洪广、史军、胡博、王亚伟、肖潇、
姜长波、张柱，发布时间：2006 年 9 月）